HYDRAULICS

제3판

수리학

이종형 · 김이현 공저

도서출판
구미서관

머리말 | Preface

이 책은 S.I단위로 기초적인 수공학을 다룬 교재로서 수공학문제에 적용하고 기본원리의 참고가 필요한 실무자들에게 도움을 주려고 하였다.

수리학 교육은 지난 수십 년간 크게 변화하였고 그 변화는 두 흐름으로 발전했다. 첫째, 과거에 계산적으로 극복할 수 없다고 보아온 수리학의 많은 문제들이 고속 컴퓨터로 해결되고 있다. 둘째, 기본공학과정의 이수학점이 감소되었으나 학사수준에서 계획을 압축하였다. 이들 두 발전은 기초적 교육을 강조한다.

수리학은 실제 공학해결을 성취하는데 적용하는 많은 경험관계로써 유체 역학의 분야이고 학생들이 기본 유체역학에 잘 숙달되어도 수리학에서 실제 문제를 취급하는데는 어려움이 있다. 이 이유 때문에 실제 문제에 계통적이고 포괄적인 접근을 제공하는 수리학 교재가 필요하다.

이 책은 총 10장으로 되어 있고 각 장은 수리학계에서 대부분 공통 논제인 광범위한 범위를 준비하였다. 1장은 유체로써 물의 기본성질을 다루고, 2장은 수압과 물에 접해 있는 표면에 관한 압력의 개념을 다루었다. 3장은 유체 흐름의 원리와 응용을 다루는 동수역학의 기본 방정식들과 그 응용에 관하여 논하였다. 4장은 오리피스와 위어의 유량 계산방법을 설명하였으며, 5장은 관과 관망에서 물 흐름의 문제를 제시하였고 기본요소를 소개한 후에 계의 개념을 강조했다.

6장은 수력펌프의 기초를 설명하였다. 7장은 개수로에서 물 흐름을 제시하였고 사류수로와 사류변이의 설계를 설명하였다. 8장은 침투문제와 우물수리를 다루었고 해안구역에서 과잉양수에 의한 염수 침투 단원을 포함하였다.

축척모형의 정확한 이용은 수공학의 중요한 부분이다. 9장은 수리모형과 물리적 의의를 강조하는 상사법칙을 설명하였다. 10장은 수리구조물중 암거수리학의 해석을 다루었다.

이 책은 대학교육과정에서 1주 3시간 과정 2학기용으로 구성하였고, 예제와 과제는 각 장마다 제시하여 연습 및 적용에 대비하도록 하였다.

끝으로 이 책의 미비한 부분은 앞으로 계속해서 수정 보완 할 예정이며, 어려운 여건속에서도 출판을 위해 애써주신 도서출판 구미서관의 임해진 사장님을 비롯한 편집부 관계자 여러분께도 깊은 감사드린다.

2017년 2월

저자 이종형, 김이현

차 례 | Contents

CHAPTER 01 유체의 기본성질

CHAPTER 02 정수역학

CHAPTER 03 동수역학

CHAPTER 04 수력장치

CHAPTER 07 개수로의 유동

차 례 | Contents

CHAPTER 08 지하수와 침투의 수리

CHAPTER 09 수리학적 상사와 모형연구

CHAPTER 10 암거 수리학

그리스 문자

대문자	소문자	이 름	발 음	대문자	소문자	이 름	발 음
A	α	alpha	알파	N	ν	nu	뉴
B	β	beta	베타	Ξ	ξ	xi	크사이, 크시
Γ	γ	gamma	감마	O	o	omicron	오미크론
Δ	δ	dalta	델타	Π	π	pi	파이
E	ε	epsilon	엡실론	P	ρ	rho	로우
Z	ζ	zeta	제타	Σ	σ	sigma	시그마
H	η	eta	이타	T	τ	tau	타우
Θ	θ	theta	세타	Υ	υ	upsilon	입실론
I	ι	iota	아이오타	Φ	φ	phi	파이
K	κ	kappa	카파	X	χ	chi	카이, 키
Λ	λ	lambda	람다	Ψ	ψ	psi	프사이, 프시
M	μ	mu	뮤	Ω	ω	omega	오메가

CHAPTER 01

유체의 기본 성질

CHAPTER 01 유체의 기본 성질

수리학(hydraulics)이란 말은 물의 의미인 그리스말 hydraulikos에서 유래됐다. 수리계통(hydraulic system)은 정지 또는 운동하는 물을 다루도록 설계되었다. 수리계통에서 기본은 물의 계획, 조절, 이동, 보전과 이용에 공학적 이론과 방법의 적용을 포함한다.

물의 물리적 성질은 수리계통에서 많은 문제들의 적절한 해결에 중요하다. 예를 들면 밀도, 표면장력 그리고 물의 점성은 모두 수온에 따라서 변화한다. 밀도는 큰 저수지의 운영에 직접적으로 관계되는 기본 성질로서 수온에 따른 밀도의 변화는 호수표면의 물을 뜨겁게 하여 여름철에 성층의 원인이 된다. 가을 동안 표면 수온은 급격히 떨어져 호수바닥 쪽으로 스며들고 바닥근처의 따뜻한 물은 가을에 호수의 전도 결과로 표면으로 상승한다. 겨울에 수온이 4℃(물의 최대밀도) 아래로 떨어지면 따뜻한 물이 바닥에 머무는 동안 호수표면이 얼게 되고 겨울철 성층은 호수의 봄 전도에 의해 계속된다. 마찬가지로 표면장력의 변화는 저류에서 큰 수체로부터의 증발손실에 직접 영향을 주며 수온에 따른 점성의 변화는 물운동에 포함되는 모든 문제에서 중요하다.

본 장에서는 수리계통의 문제에 중요한 유체의 기본적인 물리적 성질에 대하여 토론한다.

1.1 유체의 정의

일반적으로 각 물질들은 고체(solid), 액체(liquid), 기체(gas)의 상태로 존재하게 되는데 이중 액체와 기체상태에 있는 물질들을 합해서 **유체**라고 부른다.

유체역학에서는 고체와 유체를 다음과 같은 관점에서 분류함이 편리하다.

모든 물질은 외력을 받으면 변형한다. 그러므로 유체역학에서는 고체와 유체를 외부로부터 받는 외력(전단력)으로 야기되는 변형의 크기나 혹은 물질입자의 상대변위의 크기를 가지고 분류한다. 고체상태에 있는 물질은 큰 외력(전단력)에 대하여 비교적 작은 유한변형을 한 후에 내력과 평형을 이룬 상태에서 정지한다. 그러나 유동상태에 있는 물질은 아무리 작은 힘이라 할지라도 외부로부터 전단력을 받으면 비교적 큰 변형을 일으키고 유체내부에 전단응력이 작용되는 한은 변동을 계속한다. 그러므로 유체는 아무리 작은 힘이라 할지라도 유체 내에 전단력이 작용되는 한은 계속해서 변형하는 물질이라고 정의한다. 이와 같은 관점에서 유체를 정의한다면 유체는 정지상태에서는 전단응력에 버티어 평형을 이룰 수 없는 물질이다. 반드시 운동상태에서만 전단응력과 평형을 이룰 수 있다. 물질 내에 생기는 전단응력은 고체에서는 각변형량에, 유체는 각변형속도에 비례(Newton유체에서)한다.

유체가 운동하고 있을 때에 발생하는 전단응력들은 유체가 가지고 있는 점성(viscosity) 때문이고 점성크기에 따라 점성유체(viscous fluid)와 비점성유체(inviscid fluid)로 구분한다.

액체는 기체에 비해서 압력을 가해도 압축하기 어렵고, 또 압력을 제거해도 분자간의 응집력 때문에 거의 팽창하지 않는다. 그러나 실제 유체는 어떤 범위까지 압축할 수 있다. 공기 등의 기체는 압축성유체로 취급하고, 압축과 밀도의 변화가 극히 적은 경우는 비압축성이라고 가정한다. 기름, 물과 같은 액체는 많은 경우에 비압축성이라고 생각한다. 위에서 말한 유체의 압축성에 관한 분류는 정역학적인 관점에서 본 것이다. 따라서 비압축성유체(incompressible fluid)란 정지상태에 있는 유체에 압력을 가하였을 때 상당히 큰 압력에 대하여 밀도의 변화가 거의 없는 유체(밀도가 상수인 유체)이며, 압축성 유체(compressible fluid)는 정지상태에서 압력에 대하여 밀도가 비교적 크게 변하는 유체(밀도를 상수로 볼 수 없는 유체)이다.

1.2 물의 세 가지 상태

물 분자는 산소와 수소원자의 안정한 화학적 결합이다. 분자들을 함께 유지하는 에너지양은 현재의 온도와 압력에 의존한다. 그런 에너지 크기에 의존되는 물은 고체, 액체 혹은 기체의 형태로 되며, 눈과 얼음은 물의 고체형태, 공기에서 수분, 수증기는 기체형태로서 물이고 액체는 대개 공통적으로 알고 있는 형태이다. 이러한 물의 세가지 다른 형태를 3상이라 한다.

물을 한 상으로부터 다른 상으로 변화시키기 위해 에너지를 추가하든지 물로부터 빼앗아야 한다. 물을 한 상으로부터 다른 상으로 변화시키는 데 필요한 에너지양을 **잠재에너**

지(latent energy)라 하고, 이 에너지양은 열 혹은 압력의 형태이다. 열에너지는 일반적으로 cal의 단위로 나타내고 1cal는 액체상에서 물 1g의 온도를 1℃증가시키는데 필요한 에너지이다. 또한 물질의 온도를 1℃ 상승시키기 위해 필요한 에너지양은 물질의 비열(specific heat)이라 하고 물의 모든 3상의 잠재열과 비열을 아래에서 토론한다.

표준대기압하에서 물과 얼음의 비열은 각각 1.0과 0.465cal/g/℃이다. 수증기에 대해 일정한 압력하에서 비열은 0.432cal/g/℃이고 일정한 체적에서는 0.332cal/g/℃이다. 이들 값은 매우 적으며 물의 순수성에 의존된다. 얼음 1g을 녹여서 고체상태로부터 액체상태로 변화하는데 79.71cal의 잠재열이 필요하고, 물을 얼리는데도 열에너지와 같은 양을 물의 각 g에서 빼내야 하며, 이 과정은 교환한다. **증발**(evaporation)은 액체상태의 물이 기체상태로 변화하는 것으로 597cal/g의 잠재열이 필요하다.

증발은 약간 복잡한 과정이다. 표준 대기압하에서 물은 100℃의 온도에서 끓고, 낮은 대기압과 높은 고도에서의 물은 100℃보다 낮은 온도에서 끓는데 이 현상은 분자교환 과정으로부터 잘 설명할 수 있다.

기체-액체 접촉면에서는 액체가 기체로 떠나는 분자와 대기 가스로부터 액체로 들어가는 분자가 끊임없이 교환한다. 순증발은 분자가 액체로 들어오는 것보다 떠나는 것이 많을 때 일어나고, 순응축(condensation)은 분자가 액체를 떠나는 것보다 들어오는 것이 많을 때 일어난다.

액체 표면에서 수증기 분자의 연속적인 충돌은 액체 표면상에 압력을 일으키는데 이를 **증기압**(vapor pressure) 이라 한다. 이 부분압은 대기에서 다른 가스에 의해 일어난 부분압과 결합하여 총 대기압을 만든다.

액체의 온도가 증가함에 따라 분자에너지는 많은 분자가 액체를 떠나는 것에 원인이 되어 차례차례 증기압이 증가하여 상승된다. 결국 온도는 증기압과 순환대기압이 동일한 점에 달하며 증발은 격렬하게 증가하고 액체는 끓기 시작한다. 액체의 끓는 온도는 일반적으로 액체의 비등점(boiling point)이라 하고, 바다 표고에서 물에 대한 끓는점은 100℃이다. 물의 증기압은 표 1.1에 나타냈다.

밀폐된 계에서 예를 들어 관로 혹은 펌프에서 물은 압력이 증기압 아래로 떨어진 영역에서 빠르게 증기화되는데 이 현상을 **공동현상**(cavitation)이라 한다. 공동에서 형성된 수증기 기포는 일반적으로 격렬한 방법으로 붕괴되어 계에서 중요한 손상의 원인이 되므로 밀폐된 수력계 내에서는 언제든지 증기압 이상으로 압력을 유지하여 공동현상을 피해야 한다.

이상과 같은 상태변화 과정을 표시하면 그림 1.1과 같다.

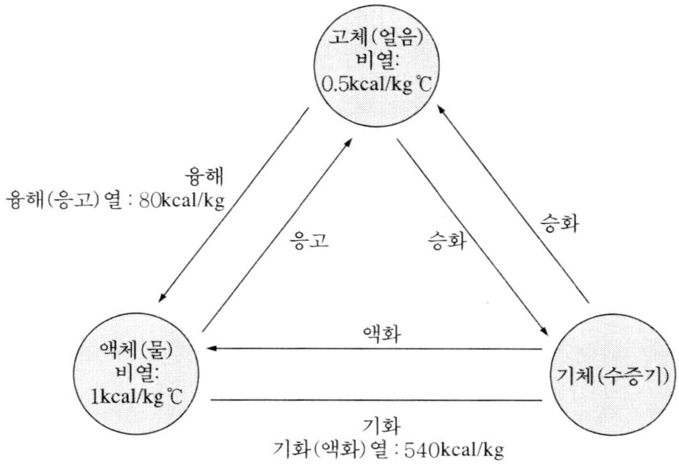

그림 1.1 물의 상태 변화도

표 1.1 물의 증기압

온도(℃)	atm	N/m²	온도(℃)	atm	N/m²
−5	0.004162	421	55	0.15531	15,745
0	0.006027	611	60	0.19656	19,424
5	0.008600	873	65	0.24679	25,105
10	0.012102	1,266	70	0.30752	31,166
15	0.016804	1,707	75	0.38043	38,563
20	0.023042	2,335	80	0.46740	47,372
25	0.031222	3,169	85	0.57047	57,820
30	0.041813	4,238	90	0.69192	70,132
35	0.055446	5,621	95	0.83421	84,552
40	0.072747	7,377	100	0.0000	101,357
45	0.094526	9,584	105	1.1922	120,839
50	0.012170	12,331	110	1.4139	143,314

1.3 차원과 단위

공간 중에 존재하는 물질이 시간의 경과에 따라 변위하는 현상(물리적 현상)을 다루려면 물질이라든가 변위라든가 시간의 특징을 규정하는 기본량이 필요한데 이를 **차원**이라 말하고, 물질의 특징을 규정하는 차원을 질량(mass, M), 변위의 특징을 규정하는 차원을 길이(length, L), 시간의 특징을 규정하는 차원을 시간(time, T)이라 하고, 다른 모든 물리량(또는 공학적량)은 서로 독립한 이들 세 가지 량을 조합하여 표시할 수 있다. 서로 독립한 세 개의 차원을 기본차원(primary dimension)이라 말하고, 기본차원으로부터 유도되는 차원을 유도차원(secondary or dependent dimension)이라 한다.

차원(dimension)은 물리량의 척도이고, 단위(unit)는 차원에 수(number)를 지정하는 방법이다. 예를 들면, 길이는 차원이고 cm, m, km 등과 같은 단위로 계량한다(그림 1.2). 차원에는 길이, 질량, 시간, 온도와 같은 1차 차원(primary dimension) 또한 기본 차원(fundamental dimension)이 있으며, 다른 모든 차원은 1차 차원의 조합으로 구성된다.

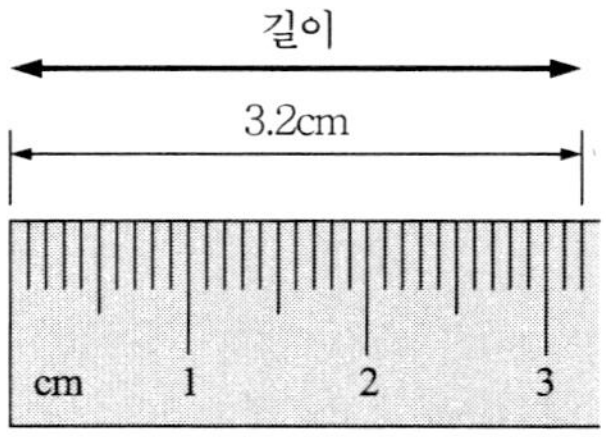

그림 1.2 차원은 치수가 없는 물리량이고, 단위는 차원에 치수를 부여한 것이다. 예를 들어, 길이는 차원이고, 센티미터는 단위이다.

예를 들면, 힘은 질량과 가속도의 곱과 같은 차원을 갖는다(Newton 제2법칙에 의하여). 따라서 1차 차원의 항으로 표현하면 다음과 같이 나타난다.

$$\text{힘의 차원 : } [Force] = \left[Mass \frac{Length}{Time^2} \right] = [ML/T^2]$$

여기서 괄호는 차원을 의미한다.

단위계는 미터계(metric system)와 영국단위계(British unit system)로 크게 구분되며 이들은 다시 절대단위계(absolute unit system)와 공학단위계(technical unit system)로 분류된다. 절대단위계는 기본단위로 길이, 질량, 시간을 취하고 이들로부터 유도된 단위이며, 공학단위계는 기본단위로 길이, 중력, 시간을 취하고 이들로부터 유도된 단위이다. 이들 단위계를 정리하면 표 1.2와 같다.

최근에 와서 각국에서 사용되고 있는 여러 가지의 단위제도를 통일하기 위해 국제도량형총회(CGPM)에서 SI단위계(System International Units)를 채택하여 미국, 일본, 영국 등의 많은 나라에서 이 제도로 단위를 통일시켜 나가고 있고 한국공업규격도 이 제도를 채택하고 있다.

SI단위제도(MKSA제도라고도 함)의 기본단위는 표 1.3과 같다.

표 1.2 단위계

단 위 계	힘	질 량	길이	시간
영국 절대단위계	poundal(pdl)	pound(lb)	ft	sec
미터 절대단위계(CGS)	dyne	gram(g)	cm	sec
영국 공학단위계	pound force(lb)	pound mass(lbm)	ft	sec
	pound (lb)	slug	ft	sec
미터 공학단위계	kilogram force(kgf)	kilogram mass(kgm)	meter(m)	sec
	newton(N)	kilogram(kg)	meter(m)	sec

표 1.3 SI 단위제도의 기본단위

물리량	단 위 명 칭	기호	물리량	단 위 명 칭	기호
길이	미터(meter)	m	온도	켈빈도(kelvin)	K
질량	킬로그램(kilogram)	kg	전류	암페어(ampere)	A
시간	초(second)	S	광도	칸델라(candela)	Cd

표 1.4 SI 단위제도에서의 중요 유도단위

물 리 량	단 위 명 칭	기호	기본단위와의 관계
힘	뉴톤(newton)	N	$1N=1kg \cdot m/s^2$
일, 에너지, 열량	주울(joule)	J	$1J=1N \cdot m=1kg \cdot m^2/s^2$
동력 또는 공률	와트(watt)	W	$1W = 1J/S = 1kg \cdot m^2/s^3$
	바아(bar)	bar	$1bar = 10^5 N/m^2$
압력	표준대기압(standard atmosphere)	atm	$1atm = 101325N/m^2$
			$= 1.01325bar$
	파스칼(pascal)	Pa	$1Pa = 1N/m^2$

모든 물리량들은 위와 같이 기본단위와 또한 이 기본단위를 이용해서 얻어진 유도단위로써 측정이 가능하게 된다. 그리고 편의를 위해서 몇 개의 유도단위는 특별한 명칭과 기호가 부여되어 있다. 표 1.4에는 공학에서 흔히 많이 사용되는 몇 개의 중요한 유도단위로서 꼭 기억해 두어야 한다.

SI단위제도에서 힘은 뉴톤(Newton)으로 정의하고, **1뉴톤**은 질량이 1kg인 물체가 가속도 $1m/s^2$을 받았을 때의 힘으로 정의한다.

물리학에서는 질량의 단위로서 4℃의 순수한 물 1,000cc($1,000cm^3$)를 1kg로 정의하였고, 1kg의 질량에 작용하는 중력의 힘은 $1kg \times 9.8m/s^2 \fallingdotseq 9.8$ Newton이다. 그러나 공

학단위계에서는 1kg의 질량에 작용하는 중력을 1kgf의 힘으로 정의한다. 따라서 미터제 공학단위계의 킬로그램(kg_f)과 SI단위제도의 뉴톤(N)과는 다음과 같은 관계를 갖는다.

$$1\text{kgf} \fallingdotseq 9.8\text{N}$$

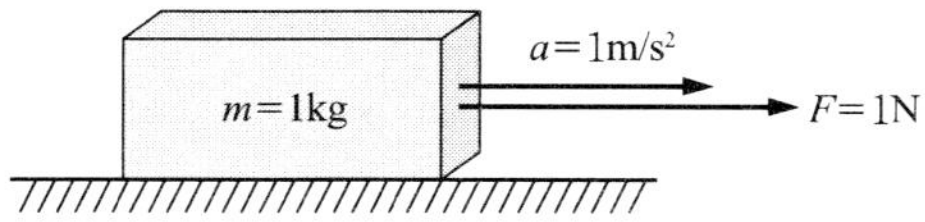

그림 1.3 힘의 단위에 대한 정의

1.4 질량, 힘 및 중량

질량(mass)은 물체를 형성하고 있는 물질의 양으로 그 값은 장소에 구애됨이 없이 우주 어디에서나 항상 일정하다. 또 운동상태를 변화시키는 외력에 대하여 저항하려는 성질을 관성(inertia)이라 하며, 그 관성은 대소를 나타내는 양이기도 하다. 그리고 지구상의 같은 지점에서 임의 물체의 질량은 그 물체에 작용하는 무게에 비례한다.

힘(force)은 정지하고 있는 물체를 움직이고 또 움직이고 있는 물체의 속도나 운동의 방향을 바꾸는 작용을 하는 물리량이다. 어느 경우라도 물체에 힘이 작용한다는 것은 물체의 운동상태(속도)가 변하는 것에 의해서 판단되며, 그 크기는 운동법칙과의 관련에 입각하여 정의된다. 따라서 힘의 크기는 힘이 작용함으로써 생긴 가속도와 물체의 관성질량의 곱, 또는 물체가 단위시간에 얻는 운동량에 의하여 결정되며, kgf, N, dyne 등의 힘의 크기를 나타내는 단위는 이러한 힘의 정의에 기준하여 정해진 것이다.

중량(weight)은 지구가 물체를 끌어당기는 힘으로 중력가속도 때문에 질량에 의하여 발휘되는 힘이다. 또 임의의 물체 무게를 그 물체를 지탱하는 다른 힘으로 알 수 있을 때 그 물체의 무게와 비기는 힘을 겉보기 무게(apparent weight)라 한다.

$$W = m \cdot g$$

여기서 m은 물체의 질량, g는 중력가속도(9.8m/s^2)

Newton의 제2운동법칙은 물체에 가해진 비평형력이 그 힘의 방향으로 물체를 가속하게 하고 그 가속도는 비평형력에 직접 비례하며 물체의 질량에 역비례한다는 것을 기술한다. 이 법칙을 수학적으로 다음과 같이 표시할 수 있다.

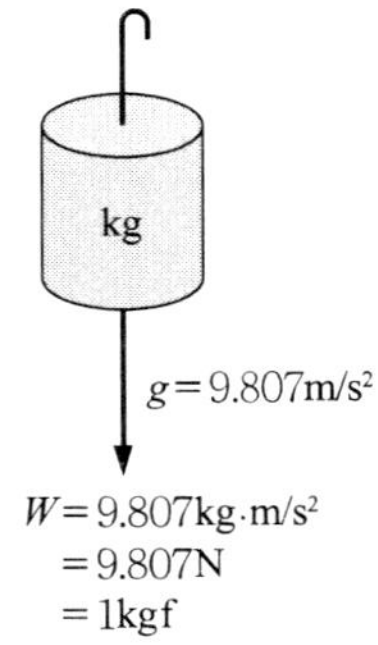

그림 1.4 해수면에서 단위질량의 중량

$$a \propto \frac{F}{m} \text{ 또는 } a = \frac{g_c \cdot F}{m}$$

$$F = \frac{m \cdot a}{g_c} \tag{1.1}$$

여기에서 F는 비평형력, m은 물체의 질량, a는 가속도, g_c는 비례상수로서 중력환산계수라 한다. g_c의 수치는 식 (1.1)에 쓰인 물리량의 단위계에 의존한다. 1N은 1kg의 질량이 $1m/s^2$의 가속도를 내는 힘이고 $1kg_f$은 1kg의 질량이 $9.8m/s^2$의 가속도를 내는 힘으로 정의되므로

$$g_c = \frac{m \cdot a}{F} = \frac{(1kg) \cdot (9.8m/s^2)}{1\text{kgf}} = 9.8\frac{kg \cdot m/s^2}{\text{kgf}} = 9.8\,N/\text{kgf} \tag{1.2}$$

이 된다. 따라서 중력환산계수는 힘 Newton을 힘 kgf의 단위로 환산하는 계수이다.

예제 1.1

힘 F의 M-L-T계 차원은?

풀이

$F = m \cdot a$에서 m은 질량, a는 가속도(m/s^2)이므로 그들의 차원을 각각 대입하면

$F = M \cdot L/T^2 = MLT^{-2}$

예제 1.2

중력가속도가 9.8m/s^{2}인 곳에서 질량 20kg인 물체의 무게는 몇 Newton이며 또 몇 kgf 인가?

풀이

F = m · a를 중력장에 적용하면 W = m · g로 된다.

① W = m · g = (20kg)(9.8m/s^2) = 196kg · m/s^2 = 196N

② 1N = $\frac{1}{9.8}$kgf이므로

W = 196N = 196$\frac{1}{9.8}$kgf = 20kgf

즉, 표준중력을 받는 곳에서는 질량의 크기와 중량의 크기는 같다. 그러나 질량은 20kg이고 중량은 20kgf(이것을 보통 20kg이라고 표시함)이다.

1.5 유체의 물리적 성질

1.5.1 밀도(density)

물질의 밀도는 질량입자의 농도를 나타내는 척도로서 단위체적당 질량으로 표시하며 비질량(specific mass)이라고도 한다. 지금 어떤 물체의 무게를 W, 그 질량을 m, 중력가속도를 g라 하면 W = m·g가 되며 그 체적을 V라 할 때 밀도 ρ는 다음과 같이 구한다.

$$\rho = \frac{m}{V_{OL}} \tag{1.3}$$

밀도의 차원은 [ML^{-3}]이므로 중력단위계에서는 kgf · s^2/m^4, SI 단위계에서는 kg/m^{3}을 사용한다. 이들 두 단위사이에는 다음 관계가 성립한다.

$$\rho\ \text{kg/m}^3 = g_c \times \rho\ (\text{kgf} \cdot \text{s}^2/\text{m}^4)$$

$$g_C = 9.8\text{N} / \text{kgf} = 9.8\text{kg} \cdot \text{m} / \text{kgf} \cdot \text{s}^2$$

표준대기압하에서 4℃인 순수한 물의 밀도 ρ_w는 1,000 kg/m^{3}이며 이를 각 단위계 별로 정리하면 다음과 같다.

SI단위계 : $\rho_w = 1{,}000\text{kg/m}^3$
중력단위계 : $\rho_w = 102\text{kgf}\cdot\text{s}^2/\text{m}^4$

온도와 압력이 밀도에 주는 영향은 액체에서는 무시된다.

1.5.2 비체적(specific volume)

비체적 V_s는 단위질량이 점유하는 체적 즉, 밀도의 역수이다.

$$V_s = \frac{1}{\rho} = \frac{V_{OL}}{m} \quad (\text{m}^3/\text{kg}) \tag{1.4}$$

중력단위계에서는 1kg의 질량에 작용하는 중력의 크기를 1kgf으로 정의하므로 비체적은 비중량의 역수가 된다.

$$V_s = \frac{1}{\gamma} = \frac{V_{OL}}{W} \quad (\text{m}^3/\text{kgf}) \tag{1.5}$$

1.5.3 비중량(specific weight)

비중량 혹은 단위중량 γ는 단위체적이 갖는 유체의 무게로 정의된다.

$$\gamma = \frac{W}{V_{OL}} \tag{1.6}$$

그리고 유체의 무게 W는 유체의 질량과 $W = m \cdot g$의 관계가 있으므로, 비중량 γ는 (1.6)식으로부터

$$\gamma = \frac{m}{V_{OL}} \cdot g = \rho \cdot g \tag{1.7}$$

의 관계가 성립함을 알 수 있다.

표준대기압하에서 4℃인 순수한 물의 비중량 γ_w를 각 단위 별로 보면 다음과 같다.

$$\gamma_w = 1{,}000\text{kgf}/\text{m}^3 = 9{,}800\text{N/m}^3$$

비중량은 온도의 변화와 함께 다소 무게가 변화하므로 공학적으로 취급할 때에는 보통

연평균기온을 15~18℃로 하여 위 식의 값을 그대로 사용한다.

한편 해수는 염분의 다소에 따라 비중량이 다르며 평균해서 1,025kgf/m^{3}으로 하고 있다. 또한 수은의 비중량은 0℃에서 1,3596kgf/m^{3}이다.

1.5.4 비중(specific gravity)

비중 S는 임의 물질의 밀도와 동일상태(온도, 압력)하에 있는 물의 밀도와의 비로 정의한다.

$$S = \frac{\rho}{\rho_w} = \frac{\gamma}{\gamma_w} = \frac{m}{m_w} = \frac{W}{W_w} \tag{1.8}$$

윗 식 (1.8)에서 첨자 w는 물의 물성치임을 나타내며 분자의 ρ, γ, m, W는 임의 물질의 밀도, 비중량, 질량, 무게이다.

물의 비중은 약 4℃에서 최대로 대략 1.0의 값을 가지며 일반적으로 비중을 이용하여 다음식으로 임의 물질의 비중량을 계산한다.

$$\gamma = S \times \gamma_w \tag{1.9}$$

표 1.5 물의 밀도

온도	(℃)	0° (얼음)	0° (물)	4°	10°	20°	30°	40°	50°	60°	70°	80°	90°	100°
밀도	(g/m^3)	0.917	0.999	1.000	0.999	0.998	0.996	0.992	0.988	0.983	0.978	0.972	0.965	0.958
	(kg/m^3)	917	999	1.000	999	998	996	992	988	983	978	972	965	958

예제 1.3

원형 물탱크가 한쪽에 연직으로 매달려 있다. 이 탱크는 지름 2m이고 높이 1m로 40℃ 물이 가득차 있다. 탱크 바닥에 미치는 힘을 결정하라.

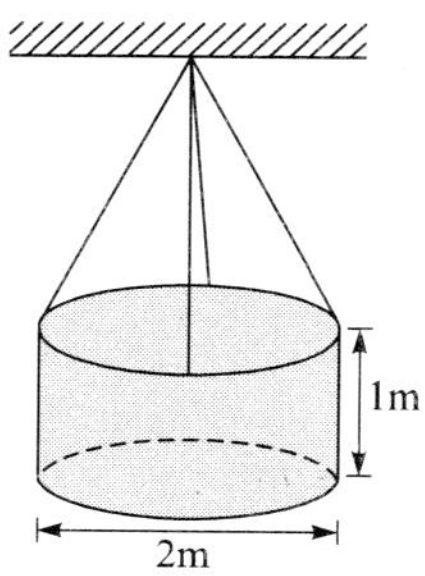

풀이)

탱크 바닥에 미치는 힘은 수체의 중량과 같다.

F = W = m · g = [ρ · (체적)] · (g)

$$[992\mathrm{kg/m^3} \cdot (\frac{\pi \times 2^2}{4} \times 1m^3)](9.81\mathrm{m/s^2})$$

$$= 30{,}572.47\mathrm{kg \cdot m/s^2} = 30{,}572.47\mathrm{N}$$

1.6 점성과 전단응력

유체는 외부에서 전단력이 가해지면 유체내부에 전단응력이 생겨 외력과 평형을 유지하면서 계속 변형(유동)한다. 유체가 유동할 때 유체내부에 전단응력이 생기는 것은 유체의 점성때문이다. 이와 같이 유체층사이에 상대운동이 생길 때 이 상대운동을 방해하는 성질을 **점성**(viscosity)이라 말한다. 점성으로 인한 저항력은 접선력으로 작용하므로 저항력이 곧 전단력임을 알 수 있다.

유체의 점성은 액체의 거동(특히 고체경계면부근에서)을 해석하는데 있어서 매우 중요한 성질이다. 액체분자는 분자 서로가 응집된 상태에서 운동하므로 액체의 점성을 분자응집력이 지배한다.

일반적으로 유체의 점성계수는 온도에 따라서 크게 변화하며 액체와 기체의 경우 점성계수와 온도간의 관계는 서로 상반되는 관계를 갖는다. 즉 액체가 흐를 때 마찰력의 원인이 되는 점성은 액체분자간의 응집력에 의한 것으로서 온도가 상승함에 따라 감소한다. 액체에서 분자운동에 의한 운동량 교환은 분자사이의 응집력에 비하면 작으므로 전단응력과 점성계수는 주로 이 응집력의 크기에 달려있으며, 응집력은 이웃하는 분자들을 서로 상대적으로 고정된 위치에 유지하려고 하고, 상대적 운동에 저항하려는 경향이 있다.

모든 유체는 전술한 바와 같이 점성을 가지고 있다. 이 유체가 유동(1차원유동으로 간주)하는 경우에 어느 속도 내에서는 일종의 층류유동을 하게 된다. 그러므로 그림 1.5에서와 같은 유체의 층과 층사이에는 서로 다른 유속이 형성된다.

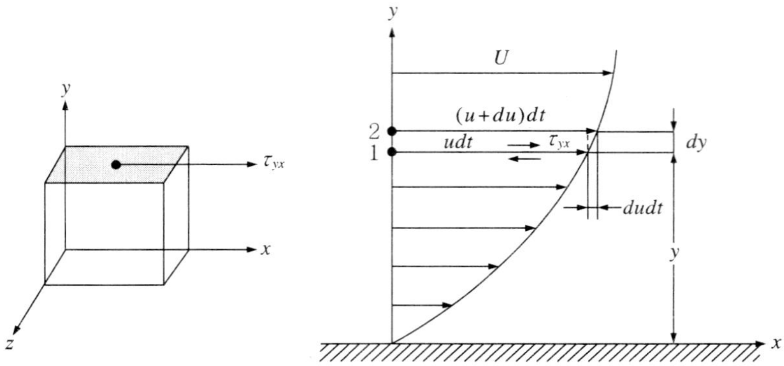

그림 1.5 속도선도

점 1과 2사이의 거리가 dy이고 점 1에서의 유속을 u, 점 2에서의 유속을 $(u+du)$라고 하면 점 1을 통과한 유체입자가 dt시간 동안에 움직인 거리는 $d_1 = udt$, 점 2에서는 $d_2 = (u+du)dt$가 된다. 그러므로 1과 2층사이에서 발생하는 상대적변위(relative displacement)는 $(d_2 - d_1)dy = (du/dy)dt$로 나타낼 수 있다. 그러나 아주 작은 응력을 받고 있는 유체유동에서 연속적으로 작용하는 일정한 응력의 결과는 그림에서와 같이 아주 작은 변형(strain)으로 간주할 수 있으므로 유체유동에서 응력은 변형률(rate of strain)에 관련되어 있다. 유동하고 있는 유체의 층 사이에는 분명히 마찰력이나 전단력(frictional or shearing force)이 존재한다. 이 전단력에 의하여 단위면적에 발생하는 응력을 **전단응력**(shear stress)이라 하여 τ로 표기하고, 뉴톤은 이 전단응력이 상대적 변형(relative strain), 즉 du/dy에 비례한다고 보고 다음과 같은 식을 제시하였다.

$$\tau \propto \frac{du}{dy}$$

윗 식에 비례상수를 도입하면

$$\tau = \mu \frac{du}{dy} \tag{1.10}$$

로 놓을 수 있다. 식 (1.10)에서 비례상수 μ를 그 유체의 **점성계수**(coefficient of viscosity), du/dy를 속도구배 또는 각변형속도라 한다. 그리고 τ를 τ_{yx}로도 표기하며, τ_{yx}는 y평면(y축에 수직한 평면)에 작용하는 x방향의 전단응력을 의미한다.

따라서 식 (1.10)을 고쳐 말하면 다음과 같이 말할 수 있다. 유체입자들이 평형으로 직선

운동할 때 「유체 내에 발생하는 전단응력은 유체의 각변형속도에 비례한다.」 이 관계를 **Newton의 점성법칙**이라 말하고, 이 법칙을 만족시키는 유체를 Newton유체(Newtonian fluid) 그렇지 못한 유체를 비뉴톤유체(non-Newtonian fluid)라 한다. Newton의 점성 법칙은 유체저항의 모든 문제에 있어서 그 기초가 되므로 그 의미나 제한성에 대해서 강조되어야 한다.

(1) 이 식에서 압력의 요소가 없는 것은 τ와 μ가 압력에는 무관하며 유체마찰에 있어서는 압력이 큰 역할을 하여 움직이는 고체간의 마찰과는 상당히 다르다는 것을 보여준다.

(2) 어떤 전단응력 τ는 작은 값이라도 작용하는 접선방향 힘은 속도구배를 발생해야 하므로(즉, 인접하는 유체층간의 상대운동을 일으키므로) 흐름을 발생케 한다.

(3) $\dfrac{du}{dy} = 0$, 즉, 정지상태에 있는 점성유체의 전단응력은 μ의 크기에 관계없이 0이 될 것이다.

(4) 속도형상(velocity profile)은 고체경계면에서는 접하지 않을 것이다. 이것은 경계면에서 무한의 속도구배와 유체와 고체사이에 무한의 전단응력을 의미한다.

(5) 이 식은 점성작용이 강한 층류의 유체유동에 제한된다. 그리고 역시 이 식의 사용과 관련하여 고체경계면에서 속도가 영, 즉, 유체와 고체 간에 미끄러짐이 있을 수 없다는 것을 알 수 있다.

점성계수 μ의 차원은 다음과 같이 차원동차성의 원리에 의하여 결정할 수 있다.

$$\mu\text{의 차원} = \frac{\tau\text{의 차원}}{du/dy\text{의 차원}} = \frac{[FL^{-2}]}{[T^{-1}]} = [FL^{-2}T] = ML^{-1}T^{-1} \tag{1.11}$$

즉, FLT계에서는 $[FL^{-2}T]$이므로 μ의 단위는 kgf-sec/m^2, dyne-sec/cm^2 등으로 표시되며, MLT계에서는 $[ML^{-1}T^{-1}]$의 차원을 가지므로 μ의 단위는 kg/m-sec, g/cm-sec 등으로 표시한다.

점성계수 μ의 특수단위로서 포아즈(poise) 혹은 센티포아즈(centipoise)를 사용하기도 하는데 식 (1.11)에서 τ = 1dyne/cm^2, du/dy = 1sec일 때의 μ로서 다음과 같이 표시된다.

$$\begin{aligned} 1\text{poise} &= 1\text{dyne-sec/cm}^2 = 1\text{g/cm-sec} \\ &= \frac{1}{98}\text{kgf-sec/m}^2 \\ &= \frac{1}{10}\text{N-sec/m}^2 \end{aligned}$$

>> 동점성계수

유체역학이나 수리학에서 유체유동의 운동방정식이나 계산에 있어 점성계수 μ를 밀도 π로 나누어 사용하는 경우가 많은데 이 비의 값을 동점성계수(coefficient of kinematic viscosity) 또는 동점도(kinematic viscosity)라 정의하고 ν로 표시한다.

이 동점성계수는 운동량이 분자운동에 의해서 유체 내를 확산하는 빠르기를 나타낸다.

$$\nu = \frac{\mu}{\rho} \tag{1.12}$$

ν의 차원은 $[L^2T^{-1}]$로 표시되며, 단위는 m^2/s, cm^2/s로 표시된다. ν의 특수단위로는 스토크(stoke) 혹은 센티스토크(centistoke)가 사용된다.

$$\begin{aligned} 1\text{stoke} &= 1\ \text{cm}^2/\text{s} \\ &= 10^{-4}\ \text{m}^2/\text{s} \\ &= 100\text{centistoke} \end{aligned}$$

또 μ는 온도의 영향을 받으므로 역시 ν도 온도의 영향을 받게 된다. 물의 온도에 따른 특성은 표 1.6과 같다.

표 1.6 물의 특성

기호	구분 \ 온도(℃)	0	10	20	40	60	80	100
ρ	공학단위 ($kg_f s^2/m^4$)	102.03	102.01	101.86	100.33	99.16	99.16	97.80
	SI단위 (kg/m^3)	999.9	999.7	998.2	992.2	983.2	971.8	958.4
γ	공학단위 (kg/m^3)	999.9	999.7	998.2	999.2	983.2	971.8	958.4
$\mu \times 10^{-6}$	공학단위 ($kg_f \cdot s/m^2$)	182.9	132.2	101.3	80.8	48.1	35.9	28.3
	SI단위 ($N \cdot s/m^2$)	1793.636	1296.439	993.414	792.377	471.670	352.059	277.528
$\nu \times 10^{-6}$	공학 및 SI단위(m^2/s)	1.789	1.300	1.006	0.658	0.478	0.364	0.294

Helmholtz는 Poiseuille의 실험식을 응용하여 대기압하에서 물의 점성계수와 동점성 계수를 다음과 같이 계산하였다.

$$\mu = \frac{0.01779}{1 + 0.03368\,T + 0.00022099\,T^2} \text{ poise} \tag{1.13}$$

$$\nu = \frac{0.01779}{1 + 0.03368\,T + 0.00022099\,T^2} \text{ stokes} \tag{1.14}$$

여기서, T는 온도(℃)이다.

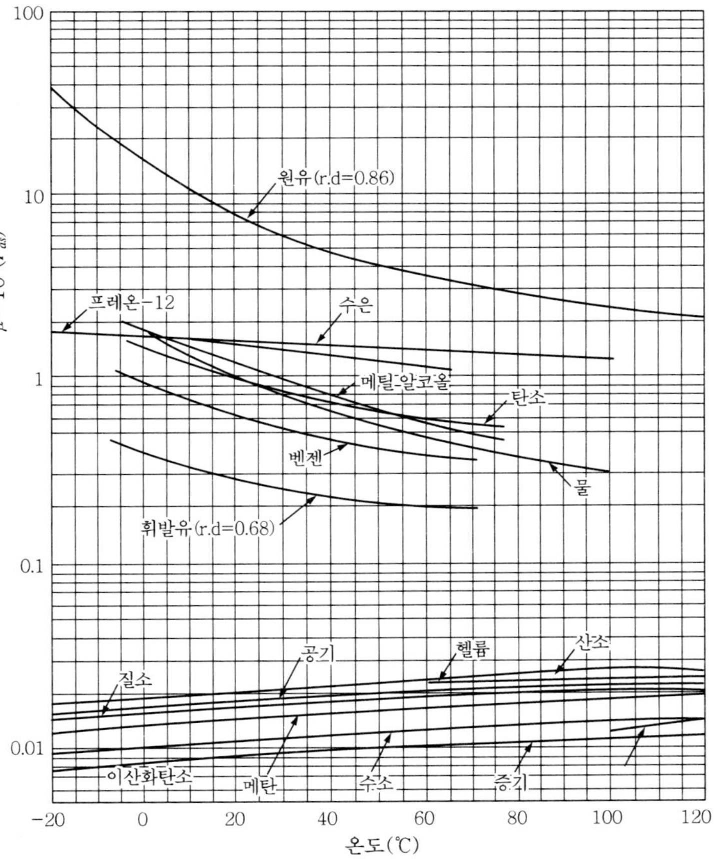

그림 1.6 온도와 유체의 점성관계

1.7 체적탄성계수

모든 유체는 압력을 가하면 압축이 된다. 이때 압력에 의해서 저장된 탄성에너지는 이상적인 과정에서는 가해진 압력을 제거하면 원래의 상태로 팽창되어 되돌아오게 된다. 이러한 성질을 갖는 유체를 **탄성유체**라고 한다.

유체역학상의 여러 현상을 취급할 경우 유체의 압축성을 고려하는가 않는가는 유체가 놓여진 상태에 따르고, 유체가 기체인가 액체인가에는 관계치 않는다. 예를 들어 기체일지라도 절대압력에 비해서 압력변화가 적으면 비압축성으로 취급해도 거의 오차는 없지만 액체일지라도 관수로 내에서의 수격작용(water hammer)과 같이 압력변화가 급격히 있든가 또는 클 경우에는 압축성은 중요한 문제가 된다.

따라서 탄성을 가지는 고체물질에서는 탄성의 척도로서 강체에 작용된 압력과 길이의 변형률간의 비례상수인 탄성계수(modulus of elasticity)를 사용하나 유체는 강성이 없으므로 작용한 압력과 체적변화율간의 관계를 표시하기 위해 체적탄성계수(bulk modulus of elasticity)를 사용한다.

그림 1.7(a)에서 보는 바와 같이 아무리 큰 힘을 가해도 변형을 일으키지 않는 강체로 된 튼튼한 용기 속에 어떤 탄성유체를 채웠을 때 이 유체의 처음 체적이 V_1이고, 피스톤에 힘 F를 가하면 체적이 V_1에서 V로 수축된다. 여기서 용기에 가해진 압력 dp와 체적의 축소율 dV/V_1와의 관계는 그림 1.7(b)와 같은 곡선이 되며 이 곡선상의 임의점에서의 기울기를 그 유체의 체적탄성계수라고 정의한다. 즉

$$E = -\frac{dp}{dV/V_1} \tag{1.15}$$

그런데 비체적 V_s와 체적 V 및 밀도 ρ사이에는

$$\frac{dV}{V_1} = \frac{dV_s}{V_s} = -\frac{d\rho}{\rho}$$

그리고 비중량 γ 또는 밀도 ρ의 상대적 증가는 체적 V의 상대적 감소와 같으므로

$$E = \frac{dp}{d\gamma/\gamma} = \frac{dp}{d\rho/\rho} \tag{1.16}$$

그림 1.7(b)에서 압력의 증가에 따라서 곡선이 급경사하는 것은 유체가 압축될수록 유체를 압축하는 것이 점점 더 곤란해진다는 것을 표시하며, 이것은 분자사이의 공간을 감

소시키는 논리적인 귀결에 맞는다. 유체의 탄성계수는 명백히 일정할 수 없으며 압력의 증가에 따라서 증가한다.

그림 1.7(b)의 곡선은 다같이 유체와 기체에 적용할 수 있으나, 공학자는 액체에 대하여는 보통 $V/V_1 = 1$ 가까이의 곡선부분에만 관심을 둔다. 이 구역의 곡선의 구배를 공학적 사용에 대하여 탄성계수로 취한다.

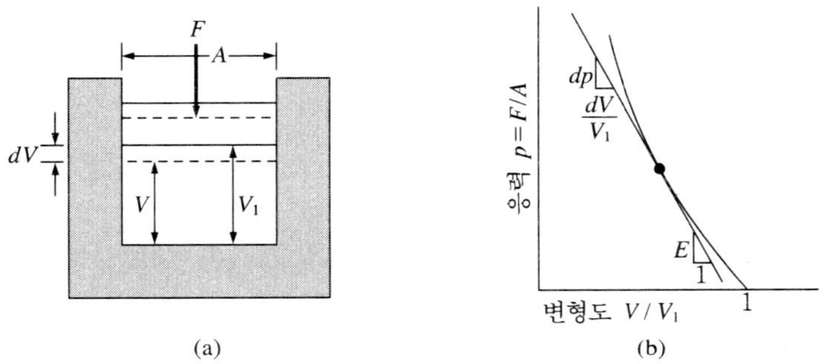

그림 1.7 체적탄성계수

표 1.7은 압력과 온도에 따라 변하는 물의 체적탄성계수를 표시한다.

유체 속에서 어떠한 교란으로 발생되는 압력파는 강체($E=\infty$)에서와 같이 무한한 속도를 갖지 않고 유한한 속도로 전파된다.

표 1.7 물의 체적탄성계수, ($E \times 10^4 kg_f/m^2$)

압력(bar)	수온 (℃)			
	0	10	20	50
1~25	1.967	2.069	2.110	·
25~50	1.998	2.100	2.171	·
50~75	2.029	2.181	2.273	·
75~100	1.059	2.202	2.283	·
100~500	2.171	2.314	2.385	2.477
500~1000	2.477	2.620	2.722	2.824
1000~1500	2.895	2.966	3.058	3.171

주 : 1기압 = 1.013bar, 1bar = $10^5 N/m^2$ = 10^5Pa

유한한 속도로 유체내를 진행하는 작은 압력교란은 체적탄성계수에 의존한다. 증가된(또는 감소된) 밀도와 압력의 파동으로서 진행하는 작은 압력교란에 의하여 생긴 압력파의 전파 속도(음속)는 다음 식으로 주어진다.

$$C = \sqrt{dp/d\rho} = \sqrt{E/\rho} \tag{1.17}$$

수중에서의 음속은 약 1,400m/sec이고 대기 중에서는 335m/sec이나, 음속은 온도에 따라 변하므로 대기 중에서는 다음과 같은 식으로 계산한다.

$$\begin{aligned} C &= 331+0.61t\,(\text{m/s}) \\ &\fallingdotseq 20\sqrt{T}\ \ (\text{m/s}) \end{aligned} \tag{1.18}$$

1.8 표면장력과 모세관현상

1.8.1 표면장력(surface tension)

가느다란 바늘이 가라앉지 않고 물표면에 뜬다거나 풀잎위의 이슬방울이 구형을 이룬다거나, 가느다란 관내로 액체가 올라가거나 내려가는 현상 등은 모두 표면장력 때문에 일어난다. 이러한 현상을 구체적으로 살펴보면, 중력이나 기타의 외력들이 무시될 경우에 기체내의 액체 덩어리는 완전한 구형을 유지한다. 그 이유는 액체방울 내부의 분자들은 동종의 분자들로 둘러싸여 모든 방향에서 균일한 인력(cohesive force, 응집력)을 받는 반면에, 액체방울의 표면에 위치한 분자들은 내부로부터는 동종의 분자들 사이에 작용하는 응집력을 받고 외부로부터는 다른 종의 분자들 사이에 작용하는 인력(adhesive force, 부착력)을 받기 때문이다. 즉, 액체 분자들 사이에 작용하는 응집력이 액체분자와 기체분자 사이에 작용하는 부착력보다 크기 때문에 표면상의 액체분자들은 액체방울 내부로 향하는 힘을 받게 되어 액체방울은 완전한 구형을 이루게 되는 것이다.

그리고 액체표면의 아래에 있는 분자 사이에는 모든 방향으로 동일한 크기의 응집력 즉, 인력이 작용하여 평형상태를 유지하나 액체의 표면에 있는 분자는 액체내부에 있는 분자와의 인력에 비해 표면외부, 즉 공기분자와의 인력이 너무 작아서 인력의 평형을 이루지 못하게 된다. 따라서 액체표면에 있는 분자는 표면에 접선인 방향으로 끌어당기는 힘을 받게 되며, 이를 **표면장력**(surface tension)이라 한다.

표면장력의 크기는 표면의 단위 길이당의 힘(dyne/cm) 또는 평형상태로 단위표면적의 액막을 형성 유지시키기 위하여 액체분자를 표면까지 가져오는데 필요한 에너지(일)로 표시하며, 액체의 종류와 온도에 따라 변하고 온도가 상승하면 분자간의 인력이 작아지므로 그 크기는 작아진다. 물의 표면장력은 모세관현상이나 기포의 형성, 물줄기의 분열,

액체방울의 형성 등에 있어서 현상을 지배하는 중요한 힘이 된다. 또 수리모형실험의 경우 원형에서는 표면장력을 무시할 수 있으나 이를 크게 축소하여 만든 모형에서는 표면장력이 상대적으로 무시할 수 없는 힘이 되어 실험에서의 흐름현상을 지배하는 경우도 생기므로 이를 감안하여 실험결과를 해석하지 않으면 안 된다.

대부분의 액체는 고체면에 접하면 부착하려는 성질을 가지고 있으며 부착력의 크기는 액체 및 고체면의 성질에 따라 변한다. 만약 액체와 고체면 사이의 부착력이 액체분자간의 응집력 보다 크면 그림 1.8(a)에서와 같이 액체는 고체면 위에 퍼지면서 적시게 되나 응집력이 부착력보다 크면 그림 1.8(b)에서와 같이 액체 방울을 형성하게 된다. 예를 들면 유리면에 물방울을 떨어뜨리면 물은 유리를 적시나, 수은방울을 떨어뜨리면 수은은 방울을 형성하게 된다.

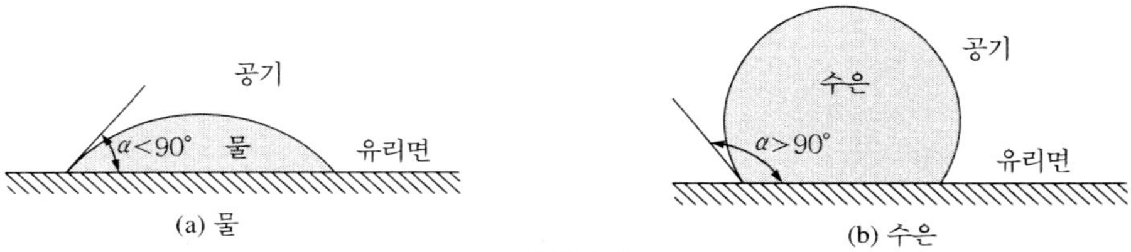

그림 1.8

곡면이 구형인 경우에 대해서는 그림 1.9(a)와 같이 직경이 d인 중공의 물방울을 생각하자. 곡면에 작용하는 표면장력에 의해서 물방울 내・외부의 압력차 Δp가 물방울 내부에서 밖을 향하여 곡면에 수직하게 작용한다고 생각하자.

물방울의 자유물체도 그림 1.9(b)를 보면, 압력차에 의한 힘이 표면장력에 의한 힘과 평형을 이루고 있는 것을 알 수 있다. 표면장력은 물방울의 절단된 원주에 단위길이당 수평방향으로 작용하고 있으므로

$$\text{표면장력에 의한 힘} = \sigma \cdot \pi d \tag{1.19}$$

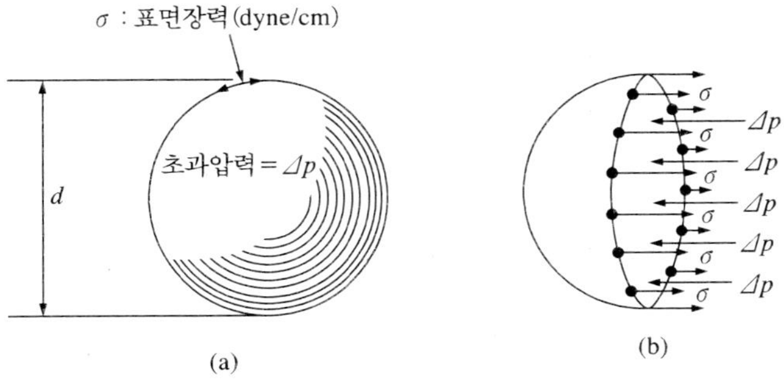

그림 1.9 구형곡면에서의 표면장력

그러나 압력은 곡면에 수직한 방향으로 작용하고 있으므로 압력차에 의한 힘의 수평방향 성분은 물방울을 수평방향으로 투영시켰을 때의 면적에 압력을 곱하는 것이므로

$$\text{압력차에 의한 힘(수평방향)} = \text{압력} \times \text{수평방향 투영면적}$$

$$= \Delta p \times \frac{\pi d^2}{4} \tag{1.20}$$

따라서 식 (1.19)와 (1.20)의 우변을 갖게 놓으면

$$\sigma \cdot \pi d = \Delta p \times \frac{\pi d^2}{4} \tag{1.21}$$

$$\therefore \ \Delta p = \frac{4\sigma}{d} = \frac{2\sigma}{R} \tag{1.22}$$

1.8.2 모세관 현상

내경이 작은 관(모세관)을 액체의 표면에 수직하게 넣었을 때, 액체 자유표면의 응집력과 고체면에 대한 부착력의 차이에 의하여 관내의 액체표면과 자유표면사이에 높이 차이를 나타내는데 이 현상을 **모세관현상**(capillarity)이라고 한다.

그림 1.10에서 보는 바와 같이 응집력이 부착력보다 크면 관내의 면은 자유표면보다 하강하고 위로 볼록해지며(수은), 응집력이 부착력보다 작으면 관내의 면은 자유표면보다 상승하고 아래로 볼록해진다(물).

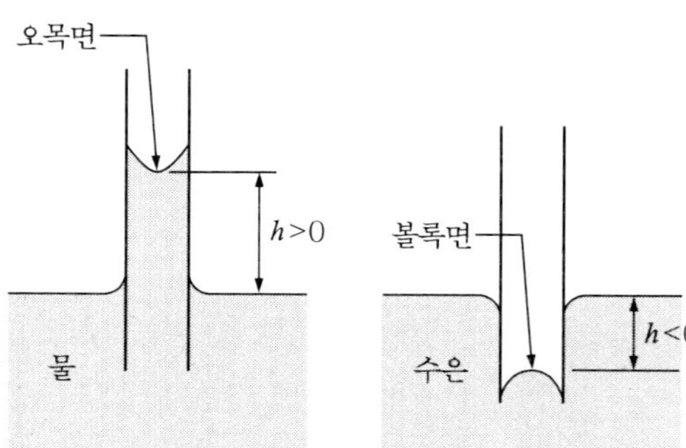

그림 1.10 작은 직경의 유리관 내에서의 물의 모세관 상승 및 수은의 모세관 하강

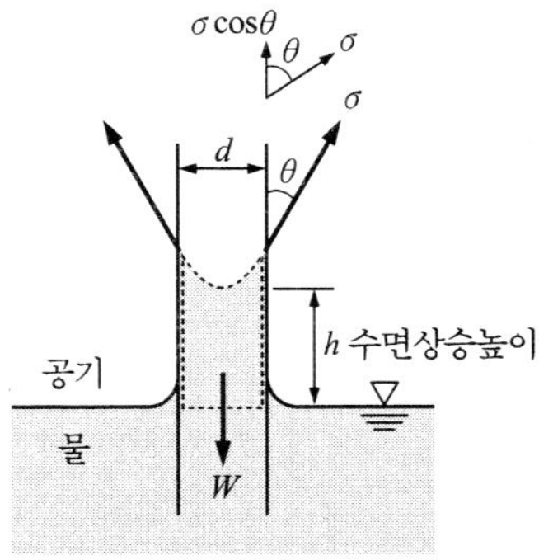

그림 1.11 관내 물의 상승높이

모세관내 상승고(capillary rise) h는 관내 액체표면에 작용하는 표면장력으로 인한 부착력의 연직분력과 자유표면 위로 올라간(혹은 아래로 내려간) 액체의 무게를 같게 놓으면 계산 할 수 있다. 여기서 그림 1.11의 액체와 고체벽면이 이루는 각 θ를 **접촉각**(angle of contact)이라 하며 접촉물질이 물과 유리일 경우는 8°~9°, 물과 깨끗한 유리일 경우는 0°, 수은과 유리일 경우는 약 140°가 된다.

직경이 d = 2r인 가는관 내의 상승고(혹은 하강고) h를 구하기 위해 가는관 내의 액체표면에 작용하는 표면장력의 연직분력과 상승(혹은 하강)된 액체의 무게가 균형을 이룬다고 볼 수 있다.

표면장력 $\sigma[N/m]$의 수직분력은 $\sigma\cos\theta$로 나타낼 수 있다. 이것이 관의 원주$\pi d[m]$에 대해 작용하기 때문에 전체에 대해서는 다음 식과 같이 정리할 수 있다.

$$\pi d\sigma\cos\theta \qquad (1)$$

다음으로 관 내부 물의 무게를 구하기 위해 직경이 d[m]인 관의 단면적은 $\frac{\pi}{4}d^2$, 체적은 단면적 × 높이로 구한다.

$$\text{체적} = \frac{\pi}{4}d^2 \times h$$
$$[m^3] \quad [m^2] \quad [m]$$

$$\text{질량} = \frac{\pi}{4}d^2 h \times \rho$$
$$[kg] \quad [m^3] \quad [\frac{kg}{m^3}]$$

무게는 질량×중력가속도로 구한다.

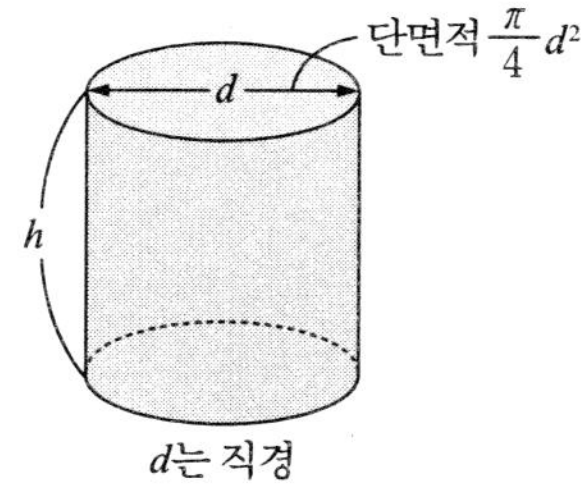

$$\underset{[kg \cdot m/s^2]}{\text{무게(힘)}} = \frac{\pi}{4}d^2 \underset{[kg]}{h\rho} \times \underset{[m/s^2]}{g} \tag{2}$$

(1)과 (2)식이 같으므로 등식으로 놓아 정리할 수 있다.

$$\pi d\sigma\cos\theta = \rho g \cdot \frac{\pi d^2}{4} \cdot h$$

따라서

$$\therefore\ h = \frac{2\sigma\cos\theta}{\gamma \cdot r} = \frac{4\sigma\cos\theta}{\gamma \cdot d} \tag{1.23}$$

여기서, σ는 액체의 표면장력이고 γ는 액체의 비중량이다.

위에서 설명한 모세관현상은 2장에서 설명하게 될 액주계라든지 기타 가는관을 사용하여 유체를 계측하는 기구에 의해 측정에 오차를 초래할 우려가 있으며 이를 방지하기 위해서는 통상 직경 1cm이상의 관을 사용해야 하는 것으로 알려져 있다.

다음 표 1.8은 온도변화에 따른 액체 종류별 표면장력의 크기를 표시하고 있다.

표 1.8 액체의 표면장력 σ(N/m)

물질	표면유체	0℃	10℃	20℃	40℃	70℃	100℃
물	공기 포화증기	0.075558 0.073206	0.074186 0.071932	0.072716 0.070560	0.069482 0.067424	0.064386 0.062524	0.058800 0.057134
수은	진공	0.47334	0.47236	0.47138	0.46764	0.46256	0.4557
에틸알콜	공기 알콜증기	0.02401 —	0.023128 0.023618	0.022246 0.022736	0.020580 0.020972	0.018228 0.018326	— 0.015484

예제 1.4

내경 8mm의 액주계로 압력 p을 측정하니 수주 450mm가 되었다. 물의 모세관 현상을 고려하면 실제 압력수의 게이지 압력은 몇 mmH_2O인가? 단, 주위의 공기는 습해 있고 온도는 10℃ 이다. 또 접촉각 θ는 9° 이다.

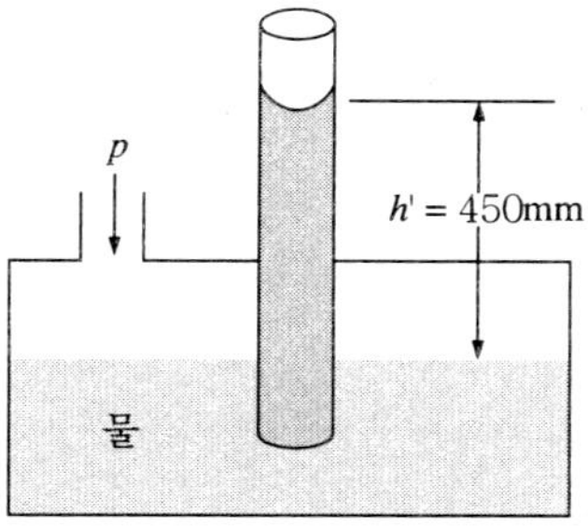

그림 1.12

풀이)

표 1.8에서 10℃ 일 때 $\sigma = 0.074186\text{N/m}$

$$h = \frac{4\sigma\cos\theta}{\gamma \cdot d} = \frac{4 \times 0.074186 \times \frac{1}{9.8} cos9 \circ}{1{,}000 \times 0.008}$$

$$= 3.74 \times 10^{-3}(\text{m}) = 3.74\text{mm}$$

$h' = p + h$에서

$\therefore\ p = h' - h = 450 - 3.74 = 446.26(mmH_2O)$

연습문제

Q1.1 80℃인 물 500l가 있다. 이 물이 얼기 위해서는 얼마만큼의 열에너지를 필요로 하나?

Q1.2 얇은 팬에 45℃인 1,200g의 물이 담아 있다. 0.9bar의 주위압력 하에서 물이 증발하는데 필요한 열에너지를 계산하라.

Q1.3 그림의 단순 기압계는 액체 지시계로써 40℃인 물을 이용한다. 액체기둥이 연직관으로 h = 8.7m 높이 올라갔을 때의 대기압을 계산하라. 독치에 의한 오차율은 얼마인가?

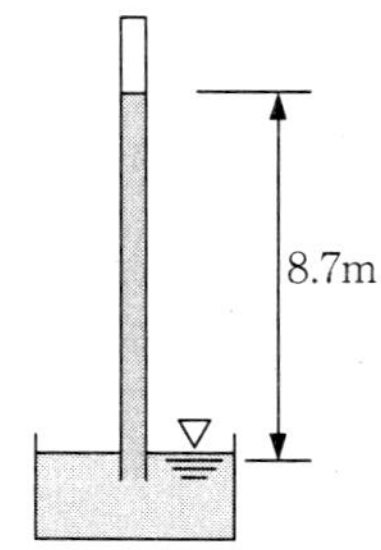

그림 1.13 단순 기압계

Q1.4 $5m^3$ 체적을 갖는 콘테이너는 비어 있을 때 1,500N, 액체가 가득찼을 때 4,700N 무게를 갖는다. 액체의 질량밀도는 얼마인가?

Q1.5 100 cm^2인 평판을 일정한 속도 75cm/s로 고정된 평면 위로 끌어당긴다. 판과 고정된 면은 0.1cm 간격으로 분리되었고 점성을 알 수 없는 기름이 들어 있다. 판을 당기는데 51.7N 의 힘이 필요하고, 유체의 점성이 일정할 때 점성계수를 구하라.

Q1.6 반경 1.0m인 원형 평판은 고정된 평면 위를 0.65rad/s의 각속도로 회전한다. 판과 면은 분리되어 기름이 들어 있다. 기름의 점성이 20℃ 물보다 16배 크고, 판과 고정된 표면사이 간격이 0.5mm일 때 판을 회전시키는데 필요한 회전력(torque)를 구하라.

Q1.7 20℃와 80℃에서 공기와 물의 절대점성 그리고 동점성계수의 비율을 비교하라.

Q1.8 전해도를 변화하기 위해 작은 양의 솔벤트를 지하수에 주입하였다. 결과로써 물과 토양 입자 사이의 부착력으로 나타난 접촉각 θ는 30°에서 42°까지 증가하였다(그림 1.14). 토양이 0.7mm의 균일한 공극 크기를 갖는다면 토양에서 모관상승의 변화를 구하라.

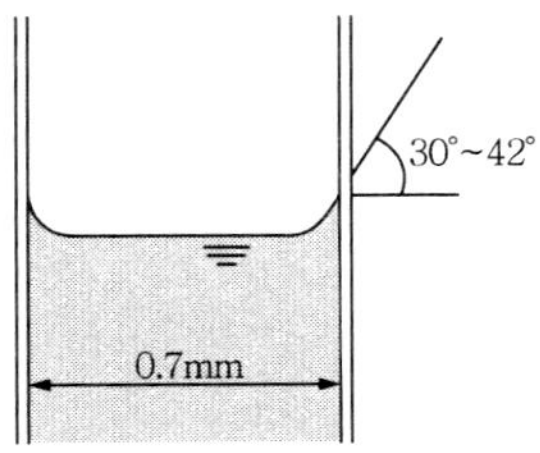

그림 1.14

Q1.9 20℃인 액체가 0.5mm인 유리관을 18mm 높이로 상승하였다. 접촉각은 42.8°이고 액체의 밀도가 998kg/m^{3}이면 표면장력은 얼마인가?

Q1.10 압력이 갑자기 25bar에서 4,500,000 dyne/cm^{2}까지 증가할 때 20℃인 물의 밀도변화를 구하라.

Q1.11 압력이 5,000N/cm^{2}에서 10,000N/cm^{2}까지 증가하면서 액체의 체적이 0.8% 감소하였다. 액체의 체적탄성계수는 얼마인가?

CHAPTER 02

정수역학

CHAPTER 02 정수역학

2.1 서 론

유체역학(fluid mechanics)은 유체정역학(fluid statics)과 유체동역학(fluid dynamics)으로 구분할 수 있다. 유체정역학은 유체요소사이에 상대운동이 없는 상태를 다루는 유체역학의 한 분야이다. 유체는 정지한 상태나 등속운동하는 상태일 수 있다.

유체정역학에는 유체의 한 층과 인접한 다른 층간의 상대운동이 없기 때문에 점성전단력(viscous shear forces)이 존재하지 않는다. 따라서 유체정역학을 공부하는데 있어서 생각해야 할 것은 압력과 중력뿐이다.

이와 같이 유체정역학의 해석은 댐에 들어있는 물이 가지고 있는 힘의 계산이나 대기중의 압력변화 계산, 유체제동장치의 해석 및 물에 일부가 잠겨 있거나 떠 있는 정지체의 안전도 계산 등에 직접적인 도움을 준다. 또 특별한 경우로서 등가속도의 운동을 받고 있는 용기에 담겨진 유체에는 상대적인 운동이 있을 수 없게 되므로 역시 점성의 효과가 없는 유체로 된다. 그러므로 이러한 상태에 있는 유체에서는 유체정역학의 모든 특성이 적용될 수 있게 되어 등가속도의 운동을 받고 있는 문제를 정역학적으로 다룰 수 있다.

2.2 물의 요소에 작용하는 외력과 응력(stress)의 정의

일반적으로 유체에 작용하는 힘에는 두 가지 상태의 힘이 있으며, 즉, 표면력과 체적력다. 표면력(surface force)은 유체요소의 표면에 수직으로 작용하거나 또는 접선방향으로 작용하며 그 힘은 어떤 유체의 경계에 직접적인 접촉에 의해서 작용한다. 표면력은 압력과 점성전단력을 포함하고 있다. 체적력(body force)은 중력같은 접촉없이 유체에 발생하는 외부의 힘이고 유체의 질량이나 체적에 관계된다.

그러므로 물의 요소에 작용하는 외력은 체적력(body force)과 표면력(surface force)으로 나누어 생각할 수 있다. 체적력은 물의 요소 내의 물질에 직접 작용하는 힘으로서 중력이나 자기력은 그 대표적인 예일 것이다. 표면력은 외부로부터 물의 요소 표면에 직접 접촉하여 작용하는 힘으로서 압력에 의한 힘이나 마찰력(또는 전단력)을 그 예로 들 수 있다.

그림 2.1과 같이 물체의 미소면적 ΔA에 표면력 ΔF가 일정한 경사각을 갖고 작용한다고 가정하자.

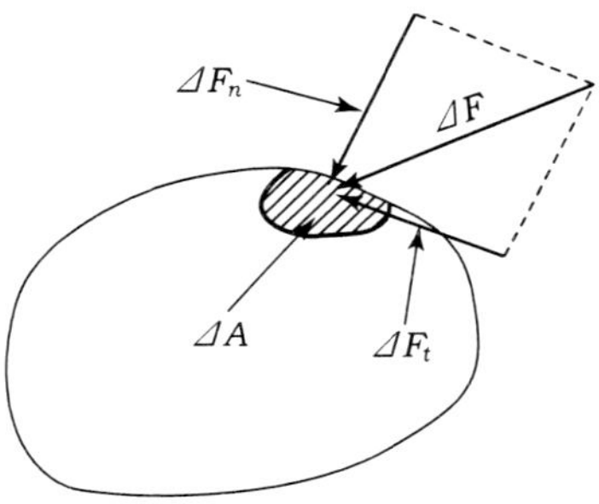

그림 2.1 미소면적 ΔA에 작용하는 표면력

이때 표면력 ΔF는 면요소 ΔA에 대해서, 접선방향 성분 ΔF_t와 수직성분 ΔF_n으로 분해할 수 있다. 수직응력(normal stress)을 σ, 전단응력(shear stress)을 τ로 나타내면 σ와 τ는 각각 다음과 같이 정의된다.

$$\sigma = \lim_{\Delta A \to 0} \frac{\Delta F_n}{\Delta A} \tag{2.1}$$

$$\tau = \lim_{\Delta A \to 0} \frac{\Delta F_t}{\Delta A} \tag{2.2}$$

상기 식에서 σ와 τ는 둘 다 $[FL^{-2}]$의 차원을 갖는다. 즉, 응력은 단위면적당 작용하는 힘으로 표시된다.

그러나 정지수에서는 전단력(ΔF_t)이 작용하지 않으므로, 정지수 내의 요소에 작용하는 힘은 수직력(ΔF_n)만이 존재하며 응력도 수직응력만이 존재하게 되고, 이것이 정수압에 해당하게 된다. 따라서 정수압(hydrostatic pressure)은 유체의 요소 또는 작용하는 물체의 면에 수직으로 작용하게 된다.

2.3 정수압의 성질 및 크기

수압은 물의 중량에 의해 발생되며 그 정수압의 성질은 다음과 같이 정리할 수 있다.

(1) 수압은 면에 대하여 수직으로 작용한다.

(2) 수중의 한 점에서 수압은 모든 방향에 대하여 같다.

(3) 수압은 수심에 비례한다. 그러므로 동일 수평면상의 수압은 모두 같다.

액체는 분자의 배열이 불규칙하고 분자간 거리도 일정하지 않으므로 분자는 자유로이 운동하며 고유한 모양을 유지하지 못한다. 어떤 면에 충돌하면 무수한 분자의 힘은 경사방향으로 닿는 힘이 상호 상쇄되어 결과적으로 벽면에 수직인 충돌력만이 작용한다. 이 분자가 단위면적을 수직으로 누르는 힘, 즉 압력을 **정수압** 또는 수압이라고 한다(그림 2.2).

단위면적당 작용하는 정수압 p는 $\mathrm{kgf/cm^2}$ 또는 $\mathrm{N/m^2}$의 단위를 가지며 압력강도라고도 한다. 어느 면 전체에 작용하는 수압의 합계를 **전수압** P라 하며 kgf 또는 N의 단위로 나타낸다(그림 2.3).

$$\text{전수압 } P = p \times A$$

$$\text{정수압 } p = \frac{P}{A} \tag{2.3}$$

만일 압력강도가 평면상에서 균일하지 않을 경우에는 미소면적 ΔA에 작용하는 힘을 ΔP라고 할 때 압력강도 p는 다음과 같다.

$$p = \lim_{\Delta A \to 0} \frac{\Delta P}{\Delta A} = \frac{dP}{dA} \tag{2.4}$$

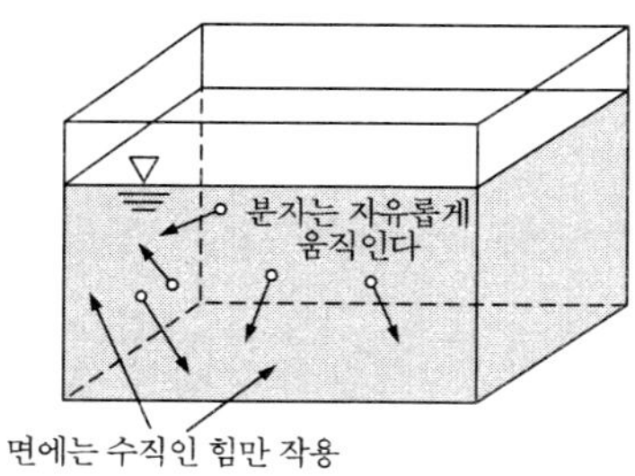

그림 2.2 물분자의 운동

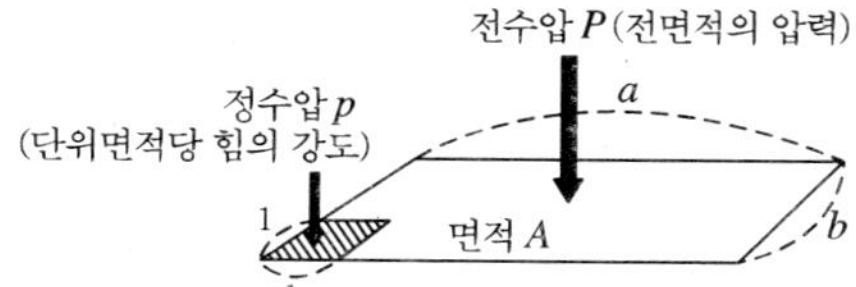

그림 2.3 정수압과 전수압

2.4 한 점에 작용하는 압력

정지하고 있는 유체속에서 임의의 한 점에 작용하는 힘, 즉 압력은 모든 방향에서 같다. 정지유체는 인접하고 있는 유체층에 대하여 미끄러지지 않으므로 유체요소의 변형이 없고 전단력을 받지 않는다. 그것은 마찰을 받지 않기 때문이며 마찰의 영향은 유체가 움직일 때에만 전단력을 받는다. 그러므로 정지유체는 전단력이나 인장력을 받지 않고 압축력만 받게 된다.

Pascal(프랑스, 1623~1662) 정리라고 하는 이 성질을 증명하기 위하여 그림 2.4와 같은 임의의 삼각형 모양의 자유물체도를 생각하면 여기에 작용하는 힘으로는 각 면에 수직한 방향의 힘, 즉, 수직방향의 표면력과 중력뿐이다.

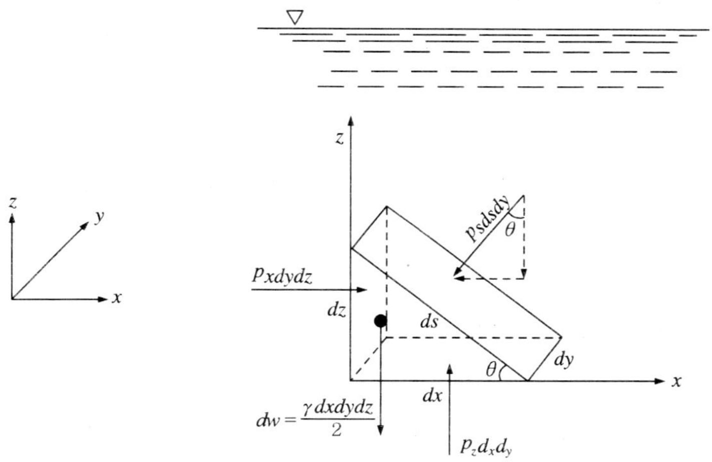

그림 2.4 유체의 자유물체도

따라서 X 및 Z방향의 힘의 성분을 고려하여 평형방정식을 세우면

X방향 : $\Sigma F_x = 0$ 이어야 하므로

$$p_x dydz - p_s dsdy sin\theta = 0$$

그런데 $ds sin\theta = dz$ 이므로 식에 대입하면

$$\therefore\ p_x = p_s \tag{2.5}$$

Z방향 : $\Sigma F_z = 0$ 이어야 하므로

$$p_z dxdy - p_s dsdycos\theta - \frac{\gamma dx\ dydz}{2} = 0$$

여기서, $dscos\theta = d_x$ 이고, 극히 작은 미소 입방체이므로 $\frac{dz}{2}$ 는 무시해도 된다.

$$\therefore\ p_z = p_s \tag{2.6}$$

결국 식 (2.5)와 (2.6)으로부터

$$\therefore\ p_x = p_z = p_s \tag{2.7}$$

여기서, 각 θ 는 임의의 각이므로 식 (2.7)은 정지유체 속의 한 점에 작용하는 압력은 모든 방향에서 같다는 것을 증명한다.

그러나 유체가 움직여 하나의 유체층이 인접한 층에 대하여 상대적으로 운동한다면 전단력이 생기고, 일반적으로 한점에 작용하는 수직력들은 같지 않을 것이다. 「마찰이 없는 즉, 점성계수가 영인 가상 유체에 있어선 어떠한 유체운동에 대해서도 전단응력은 생기지 않고 한점에 작용하는 압력은 모든 방향에서 동일하다.」

2.5 정수역학의 기본방정식

정수역학에서의 기본방정식은 유체속에서의 압력, 밀도 및 수직거리에 관한 관계를 준다. 이러한 기본방정식을 유도하기 전에 우선 명백히 알아 두어야 할 특수한 성질이 있다. 즉「연속되어 있는 정지유체에서 동일수평면상의 임의의 2점에서의 압력은 언제나 같다.」

본 절에서는 비압축성 유체속에서의 압력변화를 생각하기로 한다.

정지한 유체의 평형은 다음을 만족해야 한다.

$$\Sigma F = 0$$

먼저 중력장내의 정지유체에서 미소한 요소에 작용하는 힘의 평형을 생각해보자. z 방향의 축을 중력방향으로 설정하면 그림 2.5와 같다.

유체입자사이에 상대적인 운동이 없기 때문에 이 요소에 작용하는 전단력은 존재하지 않으나 압력에 의한 수직응력과 중력만이 존재한다.

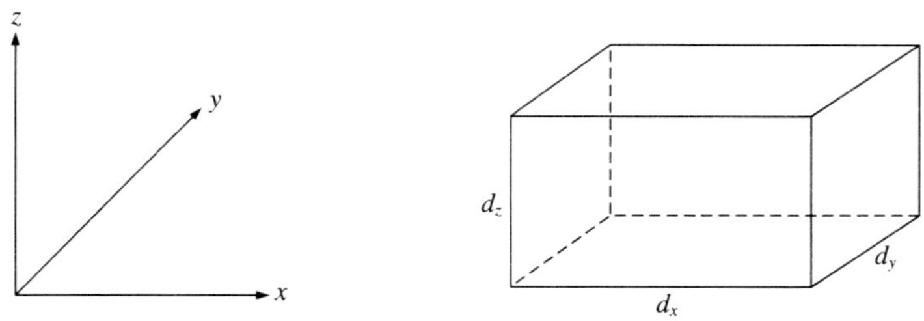

그림 2.5 유체요소의 좌표축 설정

x방향에서 $\Sigma F_x = 0$ 임을 안다. 중력은 x방향으로 작용하지 않기 때문에 왼쪽면의 압력을 p라고 하면 그림 2.6처럼 오른쪽 면에 작용하는 압력은 $p+\dfrac{\partial p}{\partial x}dx$이다.

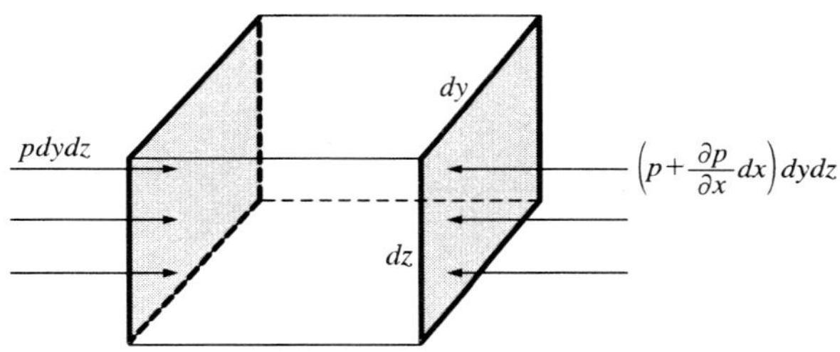

그림 2.6 미소면적($dydz$)에 작용하는 x방향의 힘

이들 힘을 합하면

$$pdydz \ - \ (p+\frac{\partial p}{\partial x}dx)dydz \ = 0$$

혹은

$$\frac{\partial p}{\partial x} = 0 \tag{2.8}$$

마찬가지로, y방향으로도 중력은 작용하지 않기 때문에 다음과 같이 쓸 수 있다.

$$\frac{\partial p}{\partial y} = 0 \tag{2.9}$$

그러나 z방향에서는 중력을 고려해야 하므로 그림 2.7과 같이 된다. 즉,

$$\Sigma F_z = 0$$

$$pdxdy \ - \ (p+\frac{\partial p}{\partial z}dz\ )dxdy \ - \ \gamma dxdydz \ = 0$$

간단히 정리하면,

$$\therefore \ \frac{dp}{dz} \ = -\gamma \ z \tag{2.10}$$

분석해 보면 우리는 정지한 유체의 압력은 오직 중력방향에 따라서만 변한다는 것을 알 수 있고 식 (2.10)을 정수역학의 기본방정식이라고 한다.

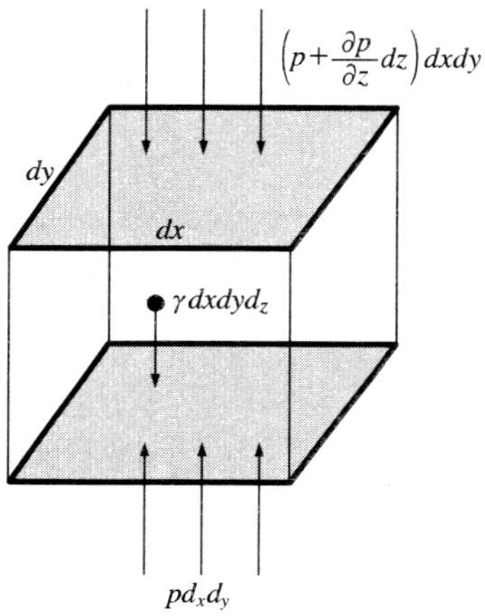

그림 2.7 미소면적($dxdy$)와 미소체적($dxdydz$)에 작용하는 z방향의 힘

유체의 비중량 γ가 일정한 경우 식 (2.10)을 자유표면 1점에서 임의 깊이 2점까지 적분하면

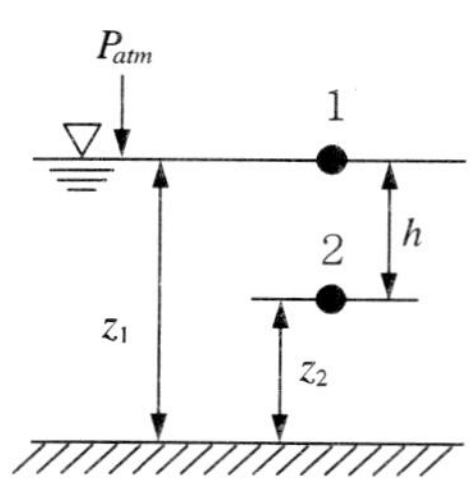

$$\int_1^2 dp \ = -\gamma\int_1^2 dz$$

$$p_2 - p_1 \ = \gamma(z_1 - z_2)$$

$z_1 - z_2 = h$ 라 하면

$$\therefore\ p_2 - p_1 = \gamma h \tag{2.11}$$

로 된다. 여기서 h는 자유표면 밑 깊이(수직거리)이고, p_1은 유체의 자유표면에 가해지는 압력으로 이를 대기압이라면

$$p_2 = p_{atm} + \gamma h \tag{2.12}$$

이다. 식 (2.12)로 계산되는 압력은 **절대압력**이고, 절대압력은 완전진공을 기준으로 한 압력이다. 자유표면하 h깊이에서의 압력을 **계기압력**으로 계산하려면

$$\therefore\ p_{gage} = \gamma h \tag{2.13}$$

을 사용하여 계산해야 한다.

대기에 개방된 액체의 자유표면을 "위" 점으로 잡는다면(그림 2.8), 여기서 압력은 대기압 P_{atm}이다. 식 (2.12)로부터 자유표면 아래로 깊이가 h인 곳의 압력은 다음과 같다.

$$P = P_{atm} + \rho g h \text{ 또는 } P_{gage} = \rho g h$$

액체는 본질적으로 비압축성 물질이고, 따라서 깊이에 따른 밀도의 변화는 무시할 수 있다. 그러나 온도에 따른 액체나 기체의 밀도 변화는 상당히 클 수 있으며, 높은 정확도가 요구될 때에는 이를 고려할 필요가 있다. 또한 바다와 같이 매우 깊은 곳에서는 액체의 밀도변화가 클 수 있는데, 이는 막대한 액체 무게에 의한 압축 때문이다.

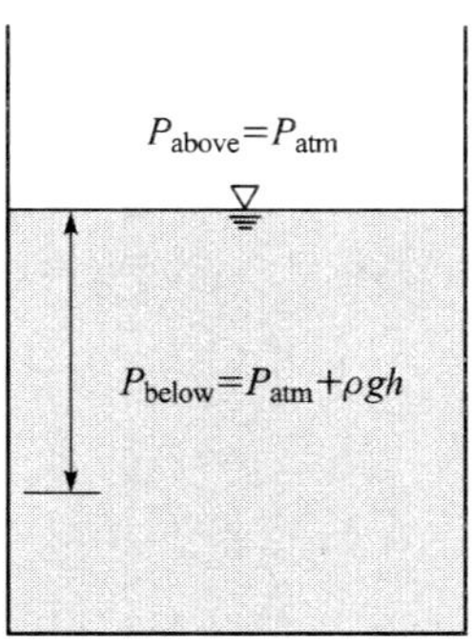

그림 2.8 정지 액체 내의 압력은 자유표면으로부터의 거리에 따라 선형적으로 증가한다.

예제 2.1

비중 0.85인 기름이 들어있는 용기가 있다. 자유표면으로부터 10m 깊이에 있는 점의 압력을 계기압력과 절대압력으로 계산하라. 단, 대기압은 $p_0 = 1.04\ \text{kg/cm}^2$이다.

풀이)

기름의 비중량 $\gamma = s \cdot \gamma_w = 0.85 \times 1{,}000 = 850\text{kgf/m}^3$

따라서 계기압력 $p_{gage} = \gamma h = 850 \times 10 = 8{,}500(\text{kgf/m}^2) = 0.85\text{kgf/cm}^2$

절대압력 $p_{abs} = p_{gage} + p_0 = 0.85 + 1.04 = 1.89\text{kg/cm}^2$

2.6 압력의 단위와 측정

2.6.1 압력계

압력은 상대적인 차를 측정하는 계기압력(gage pressure)과 절대압력(absolute pressure)이 있다. 이 두 압력의 측정방법과 환산하는 방법을 명백히 알아서, 계산할 때에 혼돈하지 않도록 주의해야 한다. 계기압력을 측정하는 가장 대표적인 기구는 버어돈 압력계(Bourdon gage)와 개구 U관이 있고, 절대압력은 aneroid기압계와 보통 수은압력계(mercury barometer)로 측정된다. 그림 2.8에서 보는 바와 같이 버어돈 압력계는 이 압력계의 B점에 직접 연결된 압력과 외부에 대기압과의 상대적인 압력차를 읽을 수 있도록 만들어진 계기이다. 그러므로 만일에 B점에서의 압력이 외부에서의 압력과 같게 되면 이 버어돈 압력계의 눈금은 0이라는 것을 가리키게 된다. 다시 말하면 「계기압력이 0이라는 것은 압력 그 자체가 0이라는 것을 말하는 것이 아니고 외부와의 압력차가 없다는 것을 말하는 것으로 대기 중에서 이 압력계를 사용하였을 때는 B점에 연결된 압력이 대기압력과 같음을 뜻하는 것이다.」

대부분의 기계장치에 부착되어 있는 압력계는 모두 버어돈 압력계로서 대기압력과의 차를 나타내도록 되어 있다. 따라서 여기서 측정한 압력은 계기압력이고 그저 단순히 압력이라고 부른다. 특별히 절대압력이라고 명시하지 않는 한 압력이라고 하면 계기압력을 뜻함을 명심해야 한다.

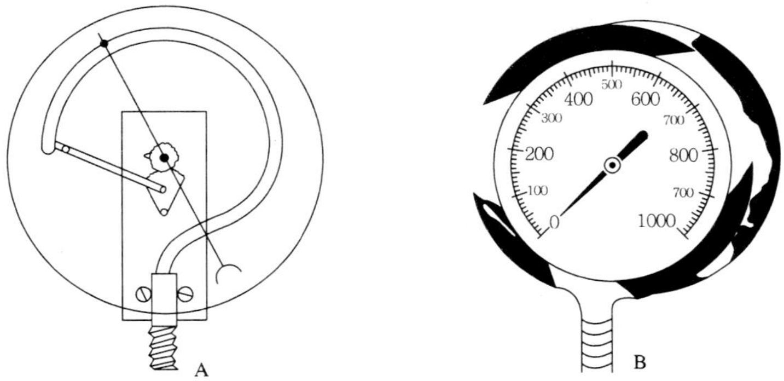

그림 2.9 버어돈 압력계(Bourdon gage)

유체역학에서 문제를 풀 때 압력 p는 계기압력이 아니고 절대압력을 사용해야 한다. 그리고 이상기체 상태 방정식의 모든 계산에서도 압력은 절대압력을 사용한다. 따라서 버어돈 압력계로 측정된 압력이나 주어진 압력은 모두 절대압력으로 환산한 다음에 대입시켜야 한다.

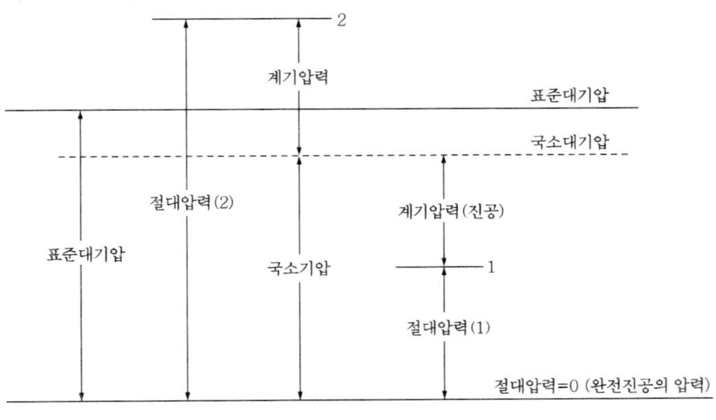

그림 2.10 절대압력과 계기압력

그림 2.10에서 절대압력과 계기압력 사이의 관계를 도시한다. 대기압(atmospheric pressure)은 지구를 둘러싼 공기가 누르는 압력이고, 표준대기압(standard atmospheric pressure)의 크기는 다음과 같다.

$$
\begin{aligned}
1\text{atm} &= 760\text{mmHg} && [\text{중력단위}] \\
&= 1.03323\text{kg}_f/\text{cm}^2 && [\text{중력단위}] \\
&= 101,235\text{N/m}^2 && [\text{SI 단위}] \\
&= 10.332\text{mH}_2\text{O} && [\text{SI 단위}]
\end{aligned}
$$

공학에서는 일반적으로 국소대기압(local atmospheric pressure)을 기준으로 하여 압력을 측정한다. 국소대기압을 기준으로 하여 측정한 압력을 계기압력(gage pressure)이라 하고, 계기압력보다 낮은 압력(혹은 국소대기압보다 낮은 압력)을 진공 또는 부압이라고 한다. 예를 들면 점 1의 압력이 450mmHg의 절대압력이라 할 때 만일 국소대기압 745mmHg이면 계기압력은 −295mmHg 혹은 295mmHg의 진공이다.

완전진공을 기준으로 하여 측정한 압력을 절대압력(absolute pressure)이라 하고 절대압력은

$$p_{abs} = p_0 + p_g \tag{2.14a}$$

로 되고 p_g가 부압이면

$$p_{abs} = p_0 - \text{진공압} \tag{2.14b}$$

으로부터 계산된다. 여기서 p_{abs}는 절대압력, p_0는 국소대기압, p_g는 계기압력이다.

컵에 들어 있는 물에 작용하는 힘의 관점에서 생각하여 컵의 밑바닥에 걸리는 압력을 $p[Pa]$, 바닥까지의 깊이를 $z[m]$라고 하면, 물기둥의 균형조건은 다음 식으로 나타낼 수 있다. 이때 대기압의 방향은 아래쪽을 정방향으로 본다.

$$p = p_0 + \rho g z [Pa]$$

여기서 컵 위에 엽서 등을 얹고 컵을 거꾸로 해도 컵 안에 있는 물이 흘러나오지 않는다. 이것은 컵 아래에서 대기압이 작용하고 있기 때문이다. 대기압은 컵의 수면을 향하여 작용하기 때문에 그림 2.11과 그림 2.12에서의 대기압 p_0의 방향은 서로 반대가 된다.

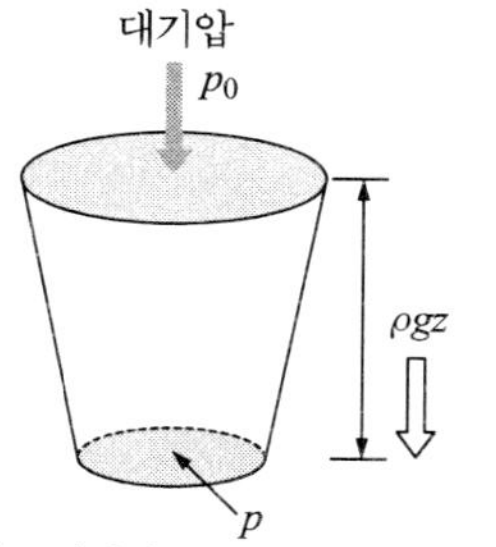

그림 2.11 컵에 작용하는 힘

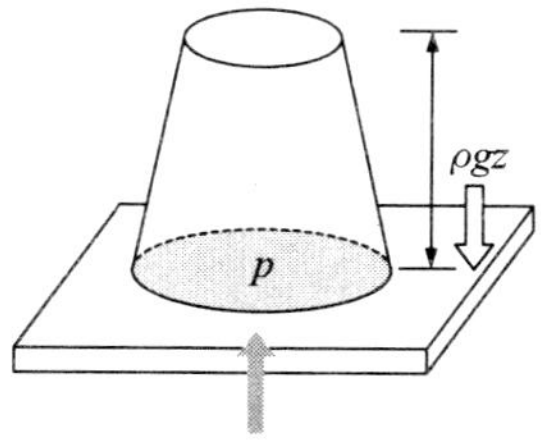

그림 2.12 컵을 뒤집어놓은 상태

그림 2.12와 같이 거꾸로 놓인 컵에서는 다음 식이 성립한다.

$$p = \rho gz - p_0 [Pa]$$

이때 p_0의 값은 ρgz보다 크기 때문에 p는 항상 음의 값이 된다. 다시 말해 컵 속의 물을 압축하려는 힘이 작용하기 때문에 물이 흘러나올 수 없게 된다.

물이 흘러나오는 순간에는 $p = 0$이므로

$$0 = \rho gz - p_0$$

가 되고, 이 식을 변형하면 $p_0 = \rho gz$가 되기 때문에 이 식을 z에 관하여 풀면 다음 식이 유도된다.

$$z = \frac{p_0}{\rho g}$$

여기에서 p_0=101.3kPa, ρ=1,000kg/m^3, $g = 9.8m/s^2$을 대입하면,

$$z = \frac{101.3 \times 10^3}{10^3 \times 9.8} = 10.34[m]$$

따라서 10.34m가 물을 빨아올릴 수 있는 최대 높이가 된다.

예제 2.2

어떤 계기의 눈금이 0.3kg_f/cm^2이었다. 계기압력으로 ①kgf/m^2, ②mmHg, ③mH_2O, 절대압력으로 ④mmHg, ⑤atm, ⑥kgf/cm^2로 표시하라. 단 기압계의 읽음은 750mmHg이다.

풀이)

① p_g = 0.3 kgf/cm^2 = 0.3 × $10^4 kgf/m^2$

② $p_g = 0.3\ \text{kgf/cm}^2 = 0.3 \times \dfrac{760}{1.0332}\text{mmHg} = 220\text{mmHg}$

③ $p_g = 0.3\ \text{kgf/cm}^2 = 0.3 \times \dfrac{10.332}{1.0332}\text{mH}_2\text{O} = 3\text{mH}_2\text{O}$

절대압력 $p_{abs} = p_0 + p_g$ 이므로

④ ②에서 $p_{abs} = 750 + 220 = 970\text{mmHg}_{abs}$

⑤ ④에서 $p_{abs} = \dfrac{970}{760} = 1.276\text{atm}$

⑥ ⑤에서 $p_{abs} = 1.276 \times 1.0332 = 1.32\text{kgf/cm}^2{}_{abs}$

2.6.2 액주계(manometer)

수압관(piegometer)은 그림 2.13에 나타난 것 같이 다른 끝이 대기에 열려 있으며 수체에 연결된 단일 관이다. 수압관에 들어온 물은 압력에 비례하는 높이에 도달할 때까지 올라간다. 그림 2.14에 나타낸 것처럼 정지 수력계에서 점 B에 배치한 수압관은 점 A의 저수조 높이와 같은 높이를 나타낸다. 동적인 계에서 운동하는 물을 갖는 점 B에 배치한 수압관은 점 A의 저수조 높이보다 더 작은 높이를 나타낸다. 이 압력의 강하는 물의 운동에 의한 것이고 압력 측정에 수압관을 응용한다.

수압관을 정확하게 조립하기 위하여 길이가 월류없이 물의 예감된 증가에 순응하도록 충분해야 한다. 또한 관경은 관벽 점착에 의한 뒤틀림을 피하도록 충분히 커야 하는데 보통은 관경 12mm이면 충분하다.

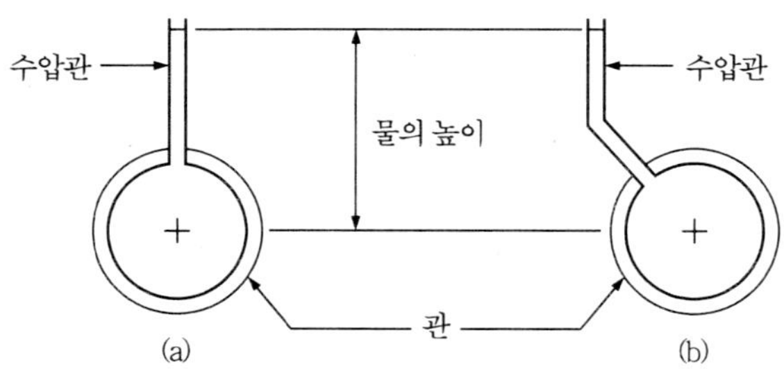

그림 2.13 관내 수압측정에 이용된 수압관(압력이 같다면 수압관의 물높이가 같다)

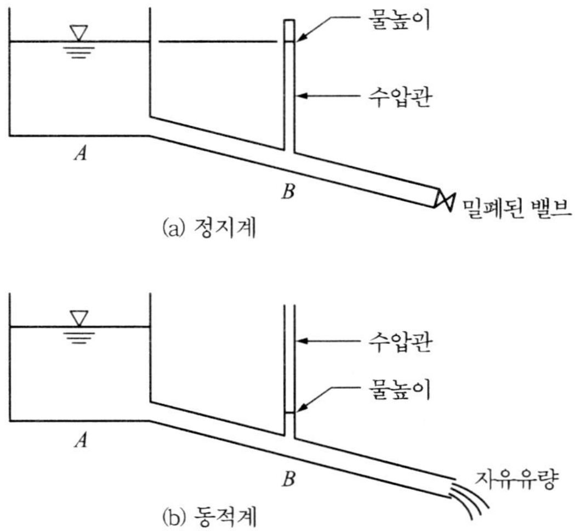

그림 2.14 정지계와 동적계에서 압력측정에 이용된 수압관

액주계란 액주의 높이로서 압력이나 임의의 2점 사이의 압력차를 측정하는 계기로서, 비교적 정밀한 압력을 측정할 수 있으나 높은 압력과 큰 압력차를 측정하기는 곤란하다. 그림 2.15와 같은 유체가 유동하고 있는 관(pipe)의 한쪽에 연결하고 다른 한쪽은 대기와 접하도록 설치되어 있다. 그림 (a)와 같이 액주계의 액체가 측정하려는 유체와 같은 경우는 **수압관**(piezometer)이라고 부르며, 그림 (c)와 같이 U자형 유리관에 측정할 액체와 다른 액체를 넣고 사용할 때를 **액주계**(manometer)라고 한다.

액주계의 기본이 되는 것은 수압관으로 대기압보다 약간 높은 압력을 측정하는데 사용된다. 관내의 임의 지점(A)의 압력을 수압관으로 측정하려면 그 점으로부터 액주의 높이 h를 측정하여 다음 식으로 계산한다.

$$p_{Agage} = \gamma h \tag{2.15a}$$

$$p_{Agage} = p_0 + \gamma h \tag{2.15b}$$

만일 수압관으로 진공을 측정하면 공기가 흡입되고, 또 높은 압력을 측정할 때는 상당히 긴 액주가 필요하게 되므로 이러한 경우는 수압관을 사용할 수 없다.

비교적 낮은 압력이나 진공도가 작은 진공압력은 그림 2.15(b)와 같은 U자관 액주계를 사용한다.

이 그림에서 점 A의 압력은

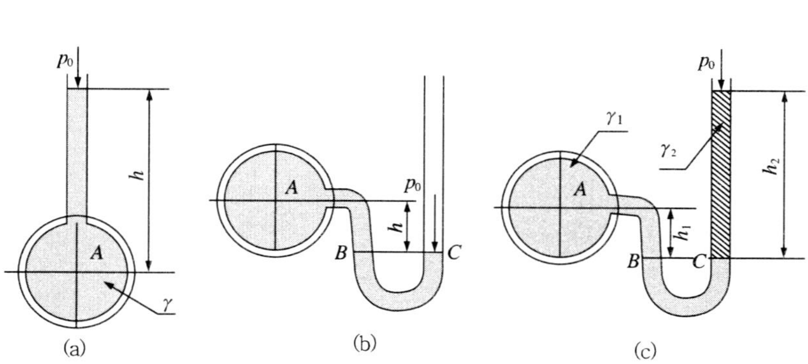

그림 2.15 액주계

$$p_{Agage} = -\gamma h \tag{2.16a}$$

$$p_{Aabs} = p_0 - \gamma h \tag{2.16b}$$

이다.

큰 압력을 측정할 경우에는 U자관 액주계에 비중이 큰 제 2의 액체를 사용한다(그림 2.15(c)).

제 1, 제 2액체의 경계를 지나는 수평면에 대한 힘의 평형으로부터

$$p_A + \gamma_1 h_1 = \gamma_2 h_2 + p_0$$

의 관계를 얻는다. 여기서 p_0는 U자관 액주의 자유표면에 작용하는 대기압이다.

복잡하게 구성된 액주계를 사용하여 압력을 측정할 경우에는 다음과 같은 법칙을 적용하면 쉽게 계산할 수 있다.

① 먼저 액주계의 한쪽 끝으로부터 시작하여, 이 단에 작용하는 압력에 제 1경계면까지의 압력변화 $\gamma_1 h_1$을 경계면이 아래쪽에 있을 때 더하고, 위쪽에 있을 때 뺀다.

② 다시 액주계를 따라 다음 경계면까지의 압력변화 $\gamma_2 h_2$를 경계면이 아래쪽(제 1경계면보다)에 있으면 1에서 얻은 결과에 더하고 위쪽에 있으면 뺀다.

③ 이 과정을 밟아 액주계의 다른 쪽 끝단까지 계속해서 얻은 결과와 다른 쪽 끝단에 작용하는 압력과 같게 놓는다.

④ ③에서 얻은 결과를 구하고자 하는 압력에 대하여 푼다.

이 법칙을 적용하면 그림 2.16과 같은 시차액주계(differential manometer)의 압력차 $p_A - p_B$를 쉽게 계산할 수 있다.

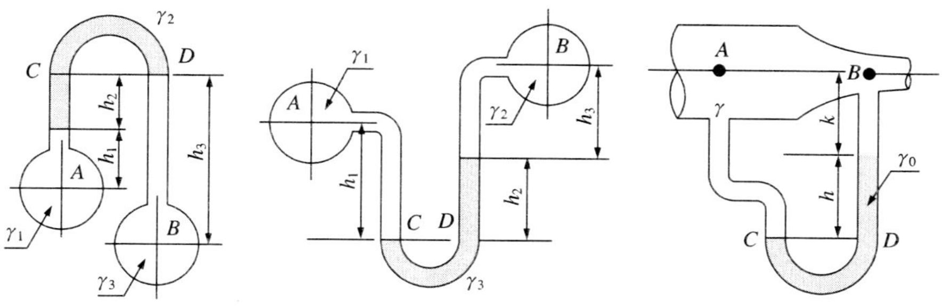

그림 2.16 시차액주계

시차액주계는 두 개의 탱크나 관속에 있는 유체의 압력차를 측정하는 계기이다. 압력차는 위에서 설명한 액주계에 관한 기본법칙 또는 2.3절에서 설명된 바와 같이 「연속되어 있는 정지유체에서 동일평면상의 임의의 2점에서의 압력은 언제나 같다.」는 원리와 방정식 $p_{gage} = \gamma h$를 적용시키면 쉽게 계산할 수 있다. 예를 들면 액주계에 관한 기본법칙을 적용하면 압력차는 다음과 같이 된다.

그림 2.16(a) : $p_A - \gamma_1 h_1 - \gamma_2 h_2 + \gamma_3 h_3 = p_B \quad \therefore p_A - p_B = \gamma_1 h_1 + \gamma_2 h_2 - \gamma_3 h_3$

그림 2.16(b) : $p_A + \gamma_1 h_1 - \gamma_2 h_2 - \gamma_3 h_3 = p_B \quad \therefore p_A - p_B = \gamma_3 h_3 + \gamma_2 h_2 - \gamma_1 h_1$

그림 2.16(c) : $p_A + \gamma(k+h) - \gamma_0 h - \gamma k = p_B \quad \therefore p_A - p_B = h(\gamma_0 - \gamma)$

2.6.3 경사 압력계(Inclined manometer)

미세한 압력을 재는 경우에는 비중이 1인 증류수를 사용해도 양 수주의 차이를 판별하기가 매우 어렵다. 이러한 경우에는 그림 2.17과 같이 수압관(piezometer tube)을 임의 각도로 경사지게 설치하면 매우 작은 수주의 높이차이(그림에서 h)를 사변(그림에서 S)으로 크게 확대시켜 읽을 수 있다. 그리하여 미세압의 눈금차이 h를 다음과 같이 계산한다.

$$h = S \sin\theta \tag{2.17}$$

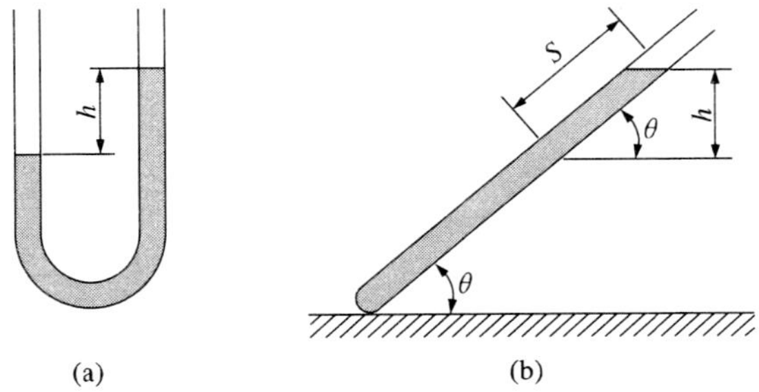

그림 2.17 경사압력계

예제 2.3

그림 2.18과 같이 수직관에 비중이 0.9인 기름이 흐르고 있다. 지금 관에서의 압력 p_x를 측정하기 위해 액주계를 그림과 같이 부착시켰다. 압력계에서의 읽음 p_x는 얼마나 될 것인가? (압력의 단위를 N/m^2과 bar로 나타내어라.)

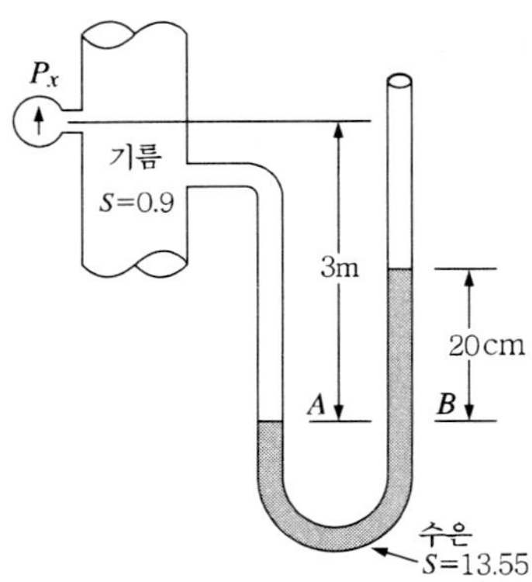

그림 2.18 액주계

풀이)

물의 비중량 γ는 9,800 N/m^3이다. A와 B점은 동일 평면상에 있으므로 $p_A = p_B$가 된다. 따라서

$$p_A = p_x + (0.9 \times 9{,}800) \times 3$$

$$p_B = (13.55 \times 9{,}800) \times 0.2$$

$p_A = p_B$로부터

$$p_x = (13.55 \times 9{,}800) \times 0.2 - (0.9 \times 9{,}800) \times 3$$

$$\therefore\ p_x = 98(N/m^2)$$

$$= 9.8 \times 10^{-4}\text{bar}$$

예제 2.4

그림 2.19의 액주계에서 압력차 $p_A - p_B$는 몇 kgf/cm^2인가? 또 몇 bar인가?

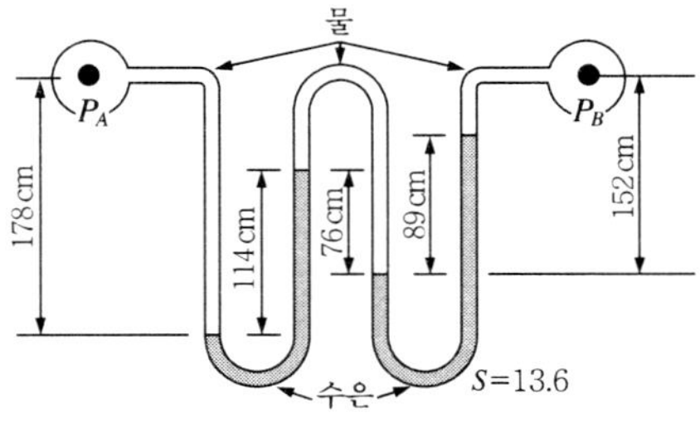

그림 2.19 액주계

풀이)

물의 비중량 $\gamma = 1{,}000 kgf/m^3$, 수은의 비중량 $\gamma_{Hg} = 13.6 \times 1{,}000 kgf/m^3$

$$p_A + 1{,}000 \times 1.78 - 13{,}600 \times 1.14 + 1{,}000 \times 0.76 - 13{,}600 \times 0.89 - 1{,}000(1.52 - 0.89) = p_B$$

$$\therefore\ p_A - p_B = 13{,}600(1.14 + 0.89) + 1{,}000(1.52 - 0.89) - 1{,}000(1.78 + 0.76)$$
$$= 25{,}698(kgf/m^2)$$
$$\fallingdotseq 2.57 kgf/cm^2$$
$$= 2.52\ bar$$

2.7 압력의 전달

그림 2.20과 같은 U자관의 개구부의 단면적을 a_1, a_2라 하고, 여기에 물을 채웠을 때 수면으로부터 임의의 깊이 H의 위치에 C점을 취하여 C점에 작용하는 수압의 강도 p_c는

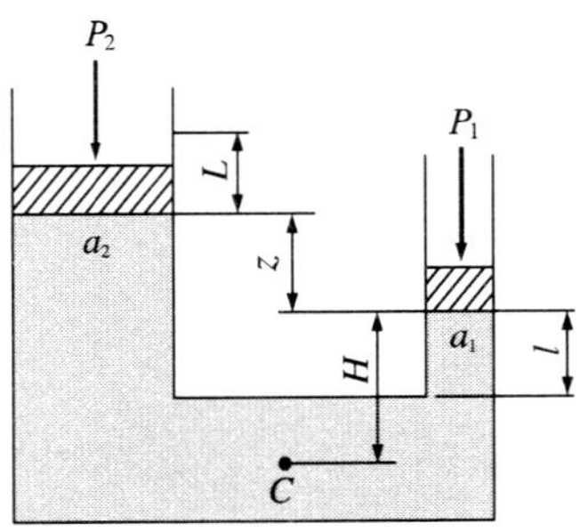

그림 2.20

$$p_c = \gamma H \tag{2.18}$$

가 된다.

지금 U자관의 양 개구부를 마개로 밀폐시켜 P_1, P_2의 압력을 가하면 a_1, a_2 단면적에 작용하는 수압 강도 p_1, p_2는

$$p_1 = \frac{P_1}{a_1}, \quad p_2 = \frac{P_2}{a_2} \tag{2.19}$$

로서 수중의 C점에 작용하는 압력강도는

$$p_c = \frac{P_1}{a_1} + \gamma H = p_1 + \gamma H \tag{2.20}$$

가 된다.

여기에서, γH는 a_1에 압력을 가하기 전의 C점의 수압이므로 새로운 압력을 가하면 C점에 가해지는 압력은 p_1이다. 이와 같이 밀폐된 용기 내에 액체를 가득 채우고 여기에 압력을 가하면 압력은 용기 전체에 균등하게 전달된다. 이것을 **파스칼(Pascal)의 원리**라 한다.

U자관을 마개로 밀폐하고 외부에서 압력 P_1, P_2를 가하여 평행시켰을 때 a_1, a_2단면에서의 수압강도는

$$\frac{P_1}{a_1} = \frac{P_2}{a_2} + \gamma z \tag{2.21}$$

의 관계가 성립된다. 외부에서의 압력을 충분히 크게 할 때는 γz는 P에 비하여 미소하므로 생략하여

$$\therefore \frac{P_1}{a_1} = \frac{P_2}{a_2} \tag{2.22}$$

가 된다.

또, a_1 단면에 P_1이 작용하였을 때, l만큼 피스톤이 아래로 이동되었을 때 a_2단면의 피스톤은 L만큼 위로 이동하였다면 물은 힘을 가해도 체적의 변화는 없다. 적은 피스톤이 아래로 이동할 때 물의 체적 $a_1 l$과 큰 피스톤 중의 물의 체적 $a_2 L$은 동일하게 된다.

즉,

$$a_1 l = a_2 L(m^3) \tag{2.23}$$

양변에 p를 곱하면,

$$pa_1 l = pa_2 L(kg \cdot m)$$

$$\therefore L = \frac{P_1}{a_1} = l \quad 또는 \quad l = \frac{P_2}{a_2} L \tag{2.24}$$

여기서, pa : 피스톤에 작용하는 전압력

l, L : 피스톤의 이동 거리

pal : 피스톤의 일량

예제 2.5

원형피스톤 A와 W의 직경은 각각 3cm와 20cm이다. 피스톤의 힘은 같은 표고에서 작용하고 사이의 통로는 비압축성 기름으로 가득 차 있다. 100N의 힘 P가 그림 2.21에서 지렛대 끝에 작용하였다. 무게 W는 수력잭을 지지할 수 있는가?

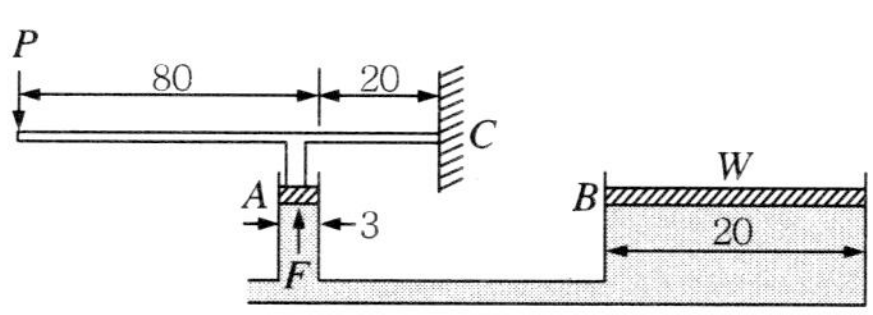

그림 2.21 수력 잭

풀이)

P와 F에 의해 생성된 모멘트를 균형시켜 평형조건으로 얻는다.
C점에 관한 모멘트를 취하면

$$P \times (80 + 20) = F \times 20$$

$$100 \times 100 = F \times 20$$

$$\therefore F = 500N$$

파스칼 법칙으로부터 A에 적용된 압력 P_a는 B에 적용된 P_b와 같아야 한다.

$$P_a = \frac{F}{\frac{1}{4}(\pi \times 3^2)}, \quad P_b = \frac{W}{\frac{1}{4}(\pi \times 20^2)}$$

$$\frac{500}{\frac{1}{4} \times \pi \times 3^2} = \frac{W}{\frac{1}{4} \times \pi \times 20^2}$$

$$\therefore W = 500 \times \frac{20^2}{3^2} = 22,222 \text{ N}$$

2.8 물에 잠겨있는 물체에 작용하는 힘

물속의 평면에 작용하는 정수압에 의한 힘의 크기와 작용방향 및 작용점을 결정하는 문제는 댐, 수문, 수조 및 선박의 설계에 있어서 대단히 중요한 위치를 차지한다.

물속의 평면이 자유표면과 평행할 경우에 작용하는 힘은 압력분포가 그 평면을 따라 일정하므로 대단히 쉽게 구할 수 있다. 그러나 자유표면과 평행하지 않는 평면, 즉 연직면, 경사면에 작용하는 힘은 압력분포의 길이에 따른 변화 때문에 까다로워지지만 정수압은 깊이에 따라 직선적으로 변하므로 정도 이상으로 복잡한 것은 아니다. 정지유체 중의 수평면, 경사면에 작용하는 전압력의 크기와 작용점은 압력프리즘의 개념을 이용하면 쉽게 알 수 있다. **압력프리즘**(pressure prism)이란 압력분포 $p = \gamma h$를 척도로 면에 수직하게 그릴 때 생기는 프리즘을 말한다.

면에 작용하는 힘(전압력)은 압력프리즘의 체적과 같고, 작용선은 압력프리즘의 중심선을 통과한다.

2.8.1 수평면에 작용하는 힘

정지유체중에 잠겨있는 수평면은 액체의 자유표면으로부터 같은 깊이(h)에 놓여져 있으므로 평면의 한쪽면에 작용하는 압력 $p = \gamma h$는 평면 전체면에 균등하게 수직으로 작용한다. 따라서 평면에 작용하는 힘의 크기 P(전압력)는 미소면적 dA에 작용하는 힘 $dp = p$dA를 전수평면에 대하여 적분하여 얻을 수 있다.

$$
\begin{aligned}
\mathrm{P} &= \int_A dp = \int_A p dA = p \int_A dA = pA \\
&= \gamma h \mathrm{A} = \gamma \cdot V
\end{aligned}
\tag{2.25}
$$

즉,「전압력의 크기는 압력프리즘의 체적 또는 수평면 상방의 액체무게와 같다.」는 것을 알 수 있다.

그리고 압력은 평면에 수직하고 방향은 평면을 향한다. 전압력의 작용점은 압력프리즘의 중심 또는 유체무게 중심을 통과하고 평면에 수직이므로 평면의 중심점과 일치한다.

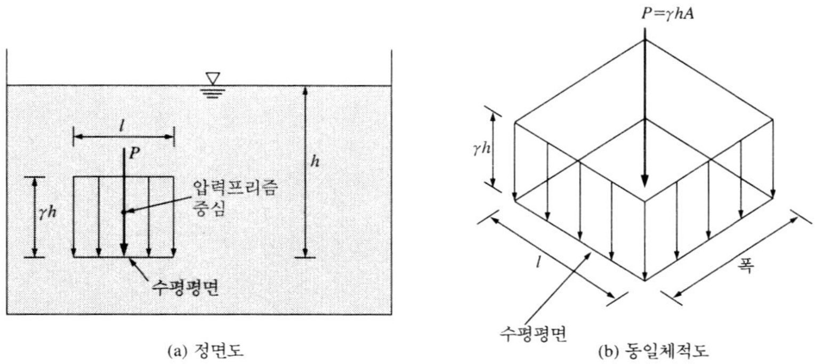

(a) 정면도 (b) 동일체적도

그림 2.22 잠긴수평면에 관한 압력분포

2.8.2 연직면에 작용하는 힘

정지유체 중의 연직평면에 작용하는 압력은 그림 2.23에서 보는 바와 같이 평면상단에서 $p_1 = \gamma h_1$, 하단에는 $p_2 = \gamma h_2$이므로 전압력은 압력프리즘(pressure prism)의 개념에 의해서 결정된다.

그림 2.23에서 평면이 직사각형이고 폭이 b이면 연직평면에 작용하는 전압력은 다음과 같다.

$$\mathrm{P} = \frac{(\gamma h_1 + \gamma h_2)}{2} b(h_2 - h_1) = \frac{\gamma b(h_2^2 - h_1^2)}{2} \tag{2.26}$$

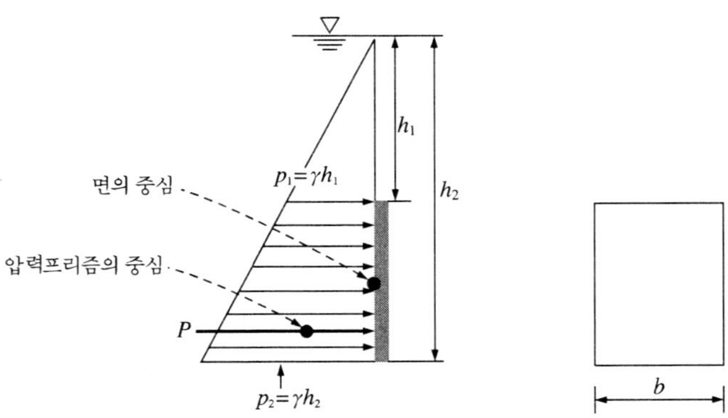

그림 2.23 연직면에 작용하는 힘

이때 압력 p는 변수이며 전압력 P의 작용점은 『어떤 축에 관한 분력의 모멘트의 합은 그 축에 관한 합력의 모멘트의 합과 같다.』는 Varignon의 원리를 적용하여 구할 수 있다.

한편 임의의 연직 평면에 작용하는 경우의 전압력과 작용점의 위치는 수심이 h인 곳의

미소면적 dA, 폭을 b라 하면(그림 2.24)

$$dA = b\,dh$$

$$dp = \gamma h\,dA = \gamma h\,b\,dh$$

전면적 A에 작용하는 전수압 P는

$$P = \int_A \gamma h\,dA$$

$$= \int_{h_1}^{h_2} \gamma h\,b\,dh$$

$$= \gamma \int_{h_1}^{h_2} h\,b\,dh$$

$$\therefore\ P = \gamma h_G A \tag{2.27}$$

작용점 hc는 수면에 대한 모멘트를 취하면

$$P \cdot h_c = \int_A h\,dp$$

$$= \int_{h_1}^{h_2} \gamma h\,b\,dh\,h$$

$$= \gamma \int_{h_1}^{h_2} h^2 b\ dh = \gamma\ I$$

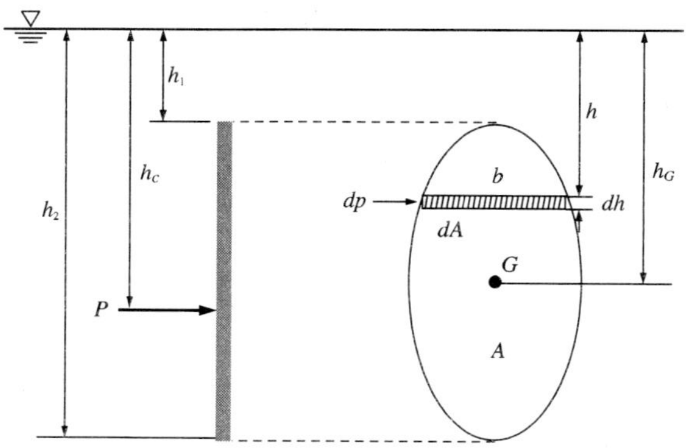

그림 2.24 임의의 연직면에 작용하는 힘

임의의 축에 대한 단면 2차 모멘트는 중립축에 대한 단면 2차 모멘트와 다음과 같은 관계 $I = I_G + A\ h_G{}^2$이므로

$$P \cdot h_c = \gamma I \ = \gamma(I_G + Ah_G{}^2)$$

$$\therefore h_c = \frac{\gamma(I_G + Ah_G{}^2)}{P} = \frac{\gamma(I_G + Ah_G{}^2)}{\gamma h_G\, A} = h_G + \frac{I_G}{A\ h_G} \tag{2.28}$$

2.8.3 경사면에 작용하는 힘

경사진 평면의 한쪽에 작용하는 전압력은 균일압력이 아니므로 미소면적에 대한 힘의 적분으로 구한다. 그림 2.25(b)에서 보는 바와 같이 수평으로 잡은 미소면적 dA에서의 압력은 수면으로부터 경사면을 따라 거리 y인 곳의 압력으로서 dA에서의 압력은 $dP = \gamma y \sin\theta\, dA$이다. 따라서 전압력은

$$P = \int_A dp = \int_A \gamma y sin\theta dA = \gamma \sin\theta \int_A ydA \tag{2.29a}$$

여기서 $\int_A ydA$ 는 0 − x축에 대한 면 A의 1차 모멘트로 y_c를 써서 다음과 같이 표시할 수 있다. 즉,

$$\int_A ydA = y_c \cdot A$$

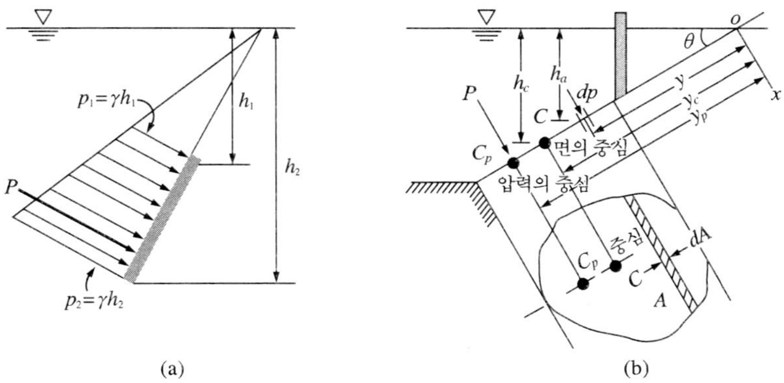

그림 2.25 압력프리즘과 경사면에 작용하는 힘

이 관계를 식 (2.29a)에 대입시키면

$$P = \gamma \cdot Ay_c \sin\theta \tag{2.29b}$$

그리고 $h_c = y_c \sin\theta$ 인 관계를 이용하여 유체에 의해서 면 A에 작용하는 전압력은 다음과 같이 유도된다.

$$\therefore\ P = \gamma h_c A \tag{2.30}$$

따라서 「임의의 경사진 면에 작용하는 유체의 전압력은 면적 A에 면의 중심점에서의 압력 γh_c 를 곱한 값과 같다」

그리고 정지하고 있는 유체에 있어서는 전단응력은 존재할 수 없음으로 「힘의 작용방향은 면에 수직한 방향이 된다」 그리고 힘의 작용점 위치는 Varignon원리를 적용하여 구한다. 먼저 0 − x축에 관한 힘의 작용점 위치 y_P를 구하고자 Varignon원리를 적용하면

합력(P)이 이루는 모멘트 = 분력이 이루는 모멘트의 합

$$P \cdot y_P = \int_A y\,dp = \int_A yp\,dA = \int_A y\gamma y \sin\theta\,dA = \gamma\sin\theta \int_A y^2 dA$$

$$\therefore\ y_P = \frac{\gamma\sin\theta}{P}\int_A y^2 dA = \frac{\gamma\sin\theta}{\gamma y_c \sin\theta A} \cdot I_x = \frac{I_x}{y_c \cdot A} \tag{2.31}$$

여기서 $\int_A y^2 dA$는 면 A의 0 − x축에 관한 관성모멘트(moment of inertia) I_x 이다. 또 이식에 관성모멘트의 평행축에 관한 원리 $I_x = I_c + Ay_c^2$를 적용시키면

$$\therefore\ y_P - y_c = \frac{I_c}{y_c \cdot A} \tag{2.32}$$

이 된다. 식 (2.32)는 면의 중심에서 압력의 중심까지의 거리, 즉 힘의 작용점까지의 거리를 계산하는데 사용된다. 그리고 힘의 작용점은 수평면의 경우를 제외하면 언제나 면의 중심보다 $I_c/y_c \cdot A$만큼 아래쪽에 있음을 알 수 있다. 여기서 I_c는 면의 중심을 지나고 0 − x 축에 평행한 축에 관한 관성모멘트(단면 2차 모멘트)이다.

그리고 2.8절에서 언급하고 있는 평면판들의 도심을 알아야 전압력의 크기 및 작용점을 구할 수 있다. 이들 평면판이 좌우대칭일때 도심을 쉽게 알 수 있으나 비대칭도형의 경우는 그렇지 못하다.

표 2.1 단순 기하학적 평면의 표면적, 중심, 관성모멘트

형상	면적	중심	중립축에 관한 관성모멘트
직사각형 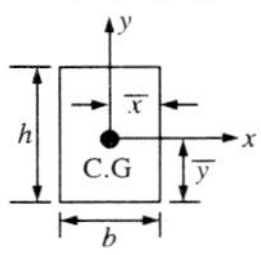	b • h	$\bar{x} = \frac{1}{2}b$ $\bar{y} = \frac{1}{2}h$	$I_0 = \frac{1}{12}b \cdot h^3$
삼각형 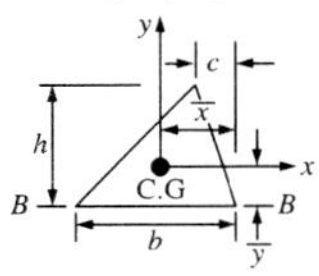	$\frac{1}{2}$b • h	$\bar{x} = \frac{b+c}{3}$ $\bar{y}$ = h/3	$I_0 = \frac{1}{36}b \cdot h^3$
원형 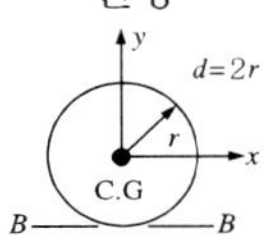	$\frac{1}{4}\pi d^2$	$\bar{x} = \frac{1}{2}d$ $\bar{y} = \frac{1}{2}d$	$I_0 = \frac{1}{64}\pi d^4$
사다리꼴 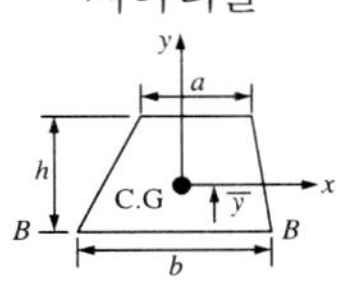	$\frac{h(a+b)}{2}$	$\bar{y} = \frac{h(2a+b)}{3(a+b)}$	$I_0 = \frac{h^3(a^2+4ab+b^2)}{36(a+b)}$
반원 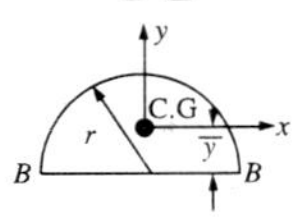	$\frac{1}{2}\pi r^2$	$\bar{y} = \frac{4r}{3\pi}$	$I_0 = \frac{(9\pi^2-64)r^4}{72\pi}$
타원형 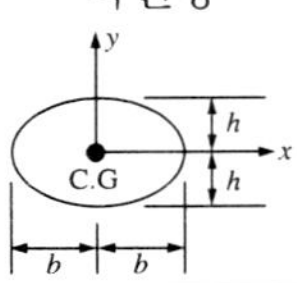	πbh	$\bar{x}$ = b $\bar{y}$ = h	$I_0 = \frac{\pi}{4}b \cdot h^3$
반타원형 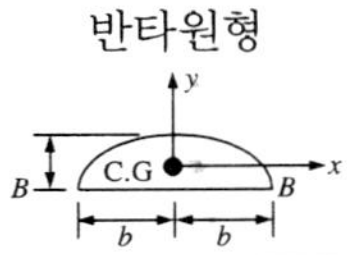	$\frac{\pi}{2}$b • h	$\bar{x}$ = b $\bar{y} = \frac{4h}{3\pi}$	$I_0 = \frac{(9\pi^2-64)}{72\pi}$
포물선 단면 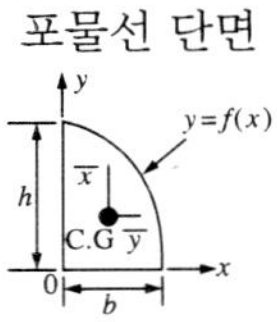	$\frac{2}{3}$b • h	$\bar{y} = \frac{2}{5}h$ $\bar{x} = \frac{3}{8}b$	$I_0 = \frac{8}{175}b \cdot h^3$

예제 2.6

그림 2.21과 같이 3m × 3m의 정사각형의 수문이 수직으로 설치되어 있다. 이 수문을 열기 위한 힘 F는 얼마 이상이 되어야 하는가?

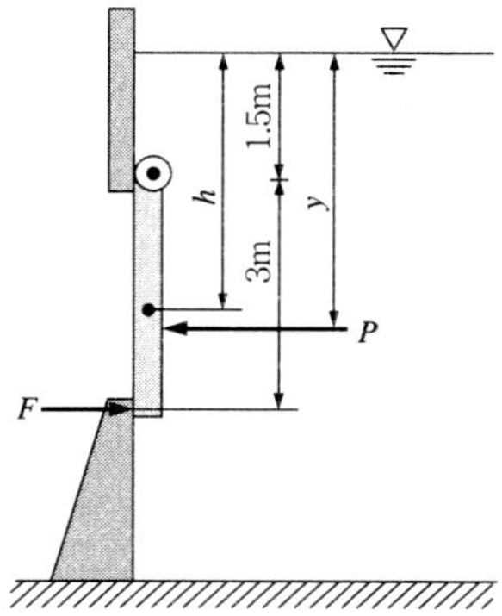

그림 2.26

풀이)

$$P = \gamma h A$$

$$h = 1.5 + \frac{3}{2} = 3.0\text{m}$$

$$P = 1{,}000 \times 3 \times (3 \times 3) = 27{,}000\text{kgf}$$

압력중심의 위치는

$$y = h + \frac{I_c}{Ah} = 3 + \frac{(3 \times 3^3)/12}{(3 \times 3) \times 3} = 3.25\text{m}$$

힌지를 모멘트 중심으로 할 때

$$P \times (y - 1.5) = F \times 3$$

$$\therefore F = \frac{27{,}000}{3} \times (3.25 - 1.5) = 15{,}750\text{kgf}$$

예제 2.7

담수와 해수를 갈라 막는 수직수문에서 담수측의 수심이 8m, 해수측의 수심이 3m일 때, 이 수문의 양측에 작용하는 각각의 전압력 P_1, P_2와 이들의 합력 P 및 밑면으로부터 그의 작용점까지의 거리 x를 구하라. 단, 수문은 폭이 3m의 사각형이다.

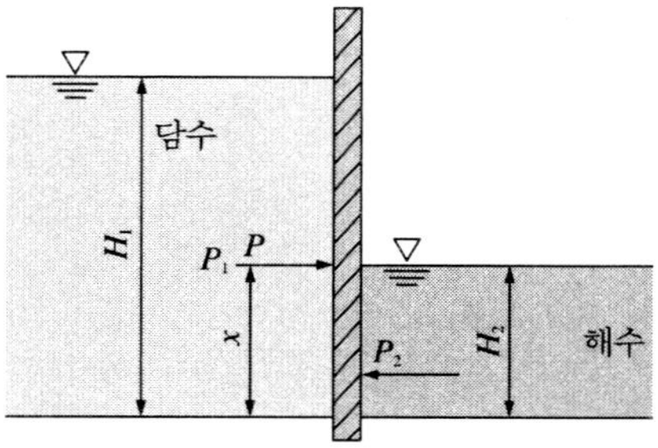

그림 2.27

풀이)

그림 2.27에서 담수측에 작용하는 전압력 P_1은

$$P_1 = \gamma_1 \frac{H_1}{2} H_1 B = 1{,}000 \times \frac{8}{2} \times 8 \times 3 = 96{,}000\text{kgf}$$

해수측의 전압력은 해수의 비중량이 $\gamma_2 = 1{,}025\text{kgf}/m^3$이므로

$$P_2 = \gamma_2 \frac{H_2}{2} H_2 B = 1{,}025 \times \frac{3}{2} \times 3 \times 3 = 13{,}837.5\text{kgf}$$

따라서 P_1과 P_2의 합력은

$$P = P_1 - P_2 = 96{,}000 - 13{,}837.5 = 82{,}162.5\text{kgf}$$

P_1과 P_2의 밑면에 대한 모멘트를 생각하면, P_1, P_2의 작용점은 각각 수면으로부터 수심의 2/3의 위치에 있으므로 $P_1 \times \frac{H_1}{3}$ 및 $P_2 \times \frac{H_2}{3}$가 되어 다음과 같은 모멘트 등식이 성립된다.

$$P \times x = P_1 \times \frac{H_1}{3} - P_2 \times \frac{H_2}{3}$$

$$= 96{,}000 \times \frac{8}{3} - 13{,}837.5 \times \frac{3}{3}$$

$$= 242{,}162.5\text{kgf} \cdot m$$

으로 되어, 밑면으로부터 P의 작용점까지의 거리 x는

$$x = \frac{242{,}162.5}{82{,}162.5} = 2.95\text{m}$$

2.8.4 곡면에 작용하는 힘

많은 실제 적용에 있어서, 잠겨 있는 표면은 평평하지 않다(그림 2.28). 잠겨 있는 곡면에 대해 합성 정수력의 결정은 보다 복잡한데, 이는 곡면을 따라 방향이 변하는 압력 힘의 적분이 필요하기 때문이다. 이 경우, 복잡한 형상이 포함되기 때문에 압력프리즘의 개념도 역시 많은 도움이 되지 못한다.

2차원 곡면에 작용하는 합성 정수력 F_R을 결정하는 가장 쉬운 방법은 수평 성분 F_H와 수직 성분 F_V를 따로 결정하는 것이다.

그림 2.28 아치댐(미국 몬티셀로 댐)

잠겨있는 곡면에 작용하는 힘(전압력)은 평면의 경우에 사용한 방법으로는 직접 계산할 수 없다. 그러나 그들의 수평 및 연직력을 각각 결정함으로써 힘의 합성에 의해 계산할 수 있다.

그림 2.29와 같은 정지유체중의 곡면 AB에 작용하는 힘을 계산하는 원리를 살펴보기로 하자. 곡면의 각 미소요소에 작용하는 힘의 크기, 방향과 작용점은 평면에서와 같은 방법으로 결정할 수 있으므로 그림 2.29(a)에 표시된 바와 같은 압력분포를 얻을 수 있으며, 이를 다시 수평분력 F_H와 수직분력 F_V를 가진 1개의 합력 F로 표시할 수 있다.

그림 2.29(b)와 같이 자유물체도 ABC에 대한 정력학적 평형조건을 적용하면 F_H와 F_V의 반력인 F_H'와 F_V'를 다음과 같이 얻을 수 있으며 이들 힘은 각각 크기가 같고 방향이 반대이다. 자유물체도의 정력학적 평형으로부터

$$\Sigma F_x = F_{BC} - F_H' = 0 \qquad \therefore F_{BC} = F_H'$$

$$\Sigma F_z = F_V' - W_{ABC} - F_{AC} = 0 \qquad \therefore F_V' = W_{ABC} + F_{AC}$$

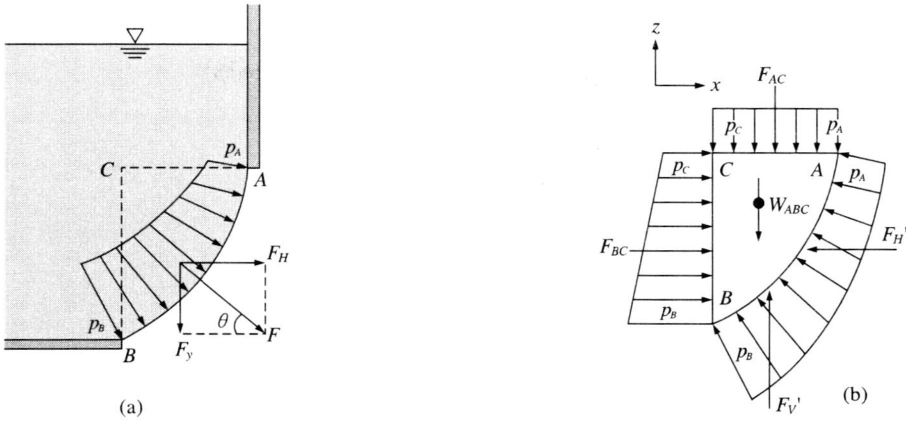

그림 2.29 곡면에 작용하는 힘

유체의 자유물체도는 전단응력을 지지할 수 없으므로 $F_H{}'$는 F_{BC}와 동일직선상에 있어야 하며, $F_H{}'$는 W_{ABC}와의 합력과 동일직선상에 있어야 한다.

그리고 곡면 AB에 작용하는 힘의 결정은 F_{BC}와 F_{AC}의 크기와 작용점을 구하는 문제가 되며 W_{ABC}는 단순히 자유물체도 ABC내의 유체무게이고 작용점은 ABC의 중심을 통하여 연직하향으로 작용한다.

따라서, 유체중의 곡면에 작용하는 힘의 수평 및 연직분력의 크기와 작용점은 다음과 같은 방법으로 구할 수 있다.

(1) 유체중의 곡면에 작용하는 정압으로 인한 힘(전압력)의 수평분력(F_H)은 그 곡면을 연직면상에 투영했을 때 생기는 투영면적에 작용하는 정압으로 인한 힘(F_{BC})의 크기와 같고 작용점은 유체중의 연직면에 작용하는 힘의 작용점과 같다.

(2) 유체중의 곡면에 작용하는 힘의 연직분력(F_V)은 그 곡면상방의 유체무게와 같고 작용점은 유체무게 중심(체적중심)을 통과하는 수직선상에 있다.

작용하는 힘의 연직분력을 계산할 때 한 가지 주의해야 할 사항은 곡면의 상부가 유체로 채워져 있지 않을지라도 그 곡면을 밑면으로 하는 자유표면까지의 체적에 해당하는 유체무게와 같은 상향력을 받게 되며 그 작용점은 체적의 중심이라는 점이다.

그리고 상기 (1), (2)의 방법으로 F_V와 F_H를 구함으로써 곡면에 작용하는 힘(전압력)의 크기를 다음과 같이 계산한다.

$$F = \sqrt{F_V{}^2 + F_H{}^2} \tag{2.33}$$

또 수평면에 대한 F의 작용방향은

$$\theta = \tan^{-1}\frac{F_V}{F_H} \tag{2.34}$$

로 구한다. 다음에 작용점들을 구하는 방법을 소개한다.

F_H와 F_V의 반력인 $F_H{}'$와 $F_V{}'$의 작용점을 구할 때 $F_H{}'$는 F_{BC}의 작용선과 일치한다는 것을 이용하고, $F_V{}'$의 작용점은 A, B, C와 같은 임의의 편리한 점에 관한 F_{AC}와 W_{ABC}의 모멘트의 합이 $F_V{}'$가 이루는 모멘트와 같다는 것을 이용한다.

예제 2.8

그림 2.30에서 곡면으로 된 1/4원주면(curved cylindrical area)에 작용하는 수평력, 수직력, 합력, 수평면과 이루는 각, 수평력 작용위치, A점에서의 수직력이 작용하는 위치를 구하라. 단, 주위의 유체는 물이고 길이는 3m이다.

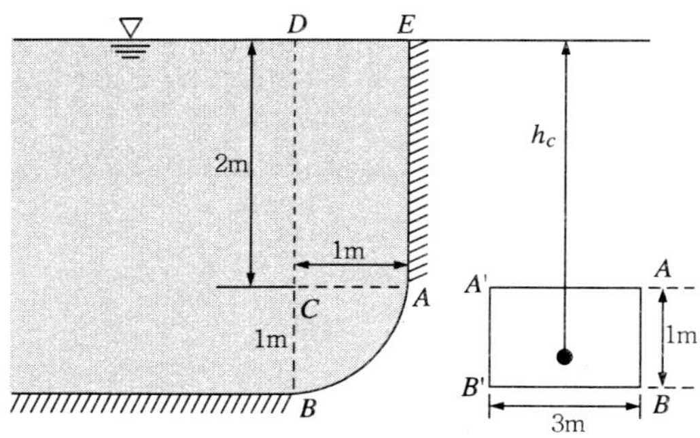

그림 2.30 곡면에 작용하는 힘

풀이)

① 수평력 F_H는 곡면 AB를 연직면으로 투영한 면적 ABB′A′에 작용하는 힘과 같다.

$$F_H = \gamma h_c A$$

$$= 1{,}000(2 + 0.5)(3 \times 1) = 7{,}500(\text{kgf})$$

② 수평력 작용위치

$$y_p = y_c + I_c / A y_c = 2.5 + \frac{3 \times 1^3/12}{(3 \times 1)(2.5)} = 2.533(\text{m})$$

③ 연직력은 곡면 AB상방의 유체무게와 같다.

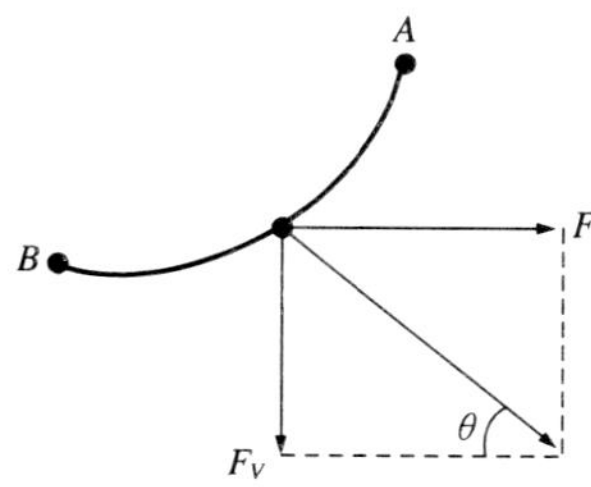

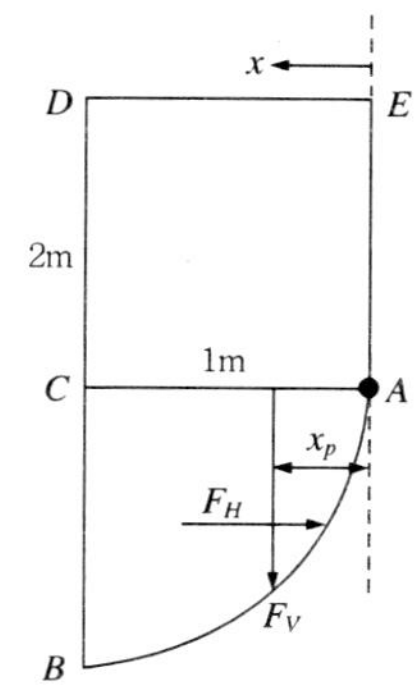

F_V = 체적 ABCDE내의 유체무게

= 체적 ABC의 유체무게 +체적 ACDE의 유체무게

$$= \gamma(V_{ABC} + V_{ACDE}) = 1{,}000(\frac{\pi 1^2}{4} + 1 \times 2) \times 3 = 8{,}356.2(\mathrm{kgf})$$

$$\therefore\ F = \sqrt{F_V^{\ 2} + F_H^{\ 2}} = \sqrt{(7{,}500)^2 + (8356.2)^2} = 11{,}228\mathrm{kg}$$

$$\therefore\ \theta = \tan^{-1}\frac{F_V}{F_H} = \tan^{-1}\frac{8{,}356.2}{7{,}500} = 48.0908 = 48°05'27''$$

C점을 원점으로 모멘트를 취하면

$$F_H \times 0.533 = F_V(1 - x_p)$$

$$(1 - x_p) = \frac{7{,}500 \times 0.533}{8{,}356.2}$$

$$(1 - x_p) = 0.4784$$

$$\therefore\ x_p = 1 - 0.4784 = 0.523\mathrm{m}$$

2.9 원관에 작용하는 수압

원관 내에 압력이 작용하면 원형단면의 탱크나 파이프에 발생하는 장력은 곡면에 대한 수평분력 계산법칙을 응용함으로써 구할 수 있다.

그림 2.31과 같이 관의 내경을 D, 관길이 l, 관내의 수압강도를 p, 전수압의 수평분력을 P라 하고, 관단면의 인장력을 T라 하면 원관은 모든 방향에서 같은 조건이므로 반원만

을 생각하면 된다. 수평으로 x축을 취하면 전수압의 x방향의 분력은 pDl이고 관단면에서는 두 곳에서 힘을 받으므로 다음과 같은 관계가 성립한다.

따라서 그림의 자유물체도로부터

$$2T = P = pDl \tag{2.35}$$

관의 인장응력을 σ, 관의 두께를 t라 하면

$$T = \sigma \cdot t \cdot l \tag{2.36}$$

식 (2.35)와 (2.36)으로부터

$$\sigma \cdot t = \frac{pD}{2} \tag{2.37}$$

관의 설계에 있어서는 σ대신에 관재료의 허용응력 σ_{ta}를 사용하여

$$\therefore\ t = \frac{pD}{2\sigma_{ta}} \tag{2.38}$$

로 한다. 이것을 주장력공식이라고 하며, 관의 직경과 중력이 결정되면 그때의 관의 두께를 구할 수 있다. 만일 압축응력이 작용할 때는 허용인장응력 대신에 허용압축응력 σ_{ca}를 사용한다.

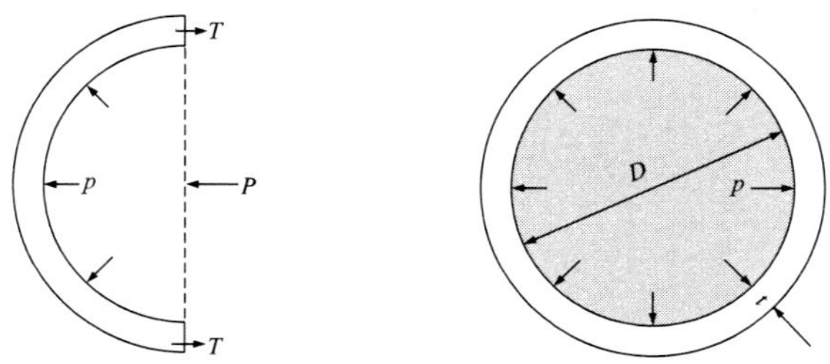

그림 2.31

예제 2.9

수두 50m의 수압을 가진 수압관의 내경을 800mm로 하면 강관의 두께를 얼마로 하면 좋은가? 단, σ_{ta} = 1,400kgf/cm^{2}이다.

풀이)

γ = 1,000kg$_f$/m^3, h = 50m, D = 800mm = 80cm

수두를 압력으로 환산하면 p = γh_1 = 1,000×50 = 50,000(kgf/m^2) = 5kgf/cm^2

$$\therefore\ t = \frac{pD}{2\sigma_{ta}} = \frac{5 \times 80}{2 \times 1,400} = 0.143\text{cm}$$

2.10 부력(buoyant force)

유체 중에 떠 있거나 잠긴 물체가 유체로부터 받는 표면력의 결과력을 **부력**이라 한다. 기원전 250년경에 아르키메데스(Archimedes)는

① 유체 속에 잠겨진 물체는 그 물체에 의해서 배제된 유체의 무게만큼 부력을 받는다.
②『유체 위에 떠 있는 물체는 그 물체의 무게와 같은 양의 유체를 배제한다.』는 사실을 밝혔으며, 이상의 두 원리를 아르키메데스원리라고 한다.

떠 있는 물체에 대해서는 물체 전체의 무게는 부력과 동일해야 하며, 여기서 부력은 떠 있는 물체의 잠겨 있는 부분의 체적과 같은 체적을 가지는 유체의 무게이다.

$$F_B = W \rightarrow \rho_f g \nu_{sub} = \rho g \nu$$

그러므로 떠 있는 물체의 잠겨 있는 부분의 체적비는 유체 밀도에 대한 물체의 평균 밀도의 비와 같다. 밀도비가 1 이상일 경우, 떠 있는 물체는 완전히 잠기게 됨을 주목하라.

이들 논의로부터 유체 내에 잠겨 있는 물체는 (1) 평균 밀도가 유체의 밀도와 같을 때 유체 내의 어느 위치에서나 정지한 상태로 유지되고, (2) 평균 밀도가 유체의 밀도보다 클

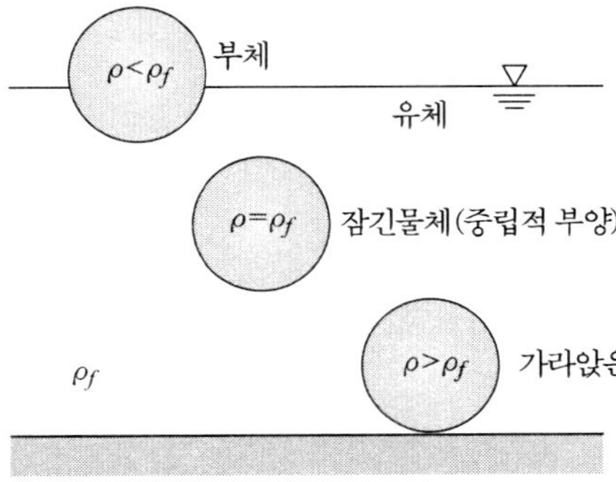

그림 2.32 유체 속의 고체는 유체 밀도에 상대적인 고체의 평균 밀도에 따라 가라앉거나, 떠 있거나, 또는 유체 속의 어느 위치에서든지 정지한 상태로 유지될 것이다.

경우 바닥에 가라앉으며, (3) 평균 밀도가 유체의 밀도보다 작을 경우 유체의 표면으로 떠올라 떠 있게 된다는 것을 알 수 있다(그림 2.32).

부력을 이해하기 위해 그림 2.33과 같은 물체를 생각한다. 물체에 작용하는 세개의 연직력은 물체 위의 물에 의한 아래방향 압력, 물체와 중력 아래 물에 의한 윗방향 압력, 그리고 물체의 무게이다.

F_1 = 체적 ABECD의 물무게

F_2 = 체적 ABFCD의 물무게

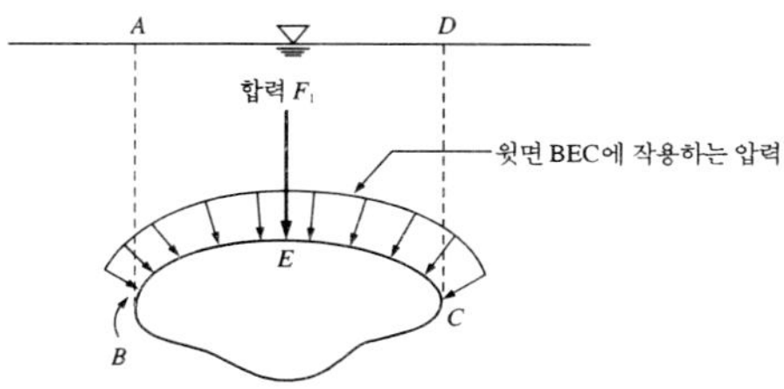

(a) 윗면에 관한 압력

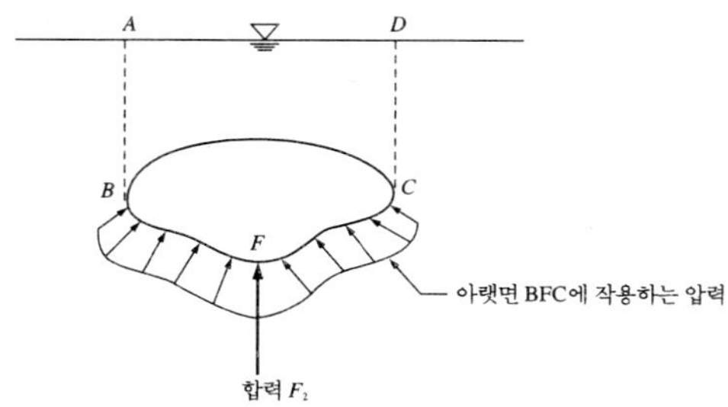

(b) 아랫면에 관한 압력

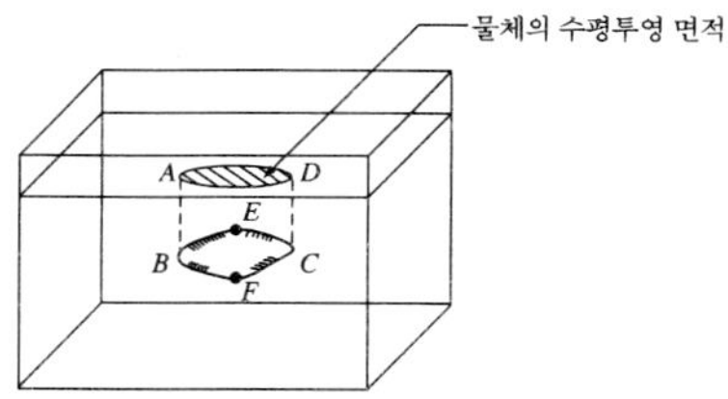

(c) 동일체적도

그림 2.33 잠긴 물체에 대한 압력도

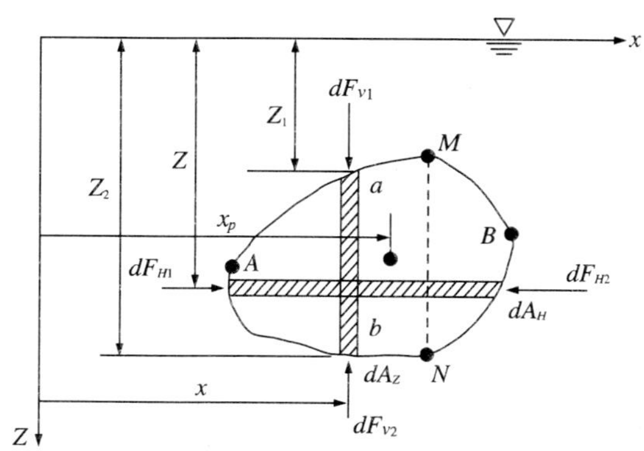

그림 2.34 유체 속에 잠겨진 물체에 작용하는 힘

그리고

$$F_B = F_2 - F_1$$
$$= \text{체적 BECF의 물무게}$$

지금 중력장의 액체 속에 잠겨있는 물체에 작용하는 표면력을 생각해 보자.

그림 2.34에서 표면력의 수평성분은

$$\int dF_{H1} - \int dF_{H2} = \int \gamma(Z-Z)dA_H = 0$$

이므로

$$F_{H1} = F_{H2} \tag{2.39}$$

이다. 즉, 이 물체에 작용하는 수평력은 곡면 MAN에 오른쪽 방향으로 작용하는 힘 F_{H1}과 곡면 MBN에 왼쪽 방향으로 작용하는 힘 F_{H2}는 크기가 같고 방향이 반대이므로 이들 힘을 합성하면 0이 된다. 따라서 물체는 수평방향으로는 전혀 힘을 받지 않는다.

다음에 이 물체에 작용하는 표면력의 수직방향의 힘은, 미소면적 dAz인 프리즘의 양단에 작용하는 수직력을 고려하고 전 체적에 걸쳐 적분함으로써 구할 수 있다. 그림에서 프리즘 ab에 작용하는 수직방향의 순 힘은 ab의 하면에서 위로 작용하는 힘과 상면에서 아래로 작용하는 힘의 차이다. 즉,

$$dF_V = dF_V - dF_{V2} = (p_1 - p_2)dAz = -\gamma(Z_2 - Z_1)dAz \tag{2.40}$$

이다. 여기서 $(Z_2 - Z_1)dF_z$는 프리즘의 체적(dV)이므로 물체의 전표면에 작용하는 표면력의 연직방향의 순힘은 다음과 같다.

$$F_V = -\int_{AZ} \gamma(Z_2 - Z_1)\, dAz = -\gamma \int_V dV = -\gamma V \tag{2.41}$$

여기서, V는 유체속에 잠겨 있는 물체의 체적을 말하고, (−)부호는 결과력의 방향이 Z의 부방향 즉, 연직상방을 향한다는 의미이다. 따라서 정의에 의하여 부력의 크기는

$$\therefore\ F_B = \gamma V \tag{2.42}$$

이다. 다시 말하면 「부력의 크기는 물체와 같은 체적에 해당하는 유체의 무게와 같고 방향은 연직상향이다.」

부력의 작용선(작용점)은 Z축에 관한 표면력의 모멘트를 취함으로써 얻을 수 있다. Z축으로부터 작용선까지의 거리(좌표)를 x_p라고 하면 평형조건으로부터

$$x_p \cdot F_B = \int (dF_{V1} - dF_{V2})x = \int_{AZ} \gamma x (Z_2 - Z_1)\, dAz$$
$$= \gamma \int_V x \cdot dV \qquad (2.43)$$

식 (2.42)와 (2.43)으로부터 작용선의 좌표는 다음과 같다.

$$\therefore\ x_p = \frac{1}{V}\int_V x \cdot dV \qquad (2.44)$$

식 (2.44)는 물체에 의하여 배제된 부분의 체적중심의 좌표를 나타낸다. 그러므로 부력의 작용선은 물체에 의하여 배제된 부분의 중심을 통과한다는 결론을 얻는다. 배제된 부분의 중심을 **부심**(center of buoyancy)이라 한다.

불규칙한 물체를 두개의 다른 유체 속에서 그 무게를 달면, 그 무게, 체적 및 비중량을 구할 수 있다. 한 물체를 두개의 다른 유체 속에 넣고 무게를 달았을 때의 값을 F_1, F_2 두 유체의 비중량을 γ_1, γ_2 그리고 그 물체의 무게와 체적을 W와 V라고 하면 힘의 평형방정식에서 다음과 같이 구한다.

$$F_1 + \gamma_1 V = W \qquad F_2 + \gamma_2 V = W \qquad (2.45)$$

$$V = \frac{F_1 - F_2}{\gamma_2 - \gamma_1} \qquad W = \frac{F_1\gamma_2 - F_2\gamma_1}{\gamma_2 - \gamma_1}$$

한 물체의 전부 또는 그의 일부가 정지유체속에 잠긴 채 정지평형상태에 있으면 물체에는 두개의 힘이 작용한다. 하나는 부심을 지나 연직상향으로 작용하는 부력이고, 다른 하나는 물체의 중심을 지나 연직하향으로 작용하는 물체의 무게(W)이다. 만일 물체가 정지하고 있다면 두 힘의 크기는 같고 반대방향으로 동일 연직선상으로 작용한다. 즉,

$$\therefore\ W = F_B \qquad (2.46)$$

위의 원리들은 공학에 많이 응용된다. 예를 들면 조선소에서의 배수량의 계산, 선박의 선하의 무게의 증분으로부터 부체의 깊이의 증분을 계산, 비행선과 기구의 양력의 계산 들에 잘 이용된다.

예제 2.10

공기 중에서 900N인 돌이 물에 잠겨 있다. 물에서의 무게가 400N이면 이 돌의 체적과 비중은 얼마인가?

풀이)

공기 중에서의 부력을 무시하면 돌에 작용하는 힘은 그림과 같다.

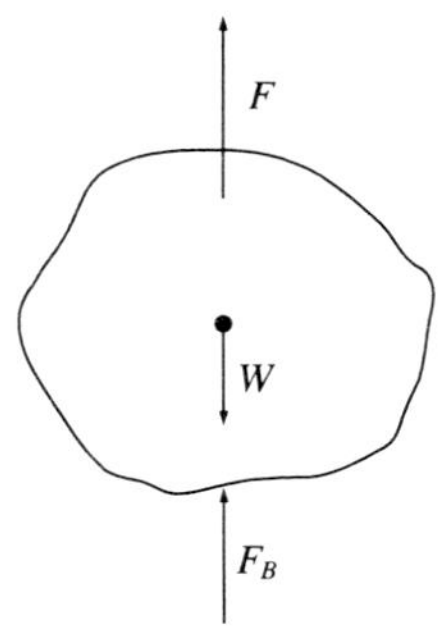

① 돌의 체적 V

문제에서 W = 900N, F = 400N이고

평형조건 ΣF_z = 0로부터

ΣF_z = W − F_B − F = 0 ∴ W = F_B + F이므로

F_B = W − F = 900N − 400N = 500N

$$V = \frac{W-F}{\gamma_w} = \frac{500}{9,800} = 0.051(m^3)$$

② 돌의 비중 S는 같은 체적의 물무게에 대한 돌무게의 비이다. 돌의 체적 V = $0.051m^3$에 해당하는 물의 무게

$$W_w = \gamma_w \cdot V = 9,800 \times 0.051 \fallingdotseq 500(N)$$

$$S = \frac{W}{W_w} = \frac{900}{500} = 1.8$$

예제 2.11

비중이 1.03인 바닷물에 전체적의 10%가 밖에 나타나서 떠있는 빙산이 있다. 이 빙산의 비중은 얼마인가?

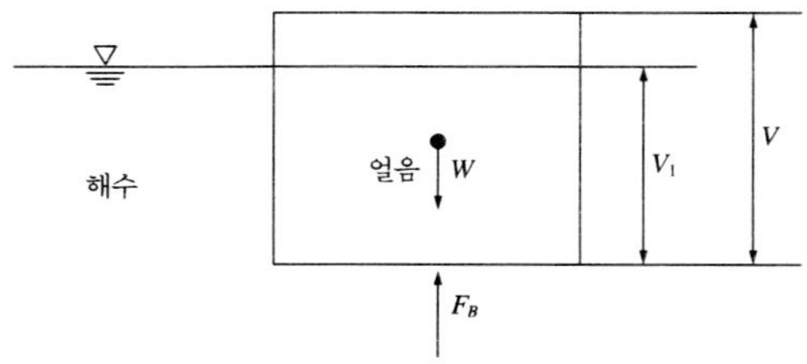

그림 2.35 부양체

풀이)

빙산의 무게(W)는 빙산이 받는 부력 (F_B)과 같다.

해수의 비중을 S_S, V = 1로 하면, V_1 = 0.9V이므로,

부력 $F_B = (\gamma_w \cdot S_S) \cdot V_1$

$= (1,000 \times 1.03) \times 0.9 = 927$

빙산의 무게 $W = (\gamma_w \cdot S) \cdot V = (1,000 \times S) \times 1 = 1,000S$

$W = F_B$로부터

$$\therefore\ S = \frac{927}{1,000} = 0.927$$

예제 2.12

그림과 같은 비중계를 어떤 측정하고자 하는 액체에 띄운 결과 물에 띄웠을 때 보다 60mm만큼 더 가라앉았다. 이 액체의 비중은 얼마인가? 단, 비중계의 무게는 20g, 지름은 6mm이다.

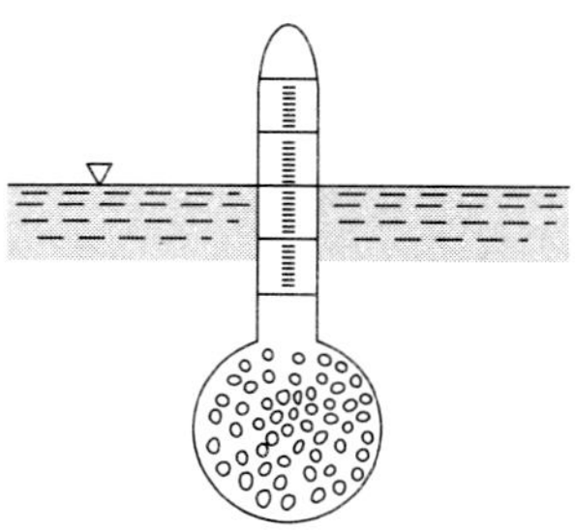

풀이)

비중계가 물속으로 들어간 체적 Vcm^3이라면

$20 = V \times 1.0 \qquad \therefore\ V = 20cm^3$

구하고자 하는 액체의 비중을 S라고 하고 물보다 더 가라앉은 체적을 V′라고 할 때

$V' = 6 \times \pi \times 0.3^2 = 1.7cm^3$

또한

$$20 = (V + V') \times S \times 1$$

$$\therefore\ S = \frac{20}{V + V'} = \frac{20}{20 + 1.7} = 0.922$$

2.11 부력을 받는 물체의 안정성

정지유체에 떠있는 물체는 수직방향으로 안정하다. 평형상태에 있는 물체를 움직였을 때 처음의 상태로 되돌아가는 경향이 있으면 그 물체는 **안정**(stability)이라고 한다. 물체를 임의 방향으로 미소한 선형변위를 시켰을 때 원위치로 되돌아가려는 복원력이 생기는 이 물체는 선형안정(linear stability)하다고 하고, 또 미소한 각변위를 주었을 때 원위치로 되돌아가려는 복원모멘트가 생길 때 회전안정(rotational stability)하다고 말한다. 부양체의 안정성은 주로 회전안정성의 측면에서 다루어야 하므로 앞으로 회전안정성과 결정방법에 관해서 기술하고자 한다.

물체는 유체 속에서 안정, 불안정 또는 중립평형으로 떠 있게 된다. 한 물체가 불안정 평형에 있을 때에는 어떤 미소한 각변위에서도 복원모멘트가 생기지 않고 각변위를 증가시키는 우력을 일으킨다. 중립평형에 있을 때에는 어떠한 방향으로 각변위를 주더라도 전혀 아무런 우력도 일으키지 않는다.

그림 2.36(a)의 하단에 금속구가 붙어 있는 나무조각은 안정되며, (b)그림은 이 물체가 거꾸로 상단에 금속구가 있을 때이고, 물체는 평형상태에 있으나, 작은 각변위를 받으면 (a)상태로 돌아간다. (c)그림은 균질구 또는 균질원통 같은 것이며, 각 변위를 받아도 우력이 생기지 않고 평형상태에 있게 된다.

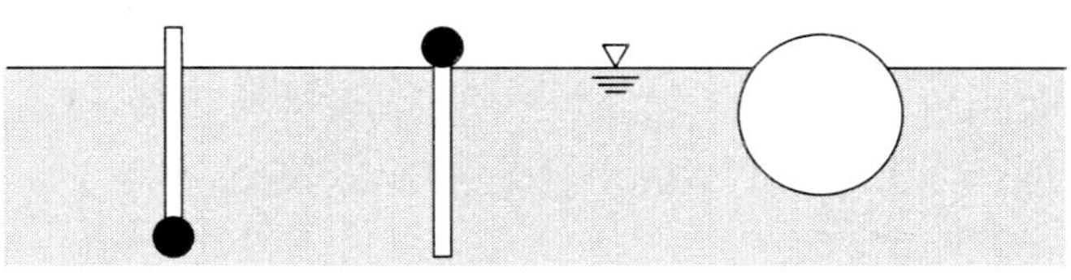

(a) 안정　(b) 불안정　(c) 중립평형

그림 2.36 부양체의 안정 예

>> **부양체(부체)의 안정성**(stability of floating bodies)

두 유체의 경계면상(공기와 물의 경계면)에 물체가 떠 있을 때 이 물체를 **부양체**라 말한다. 부양체의 경우는(유체 속에 잠겨 있는 물체와는 달리) 물체의 부심보다 위에 위치해도 안정하다. 그 이유는 미소한 각변위에 대하여 복원우력이 발생하여 원래의 평형상태로 되돌아가기 때문이다.

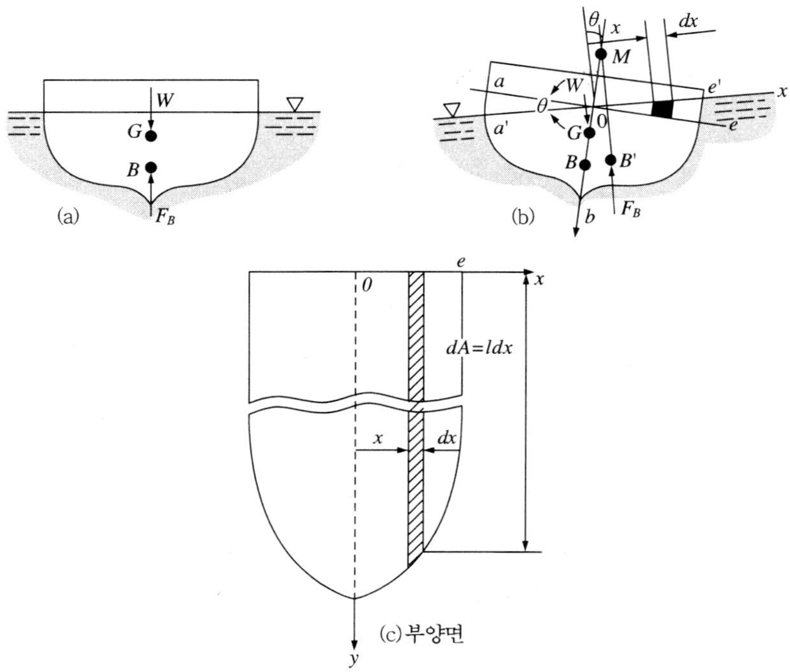

그림 2.37 부양체

부양체의 안정성을 그림 2.37과 같은 배를 예로 하여 생각하여 본다. 그림 (a)는 부체(배)가 평형상태에 있을 때의 연직단면으로 부심과 부체의 중심이 동일연직선상에 있는 경우이며, 이때 부력의 크기는 부체의 무게와 같다. 그림 (b)와 같이 부체가 기울어져서 θ 만큼의 각변위를 하였을 때 중심 G는 원위치에 존재하게 되나 부심 B는 B′로 위치가 변하게 된다. 왜냐하면, 부체가 각변위를 하는 동안에 오른쪽의 액체 중에 잠긴 부체의 부피는 증가하는 반면, 왼쪽의 부체의 부피는 감소하여 잠긴 부분의 형태가 변하기 때문이다.

부심과 중심을 통과하는 직선과 변위한 부심 B′를 지나는 연직선이 만나는 점을 **경심**(metacenter)이라 하고, 이 점은(그림에서 M점) θ가 크게 변하지 않기 때문에 일정한 점에 있다고 간주한다. 이와 같이 경심이 중심보다 위에 있을 때에는 부체에 각변위가 생겨서 부력과 중력에 의한 복원력이 발생하여 안정한 상태가 된다. 그러나 경심이 중심보다 아래에 존재하는 경우에는 부심과 중력은 전복우력(overturing couple)이 되어 불안정한 상태가 된다.

중심 G와 경심 M사이의 거리는 **경심높이**(metacentric height)이고, 중립평형을 이루는 경우에는 이 경심높이가 영이 되는 때이다. 다시 말해서 부심, 중심, 경심 이들의 세 점이 동일점에 존재하는 경우이다.

그림 2.37(b)와 같이 부양체가 y축을 중심으로 하여 θ만큼 각변위 했을 때, 물위에 떠오른 체적 Oaa′와 물속에 잠긴 체적 Oee′는 동일하다. 그러므로 체적 Oaa′는 수직하방으로 중력이 작용하고, 체적 Oee′는 수직방향으로 부력을 받고 있다. 그러므로 이 두 힘들은 O를 중심으로 하나의 우력(couple)이 되며, 결국 O를 모멘트 중심으로 하는 우력모멘트(couple moment)를 생각할 수 있다.

O로부터 x만큼 떨어진 곳에서의 미소길이 dx를 생각하면 그림 (b)의 사선친 부분의 넓이는 $dx \cdot xsin\theta$이고, dx에 대한 배의 길이 방향(y방향)으로 그 길이를 l라고 하면, 이 미소부분의 체적은 $dV = dx \cdot xsin\theta \cdot l$가 된다.

그러므로 우력모멘트를 M_c라 할 때

$$\begin{aligned} M_C &= \int_{oaa'} \gamma dV \cdot x + \int_{oee'} \gamma dV \cdot x \\ &= \int_{oaa'} \gamma x(xsin\theta) l dx + \int_{oee'} \gamma x(xsin\theta) l dx \\ &= \gamma \sin\theta \int_A x^2 dA \end{aligned} \tag{2.47}$$

다음에 부심 B가 B′로 옮겨감에 따라 잠긴부분 a′be′에 대한 부력은 B′를 통과하게 된다. 그러므로 원래의 부심 B를 모멘트 중심으로 할 때 부력에 의해 받는 모멘트 M_B는

$$M_B = F_B \overline{MB} sin\theta \tag{2.48}$$

이고, 결국 이 두 모멘트는 동일하여야 하므로 식 (2.47)과 (2.48)로부터

$$F_B \overline{MB} sin\theta = \gamma \sin\theta \int_A x^2 dA$$

$$\therefore \ \overline{MB} = \frac{1}{V} \int_A x^2 dA = \frac{I_y}{V} \tag{2.49}$$

여기 $I_y = \int_A x^2 dA$ 에서 I_y는 y축에 대한 전면적 A의 단면 2차 모멘트이고, V는 부양체의 잠긴부분체적(a′be′)이다. 또 부력에 의해 발생하는 중심 G를 중심으로 하는 복원 모멘트(restoring moment)를 M_R라 하면

$$M_R = F_B \overline{MG} sin\theta \tag{2.50}$$

배가 원래의 안정상태로 복원되느냐, 아니면 전복되느냐 하는 것은 식 (2.50)에서 $\overline{MG}$의 크기, 즉 경심 M의 위치가 어디에 생기느냐에 달려있다.

부양체의 경심높이는 중심과 경심까지의 거리로 정의되므로

$$\overline{MG} = \overline{MB} - \overline{BG} = \frac{I_y}{V} - \overline{BG} \tag{2.51}$$

이다. 따라서 복원 모멘트는

$$M_R = \gamma V \left(\frac{I_y}{V} - \overline{BG}\right) \sin\theta \tag{2.52}$$

이다. 만일 θ가 작으면 $(\theta \le 5°) \sin\theta = \theta$이므로 식 (2.52)는

$$M_R = F_B \overline{MG}\,\theta = \gamma V \left(\frac{I_y}{V} - \overline{BG}\right) \theta \tag{2.53}$$

만일 중심 G가 부심 B보다 아래에 위치할 경우는 $\overline{BG} < 0$ 으로 계산하면 된다.

식 (2.53)에서 M_R값이 양일 때에는 안정하고, M_R값이 음일 때는 불안정을 나타내며 이 조건은 결국 다음과 같다.

>> 부양체의 안정조건

$\overline{MB} - \overline{BG} = \frac{I_y}{V} - \overline{BG} > 0$ 이면 $M_R > 0$: 안정

(경심 M이 중심 G보다 위에 생기는 경우)

$\overline{MB} - \overline{BG} = \frac{I_y}{V} - \overline{BG} < 0$ 이면 $M_R < 0$: 불안정

(경심 M이 중심 G보다 밑에 생기는 경우)

$\overline{MB} - \overline{BG} = \frac{I_y}{V} - \overline{BG} = 0$ 이면 $M_R = 0$: 중립

(경심 M이 중심 G와 일치하는 경우)

예제 2.13

폭 5m, 높이 3m, 길이 10m인 각주가 그림 2.38과 같이 수면에 떠있다. 경심 M점과 각주면 중심 G점과의 거리 $\overline{MG}$를 구하고, 이 각주의 안정상태를 밝혀라.

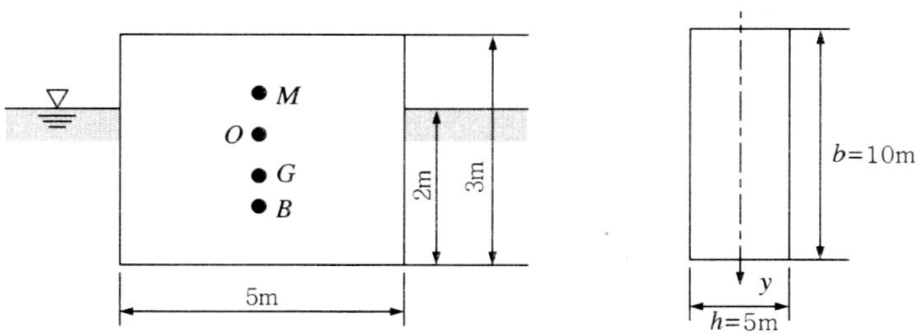

그림 2.38 부양체

풀이)

① 경심높이 $\overline{MG}$:

부양면 0축(지면과 수직)에 관한 관성 모멘트 I_y는

$$I_y = \frac{b \cdot h^3}{12} = \frac{10 \times 5^3}{12} = 104.2(\text{m}^4)$$

잠긴 각주의 체적

$$V = 5 \times 2 \times 10 = 100\text{m}^3$$

부력중심 B는 밑면에서 $\frac{2}{2} = 1\text{m}$, 각주의 도심 G는 밑면에서 $\frac{3}{2} = 1.5\text{m}$

$$\overline{BG} = 1.5 - 1 = 0.5\text{m}$$

구하는 거리는 식 (2.51)에 의하여

$$\overline{MG} = \frac{I_y}{V} - \overline{BG} = \frac{104.2}{100} - 0.5 = 0.542(\text{m})$$

② 안정상태

$\overline{MG} = \frac{I_y}{V} - \overline{BG} > 0$ 이면 안정이다.

$\overline{MG} = \frac{I_y}{V} - \overline{BG} = 0.542 > 0$ 이므로 안정하다.

2.12 상대적 평형

물이 담겨진 용기가 일정한 등가속도를 받으면 물은 용기와 함께 등가속도운동을 하게 되므로 물 분자상호 간에는 상대적인 운동이 없어 마찰응력은 작용하지 않게 된다. 따라서 물에 작용하는 힘은 압력뿐이며 물은 용기에 대하여 상대적으로 정지평형(relative equilibrium)을 이루게 되므로 정수역학의 원리를 그대로 적용할 수 있게 된다.

(1) 정수의 평형방정식

그림 2.39와 같이 정수중의 임의 미소육면체 $dxdydz$를 생각해 보자. 이 미소육면체의 단위질량당 작용하는 모든 외력의 x, y, z방향성분을 각각 X, Y, Z라 하고 육면체의 중심에서의 정수압을 p라 할 때, x방향으로 작용하는 외력은 질량력과 압력에 의한 힘뿐이며 이들 힘은 정역학적으로 평형을 이루고 있다. 즉,

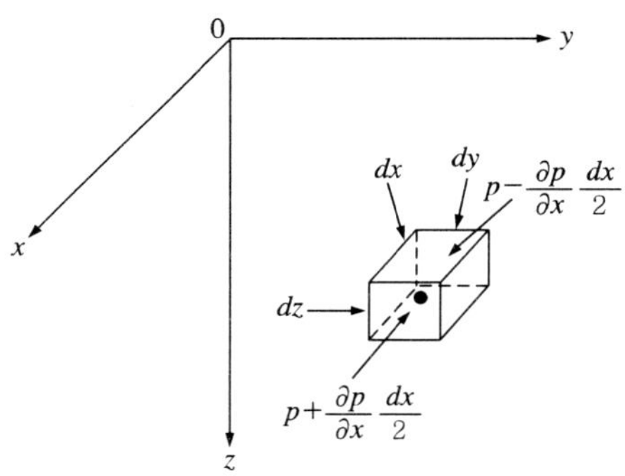

그림 2.39

$$\rho dxdydz \cdot X + (p - \frac{\partial p}{\partial x}\frac{dx}{2})\, dydz$$

$$- \ (p + \frac{\partial p}{\partial x}\frac{dx}{2})\, dydz = 0$$

$$\frac{\partial p}{\partial x} = \rho X \tag{2.54}$$

마찬가지 방법으로 y, z방향의 평형조건식을 쓰면

$$\frac{\partial p}{\partial y} = \rho Y \tag{2.55}$$

$$\frac{\partial p}{\partial z} = \rho Z \tag{2.56}$$

식 (2.54), (2.55), (2.56)의 양변의 각항에 각각 dx, dy, dz를 곱한 후 각 항을 더하면

$$\frac{\partial p}{\partial x}dx + \frac{\partial p}{\partial y}dy + \frac{\partial p}{\partial y}dz = dp = \rho(Xdx + Ydy + Zdz) \tag{2.57}$$

여기서 dp는 정수압 p의 전미분으로서 x, y, z방향의 압력의 전변화량을 표시한다. 압력이 동일한 점을 연결한 등압면상에서는 p는 일정하므로 $dp = 0$가 된다. 따라서 등압면의 방정식은 식 (2.57)로부터

$$\therefore\ Xdx + Ydy + Zdz = 0 \tag{2.58}$$

식 (2.58)을 사용하면 등압면중에서도 계기압력이 영이 되는 특수한 경우인 수면방정식을 구할 수 있다.

(2) 수평등가속도를 받는 수체

그림 2.40과 같이 물이 들어 있는 상부가 개방된 용기에 일정한 가속도 α를 수평방향(x방향)으로 작용하여 이동시킨다고 가정한다. 용기가 $+x$방향으로 α의 가속도를 받으므로 물은 $-\alpha$의 가속도를 받게 되어 평형상태에 도달하면 수면은 그림과 같이 기울어진다. 이 때 단위질량의 물이 받는 x, y, z방향의 외력은 그림의 좌표축을 사용하면

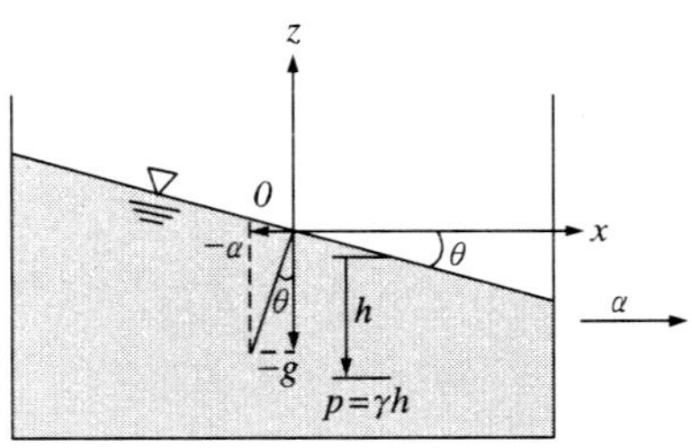

그림 2.40

$$X = 1 \cdot (-\alpha) = -\alpha, \quad Y = 0, \quad Z = 1 \cdot (-g) = -g$$

따라서, 식 (2.58)으로부터

$$-\alpha dx - gdz = 0$$

적분하면

$$-\alpha x - gz + C = 0$$

그림과 같이 원점을 잡으면 $x = 0$일 때, z = 0이므로 C = 0이다.
따라서,

$$z = -\frac{\alpha}{g}x \tag{2.59}$$

식 (2.59)는 평형수면의 방정식이며 그림의 원점 O를 지나는 직선임을 알 수 있고 수평과 이루는 각 θ는 다음과 같이 표시된다.

$$\tan\theta = \frac{dz}{dx} = \frac{\alpha}{g} \tag{2.60}$$

한편, 수면아래 연직방향의 정수압변화는 식 (2.56)을 사용하면

$$\frac{dp}{dz} = -\rho g = -\gamma$$

$$\therefore\ p = -\gamma z$$

따라서 수면으로부터 z = −h인 점에서의 정수압은 $p = \gamma h$로서 일반 정수압과 동일함을 알 수 있다.

(3) 연직등가속도를 받는 수체

그림 2.41와 같이 물이 든 용기를 연직상향으로 α의 등가속도로 이동시키면 물은 이동방향과 반대되는 방향으로 등가속도를 받게 된다. 이 때 좌표축을 그림 2.41과 같이 잡으면 평형상태에 도달했을 때 단위질량이 받는 x, y, z방향의 외력은

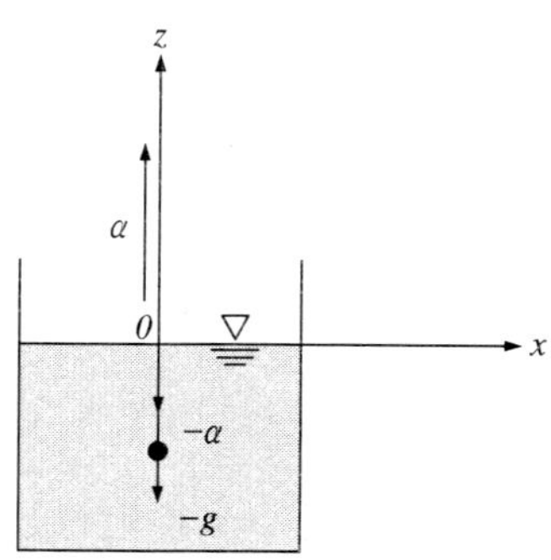

그림 2.41

$$X = 0,\ Y = 0,\ Z = -(\alpha + g)$$

따라서 식 (2.58)은

$$-(\alpha + g)dz = 0 \quad \therefore\ z = \text{const} \tag{2.61}$$

식 (2.61)은 수면이 수평을 유지함을 뜻한다.

수면 아래 연직방향의 정수압변화는 식 (2.56)으로부터

$$\frac{dp}{dz} = -\rho(\alpha + g) = -\gamma\left(1 + \frac{\alpha}{g}\right)$$

$$\therefore\ p = -\gamma z\left(1 + \frac{\alpha}{g}\right) \tag{2.62}$$

따라서, 수면으로부터 z = −h인 점에서의 정수압은

$$p = \gamma h\left(1 + \frac{\alpha}{g}\right) \tag{2.63}$$

식 (2.63)으로부터 연직상향의 등가속도 α를 받을 경우는 중력가속도만 받을 경우보다 정수압이(α/g)배 만큼 더 커짐을 알 수 있다.

만약 등가속도 α가 연직하향으로 작용하면 물은 연직상향으로 가속도를 받게 되므로 식 (2.62)와 (2.63)의 괄호안 부호는 (−)로 표시된다. 따라서 연직방향의 압력은 중력가속도만을 받을 경우보다 (α/g)배 만큼 작아지게 되며 α = g로 작용할 때에는 p = 0가 되어 무압력 상태가 된다.

(4) 회전등가속도를 받는 수체

그림 2.42와 같이 반경이 r인 원통에 초기 수심 h로 물을 담고 원통을 일정한 각속도 ω로 원통축 둘레로 회전시킨다고 가정해 보자. 원통내의 물도 각속도 ω로 회전하게 될 것이며 결국 상대적 평형상태에 도달하게 되어 그림에서와 같이 수면은 곡면을 이루게 된다. 그림 2.42(a)의 회전축 z로부터 거리 x인 수면에서의 단위질량의 물에 작용하는 힘은 곡면에 접선인 방향으로의 회전 각속도 ω에 의한 구심가속도 $x\omega^2$으로 인한 원심력과 중력가속도 g로 인한 물의 무게이다.

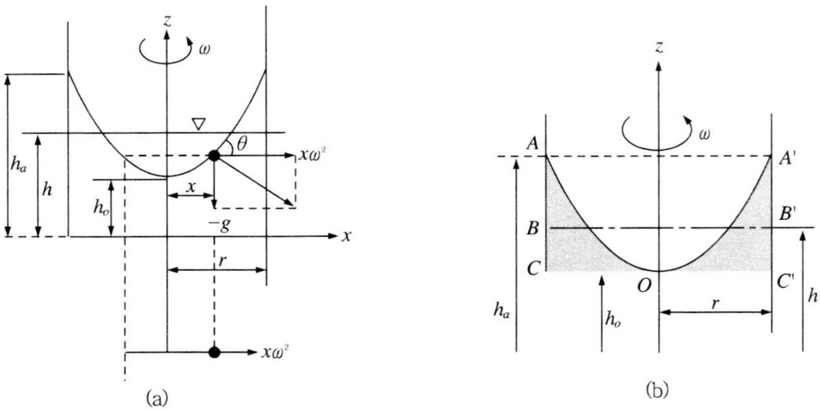

그림 2.42

즉,

$$X = x\omega^2, \quad Y = 0, \quad Z = -g$$

따라서 식 (2.58)에 이를 대입하면

$$x\omega^2 dz - g dz = 0$$

적분하면

$$\frac{\omega^2}{2}x^2 - gz + C = 0$$

그림 2.42(a)의 좌표축에서 $x = 0$일 때 $z = h_0$이므로 $C = gh_0$이다. 따라서

$$z = \frac{\omega^2}{2g}x^2 + h_0 \tag{2.64}$$

식 (2.64)가 회전등가속도를 받는 수위의 수면 곡선식이며 회전포물면임을 알 수 있다. 수면곡선상의 임의 점에서의 수면경사는

$$\frac{dz}{dx} = \tan\theta = \frac{\omega^2}{g}x \tag{2.65}$$

여기서 θ는 수평과 이루는 경사각이다.

회전포물면인 수면으로부터 연직방향의 압력변화는 식 (2.56)으로부터

$$\frac{dp}{dz} = -\rho g = -\gamma$$

$$\therefore\ p = -\gamma z$$

따라서 수면상의 임의점으로부터 z = −h인 점에서의 정수압은 $p = \gamma h$로서 일반 정수압과 동일하다.

그림 2.42(a)의 원통내 정수시의 수심 h와 회전평형상태에서의 중심축 수심 h_0 및 외측 수심 h_a사이의 관계는 수체의 기하학적 모양과 식 (2.64)를 사용하여 수립할 수 있다. 그림 2.42(b)에서 사선친 부분의 체적(ACOC′A′OA)은 정수시의 원통 BCC′B′B의 체적과 같다.

즉,

$$\text{사선친 부분 체적} = \pi r^2(h - h_0) \tag{2.66}$$

한편, 회전포물면 AOA′는 원통 ACC′A′A의 체적을 2등분하므로(회전포물면 $z = \omega^2 x^2/2g$아래의 체적을 적분하여 원통 ACC′A′A의 체적과 비교하면 증명할 수 있다) 원통 ACC′A′A의 체적의 절반과 식 (2.66)을 같게 놓을 수 있다.

$$\frac{1}{2}\pi r^2(h_a - h_0) = \pi r^2(h - h_0)$$

$$\therefore\ h_0 = 2h - h_a \tag{2.67}$$

식 (2.64)에서 x = r (원통의 벽)에서 z = h_a라 하였으므로

$$h_a = \frac{\omega^2}{2g}r^2 + h_0 \tag{2.68}$$

식 (2.67)을 식 (2.68)에 대입하여 h_a에 관해 풀면

$$h_a = \frac{1}{2}(2h + \frac{\omega^2}{2g}r^2) \tag{2.69}$$

식 (2.68)을 식 (2.67)에 대입하여 h_0에 관해 풀면

$$h_0 = \frac{1}{2}(2h - \frac{\omega^2}{2g}r^2) \tag{2.70}$$

식 (2.69), 식 (2.70)으로부터 h_0 및 h_a는 정수심 h와 원통의 반경 r 및 회전각속도 ω 만의 함수임을 알 수 있다.

예제 2.14

그림 2.43과 같이 수평과 30°의 경사를 가지는 사면위에 1m × 1m × 1m 입방체의 용기 내에 물이 절반만큼 차 있다. 경사면을 따라 상향으로 3m/sec^{2}의 등가속도를 작용시켰을 때 수면의 경사와 수면방정식을 구하고 용기의 바닥면 O − O′를 따른 정수압의 변화를 표시하는 공식을 유도하라.

풀이)

① 그림에서와 같이 좌표축을 취하면 등가속도의 x, z방향성분은

$$\alpha_x = 3 \times \cos 30° = 2.60\text{m/sec}^2$$

$$\alpha_z = 3 \times \sin 30° = 1.50\text{m/sec}^2$$

따라서 x, y, z방향의 단위작용력은

$$X = -\alpha_x, \quad Y = 0, \quad Z = -(\alpha_z + g)$$

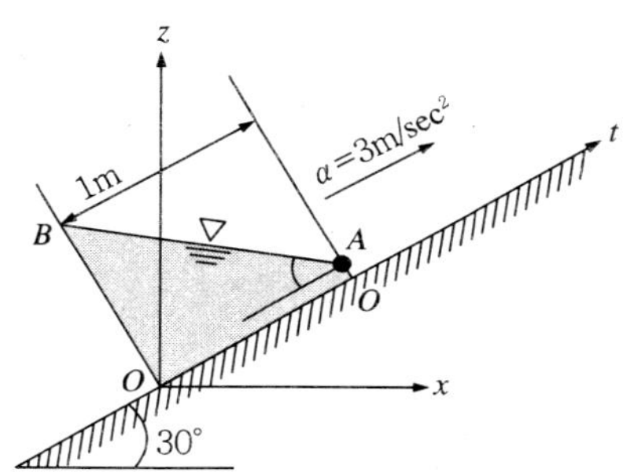

그림 2.43

식 (2.58)을 사용하면 수면방정식은

$$-\alpha_x dx - (\alpha_z + g)dz = 0$$

적분하면

$$-\alpha_x dx - (\alpha_z + g)z + C = 0$$

$$\therefore z = -\frac{\alpha_x}{\alpha_z + g}x + C' \qquad \text{(a)}$$

여기서 적분상수 C′는 경계조건에 의해 결정될 것이다. 수면의 경사는

$$\tan\theta = -\frac{\alpha_x}{\alpha_z + g} = \frac{-2.60}{1.50 + 9.8} = -0.23 \qquad \therefore \theta = 12.95°$$

θ = 12.95°는 수면이 수평과 이루는 각이므로 용기의 바닥면과 이루는 각은 θ'= 12.95 + 30 = 42.95°이다.

② 용기의 폭이 1m이고 물의 체적은 1 × 1 × 0.5 = 0.5m^{3}이므로 BOO′AB의 체적과

같게 놓으면

$$\frac{1}{2}(\overline{BO} + \overline{AO'}) \times 1 \times 1 = 0.5\text{m}^3 \qquad \text{(b)}$$

또한

$$\overline{BO} - \overline{AO'} = 1 \times \tan 42.95° = 0.931\text{m} \qquad \text{(c)}$$

식 (b), (c)로부터 $\overline{AO'} = 0.0345$m, $\overline{BO} = 0.9655$m, 그림에서 점 A의 x 및 z의 좌표는

$$x = 1 \times \cos 30° - 0.0345 \times \sin 30° = 0.849\text{m}$$

$$z = 2 \times \sin 30° + 0.0345 \times \cos 30° = 1.030\text{m}$$

따라서 식 (a)에 대입하면

$$C' = 1.030 + 0.23 \times 0.849 = 1.225\text{m}$$

따라서 수면곡선식은

$$z = -0.23x + 1.225\text{m} \qquad \text{(d)}$$

③ 식 (d)를 사면에 따르는 t축으로 표시하려면 $x = 0.886t$, $z = z' + 0.5t$의 관계를 대입해야 하므로

$$z' = -0.5t - 0.23(0.866t) + 1.225$$

$$\therefore\ z' = -0.699t + 1.225$$

여기서 z′은 수면 BA아래의 수심이며 t는 점 O로부터 사면을 따라 측정

$$p_{o-o}' = \gamma z' = 1.225 - 699t \qquad \text{(e)}$$

식 (e)에서 $t = 0(x = 0)$인 O점에서의 $p_0 = 1.225\text{kg/m}^2$, $t = 1$m일 때의 $p = 526\text{kg/m}^2$이며 정수압은 직선적으로 감소함을 알 수 있다.

예제 2.15

그림 2.44와 같이 물이 담겨져 있는 반경 1m인 원통을 중심축 주위로 각속도 $\omega = 30$rpm으로 회전시켰다. 회전포물면의 방정식을 구하고 용기바닥의 점 A와 B에서의 정수압을 구하라.

풀이)

① $\omega = 30$회/min $= 30 \times 2\pi/60 = 3.14$rad/sec, r = 1m, h = 5m이므로 식 (2.69) 및 (2.70)을 사용하면

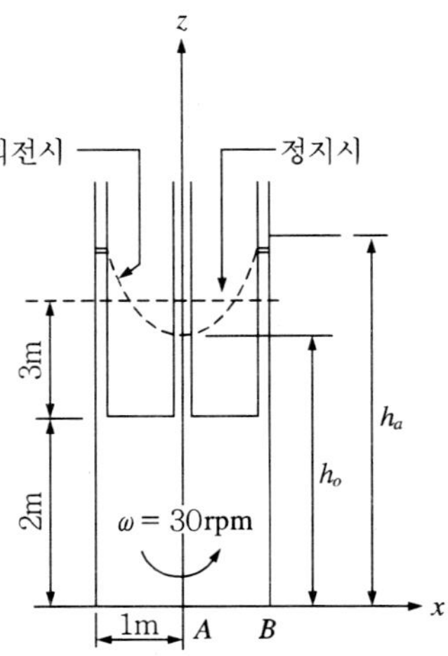

그림 2.44

$$h_a = \frac{1}{2}(2 \times 5 + \frac{3.14^2}{2 \times 9.8} \times 1^2) = 5.252\text{m}$$

$$h_0 = \frac{1}{2}(2 \times 5 - \frac{3.14^2}{2 \times 9.8} \times 1^2) = 4.749\text{m}$$

식 (2.64)를 사용하면 회전포물면의 방정식은

$$z = 0.503x^2 + 4.749$$

② 점 A와 B에서의 정수압 p_A와 p_B는

$$p_A = \gamma h_0 = 1{,}000 \times 4.749 = 4{,}749\text{kg/m}^2$$

$$p_B = \gamma h_0 = 1{,}000 \times 5.252 = 5{,}252\text{kg/m}^2$$

연습문제

Q2.1 밀폐된 탱크는 압력하에서 액체를 포함하고 있다. 그림 2.45에서 압력계는 $3.2 \times 10_5$ dyn/cm^{2}의 압력을 가리킨다. 탱크바닥에서 압력과 연직관에서 상승된 액체기둥의 높이를 결정하라.

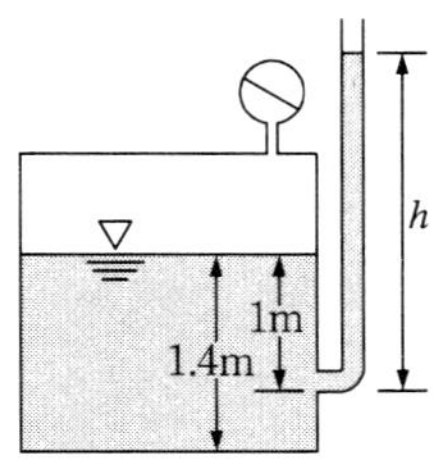

그림 2.45

Q2.2 물속의 저류탱크가 천연가스를 저장하기 위해 해안에 건설되었다. 탱크의 물 표고가 바다 표면아래 6m일 때 탱크의 가스압력을 결정하라(그림 2.46). 바닷물의 비중은 1.025이다.

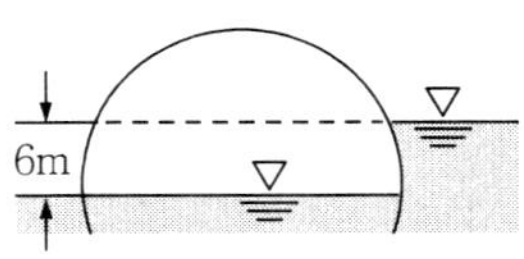

그림 2.46

Q2.3 밀폐된 기름탱크는 비중 0.85의 기름을 담고 있다. 기름표면의 제일 윗부분 공기 공간의 압력이 표준대기압 1.20으로 측정되었다면 기름표면 5m아래 점에서 압력은 얼마인가?

Q2.4 대기에 양끝이 개방된 U관은 관의 낮은 부분에 수은이 담겨 있다. 물기둥이 1m가 될 때까지 U관의 한 다리 내에 물을 가득 채우면 두 다리에서 수은 표면 사이의 높이차는 얼마인가?

Q2.5 기름(0.79)이 60cm 높이로 마노메타 위의 다른 다리에 가득차 있으면 수은 표면 사이의 높이 차는 얼마인가?

Q2.6 마노메타는 그림 2.47처럼 관내수압을 감시하기 위해 도시 상수도 주요관에 장치되었다. 수압을 결정하라.

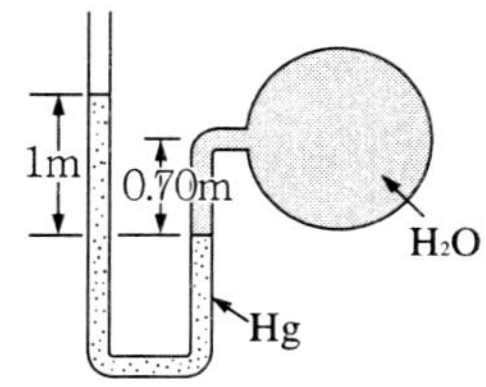

그림 2.47

Q2.7 그림 2.48과 같은 개방 마노메타는 기름(0.82)을 운반하는 관의 압력을 측정하도록 설치하였다. 마노메타 액체가 탄소 4가 염화물(1.60)이라면 관내압력을 결정하라.

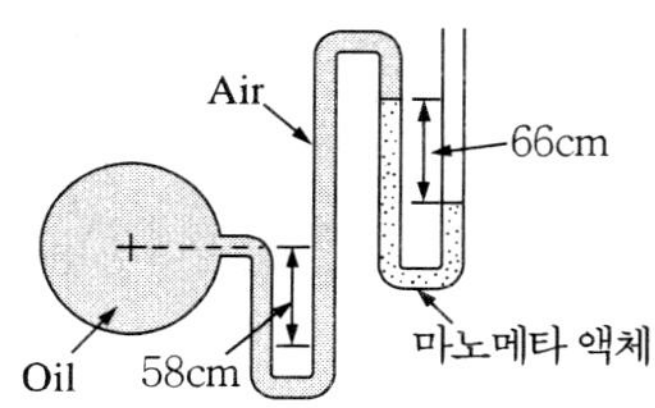

그림 2.48

Q2.8 그림 2.49의 단일 독취 수은 마노메타는 관내 수압측정에 이용된다. h_1 = 20cm, h_2 = 67cm 이면 압력은 얼마인가?

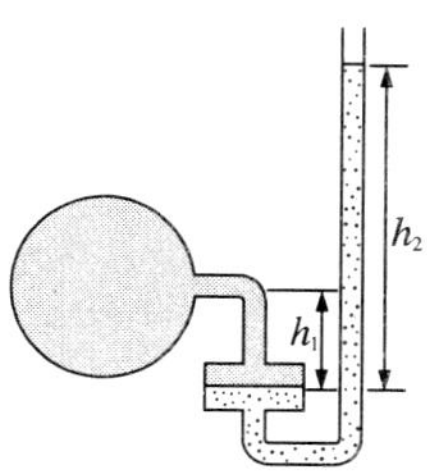

그림 2.49

Q2.9 그림 2.50에서 유체 A와 B는 각각 0.75와 1.00의 비중을 갖는다. 수은이 마노메타 액체로 이용되었으면 A와 B사이의 압력차를 결정하라.

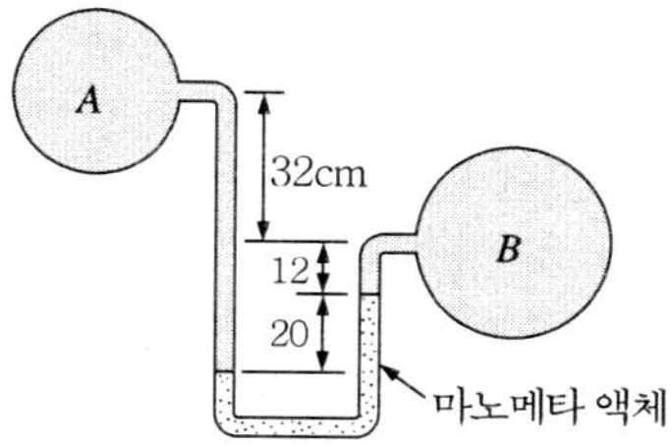

그림 2.50

Q2.10 그림 2.51에서 직사각형 수문은 A에서 힌지이고 수로 끝으로부터 급수탱크내에서 물을 분리한다. 균일한 두께의 수문이 2m × 3m의 크기이고 무게가 2t라면 수문이 정지 밀폐될 수 있는 최대 높이 h를 결정하라.

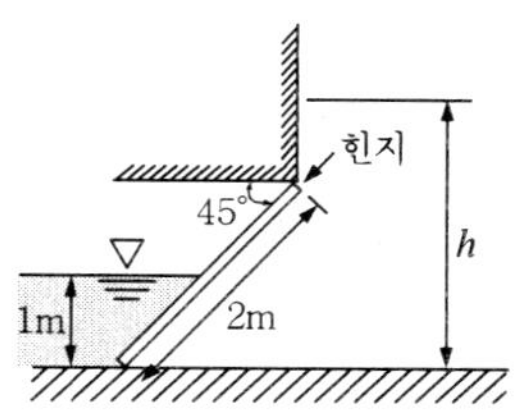

그림 2.51

Q2.11 원형수문이 그림 2.52에 나타낸 것처럼 연직벽에 설치되었다. 가장자리에서 수문을 고정 하기 위해 필요한 수평력 $\overline{T}$를 결정하라(직경 D와 높이 h의 항). 중심점에서 마찰은 무시한다.

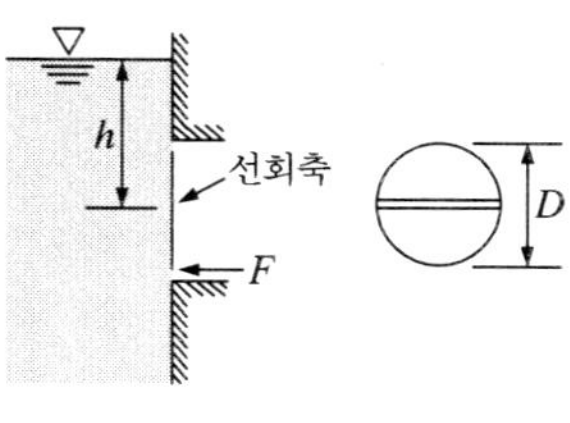

그림 2.52

Q2.12 그림 2.53에서 수문댐은 높이 5m, 폭 2m이고 중심에서 회전한다. 지지대 AB에서 반발력을 결정하라.

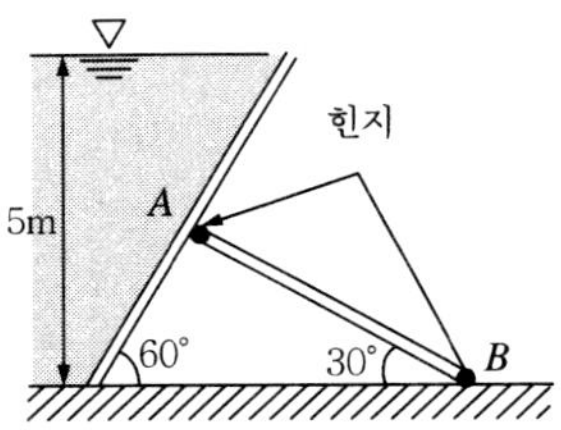

그림 2.53

Q2.13 그림 2.54에서 나타낸 tainter수문은 반경 10m의 원형표면을 갖고 O에서 회전되는 구조물로 지지되었다. 수문의 길이는 12m이다. 수문에 대한 총정수압의 크기와 위치를 결정하라.

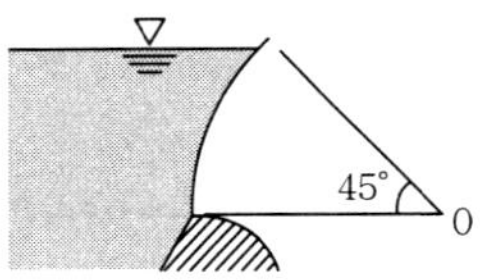

그림 2.54

Q2.14 그림 2.55에서 큰 선체의 귀퉁이면은 1.75m의 반경으로 구부러졌다. 거룻배가 바닷물(1.025)에 잠겨 있을 때 선체의 단위길이당 곡면 AB에 대한 압력의 크기와 위치를 결정하라.

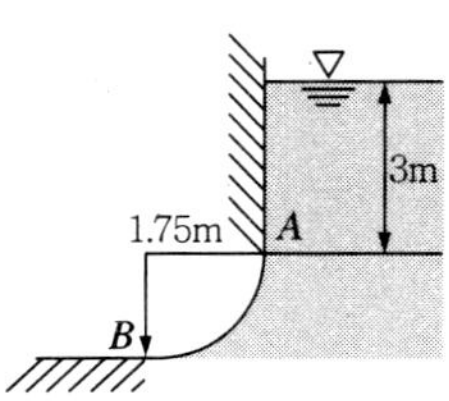

그림 2.55

Q2.15 그림 2.56에서 원형 둥근지붕은 길이 10m이고 볼트에 의해 기름탱크의 꼭대기에 안전하게 하였다. 기름이 0.86의 비중을 갖고 압력계가 2.42bar를 가지면 볼트에서 총장력을 결정하라. 뚜껑의 무게는 무시한다.

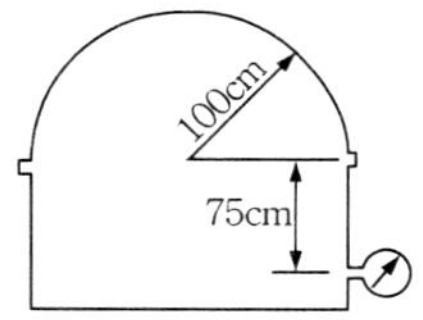

그림 2.56

Q2.16 30cm직경의 고체 황동구체를 바닷물(비중 1.03)에 원통의 부표를 낮추는 무게로 이용하였다(그림 2.57). 부표는 높이 2m, 비중 0.5이고 한끝에서 구체에 매어 있다. 바닥에 고정없이 들어올리는 데 필요한 조류상승 h는 얼마인가?

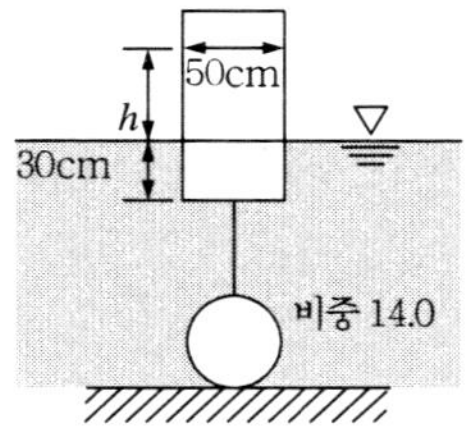

그림 2.57

Q2.17 총제적 1m^3이고 비중 1.67인 콘크리트 블록이 길이의 한끝에 속이 빈 원통이 달려 있다. 원통은 길이 3m, 직경 72cm이다. 깊은 물에서 원통의 12cm가 수면 위에 남아 있다면 원통의 무게를 결정하라.

Q2.18 길이 12m, 폭 5m 그리고 깊이 2m인 직사각형 거룻배가 있다. 무게중심은 바닥에서 1.0m이고 거룻배는 물에 1.5m 잠겼다. 경심고와 경사각 4°, 8° 그리고 12°에 대하여 바닥부터 경심까지 측정된 거리를 구하라. 각각 우측 모멘트는 얼마인가?

Q2.19 10m 직경의 원통케이슨 부표가 바다(비중 1.03)에 떠 있다. 무게중심은 수면아래 8m인 바닥으로부터 2m이다. 케이슨이 10°의 각도로 기울어졌을 때 경심고와 우측모멘트를 결정하라.

Q2.20 폭 1m, 깊이 1m 그리고 길이 2m인 나무블록이 있다. 경심이 무게중심과 같은 점에 있다면 블록의 비중은 얼마인가?

Q2.21 폭 4.8m, 길이 12m 그리고 깊이 4.2m인 직사각형 거룻배는 바닷물(비중 1.03) 2m에 잠겨 있다. 최대 경사각이 15°이면 중심으로부터 거룻배의 가장자리까지 이동할 수 있는 하중을 결정하라.

CHAPTER 03

동수역학

CHAPTER 03 동수역학

3.1 서 론

유체흐름은 유체역학(fluid dynamics)이라는 유체운동의 연구이고, 역학은 일반적으로 운동학(kinematics)과 동역학(kinetics)으로 나눈다. kinematics는 거리, 속도, 가속도와 시간을 다루는 동역학의 부분이고 kinetics는 힘, 질량과 가속도를 다룬다.

유체 역학에서 이용되는 3가지의 기초 보존 방법은 질량, 에너지 그리고 운동량이다. 질량 보존은 kinematic 관계이고 에너지 보존은 kinetic 관계이다.

유체흐름의 두 가지 기본 형태는 압력흐름과 개수로(중력)흐름이라 한다. 압력흐름은 대표적으로 용량에 가득차서 흐르는 관 혹은 암거 같은 밀폐된 도수로에서 발생한다. 압력흐름은 밀폐된 도수로의 모든 경계에 어떤 유체압력을 발휘하는 유체흐름을 필요로 하고 압력, 면적, 속도, 높이의 정의된 변수를 갖는다. 개수로 흐름은 강, 하천, 습지대, 연석측구 혹은 배수로 같은 개방 도관 혹은 수로에서 발생하는 자유수면흐름이다. 부분적으로 차서 흐르는 관과 암거 같은 밀폐된 도관은 개수로흐름으로 분류한다.

유체흐름의 기본원리에 대한 지식은 가상적인 이상유체의 흐름(flow of ideal fluid)에 관한 원리를 이해함으로써 가장 쉽게 터득할 수 있다. 이상유체란 점성(viscosity)이 없는 유체를 말한다. 따라서 이상유체에서는 유체입자 간 혹은 유체입자와 경계면 사이에 점성으로 인한 마찰효과가 있을 수 없으며 따라서 와류의 형성이나 에너지의 손실도 있을 수 없다. 물론 실제유체(real fluid) 혹은 점성유체(viscous fluid)의 경우에는 정도의 차이는 있지만 반드시 점성으로 인한 에너지의 손실이 수반되나 이상유체로 가정함으로써 유체흐름의 기본방정식들을 단순화할 수 있으며 이들 방정식을 쉽게 풀어서 여러 가지 실질적인 문제의 해결이 가능하게 된다.

이상유체의 가정에 부가해서 유체가 비압축성이라 가정하면 유체밀도의 압력 및 온도에 따른 변화를 무시할 수 있으므로 흐름에 주는 열역학적 영향(thermodynamic effects)을 제거 할 수 있어서 흐름의 문제는 한층 더 간단해진다. 토목에서 주로 다루는 물은 실질적인 목적을 위해 비압축성으로 가정해도 무방하다고 보겠다.

본 장에서는 위에서 언급한 가정 하에서 유체동력학(fluid dynamics)에 관하여 살펴보고자 한다. 유체의 흐름의 원리와 응용을 다루는 동역학의 기본이 되는 방정식인 Euler 방정식, Bernoulli 방정식 및 역적－운동량 방정식 등의 유도와 물리적 의미, 그리고 이들 식의 응용에 관하여 상세하게 논하기로 한다.

3.2 흐름의 기초

3.2.1 용어의 정의

물의 흐름을 고찰할 때에 필요한 용어의 정의는 다음과 같다.

유속이란 물을 작은 수립자의 집합이라고 생각하고, 수로중의 어느 점을 지나는 수립자의 속도를 나타낸다. 유속 v는 「거리」/「시간」으로 표시되며, 단위는 m/s, cm/s 등이 이용된다.

유량이란 시간에 관하여 유체운동의 양을 표시하는 의미로서 단위시간(일반적으로는 1초간)에 수로의 어느 단면을 통과하는 물의 체적을 말한다. 유량 Q는 「체적」/「시간」으로 표시되며, 단위는 m^3/s, l/s, cm^3/s 등이 사용된다.

수로단면은 유량이나 유속을 고찰할 때의 기준으로 물 흐름의 방향과 직각으로 취하며, 수로단면 중 물이 흐르는 부분의 면적을 유적 또는 유수단면적이라고 하고 유적 A의 단위는 m^2, cm^2 등이 이용된다.

평균유속은 수립자의 속도 v가 단면내의 각 위치에서 다르므로 흐름의 계산을 간단하게 하기 위하여 사용하며, 평균유속 V는 단면 내 각점의 수립자의 유속을 평균화하여 그 단면 전체의 유속으로 한 것이다.

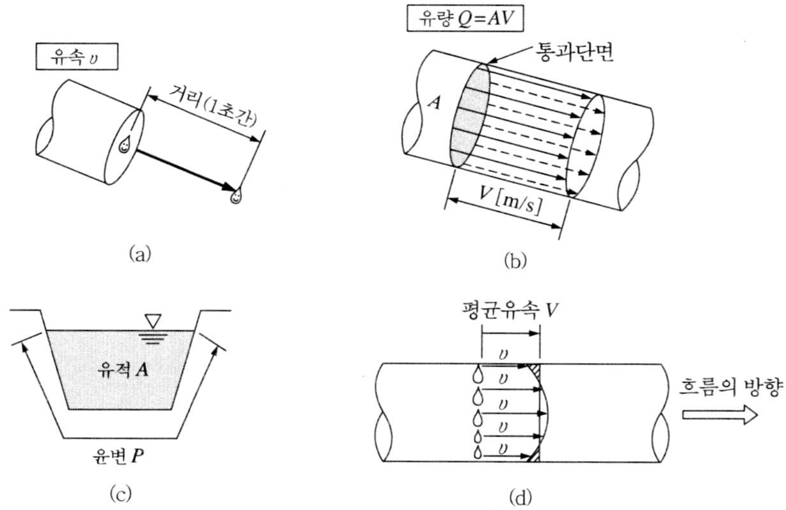

그림 3.1 흐름에 필요한 용어

3.2.2 운동 기술방법

유체동역학에서 유체 운동학이란 유체가 어떻게 흐르는가, 유체의 운동을 어떻게 기술할 것인가에 관한 학문이다. 기본적으로 운동을 기술하는 데 있어서 두 가지 방법이 있다. 첫 번째 방법은 각각의 물체의 궤적을 따라가는 방법이다. 이러한 물체의 운동을 기술하는 데 Newton의 법칙이 사용되며, 물체의 궤적과 운동량 및 운동 에너지가 물체 상호 간에 어떻게 교환되는가를 정확히 예측할 수 있다. 이 경우의 운동학은 각 물체의 위치 벡터 $\overrightarrow{x_A}, \overrightarrow{x_B}$ ··· 와 속도 벡터 $\overrightarrow{V_A}$, $\overrightarrow{V_B}$, ··· 를 시간의 함수로 표현하여 추적하는 것이다(그림 3.2). 이 방법을 유체의 유동에 적용한 것을 이탈리아 수학자 Joseph Louis Lagrange (1736-1813)의 이름을 따서 Lagrange 기술방법이라고 한다. Lagrange 기술방법은 질량이 일정한 각각의 유체 덩어리, 즉 유체 입자의 위치와 속도를 추적하는 것이다.

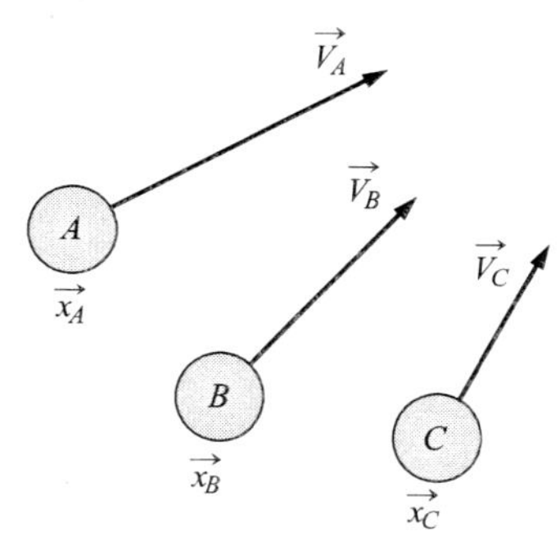

그림 3.2 Lagrange 기술방법에서는 개별 입자의 위치 및 속도를 추적한다.

그러나 이러한 방법으로 유체의 운동을 기술하는 것은 당구공의 경우에 비하여 훨씬 어렵다는 것을 쉽게 상상할 수 있을 것이다. 무엇보다도 유체가 운동할 때 유체 입자를 명확히 정의하고 식별하는 것이 쉽지 않은 일이다. 두 번째로, 유체는 연속체(continuum, 거시적 관점에서)이므로, 유체 입자는 운동하면서 끊임없이 변형한다.

유체의 유동을 기술하는 좀 더 일반적인 방법은 스위스 수학자 Leonhard Euler (1707-1783)의 이름을 따라 명명된 Euler 기술방법이다. Euler 기술방법에서는 유체가 출입하는 유동 영역 또는 검사체적(control volume)이라고 하는 유한체적을 정의한다. 이는 각각의 유체 입자를 추적하는 대신 검사체적 내에서 유동장 변수를 위치와 시간의 함수로 정의한다. 어느 특정한 시간과 특정한 위치에서의 유동장 변수는 그 시간에 그 위치를 점유하는 유체 입자의 변수값이다. 예를 들면, 압력장은 스칼라 유동장 변수인데, 직교좌표계에서 일반적인 비정상 3차원 유동의 경우 다음과 같이 나타난다.

$$\text{압력장 : } P = P(x, y, z, t) \tag{3.1}$$

같은 방법으로 벡터 유동장 변수인 속도장은 다음과 같이 정의된다.

$$\text{속도장 : } \vec{V} = \vec{V}(x, y, z, t) \tag{3.2}$$

또한 가속도장 역시 벡터 유동장 변수이며, 다음과 같이 표현할 수 있다.

$$\text{가속도장 : } \vec{a} = \vec{a}(x, y, z, t) \tag{3.3}$$

결과적으로 이러한 유동장 변수들을 이용하여 유동장을 정의할 수 있다. 식 (3.2)의 속도장은 직표좌표계 (x, y, z). $(\vec{i}, \vec{j}, \vec{k})$를 이용하여 다음과 같이 표현할 수 있다.

$$\vec{V} = (u, v, w) = u(x, y, z, t)\vec{i} + v(x, y, z, t)\vec{j} + w(x, y, z, t)\vec{k} \tag{3.4}$$

식 (3.3)의 가속도장도 같은 방법으로 표현할 수 있다. Euler 기술방법에서는 모든 유동장 변수들을 검사체적 내의 임의의 위치(x, y, z)와 임의의 시간 t의 함수로 표현한다(그림 3.3). Euler 기술방법에서 개별적인 유체 입자의 거동을 고찰할 필요가 없다. 즉, 개별 유체 입자가 어떻게 되는지를 고려할 필요 없이, 단지 관심 있는 시간에, 관심 있는 위치를 지나는 유체 입자의 압력, 속도, 가속도 등만을 고려하는 것이다.

이러한 두 기술방법의 차이점을 강가에 서서 강물의 유동 특성을 관찰하는 것으로 비교해 보자. Lagrange 기술방법에서는 측정 장치를 강물과 함께 흐르게 하면서 측정하고, Euler 기술방법에서는 측정 장치를 강물 속의 정해진 위치에 고정시켜 측정한다.

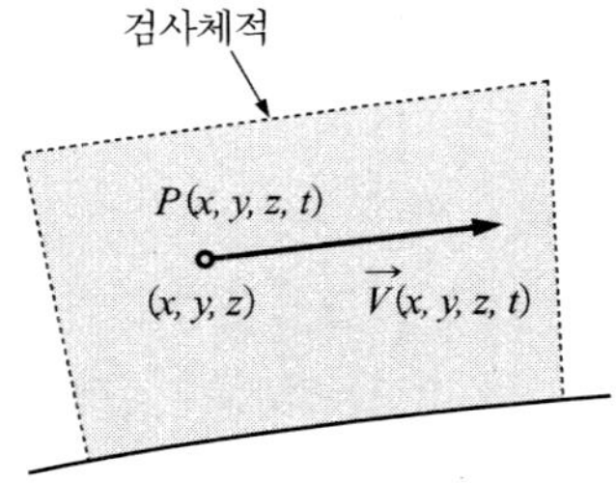

그림 3.3 Euler 기술방법에서는 압력장이나 속도장 같은 유동장 변수들을 모든 위치와 시간에 대해 정의한다.

3.2.3 유동선(flow line)

유체운동을 기술하거나 가시화하는데 특히 적합한 유동선의 양식에는 유선, 유적선, 유맥선 및 유관의 네 가지 기본형태가 있다.

유선은 수학적으로 계산하기에 편리하지만 다른 세 가지는 실험적으로 생성시키거나 더 쉽다. 유선과 유관은 순간적인 선들이지만 유적선과 유맥선은 시간의 경과에 의하여 생성되는 것임에 유의하라.

(1) **유적선**(Path line)

유적선은 유동 안에서 움직이는 단 한 개의 표시된 입자를 시간에 따라 노출 촬영함으로써 얻어질 수 있다. 유적선은 그림으로 다음과 같이 설명된다.

그림 3.4(b)에서 시각 $t = t_0$일 때 P_0에 있던 유체입자는 미소시간($t = t_1 = t_0 + \Delta t$)후에는 유선 C_0의 방향으로 운동하여 점 P_1에 이른다. 다음순간 $t = t_1$에 점 P_1를 지나는 유선이 C_1이라면 입자는 C_1를 따라 $t = t_2 = t + \Delta t$에는 점 P_2까지 이동한다. 이와 같이 한 유체입자는 각 순간에 있어서의 유선군의 포락선을 따라 움직인다. 이 포락선이 유적선이다.

주어진 입자를 $\overrightarrow{\gamma_0}$라면 유적선의 방정식은

$$\vec{\gamma} = \vec{\gamma}\,(\overrightarrow{\gamma_0} \cdot t) \tag{3.5}$$

이다. 실제로 유적선의 방정식을 구할 때는 속도장 $\vec{V} = \vec{V}(\vec{\gamma},\ t)$로부터 계산할 수 있다.

(2) **유선**(stream line)

주어진 시각에 유동장의 공간에 그려지는 유선이란 그 시각에 이 유선상에 놓이는 모든

유체입자의 속도방향이 그 선에서 그은 접선방향과 일치하게끔 그려진 가상 곡선이다(그림 3.4(a) 참조). 그러므로 임의 시각에 그려진 유선은 그 유선을 따른 모든 공간점에서의 유체의 운동방향을 지시한다.

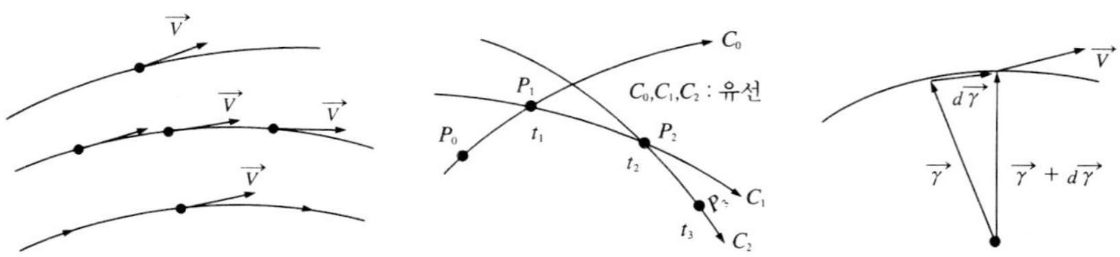

(a) 유선　　(b) 유적선($P_0 - P_1 - P_2 - P_3$)　　(c) 유선

그림 3.4 유선과 유적선

공간점 $\vec{\gamma} = (x,\ y,\ z)$에서의 유체입자의 속도는

$$
\begin{aligned}
\vec{V} &= \vec{V}(\vec{\gamma},\ t) = \vec{V}(x, y, z, t) \\
&= u(x, y, z, t)i + v(x, y, z, t)j + w(x, y, z, t)k
\end{aligned} \tag{3.6}
$$

와 같이 주어진다. $d\vec{\gamma}$ 을 유선의 선소벡터(변위벡터)라고 하면 속도의 방향과 유선에서 그은 접선과는 항상 일치하므로 유선의 방정식은 두 벡터의 벡터곱의 성질에 따라 다음과 같이 표시할 수 있다(그림 3.4(c) 참조).

$$\vec{V} \times d\vec{\gamma} = 0$$

속도벡터와 변위벡터의 직교좌표계에 의한 성분표시는

$$(ui + vj + wk) \times (dxi + dyi + dzk) = 0$$

로 되며, 이를 풀면

$$\frac{dx}{u} = \frac{dy}{v} = \frac{dz}{w} \tag{3.7}$$

되고 식 (3.7)을 3차원 유동에서의 **유선미분방정식**이라 한다.

식 (3.7)은 속도장이 주어졌을 때 시간 t때 유선군을 구하는 방정식으로, 유의할 점은 적분할 때 t를 상수로 취급해야 한다.

(3) **유관**(stream tube)

정상유동에서 폐곡선을 통과하여 유선을 그리면(그림 3.5), 속도는 항상 경계에 대하여 접선방향이므로 그들은 유체입자들이 지나갈 수 없는 경계면을 형성한다. 이 유선들 사이의 가상공간을 유관(stream tube)이라고 칭해지는 관 또는 통로가 된다. 그리고 이와 같은 관은 마치 이웃하는 유체에서 분리된 것처럼 취급할 수 있다. 유관개념을 사용하면 유체유동원리의 응용을 넓힐 것이고, 이를테면 통로 내 유동과 유체 중에 잠겨 있는 물체 둘레에서의 유동과 같은 2가지의 상이한 문제들을 같은 법칙으로 취급할 수 있게 한다.

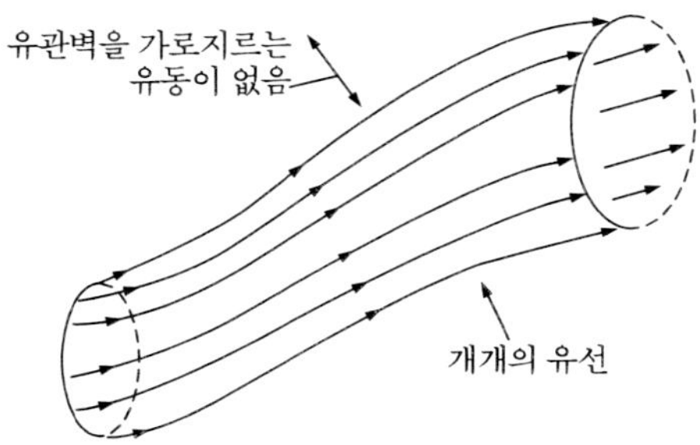

그림 3.5 폐쇄된 유선군에 의해 형성된 유관

(4) **유맥선**(streak line)

유동장내 특정한 지점을 일정한 시간동안 지나갔을 때 유체입자군의 특정한 시각에서의 위치를 순서에 따라 이은 선을 유맥선이라고 한다. 즉, 어떤 고정된 공간점에서 출발한 유체입자가 그리는 유적선이다.

예를 들면 유동하는 유체속의 한 점에서 물감을 분출시킨다면 분류는 하나의 선을 만들면서 유동한다. 어느 순간에 이 유동을 촬영하면 화면에 물감의 연속된 선이 나타난다. 이 선이 유맥선의 예이다. 만일 유동이 비정상유동이면 유맥선은 시간에 따라 상이하게 나타난다. 정상유동에서는 유선, 유적선, 유맥선은 일치한다. 그러나 비정상유동에서는 이들 세선은 모두 다르게 나타난다.

3.3 흐름의 유형

흐름이라고 하는 것은 특별한 언급이 없는 경우에는 흐름 중에 기포 등을 포함하지 않고 유체가 완전히 포화되어 연속적으로 운동하고 있는 상태를 말한다.

(1) 점성유체의 흐름

① 층류(laminar flow)

유체입자들이 층을 이루면서 규칙정연하게 흐르는 유동을 층류유동(층류)이라 한다. 서로 이웃하는 층 사이에는 유체의 미시적혼합(분자의 교환)은 있으나 입자의 거시적 혼합(유체의 큰 입자가 서로 교환)은 없다. 또 이웃하는 층과 층은 서로 원활하게 미끄러지면서 흐른다. 유체가 뉴톤 유체라면 이들 층 사이에 생기는 마찰력은 Newton의 점성법칙에 따른다. 층류 유동하는 유체 속에 작은 구멍을 통하여 유동 방향으로 물감(유동유체와 밀도가 같고 용해되지 않는)을 분출시키면 물감은 하나의 선으로 나타날 뿐 유체입자사이로 확산되지 않는다.

② 난류(turbulent flow)

유체입자들이 극히 불규칙한 경로를 따라 회전하면서 불규칙하게 흐르는 유동을 난류유동(난류)이라 한다. 난류유동을 하는 유체의 입자들은 불규칙한 운동을 하므로 속도도 불규칙하게 변동한다. 난류에서는 거시적 혼합이 일어나므로 난류 속에 물감을 분출시키면 바로 유체전체에 확산한다. 층류에서의 운동량 운송은 다만 분자에 의하여 층과 층 사이에서 수송되나 난류에서는 분자적 운동량 수송과 입자의 불규칙운동에 의한 운동량 수송이 중첩되어 나타난다. 그러므로 난류에서의 점성법칙은 다음과 같이 표시된다.

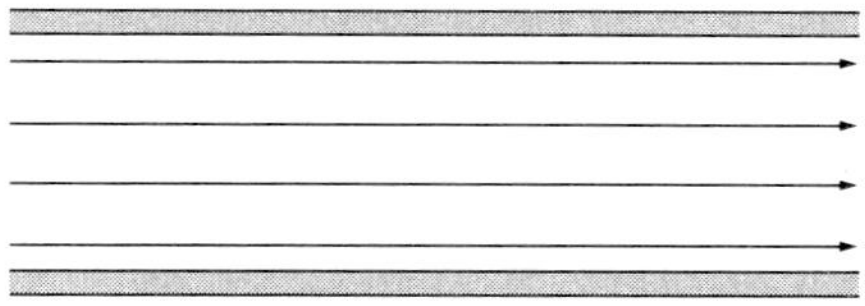

(a) 층류

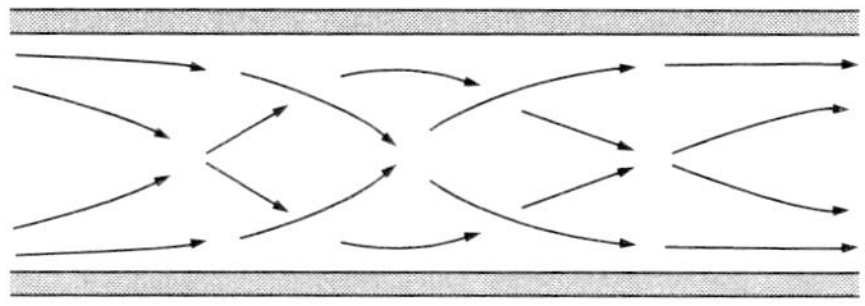

(b) 난류

그림 3.6 관에서 층류와 난류

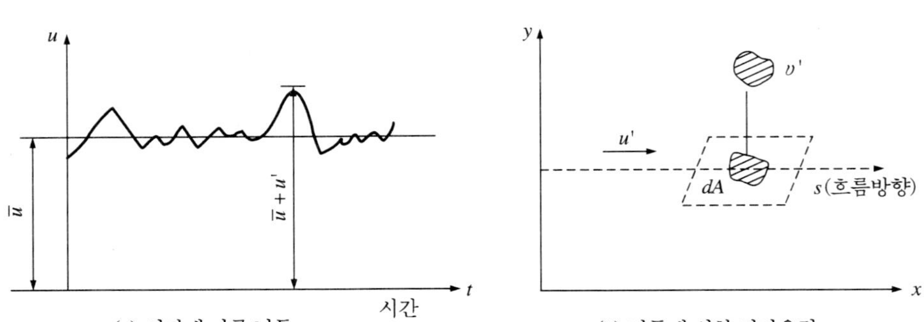

(a) 시간에 따른 난동　　　(b) 난동에 의한 전단응력

그림 3.7 난류운동

$$\tau_{yx} = (\mu + \eta)\frac{d\bar{u}}{dy} \tag{3.8}$$

윗 식에서 완전층류일때 η = 0이 되고, 완전난류일 때는 μ = 0를 대입하여 쓸 수 있고, η는 난류의 정도와 유체밀도에 의하여 결정되는 계수로서 와점성계수(eddy viscosity)라 한다. 일반적으로 η는 점성계수 μ의 값보다 상당히 큰 값을 갖는다.

유체의 유동이 층류인가 난류인가 하는 문제는 유체가 갖는 관성력과 점성력의 상대적 크기에 의하여 결정된다. 점성력에 비하여 관성력이 상대적으로 커지면(점성이 작고 속도 또는 유량이 클 경우) 층류는 불안정하게 되어 파괴되고 점차 난류로 성장하여 유체전역에 걸쳐 완전한 난류로 된다. 층류의 파괴로부터 전역이 난류로 성장되는 기간의 유동을 천이유동(transition flow)이라 한다. 천이유동을 하는 유동장의 한 점이나 혹은 한 단면의 유동을 살펴보면 층류와 난류가 동시에 혼재하는 것이 아니고 층류와 난류가 번갈아 가면서 일어난다.

지금 x－y평면내의 2차원 흐름을 생각해 보자. 그림 3.7(b)에서와 같이 평균흐름은 x축에 나란하되 y방향으로도 변화한다고 가정한다. $\bar{u}$를 시간에 관한 x방향의 평균속도, u'를 x방향의 속도변동, v'를 y방향의 속도변동이라 한다. 난류에서는 인접한 층 사이에서 유체질량이 교환되며, y방향에 수직한 단위면적을 지나는 유체는 v'를 가지므로 질량유량은 $\rho dAv'$이다. 따라서 평균흐름 방향에 작용하는 전단력 $dF = (\rho dAv')u'$가 되므로 난동에 의한 전단응력의 크기는 다음과 같이 된다.

$$\tau = \rho v'u' \tag{3.9}$$

식 (3.9)를 유동방향의 수직방향으로 운동량 변화없이 난동할 수 있는 거리 즉 프란틀의 혼합거리(mixing length of prandtl) l과 속도구배 du/dy로 나타낼 수 있다.

(prandtl은 유체입자들의 작은 집단들은 난류에 의하여 한 속도의 구역에서 다른 속도의 구역으로 어떠한 평균거리 l만큼 수송되며, 그리고 이렇게 하여 그들의 운동의 주류 속도들에 변화를 가져온다고 제안함으로써 위의 난동속도들을 주류특성에 관계시키는데 성공하였다.)

(2) 시간에 따른 분류

>> 정상류와 비정상류(steady flow and unsteady flow)

유체가 흐르고 있는 과정에서 임의의 어떤 한점에서의 유동조건이 시간의 경과에 무관하고 일정한 유동을 정상유동, 시간과 함께 변하는 유동을 비정상유동이라 한다. 만일 유체의 여러 성질 중에서 단 한 개의 성질이라도 시간이 경과될 때 변화한다면 이 흐름은 정상류가 아니며, 비정상상류로 된다. 예를 들면 정상유동을 하는 유체의 어느 한점에서의 속도가 v(m/sec)이면 속도 v는 시간이 경과하여도 크기, 방향이 모두 변하지 않는다. 여기서 유의할 점은 정상유동은 유동장의 모든 점에서 유동조건이 모두 같다는 뜻은 아니다. 유동조건은 위치에 따라 변하나 각 점에서의 조건은 시간에 무관하고 일정하다는 뜻이다. 그러므로 t를 시간, x_i 를 좌표라 하면 정상유동에서는

$$\frac{\partial \rho}{\partial t} = 0, \quad \frac{\partial p}{\partial t} = 0, \quad \frac{\partial t}{\partial t} = 0, \quad \frac{\partial v}{\partial t} = 0$$

$$\frac{\partial \rho}{\partial x_i} \neq 0, \quad \frac{\partial p}{\partial x_i} \neq 0, \quad \frac{\partial t}{\partial x_i} \neq 0, \quad \frac{\partial v}{\partial x_i} \neq 0 \tag{3.10}$$

인 관계가 성립한다.

실제 자연계의 흐름은 엄밀한 의미에서 대부분 비정상류에 속하는 것이 통상이나 정상류의 이론은 실제문제의 해결에 대단히 널리 적용된다. 비정상상태의 문제에서는 유체의 성질이 시간에 대해서도 함수가 되므로 미지수가 하나 더 추가하여 자연히 복잡해진다. 그러나 실제적인 문제에 있어서 모든 유동조건이 정상상태에 도달되기까지에는 충분한 시간이 경과된 다음에야 비로소 이루어질 수 있는 것이다.

(3) 공간에 의한 분류

>> 등류와 부등류(uniform flow and nonuniform flow)

한 유동장의 어떤 영역에서, 임의의 시각에 영역내의 모든 점의 속도가 공간좌표에 관계없이 동일할 때 이 유동을 등속도유동(등류)이라 한다.

등속도유동하는 유체의 속도는 시시각각으로 변하나 그 변화는 영역내의 모든 점에서 동일하고 각 시각에 영역내의 모든 점에서 속도는 그때그때 동일한 값을 갖는다. 지금 v를 속도, s를 임의 방향의 좌표, t를 시간이라 하면 등속도유동은 일반적으로 다음 식으로 표시된다.

$$\frac{\partial v}{\partial s} = 0, \ \frac{\partial v}{\partial t} \neq 0 \tag{3.11}$$

주어진 영역에서 임의시각에 속도 v가 위치에 따라 변할 때 이 유동을 비등속도유동(부등류)이라 말하고 다음 식으로 표시된다.

$$\frac{\partial v}{\partial s} \neq 0, \ \frac{\partial v}{\partial t} \neq 0 \tag{3.12}$$

특히

$$\frac{\partial v}{\partial s} = 0, \ \frac{\partial v}{\partial t} = 0 \tag{3.13}$$

를 만족하는 유동을 정상등류(steady uniform flow)이라 말하고, 이것에 대하여 식 (3.11)을 만족하는 유동을 비정상등류(unsteady uniform flow)이라 한다. 직선이고 유로면적이 일정한 폐수로에 실제유체가 흐를 때 유속은 중앙부에서 최대이고 벽면에서 0이므로 엄밀한 의미에서는 등속도유동은 아니나 우리가 유체역학을 다룰 때 이러한 유동을 1차원유동(면적전체에 평균속도로 균일하게 분포되어 있는 유동)으로 가정하므로 넓은 의미에서 등속도유동으로 생각한다. 점차 축소관 또는 확대관을 흐르는 유동이나 곡관을 흐르는 유동은 부등류의 예이다.

(4) 차원에 따른 분류

① 1차원 유동(one dimensional flow)

모든 물성과 유동특성이 하나의 공간좌표와 시간의 함수로 표시될 수 있는 유동을 1차원 유동이라 한다. 지금 원관을 따라 유체가 흐를 때 유동방향에 수직한 단면 전체에 걸쳐 물성과 유동특성(속도, 밀도, 압력, 온도 등)이 균일하게 분포되어 있는 유동을 가정하면 이들 값은 다만 유동거리(공간좌표)와 시간만의 함수로 표시될 수 있는 유동은 수직단면에서 이들 값이 평균치로 균일하게 분포되어 있다고 가정하고 1차원 유동으로 취급하는 것이 편리하다. 예를 들면 원관이나 임의 단면의 폐수로에서의 실제유체의 유동은 전단면에 걸쳐 유속이 같지 않으므로(중앙에서 속도최대, 벽면에서 0) 엄밀한 의미에서 1차원 유동이 아니다 그러나 유체역학에서는 이러한 유동을 1차원 유동으로 취급하고 물성과 유동특성은 각 단면에서의 평균치로 균일하게 분포되어 있다고 가정한다(그림 3.8 참조).

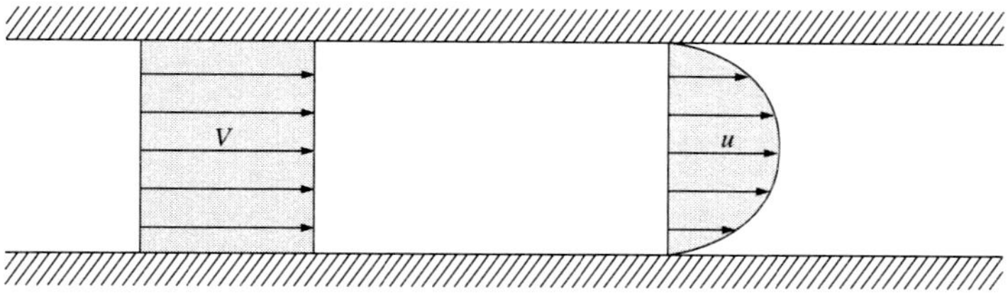

(a) 균일속도분포 (b) 실제유체의 속도분포

그림 3.8 1차원 유동

② 2차원 유동(two dimensional flow)

유체의 모든 물성과 유동특성을 2개의 공간좌표(x, y)와 시간의 함수로 표시될 수 있는 유동을 2차원 유동이라 한다. 이때는 z축방향으로는 변화하지 않으므로 물성과 유동특성의 구배(gradient)는 2개의 성분(x, y성분)만을 갖는다.

2차원 유동은 단일평면에서의 유선들로 완전히 규정되는 유동장(flow field)을 말한다. 따라서 2차원 흐름을 유선으로 표시하고자 하면 1차원 흐름에서처럼 단 한 개의 유선으로는 불가능하고 여러 개의 유선으로 이루어지는 평면이 필요하다.

단면이 일정하고 길이가 무한히 긴 날개주위의 유동, 길이가 무한히 길고 단면이 일정한 댐(dam) 위를 넘쳐흐르는 유동, 길이가 무한히 긴 고정된 날개에 충동하는 분류의 유동 등은 2차원 유동의 예이다(그림 3.9 참조).

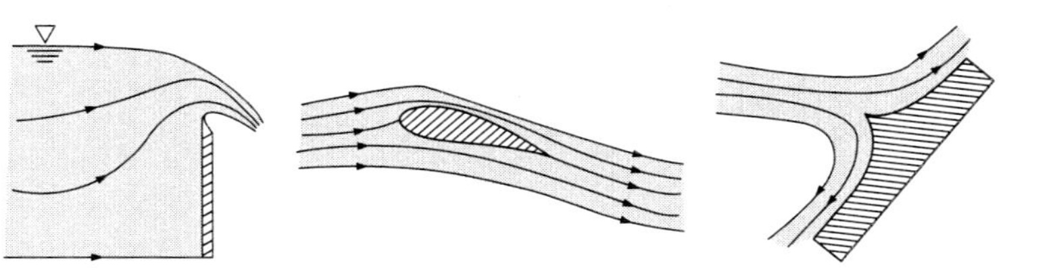

(a) 댐에서의 유선 (b) 익형에서의 유선 (c) 고정날개에서의 유선

그림 3.9 2차원 유동

③ 3차원 유동(three dimensional flow)

모든 물성과 유동특성을 3개의 공간좌표(x, y, z)와 시간의 함수로 표시될 수 있는 흐름을 3차원 유동이라 한다. 그러므로 3차원 유동에서는 물성과 유동특성의 구배가 3개의 성분을 갖는다. 관 유입구 근방에서의 유체유동, 유한한 길이를 갖는 날개의 끝점 부근에

서의 유동은 일반적으로 3차원 유동이다(그림 3.10 참조).

특히 3차원 유동에 있어서 흐름의 특성이 축대칭이 아닌 유동문제를 이론적으로 해석하기란 매우 어렵다. 다만 간단한 기하학적 유동에 대하여 간단한 경계조건을 갖는 유동만을 해석적으로 다룰 뿐이다. 유체공학에서 주로 다루는 대부분의 문제는 1차원 및 2차원 그리고 축대칭 3차원의 경우에 한정된다.

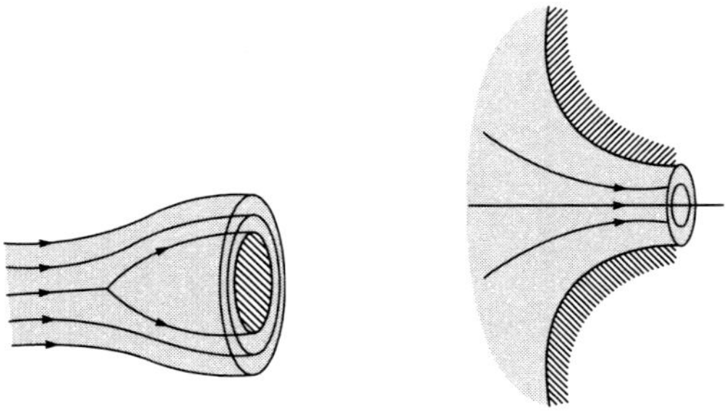

(a) (b)

그림 3.10 3차원 유동

3.4 시스템과 검사체적

시스템(system)은 연구를 위해 선정된 일정량의 질량 또는 공간 내의 영역으로 정의된다. 시스템 밖의 질량 또는 영역은 주위(surroudings)라 부르고, 시스템을 시스템의 주위로부터 분리하는 실제 또는 가상의 표면을 경계(boundary)라 부른다(그림 3.9).

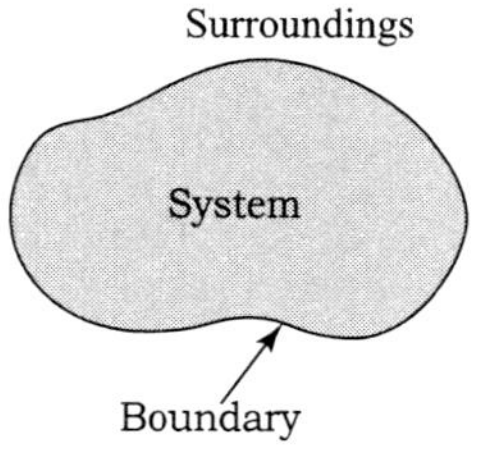

그림 3.11 시스템, 주위와 경계

시스템의 경계는 고정되거나 또는 움직일 수 있고, 경계는 시스템과 주위 모두에 의해 공유되는 접촉 표면임을 주의하라. 수학적으로 말해서 경계는 두께가 영이며, 따라서 어떤 질량을 담거나 공간에서 어떤 부피를 점유할 수 없다.

시스템은 연구를 위해 고정된 질량을 선정하는지 또는 공간 내의 부피를 선정하는지에 따라 닫힌(closed) 또는 열린(open) 시스템으로 고려할 수 있다. 닫힌 시스템[또한 검사질량(control mass) 또는 문맥이 분명할 때는 간단히 시스템으로도 알려진]은 일정량의 질량으로 구성되고, 어떤 질량도 그 경계를 지나갈 수 없다. 그러나 열 또는 일의 형태로의 에너지는 경계를 지나갈 수 있으며, 닫힌 시스템의 부피는 일정할 필요가 없다. 특수한 경우로서, 에너지조차도 경계를 지나가는 것이 허용되지 않는다면, 그 시스템은 고립된 시스템이라 불린다.

검사체적(control volume)이라 불리는 열린 시스템은 공간 내에 적절히 선정된 영역이다. 이는 압축기, 터빈 또는 노즐과 같이 질량 유동을 수반하는 장치를 통상적으로 포함한다. 이런 장치를 통하는 유동은 장치 내의 영역을 검사체적으로 선정함으로써 가장 잘 연구될 수 있다. 질량과 에너지는 모두 검사체적의 경계(검사 표면)를 지나갈 수 있다.

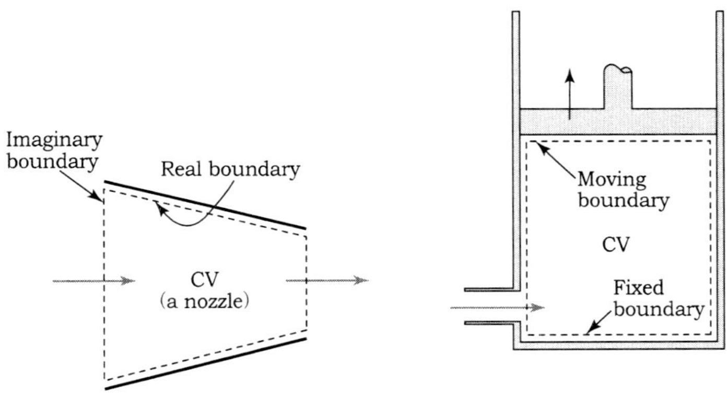

(a) 실제와 가상의 경계를 갖는 검사체적(CV)

(b) 고정된 경계 및 움직이는 경계뿐만 아니라 실제와 가상 경계를 갖는 검사체적(CV)

그림 3.12 검사체적은 고정된, 움직이는, 실제 및 가상의 경계들을 포함할 수 있다.

수많은 공학 문제가 열린 시스템을 출입하는 질량 유동을 수반하며, 따라서 검사체적 모델로 다루어진다. 물 히터, 자동차 라디에이터, 터빈과 압축기는 모두 질량 유동을 수반하며, 따라서 검사질량(닫힌 시스템) 대신에 검사체적(열린 시스템)으로 해석되어야만 한다. 일반적으로 공간 내의 어떤 임의의 영역도 검사체적으로 선정될 수 있다. 검사체적을 선정하기 위한 구체적인 법칙은 없지만, 현명한 선택은 확실히 해석을 훨씬 수월하게 한다. 예를 들면 노즐을 통한 공기의 유동을 해석한다면, 검사체적에 대한 좋은 선택은 노즐 내의 영역이 될 것이다.

노즐의 경우와 같이 검사체적은 그림 3.12에 보인 것처럼 크기나 모양이 고정될 수도 있고, 또는 움직이는 경계를 포함할 수도 있다. 그러나 대부분의 검사체적은 고정된 경계를 가지며 따라서 어떤 움직이는 경계도 포함하지 않는다. 질량의 상호작용과 더불어, 검사체적은 닫힌 시스템에서와 같이 열과 일의 상호작용을 수반하기도 한다.

3.5 연속방정식(continuity equation)

연속방정식은 질량보존법칙으로부터 얻어지는 유체유동의 기본방정식이다. 시스템은 특정한 물질들만을 포함하는 영역이다. 따라서 시스템내의 질량 m은 시간에 따라 변하지 않으며, 이를 질량보존법칙이라 부르고, 식으로 나타내면 다음과 같이 된다.

$$\left.\frac{dm}{dt}\right|_{sys} = 0 \tag{3.14}$$

여기서, $m = \int dm = \int \rho dV$이다. 한편 단위질량의 물질이 갖는 연속방정식은 다음과 같이 된다.

$$\int_{C\cdot S} \rho \vec{V} \cdot d\vec{A} + \frac{\partial}{\partial t}\int_{C\cdot V} \rho dv = 0 \tag{3.15}$$

이 식의 첫 항은 검사표면을 통해 단위시간당 유출되고 유입되는 질량의 차를 나타내고, 둘째 항은 검사체적 내 질량의 시간에 따른 변화율을 의미한다. 따라서 이 두 항이 영이 된다는 것은 물리적으로 검사체적 내에서 질량의 생성이나 소멸이 없다는 것을 의미한다.

(1) 정상유동의 경우

검사체적에 일정한 좌표계에 대하여 유동이 정상이면 좌표계의 어느 한 공간점에서 유체의 모든 특성은 시간에 무관하고 일정불변한다(시간에는 무관하나 위치에 따라서는 변한다). 검사체적은 좌표공간에 고정된 일정형태의 체적이므로 식 (3.15)의 둘째 항은 $\int_{C\cdot V} \left(\frac{\partial \rho}{\partial t}\right) dv$와 같이 고쳐 쓸 수 있고 또 ρ가 시간에 무관하므로 $\frac{\partial \rho}{\partial t} = 0$이 되어 둘째 항의 적분은 영이 된다. 따라서 정상유동에 대한 연속방정식은 다음과 같이 줄여진다.

$$\int_{C\cdot S} \rho \vec{V} \cdot d\vec{A} = 0 \tag{3.16}$$

(2) 비압축성유동의 경우

검사표면을 통하여 흐르는 유체가 단일 종류의 유체이고 또 비압축성유동인 경우에는 비록 정상유동이라 할지라도 모든 점에서 ρ가 일정하므로 $\partial\rho/\partial t = 0$이 되고 또 ρ를 적분기호 밖으로 내놓을 수 있으므로 다음과 같은 연속방정식이 성립한다.

$$\int_{C \cdot S} \vec{V} \cdot d\vec{A} = 0 \tag{3.17}$$

비압축성 유동의 예로서 물이 든 용기의 체적에 200기압의 압력을 가하면 물은 단지 1%만의 체적감소가 있다. 즉, 밀도는 1% 증가하는 것이다. 이와 같은 물의 유동은 일반적으로 비압축성으로 취급한다.

(3) 1차원 유동에서 연속방정식

그림 3.13과 같이 단면적이 일정하지 않은 관 내의 유체유동에서 점 1, 2 사이의 유체의 축적량을 보면, 유입질량과 유출질량은 동일하고, 또 유입질량에서 유출질량을 뺀 값이 단면 1, 2 사이에 축적된 질량이다.

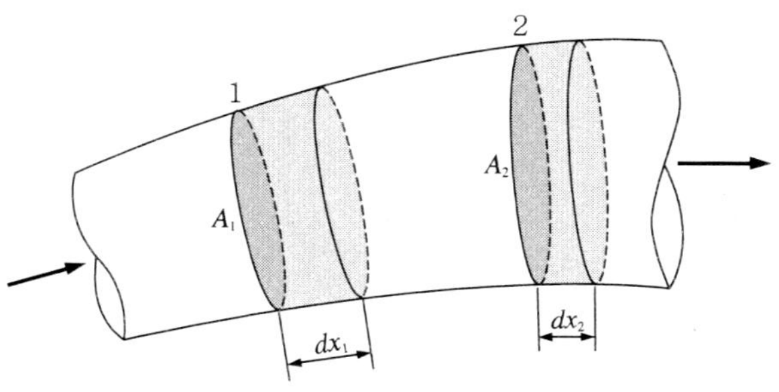

그림 3.13

A_1, A_2 단면에서 dt시간 동안의 유동질량을 m_1, m_2라 하고, 밀도를 가각 ρ_1, ρ_2라 하면

$$m_1 = \rho_1 A_1 dx_1$$
$$m_2 = \rho_2 A_2 dx_2$$

이는 질량보존의 법칙에 의하여 $m_1 = m_2$이므로 단위시간에 흘러간 질량은

$$\frac{\rho_1 A_1 dx_1}{dt} = \frac{\rho_2 A_2 dx_2}{dt} \tag{3.18}$$

여기서, $dx_1/dt = V_1$, $dx_2/dt = V_2$로 놓을 수 있으므로

$$\rho_1 V_1 A_1 = \rho_2 V_2 A_2 \equiv \dot{m} : \text{질량유량 } (\dot{m} = \int_A \rho \vec{V} \cdot d\vec{A} = \rho VA) \tag{3.19}$$

혹은 $\rho \cdot g = r$이므로

$$\gamma_1 V_1 A_1 = \gamma_2 V_2 A_2 \equiv \mathrm{G} : \text{중량유량} \tag{3.20}$$

또 비압축성유체의 유동에 대한 연속방정식은 $\rho = \gamma = c$ 이므로

$$A_1 V_1 = A_2 V_2 \equiv \mathrm{Q} : \textbf{체적유량 } (\mathrm{Q} = \int_A \vec{V} \cdot d\vec{A} = VA) \tag{3.21}$$

식 (3.21)을 1차원유동에서 **연속방정식**이라고 한다.

상기 식들의 유속은 유로 내 임의의 단면에서 단면에 수직한 방향의 평균유속(average velocity)으로서 다음과 같이 정의된다.

$$V = \frac{\int_A \vec{V} d\vec{A}}{A} = \frac{\int_A \vec{V_n} d\vec{A}}{A} \tag{3.22}$$

정상류에 대한 1차원 연속방정식이 가지는 물리적 의미를 고찰해 보면 유동장내의 유선의 양상을 간접적으로 풀이할 수 있다. 즉, 비압축성유체의 경우 어떤 유관을 따른 단면적(A)와 평균유속(V)의 곱은 항상 일정해야 하므로 유관의 단면적이 커지면 평균유속은 작아지고 반대로 단면적이 작아지면 평균유속은 커진다. 따라서 유선 간의 간격이 큰 곳에서는 간격이 작은 곳에서 보다 유속이 완만할 것임을 짐작할 수 있다.

예제 3.1

직경 20cm인 관이 직경 10cm인 단면으로 줄었다가 다시 직경 15cm의 단면으로 확대되었다(그림 3.14 참조). 10cm관속의 평균유속이 3m/sec일 때 유량은 얼마이며 15cm 및 20cm 관속에서의 평균유속은 얼마인가? 유체는 비압축성으로 가정한다.

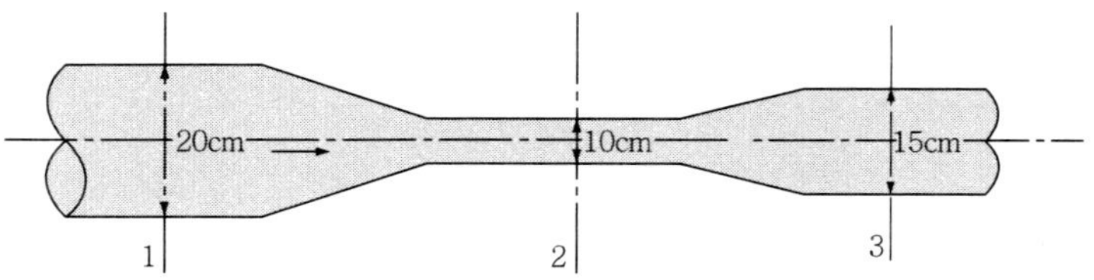

그림 3.14

풀이)

$$Q = A_2 V_2 = \frac{\pi}{4}(0.1)^2(3) = 0.0236\text{m}^3/\text{sec}$$

$$V_1 = \frac{Q}{A_1} = \frac{0.0236}{\frac{\pi(0.2)^2}{4}} = 0.75 \text{ m/sec}$$

$$V_3 = \frac{Q}{A_3} = \frac{0.0236}{\frac{\pi(0.15)^2}{4}} = 1.33\text{m/sec}$$

혹은 $Q = A_1 V_1 = A_2 V_2 = A_3 V_3$이므로

$$V_1 = \frac{A_2 V_2}{A_1} = \frac{\frac{\pi(0.1)^2}{4}}{\frac{\pi(0.2)^2}{4}} \times 3 = 0.75\text{m/sec}$$

$$V_3 = \frac{A_2 V_2}{A_3} = \frac{\frac{\pi(0.1)^2}{4}}{\frac{\pi(0.15)^2}{4}} \times 3 = 1.33\text{m/sec}$$

예제 3.2

그림 3.15와 같이 d_1 = 1m인 원통형 수조의 측벽에 내경 d_2 = 10cm의 철관으로 송수할 때 관내의 평균유속이 2m/sec였다. 유량 Q와 수조내의 유속 V_1을 구하라.

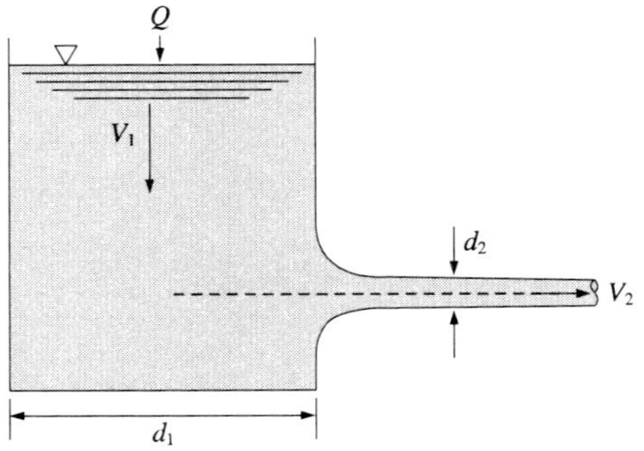

그림 3.15

풀이)

$$Q = A_2 V_2 = \frac{\pi(0.1)^2}{4} \times 2$$

$$= 0.0157\text{m}^3/\text{sec}$$

$$V_1 = \frac{Q}{A_1} = \frac{0.0157}{\frac{\pi(1)^2}{4}} = 0.02\text{m/sec}$$

(4) 3차원 유동에서의 연속 방정식

그림 3.16과 같이 x, y, z 방향의 3차원 유동에서 유체의 연속이론을 적용하여 보자. 연속이론에서는 유체의 유입 및 유출량을 논하게 되므로, 그림 3.16과 같은 직각 좌표계에서 미소 입방체 $dx\ dy\ dz$를 생각할 수 있다.

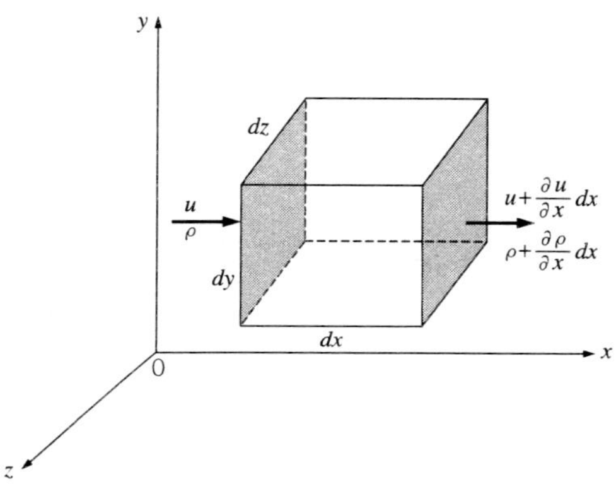

그림 3.16

x, y, z 방향의 유속을 각각 u, v, w라 할 때, 미소입방체를 통과하여 x방향으로 dt 시간 동안 유동한 질량을 생각하면

$$\text{유입질량} : \rho u\ dy\,dz\,dt$$

$$\text{유출질량} : \left(\rho + \frac{\partial \rho}{\partial x}dx\right)\left(u + \frac{\partial u}{\partial x}dx\right)dy\,dz\,dt$$

그러므로 단위시간 동안 x방향으로 유동한 미소 입방체 내의 질량변화는

$$\begin{aligned}\text{질량변화} &= \frac{\text{유입질량}}{dt} - \frac{\text{유출질량}}{dt} \\ &= \rho u\,dy\ dz - \left(\rho + \frac{\partial \rho}{\partial x}dx\right)\left(u + \frac{\partial u}{\partial x}dx\right)dy\ dz \end{aligned} \tag{3.23}$$

전개하여 고차 미분항을 무시하고 정리하면,

$$-\left(u\frac{\partial \rho}{\partial x}+\rho\frac{\partial u}{\partial x}\right)dx\,dy\,dz = -\frac{\partial(\rho u)}{\partial x}dx\,dy\,dz$$

동일한 방법으로 y 및 z 방향에 대해서도

$$y\text{방향} : -\frac{\partial(\rho v)}{\partial y}dx\,dy\,dz$$

$$z\text{방향} : -\frac{\partial(\rho w)}{\partial z}dx\,dy\,dz$$

결국, 미소 입방체 $dx\ dy\ dz$에 단위시간당 전질량의 변화는

$$-\left\{\frac{\partial(\rho u)}{\partial x}+\frac{\partial(\rho v)}{\partial y}+\frac{\partial(\rho w)}{\partial z}\right\}dx\,dy\,dz$$

가 된다. 이와 같은 유동에 의한 입방체 내의 전질량 변화는 동일한 시간에 입방체 내부에 발생한 질량의 변화와 같다. 즉, 단위시간 동안의 질량의 변화는

$$\left\{\left(\rho+\frac{\partial \rho}{\partial t}dt\right)-\rho\right\}dx\,dy\,dz = \frac{\partial \rho}{\partial t}dx\,dy\,dz \tag{3.24}$$

따라서, 동일한 입방체 내에서 단위 시간당 질량의 변화는 동일하므로 정리하면 다음과 같다.

$$\frac{\partial(\rho u)}{\partial x}+\frac{\partial(\rho v)}{\partial y}+\frac{\partial(\rho w)}{\partial z}+\frac{\partial \rho}{\partial t} = 0 \tag{3.25}$$

이 식이 일반 3차원 유동에서 직각 좌표계로 표시한 연속 방정식이다. 만약, 2차원 유동을 고려할 때, x, y, z 방향 중 두 방향만 고려하면 된다. 또한, 비압축성 유체의 정상유동에서는 $\partial\rho/\partial t = 0$, $\rho = C$이므로

$$\therefore\ \frac{\partial u}{\partial x}+\frac{\partial v}{\partial y}+\frac{\partial w}{\partial z} = 0 \tag{3.26}$$

이 된다.

3.6 이상유동의 운동방정식

이상유동은 이상유체의 유동 혹은 점성의 효과가 무시될 수 있는 유동으로 정의될 수 있으나 실제의 경우에는 후자의 정의가 타당하다. 3.5절부터 3.7절까지 제시된 점성유동의 지배방정식들 중에서 적분형의 방정식들은 이상유동에도 동일한 형태로 적용될 수 있다. 그러나 미분형의 운동방정식이나 에너지방정식은 이상유동의 경우에 다소 간단해질 수 있는데, 그 이유는 전단력이나 전단력에 의한 일의 항이 없어지기 때문이다.

그러므로 점성유동의 지배방정식들만으로도 이상유동을 설명할 수 있다. 그러나 이상유동이란 가정하에서만 적용될 수 있는 간단한 식, 즉 베르누이 방정식이 있고, 비회전유동의 특성과 관계된 식이 적용될 수 있기 때문에 이상유동의 해법은 보다 간단해질 수 있다. 본 절에서는 이상유동을 지배하는 운동방정식들만을 알아보도록 한다.

3.6.1 Euler의 운동방정식(Euler's equation of motion)

유체입자들에 작용하는 표면력으로서 전단응력은 작용하지 않고 수직응력(압력)만이 작용할 때, 유체입자의 운동을 지배하는 Newton의 운동법칙을 Euler의 운동방정식이라 한다.

임의 유선을 따라 운동하고 있는 미소유체체적 $dV = dAds$에 대한 자유물체도를 생각한다. 이때 dV에 작용하는 힘은 표면력과 체적력뿐이므로 이 요소에 Newton의 운동법칙을 적용하면

$$pdA - (p + \frac{\partial p}{\partial s}ds)dA - \rho g dA ds \cos\theta = \rho dA ds \frac{d\vec{V}}{dt}$$

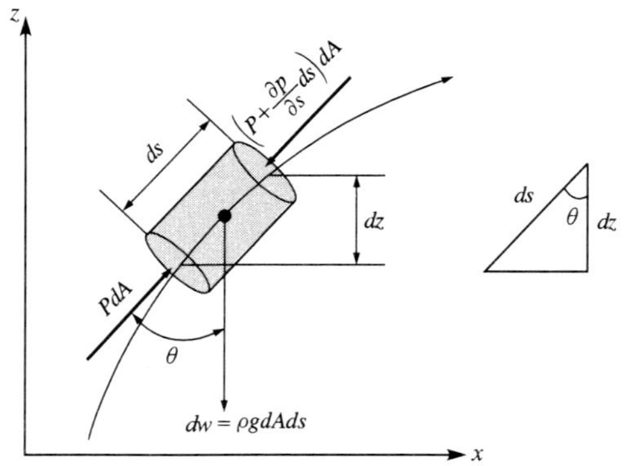

그림 3.17 유선을 따라 유체 입자에 작용하는 힘

윗 식을 $\rho dAds$로 나누어 정리하면

$$\frac{1}{\rho}\frac{\partial p}{\partial s} + g\cos\theta + \frac{d\vec{V}}{dt} = 0 \tag{3.27}$$

를 얻는다.

dz는 변위 $\overrightarrow{ds}$에 대응하는 높이의 증가이고

$$\cos\theta = \frac{dz}{ds} = \frac{\partial z}{\partial s}$$

가 된다.

속도 $\vec{V}$는 유선을 따라 흐르는 유체입자의 속도로서 좌표 s와 t의 함수, $\vec{V} = \vec{V}(s,\ t)$ 이므로 전미분을 취하면

$$d\vec{V} = \frac{\partial V}{\partial s}ds + \frac{\partial \vec{V}}{\partial t}dt$$

$$a_s = \frac{d\vec{V}}{dt} = \frac{\partial V}{\partial s}\frac{ds}{dt} + \frac{\partial \vec{V}}{\partial t} \tag{3.28}$$

식 (3.28)을 (3.27)에 대입하면 유선에 따른 Euler방정식이 된다.

$$\frac{1}{\rho}\frac{\partial p}{\partial s} + g\frac{\partial z}{\partial s} + V\frac{\partial V}{\partial s} + \frac{\partial \vec{V}}{\partial t} = 0 \tag{3.29}$$

여기서 정상유동의 경우 $\frac{\partial \vec{V}}{\partial t} = 0$이고, p, z, V는 모두 s만의 함수이므로 편미분을 상미분으로 표시할 수 있으므로 Euler의 운동방정식은

$$\frac{1}{\rho}\frac{dp}{ds} + g\frac{dz}{ds} + V\frac{dV}{ds} = 0$$

또는

$$\frac{dp}{\rho} + gdz + VdV = 0 \tag{3.30}$$

와 같이 된다. 식 (3.30)을 유선에 따른 **Euler의 운동방정식**이라 말한다. 이 식은 유체가 유선을 따라 마찰없이 유동할 때 에너지의 변화는 없다는 것을 의미하고 있다. 유선을 따른 Euler의 방정식은 ① 유선을 따라 운동하는 유동 ② 마찰이 없는 유동 ③ 정상유동이라는 세 가지 가정을 할 수 있는 문제에만 적용할 수 있다.

3.6.2 Bernoulli의 방정식

베르누이 방정식은 오일러 방정식으로부터 유도될 수 있고, 적분형의 에너지 방정식으로도 유도될 수도 있기 때문에 이 양자의 성격을 모두 띤 식으로 볼 수 있다.

본 절에서는 오일러의 에너지식으로 베르누이 방정식을 구해보자.

유선을 따른 Euler의 운동방정식을 적분형으로 표시하면 매우 중요하고 응용범위가 넓은 방정식을 얻는다. 식 (3.30)을 적분하면

$$\int \frac{dp}{\rho} + \int g dz + \int V dV \equiv \mathrm{E} \equiv \text{일정}$$

을 얻는다. $VdV = d(V^2/2)$이므로 윗 식은 다음과 같이 된다.

$$\int \frac{dp}{\rho} + gz + \frac{V^2}{2} \equiv \mathrm{E} \equiv \text{일정} \tag{3.31}$$

여기서, E는 적분상수로서 Bernoulli 상수라 한다. 만일 밀도 ρ가 압력 p의 함수, $\rho = \rho(\mathrm{p})$로 표시할 수 있다면 식 (3.31)의 적분은 가능하다.

특히 비압축성유동에 대하여 Euler의 에너지식을 적분하면 Bernoulli방정식이라는 중요한 정리를 얻는다.

$$\frac{p}{\rho} + gz + \frac{V^2}{2} \equiv E_m = \text{일정} \tag{3.32}$$

이 식은 단위질량에 대한 베르누이 방정식으로서 3차원 유동에서도 성립한다. 베르누이 방정식은 비교적 까다로운 조건하에서만 성립하는 식이므로, 이 식의 유도과정에서 사용된 가정들을 잊어서는 안 된다. 다음 중 어느 한 조건이라도 만족치 않는 유동에서는 적용할 수 없다.

① 정상유동
② 비압축성 유동
③ 이상유동
④ 동일한 유선상의 유동

식 (3.32)의 각 항은 [F · L/M]의 차원을 갖는다. p/ρ, gz, $V^2/2$을 각각 단위질량의 유체가 갖는 압력에너지 혹은 유동일(pressure energy or flow work), 위치에너지(potential energy), 운동에너지(kinetic energy)라 하고, 이들 에너지의 총합을 기계적 에너지라 한

다. 그러므로 비점성, 비압축성, 정상유동하는 유체입자가 갖는 기계적 에너지는 유선을 따라 일정 불변하다는 뜻을 나타낸다. 이론적으로 유선이 다르면 기계적 에너지는 서로 다를 수 있다. 그러나 많은 문제에 있어 모든 유선은 실제로 같은 기계적 에너지를 갖는다고 가정하고 문제를 해석한다. 이러한 가정은 비회전 유동이라는 전제에서 가능하다.

단위체적에 대한 베르누이 방정식은

$$P + \gamma Z + \frac{\rho V^2}{2} \equiv E_v = \text{일정} \tag{3.33}$$

로 된다. 여기서, P를 정압(static pressure), γZ 를 위치압력(potential pressure), $\rho V^2/2$를 동압(dynamic pressure or velocity pressure)라 하며 각항 모두 [F/L^2]의 차원을 갖는다. [F/L^2]은

$$\frac{F}{L^2} = \frac{F \cdot L}{L^3}$$

와 같은 의미이므로 식 (3.33)의 각항은 단위체적의 유체가 갖는 유동일, 위치에너지, 운동에너지를 나타낸다.

단위중량에 대한 베르누이 방정식은

$$\therefore \ \frac{P}{\gamma} + Z + \frac{V^2}{2g} \equiv H = \text{일정} \tag{3.34}$$

로 된다. 식 (3.34)의 각항은 [F · L /F] = [L]의 차원을 가지며, 단위중량당의 유체가 갖는 압력에너지, 위치에너지, 운동에너지를 의미한다. 이 경우에는 에너지 대신 수두(head)란 말을 쓴다. 즉

$\frac{P}{\gamma}$: 압력수두(pressure head)

Z : 위치수두(potential head)

$\frac{V^2}{2g}$: 속도수두(Velocity head)

라 한다.

한 유선상의 두 점 1과 2에 식 (3.34)을 적용하면

$$\frac{P_1}{\gamma} + Z_1 + \frac{V_1^2}{2g} = \frac{P_2}{\gamma} + Z_2 + \frac{V_2^2}{2g} \tag{3.35}$$

와 같이 표시된다. 식 (3.35)의 관계를 그림 3.18에 그려놓았다. 그림에서 설명한 바와 같이 한 유선상의 모든 점에서의 기계적 에너지는 모두 같다.

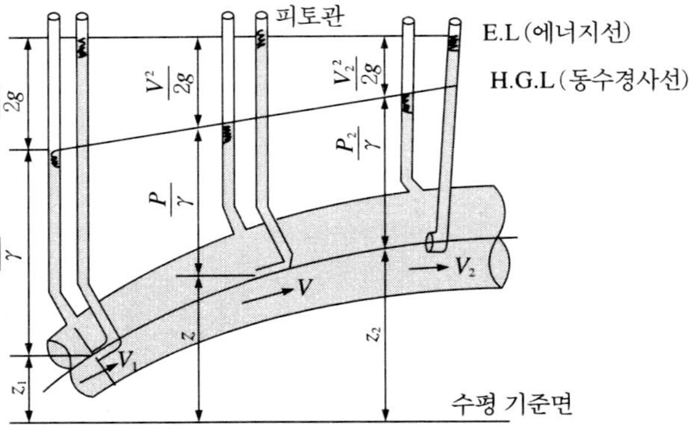

그림 3.18 베르누이 방정식에서의 수두

한 유선상의 모든 점에서의 $P/\gamma + Z + V^2/2g$을 연결한 선을 에너지 경사선(energy grade line)이라 말한다. 또 한 유선상의 모든 점에서 $P/\gamma + Z$를 연결한 선을 동수경사선(hydraulic grade or piezometric line)이라 말하고, 동수경사선은 액주계의 높이를 이은 선으로 에너지경사선보다 항상 $V^2/2g$만큼 아래에 위치한다.

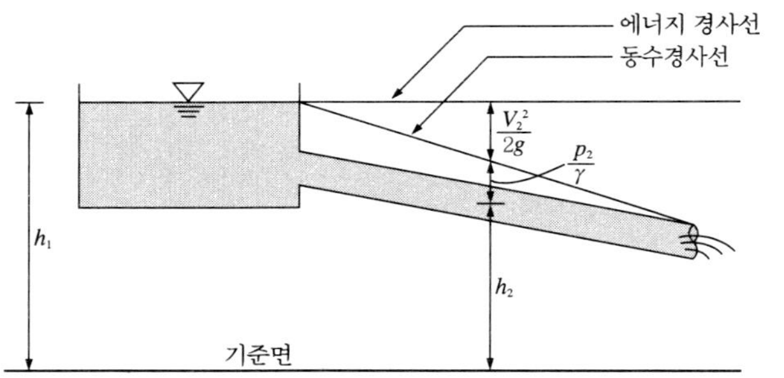

그림 3.19 마찰이 없는 가설의 수리계에 대한 에너지 경사선과 동수경사선

예제 3.3

그림 3.20과 같은 복합관이 수평으로 놓여 있다. 직경 15cm인 관속의 평균유속은 4.8m/sec이며 압력은 350kg/m^{2}이다. 30cm 및 20cm 관내의 평균유속과 압력을 구하라.

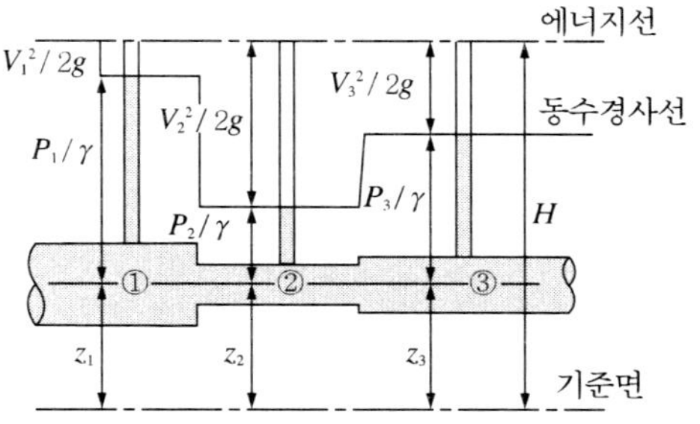

그림 3.20

풀이)

그림 3.20에서 V_2 = 4.8m/sec이므로

$$V_1 = \frac{A_2}{A_1} \times V_2 = (\frac{15}{30})^2 \times 4.8 = 1.2\text{m/sec}$$

$$V_3 = \frac{A_2}{A_3} \times V_2 = (\frac{15}{20})^2 \times 4.8 = 2.7\text{m/sec}$$

$z_1 = z_2 = z_3$이므로 Bernoulli 방정식은

$$\frac{P_1}{\gamma} + \frac{V_1^2}{2g} = \frac{P_2}{\gamma} + \frac{V_2^2}{2g} = \frac{P_3}{\gamma} + \frac{V_3^2}{2g}$$

여기서 p_2 = 350kg/m^{2}이므로

$$\frac{P_1}{\gamma} = \frac{P_2}{\gamma} + \frac{1}{2g}(V_2^2 - V_1^2) = \frac{0.35}{1} + \frac{4.8^2 - 1.2^2}{2 \times 9.8} = 1.453\text{m}$$

$\therefore\ p_1$ = 1.453ton/m^2

$$\frac{P_3}{\gamma} = \frac{P_2}{\gamma} + \frac{1}{2g}(V_2^2 - V_3^2) = \frac{0.35}{1} + \frac{4.8^2 - 2.7^2}{2 \times 9.8} = 1.153\text{m}$$

$\therefore\ p_3$ = 1.153ton/m^2

예제 3.4

그림 3.21과 같이 밀폐된 수조내의 물이 단면 1에서 2의 방향으로 흐른다. 단면 1에서의 유속이 3m/sec, 압력이 2kg/cm^{2}이라면 단면 2에서의 유속과 압력은 얼마나 되겠는가? 물의 점성은 무시하라.

풀이)

연속방정식 Q = $A_1 V_1 = A_2 V_2$로부터

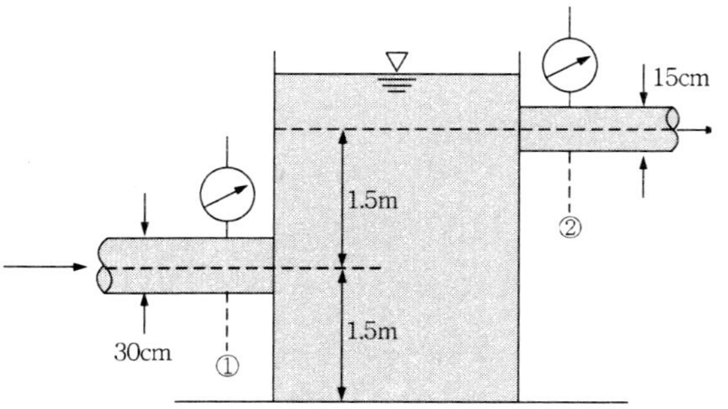

그림 3.21

$$V_2 = \frac{A_1}{A_2} V_1 = (\frac{d_1}{d_2})^2 V_1 = (\frac{0.30}{0.15})^2 \times 3 = 12\text{m/sec}$$

Bernoulli 방정식으로부터

$$p_1 + \frac{\gamma}{2g} V_1^2 + \gamma z_1 = p_2 + \frac{\gamma}{2g} V_2^2 + \gamma z_2$$

따라서

$$p_2 = p_1 + \frac{\gamma}{2g}(V_1^2 - V_2^2) + \gamma(z_1 - z_2)$$

$$= 2 \times 10^4 + \frac{1,000}{2 \times 9.8}(3^2 - 12^2) + 1,000(1.5 - 3)$$

$$= 14,612\text{kg/m}^2 = 1.461\text{kg/cm}^2$$

일반적으로 유체가 유동할 때 생기는 마찰열은 다시 유용한 기계적 일로 전환되지 않는다. 다시 말하자면 비가역량이다. 그러므로 우리는 이 마찰열을 기계적 에너지의 손실로 표시한다. 단위중량당의 기계적 에너지의 손실을 h_L로 표시하면

$$h_L = \frac{u_2 - u_1}{g} - \frac{dQ}{dW} \tag{3.36}$$

이다. h_L의 단위는 (m)이므로 유체역학에서는 **수두손실**(head loss)이라 한다. 에너지 방정식은

$$\frac{V_1^2}{2g} + \frac{P_1}{\gamma} + z_1 = \frac{V_2^2}{2g} + \frac{P_2}{\gamma} + z_2 + h_L \tag{3.37}$$

와 같이 주어진다. 식 (3.37)은 Bernoulli방정식과 유사한 형을 하고 있으며 이를 수정 Bernoulli 방정식(modified Bernoulli equation)이라 말한다.

예제 3.5

그림 3.22의 사이펀은 연못의 물을 1.65m^3/min의 유량으로 퍼 올린다. 점 1과 3사이의 손실수두를 $V_3^2/2g$의 항으로 구하여라. 또 점 1과 2사이의 손실수두가 전체손실(1과 3 사이의 손실)의 2/3라 할 때 점 2에서의 압력은 얼마인가?

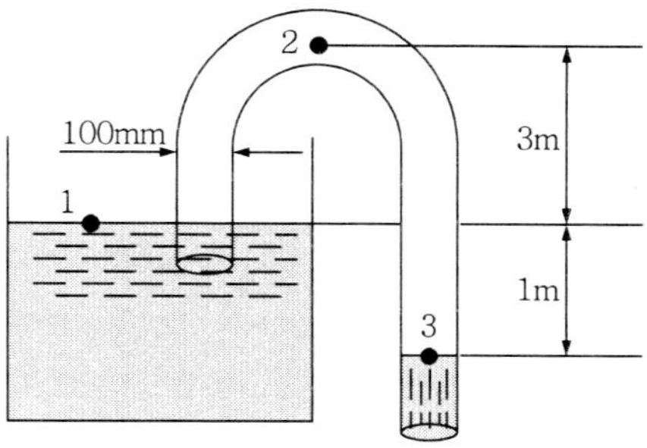

그림 3.22 siphon

풀이)

점 1과 3사이의 검사체적에 수정베르누이 식

$$\frac{V_1^2}{2g} + \frac{P_1}{\gamma} + z_1 = \frac{V_3^2}{2g} + \frac{P_3}{\gamma} + z_3 + h_L$$

을 적용하면, 점 1과 3의 압력은 각각 대기압이므로

$$0 + 0 + 1 = \frac{V_3^2}{2g} + 0 + 0 + K\frac{V_3^2}{2g}$$

여기서 위치수두의 기준면을 단면 ③으로 택하였다. 또 $KV_3^2/2g$은 손실수두이다. 연속방정식에서

$$V_3 = \text{Q /A} = 1.65/\ (\frac{\pi}{4} \times 0.1^2)(60) = 3.5\text{(m/sec)}$$

$$K = \frac{1}{V_3^2/2g} - 1 = \frac{1}{0.625} - 1 = 0.6$$

따라서 손실수두는

$$h_L = K\frac{V_3^2}{2g} = 0.6 \times \frac{3.5^2}{2 \times 9.8} = 0.375\text{m}$$

또 문제에 따라서 점 1과 2사이의 손실수두는 $0.375 \times \frac{2}{3} = 0.25\text{(m)}$

따라서 점 2의 압력은 수정베르누이 방정식에서

$$0 + 0 + 0 = 0.625 + \frac{P_2}{\gamma} + 3 + 0.25$$

$$P_2 = -3.875 \times 1{,}000 = -3{,}875(\text{kg}_f/\text{m}^2)\text{진공}$$

3.7 Bernoulli 방정식의 응용

베르누이 방정식은 수력학에서 가장 많이 적용되는 방정식이다. 따라서 여러 가지 경우에 베르누이 방정식을 적절하게 적용시키는 방법을 반드시 익혀 두어야 한다. 앞 절에서 설명된 바와 같이 베르누이 방정식을 적용시키는 임의의 2점은 같은 유선 상에 있을 것, 정상류의 흐름일 것, 유체의 흐름은 마찰이 없을 것, 비압축성의 유체일 것 등의 4가지 조건이 성립되어야 한다. 그러나 다음의 각 경우에는 위의 조건을 무시하고도 베르누이 방정식의 적용이 가능하다.

① 모든 유선이 저수지, 즉 단위무게당의 에너지가 어디서나 같은 곳에서 출발하는 경우에는 베르누이 방정식을 적용시키는 2점은 같은 유선 상에 없어도 좋다.

② 큰 저수지에서 물이 흘러나오는 경우와 같이 흐름의 상태가 아주 천천히 변화되고 있는 흐름에 대해서는 정상상태로 간주하여 베르누이 방정식을 그대로 적용시켜도 별로 오차가 없다.

③ 유체의 흐름에 있어서 점성효과가 존재하는 실제유체의 흐름에 대하여 베르누이 방정식을 적용시키려면 우측항에 손실수두의 항을 삽입시킴으로써 가능해진다.

3.7.1 벤튜리 관(Venturi tube)

노즐이나 오리피스로 관 단면을 축소하여 유체의 압력에너지 일부를 운동에너지로 변환시킴으로써 압력강하를 일으키게 하여 유량을 측정하는 기구로서, 수축각이 21° 내외인 수축부(convergent), 목부분(throat), 5°~ 9°로 확대되는 확산부(divergent)로 구성되어 있다.

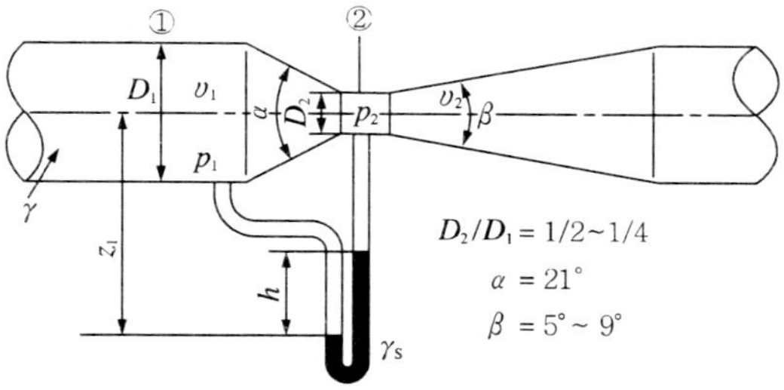

그림 3.23 벤튜리 관

그림 3.23의 ①, ②에 베르누이 방정식을 적용하면

$$\frac{P_1}{\gamma} + \frac{V_1^2}{2g} = \frac{P_2}{\gamma} + \frac{V_2^2}{2g} \tag{1}$$

①, ②단면의 단면적을 A_1, A_2라 하면 유량 Q는

$$Q = A_1 V_1 = A_2 V_2$$

① 단면의 유속 V_1은

$$V_1 = V_2 \frac{A_2}{A_1} \tag{2}$$

(2)를 (1)에 대입하면

$$\frac{P_1 - P_2}{\gamma} = \frac{V_2^2}{2g}\left[1 - \left(\frac{A_2}{A_1}\right)^2\right]$$

이것으로부터

$$V_2 = \frac{1}{\sqrt{1 - \left(\frac{A_2}{A_1}\right)^2}} \sqrt{\frac{2g}{\gamma}(P_1 - P_2)} \tag{3.38}$$

$$Q = A_2 \cdot V_2 = \frac{A_2}{\sqrt{1 - \left(\frac{A_2}{A_1}\right)^2}} \sqrt{\frac{2g}{\gamma}(P_1 - P_2)} \tag{3.39}$$

그림에서 ①과 ②사이의 압력차를 U자관 액주계로 측정할 경우, U자관 좌우의 압력이 평형상태에서

$$\frac{P_1}{\gamma} + z_1 = \frac{\gamma_s h}{\gamma} + (z_1 - \mathrm{h}) + \frac{P_2}{\gamma}$$

즉

$$\frac{P_1 - P_2}{\gamma} = \frac{\gamma_s h}{\gamma} - \mathrm{h} = h\left(\frac{\gamma_s}{\gamma} - 1\right) \tag{3}$$

식 (3)을 식 (3.39)에 대입하고 면적비를 직경비로 표시하면

$$Q = A_2\sqrt{\frac{2gh\left(\frac{\gamma_s}{\gamma} - 1\right)}{1 - (D_2/D_1)^4}} \tag{3.40}$$

식 (3.40)은 h만 알면 유량 Q를 구할 수 있음을 보여 주고 있다. 실제 유량은 마찰손실, 표면장력, 수축현상으로 인한 영향을 고려하여 식 (3.40)에 유량계수 C_d를 곱해서 수정한다.

예제 3.6

그림 3.24와 같이 연직관로내의 유량을 측정하기 위해 벤튜리 관을 설치하였다. 시차액주계의 수은주차가 70mm였다면 관로내의 유량은 얼마이겠는가? 단, 물은 상방향으로 흐른다.

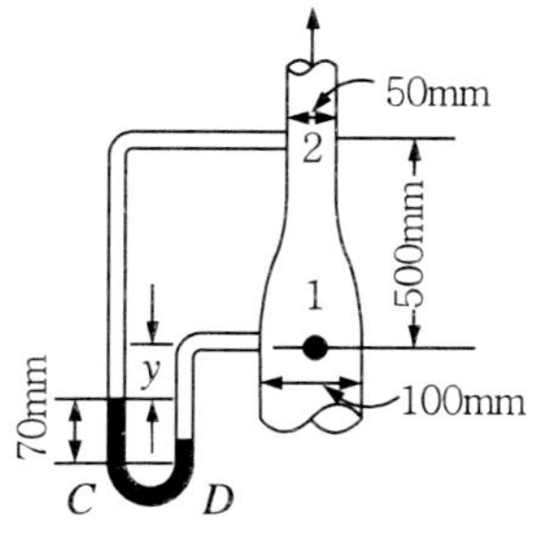

그림 3.24

풀이)

점 ①, ②에 연속방정식을 적용하면

$$V_1 A_1 = V_2 A_2$$

$$\therefore\ V_1 = \frac{A_2}{A_1} V_2 = \frac{\frac{\pi}{4}(0.05)^2}{\frac{\pi}{4}(0.1)^2} V_2 = \frac{1}{4} V_2$$

점 ①을 지나는 수평면을 기준면으로 잡고 ①, ②간에 베르누이 방정식을 적용하면

$$\frac{P_1}{\gamma} + \frac{V_1^2}{2g} = \frac{P_2}{\gamma} + \frac{V_2^2}{2g} + Z_2 \qquad ①$$

$$\frac{P_1 - P_2}{\gamma} = \frac{V_2^2}{2g}\left(1 - \frac{V_1^2}{V_2^2}\right) + Z_2 = \frac{15}{16}\frac{V_2^2}{2g} + 0.5 \qquad ②$$

그런데 액주계상의 점 C 및 D에 있어서의 압력은 같으므로 $P_C = P_D$이며, 액주계 원리에 의하면

$$P_C = P_1 + \gamma\ (0.07 + y)$$

$$P_D = P_2 + \gamma\ (0.5 + y) + 13.6(0.07)$$

따라서 $P_C = P_D$로부터

$$\frac{P_1 - P_2}{\gamma} = 1.382 \qquad ③$$

③을 ②에 대입하여 V_2를 구하면

$$1.382 = \frac{15}{16}\frac{V_2^2}{2g} + 0.5$$

$$\because\ V_2 = \sqrt{(1.382 - 0.5) \times \frac{16}{15} \times 2 \times 9.8}$$

$$= 4.294(\text{m/sec})$$

$$Q = A_2 V_2 = \frac{\pi}{4}(0.05)^2 \times 4.294 = 8.43 \times 10^{-3}(\text{m}^3/\text{sec})$$

예제 3.7

그림 3.25와 같은 벤튜리 관에서 유량을 구하라. 단, 손실은 무시한다.

풀이)

①과 ②에 연속방정식을 적용하면

$Q = A_1 V_1 = A_2 V_2$에서

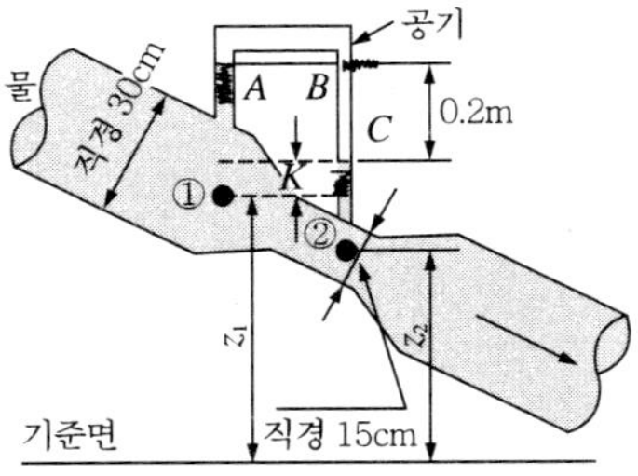

그림 3.25

$$V_2 = V_1 \frac{A_1}{A_2} = V_1 \frac{\frac{\pi}{4}(0.3)^2}{\frac{\pi}{4}(0.15)^2} = 4V_1 \qquad ①$$

①과 ②에 베르누이 방정식을 적용하면

$$\frac{P_1}{\gamma} + \frac{V_1^2}{2g} + Z_1 = \frac{P_2}{\gamma} + \frac{V_2^2}{2g} + Z_2 \qquad ②$$

위 식에 ①을 대입하면

$$\frac{P_1 - P_2}{\gamma} + Z_1 - Z_2 = \frac{V_2^2}{2g} - \frac{V_1^2}{2g} = \frac{15V_1^2}{2g} \qquad ③$$

그림에서 $P_A = P_B = P_C$이므로(공기의 무게는 액체에 비하면 아주 가벼우므로)

$$P_1 - \gamma(K + 0.2) = P_2 - \gamma(Z_1 - Z_2 + K)$$

$$\frac{P_1 - P_2}{\gamma} + Z_1 - Z_2 = 0.2\text{m} \qquad ④$$

④를 ③에 대입하면

$$V_1 = \sqrt{0.2\frac{2 \times 9.8}{15}} = 0.511(\text{m/sec})$$

$$\therefore Q = A_1 V_1 = \frac{\pi}{4}(0.3)^2 \times 0.511 = 0.036(\text{m}^3/\text{sec})$$

3.7.2 피토관(pitot tube)

피토관은 유로내의 유속을 측정하는 계기로서 비행속도, 풍동에서의 풍속, 개수로의 유속 등을 측정한다.

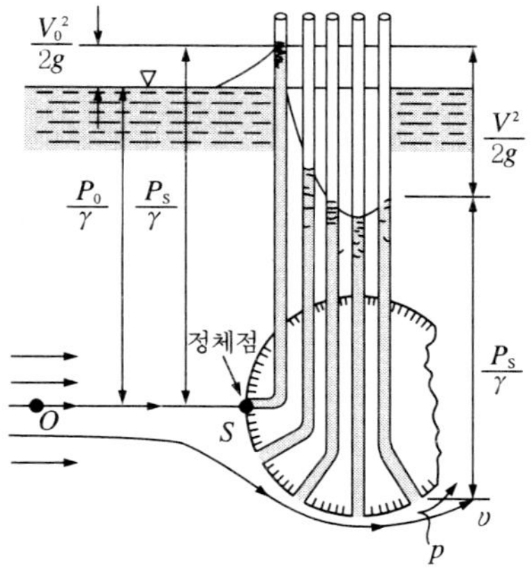

그림 3.26 정체점

그림 3.26은 유선이 물체의 선단 즉, 코를 지날 때 유선에 따라서 압력과 유속과의 변화를 표시하고 있다. 물체 바로 앞면에 있어서의 속도 V_0가 S점에 이르러 영으로 변하는 사이에 압력은 P_0에서 P_s로 변하는 것을 볼 수 있다. 이와 같이 속도수두가 없어져서 압력수두로 변할 때 S와 같은 지점을 **정체점**(stagnation point)이라고 하고 이때 S점의 압력 P_s를 **정체압력**(stagnation pressure) 또는 총압(total pressure)이라고 한다. 0과 S점에 베르누이 방정식을 압력의 항으로 표시하면

$$P_0 + \frac{\gamma}{2g} V_0^2 + \gamma Z_0 = P_s + \frac{\gamma}{2g} V_s^2 + \gamma Z_s$$

위 식에서 $Z_0 = Z_s$ 이고 $V_s = 0$이므로 정체압력은

$$P_s = P_0 + \frac{\rho}{2} V_0^2 \tag{3.41}$$

로 된다. 식 (3.41)에서 P_0를 정압이라 하고, $\frac{\rho}{2} V_0^2$를 동압(dynamic pressure)이라 한다.

그림 3.27은 흐르는 강물에 피토관을 유동방향과 나란하게 고정시킨 것이다. 점 O를 통과한 유체입자가 점 S에서 피토관의 선단과 충돌하면 속도 $V_s = 0$이 되고 유체가 가졌던 속도수두 $V_0^2/2g$ 는 압력수두로 변할 것이다. 그러므로 점 2에서의 압력은 정압과 동압과의 합이 된다.

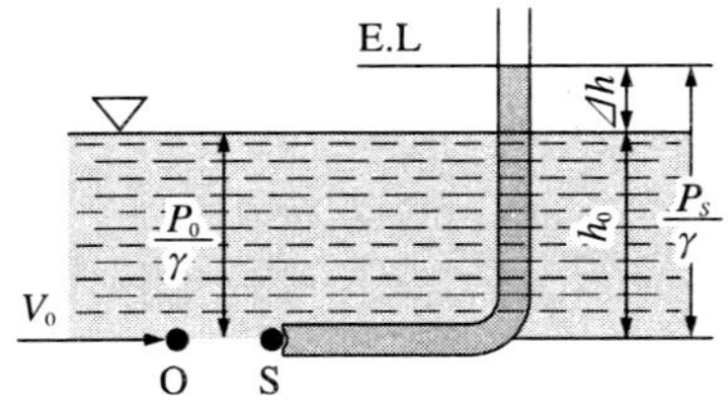

그림 3.27 피토관

점 O와 S에 베르누이 방정식을 적용하면

$$\frac{P_0}{\gamma}+\frac{V_0^2}{2g}+Z_0=\frac{P_s}{\gamma}+\frac{V_s^2}{2g}+Z_s$$

여기서 $Z_0 = Z_s$, $V_s = 0$, $P_s/\gamma = h_0 + \Delta h$ 이므로 이들 값을 대입하면 속도 V_0는 다음과 같이 주어진다.

$$\therefore\ V_0 = \sqrt{2g\Delta h} \tag{3.42}$$

이와 같이 수면에서 높이 Δh를 측정함으로써 임의점에서의 유속을 구할 수 있다.

또한 곧은 관내의 유속을 측정할 경우는 그림 3.28과 같은 피토-정압관(pitot-static tube)을 사용한다. 관벽에 직각으로 뚫린 작은 구멍(정압관)으로부터 유체의 정압을 취하고, 관중심에서 유선방향으로 평행하게 놓인 피토관으로 총압을 취할 수 있도록 양자를 U자관 또는 그 밖의 시차압력계의 양단으로 연결하여 차압을 측정할 수 있게 한 것을 피토-정압관이라 부르는데, 여기서의 차압은 유체의 동압을 의미한다.

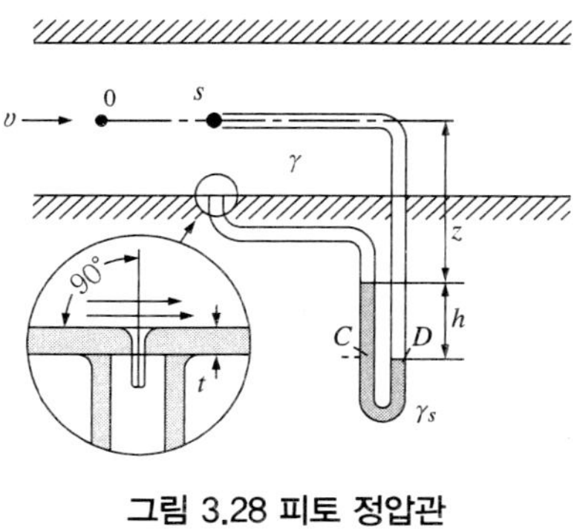

그림 3.28 피토 정압관

지금 0와 S에 베르누이 방정식을 적용하여 V_0에 대해 정리하면

$$\frac{P_0}{\gamma}+\frac{V_0^2}{2g} = \frac{P_s}{\gamma}$$

$$V_0 = \sqrt{2g\frac{(P_s-P_0)}{\gamma}} \tag{3.43}$$

그리고 C와 D점의 압력이 같으므로

$$P_0+\gamma z+\gamma_s h = P_s+\gamma(z+h)$$

즉,

$$V_0 = \sqrt{2gh\left(\frac{\gamma_s}{\gamma}-1\right)} \tag{3.44}$$

가 되어 유속을 측정할 수 있다. 피토관을 흐름과 직각방향으로 이동함에 따라 관내 각점의 속도분포 상태를 알 수 있다.

예제 3.8

그림 3.29와 같은 피토-정압관이 직경 10cm인 원관 내에 설치되어 있다. Δh = 10cm이고 관의 단면에 있어서의 평균유속이 관중심에서의 최대유속의 70%라면 관을 통과하는 유량은 얼마인가?

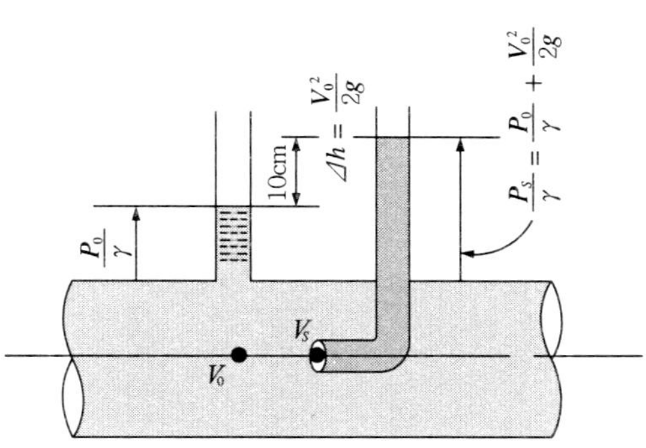

그림 3.29 피토-정압관

풀이)

관 중심에서의 유속 V_0는

$$V_0 = V_{max} = \sqrt{2g\Delta h} = \sqrt{2\times9.8\times0.1} = 1.4\text{m/sec}$$

$$[\text{참고 : } \frac{P_0}{\gamma} + \frac{V_0^2}{2g} = \frac{P_s}{\gamma} \text{ 에서 } V_0 = \sqrt{2g\frac{(P_s - P_0)}{\gamma}} = \sqrt{2g\Delta h}\,]$$

$$\frac{V}{V_{\max}} = 70\% = 0.7\text{에서}$$

$$V = 0.7 \times V_{\max} = 0.7 \times 1.4 = 0.98\text{m/sec}$$

$$Q = A \cdot V = \frac{\pi}{4}(0.1)^2 \times 0.98 = 7.7 \times 10^{-3}(\text{m}^3/\text{sec})$$

3.7.3 개수로 흐름에의 응용

Bernoulli 방정식은 지금까지 예를 든 관수로의 흐름뿐만 아니라 개수로내의 여러 가지 흐름 문제를 해결하는데도 필요 불가결한 식이다. 여러 가지 예를 들 수 있겠으나 여기에서는 가장 간단한 한 가지 경우에 대해서만 살펴보기로 한다. 그림 3.30과 같이 수문 아래로 2차원 오리피스 흐름이 발생할 때 단위폭당 유량 q는 수문의 상류 및 하류부 수심 y_1, y_2만 측정하면 Bernoulli 방정식으로부터 계산될 수 있다. 그림 3.30의 단면 1, 2에 대한 Bernoulli 방정식은

$$y_1 + \frac{V_1^2}{2g} = y_2 + \frac{V_2^2}{2g} \tag{3.45}$$

흐름의 연속방정식은

$$y_1 V_1 = y_2 V_2 \quad \therefore \quad V_1 = \frac{y_2}{y_1} V_2 \tag{3.46}$$

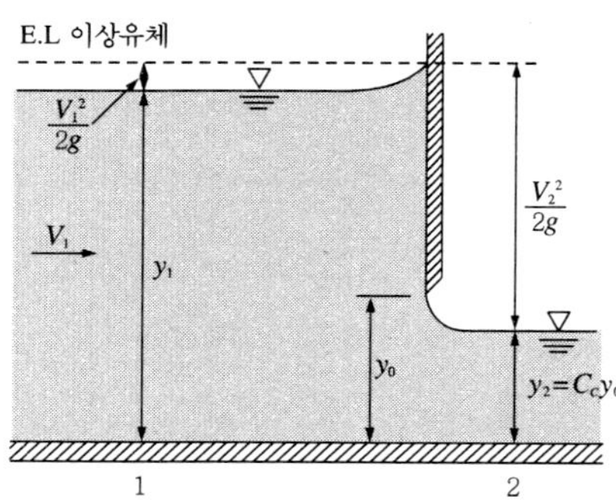

그림 3.30

식 (3.46)을 식 (3.45)에 대입하고 V_2에 관하여 풀면

$$V_2 = \frac{1}{\sqrt{1-(\frac{y_2}{y_1})^2}} \sqrt{2g(y_1 - y_2)} \tag{3.47}$$

따라서 수로의 단위폭당 유량 q는

$$q = y_2 V_2 = \frac{C_c y_0}{\sqrt{1-(y_2/y_1)^2}} \sqrt{2g(y_1 - y_2)} \tag{3.48}$$

여기서 y_0는 수문의 개구이며 C_0는 단면수축계수(coefficient of contraction)이다. 실제유체의 흐름에 있어서는 마찰에 의한 에너지 손실을 고려해 주기 위하여 식 (3.48)에 유속계수를 곱해 주어야 한다.

3.7.4 손실수두와 동력

이상유체가 아닌 실제유체의 흐름에서는 유체의 점성 때문에 유체가 흐르는 과정에서 언제나 마찰이 수반된다. 그리고 이러한 마찰에 의한 손실에너지는 열에너지로 소비되고 만다. 이러한 에너지 손실을 베르누이 방정식에 다른 하나의 새로운 항 즉, 손실수두 h_L의 항을 삽입시킴으로써 베르누이 방정식을 실제유체의 흐름에도 적용할 수 있다.

즉,

$$\frac{V_1^2}{2g} + \frac{P_1}{\gamma} + z_1 = \frac{V_2^2}{2g} + \frac{P_2}{\gamma} + z_2 + h_L \tag{3.49}$$

만약 펌프(pump)에 의하여 유체흐름에 에너지가 가해질 경우에는 베르누이 방정식은

$$\frac{V_1^2}{2g} + \frac{P_1}{\gamma} + Z_1 + E_p = \frac{V_2^2}{2g} + \frac{P_2}{\gamma} + z_2 + h_L \tag{3.50}$$

로 표시된다. 여기서 E_p는 펌프에 의하여 단면 ①, ②사이에 유체에 가해진 단위무게 당의 에너지를 표시하며 E_p가 가해진 지점에서의 에너지선은 E_p만큼 급상승하게 된다.

펌프의 경우와는 반대로 흐르는 유체의 에너지를 이용하여 터어빈(turbine)을 돌릴 경우에는

$$\frac{V_1^2}{2g} + \frac{P_1}{\gamma} + z_1 = \frac{V_2^2}{2g} + \frac{P_2}{\gamma} + z_2 + E_T + h_L \tag{3.51}$$

여기서 E_T는 유체의 단위무게로부터 얻어지는 기계적 에너지(유효낙차)이며 유체의 입장에서 볼 때에는 에너지의 손실이며 에너지선은 E_T만큼 급강하하게 된다. 흐름계에 펌프와 터어빈이 동시에 포함될 경우의 Bernoulli방정식은 다음과 같다.

$$\frac{V_1^2}{2g} + \frac{P_1}{\gamma} + z_1 + E_p = \frac{V_2^2}{2g} + \frac{P_2}{\gamma} + z_2 + E_T + h_L \tag{3.52}$$

펌프나 터어빈과 같은 기계에 의한 에너지의 가감은 통상 동력(power)으로 표시되며 이는 중량유량(kgf /sec)과 유체단위중량당의 에너지(kgf · mkgf)와의 적으로 표시되고 사용하는 단위에 따라 다음과 같은 식으로 계산된다.

$$\text{M.K.S계 : Power} = \frac{\gamma QE}{102.04} = 9.8QE \quad \text{(kw)} \tag{3.53}$$

$$\text{Power} = \frac{\gamma QE}{75} = 13.33QE \quad \text{(마력)} \tag{3.54}$$

식 (3.53) 및 식 (3.54)에서 γ는 물의 비중량(1,000kg/m^3), Q는 유량(m^3/sec), E는 펌프 혹은 터어빈에 의한 단위중량당 에너지 혹은 수두(m)을 표시한다. 식 (3.53), (3.54)로 계산되는 동력은 펌프의 효율과 터어빈의 경우는 수차 및 발전기의 효율이 100%일 때의 동력이므로 실동력은 기계의 효율로 나누거나 곱하여 계산하게 된다.

예제 3.9

그림 3.31에서 펌프의 입구 및 출구측에 연결된 압력계 1, 2가 각각 −25mmHg와 2.6bar를 가르쳤다. 이 펌프의 배출유량이 0.15 m^3/sec가 되려면 펌프의 동력은 몇 kw가 되어야 하나?

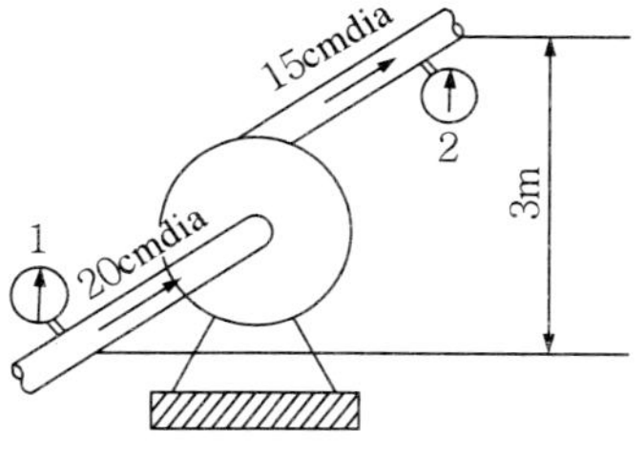

그림 3.31 펌프

풀이)

유속 V_1과 V_2는

$$V_1 = \frac{Q}{A_1} = \frac{0.15}{\frac{\pi}{4}(0.2)^2} = 4.77(\text{m/sec})$$

$$V_2 = \frac{Q}{A_2} = \frac{0.15}{\frac{\pi}{4}(0.15)^2} = 8.49(\text{m/sec})$$

펌프의 양정을 E_p라 하고 1과 2에 베르누이 방정식을 적용하면

$$\frac{P_1}{\gamma} + \frac{V_1^2}{2g} + z_1 + E_p = \frac{P_2}{\gamma} + \frac{V_2^2}{2g} + z_2$$

여기서 $P_1 = -25\text{mmHg} = -9,800 \times 13.6 \times 0.025 = -3,332\ (\text{N/m}^2)$

$P_2 = 2.6\text{bar} = 2.6 \times 10^5(\text{N/m}^2)$

$z_2 - z_1 = 3(\text{m})$이므로

$$\frac{-3,332}{9,800} + \frac{4.77^2}{2\times9.8} + E_p = \frac{2.6\times10^5}{9,800} + \frac{8.49^2}{2\times9.8} + 3$$

$$\therefore\ E_p = 32.38(\text{m})$$

펌프의 동력 $P = \gamma Q E_p = 9,800 \times 0.15 \times 32.38 = 47.60\ (\text{kw})$

예제 3.10

그림 3.32와 같은 터어빈에 0.23m^3/sec로 물이 흐르고 있고, A와 B에서의 압력은 각각 2 kgf/cm^{2}과 -0.2kgf/cm^{2}일 때 물로부터 터어빈이 얻는 동력은 몇 HP인가?

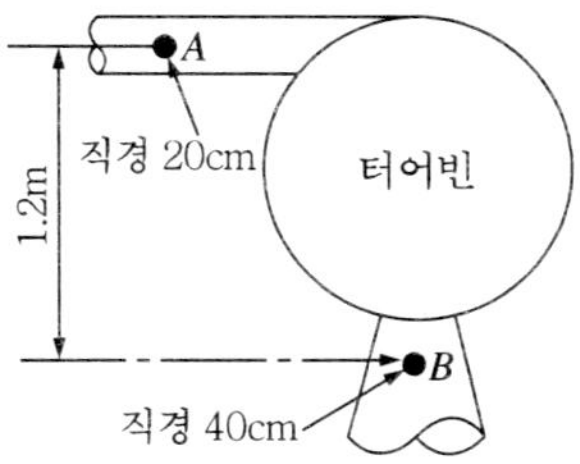

그림 3.32 터어빈

풀이)

유속 V_A와 V_B는

$$V_A = \frac{0.23}{\frac{\pi}{4}(0.2)^2} = 7.32(\text{m/sec})$$

$$V_B = \frac{0.23}{\frac{\pi}{4}(0.4)^2} = 1.83(\text{m/sec})$$

터어빈에 전달된 수두를 E_T라 하고, A와 B에 베르누이 방정식을 적용하면

$$\frac{P_A}{\gamma} + \frac{V_A^2}{2g} + Z_A = \frac{P_B}{\gamma} + \frac{V_B^2}{2g} + Z_B + E_T$$

$$\frac{2\times10^4}{1{,}000} + \frac{7.32^2}{2\times9.8} + 1.2 = \frac{-0.2\times10^4}{1{,}000} + \frac{1.83^2}{2\times9.8} + E_T$$

$$\therefore\ E_T = 25.76(\text{m})$$

동력 $P = \frac{\gamma Q E_T}{75} = \frac{1{,}000\times0.23\times25.76}{75} = 79(\text{HP})$

3.8 선형운동량 방정식

적당한 조건하에서 계의 운동량은 불변으로 보존된다는 법칙이다. 힘은 물체의 운동량을 변화시키는 원인이 되므로 외부에서 힘이 작용하지 않는 한 물체의 운동량은 변하지 않는다.

즉,

$$\Sigma\vec{F} = \left.\frac{d\vec{P}}{dt}\right|_{sys}$$

$$= \int_{C\cdot S} \vec{V}(\rho\vec{V}\cdot d\vec{A}) + \frac{\partial}{\partial t}\int_{C\cdot V}\rho\vec{V}dV \quad (3.55)$$

여기서, $\Sigma\vec{F}$는 계에 작용하는 모든 힘의 합력과 같다. 외력 $\Sigma\vec{F}$는 체적력(body force)과 표면력(surface force)으로 구성된다. 표면력은 검사표면에 수직한 수직력(압력에 의한 힘)과 접선력(전단력)으로 구성되고 계에 작용하는 체적력은 검사체적내의 질량에 작용하는 힘으로 대치된다.

운동량방정식의 기본원리를 전개하기 위하여 1차원 정상류의 경우에 대해서 생각한다.

짧은 시간 dt 사이에 흐름의 유속이 V_1 에서 V_2 로 변하였다고 하고 이 시간 동안에 유체에 작용한 외력의 합을 ΣF라 하자. dt시간 동안에 유체에 생기는 가속도 a는

$$a = \frac{V_2 - V_1}{dt} = \frac{dV}{dt} \tag{3.56}$$

질량 m인 유체를 생각하고 Newton의 제2법칙을 적용하면

$$\Sigma F = \mathrm{m} \cdot \mathrm{a} = m\frac{V_2 - V_1}{dt} \tag{3.57}$$

$$\therefore\ (\Sigma F)dt = m(V_2 - V_1) \tag{3.58}$$

식 (3.58)을 **역적－운동량 방정식**이라 부르며 좌변의 $(\Sigma F)\Delta t$를 역적(impulse), 우변의 mV를 운동량(momentum)이라 한다. 식 (3.58)을 다시 쓰면

$$\Sigma F = \frac{m}{dt}(V_2 - V_1) = \frac{mV_2 - mV_1}{dt} = \frac{d}{dt}(mV) \tag{3.59}$$

여기서, m/dt은 단위시간당 흐르는 유체질량 즉 질량유량(mass flow rate)이므로

$$m/dt = \rho_1 A_1 V_1 = \rho_2 A_2 V_2 = \rho Q$$

이다. 따라서 식 (3.59)는 다음과 같이 표시될 수도 있다.

$$\therefore\ \Sigma F = \rho Q\ (V_2 - V_1) \tag{3.60}$$

식 (3.60)가 가지는 의미는 유체가 가지는 운동량의 시간에 따른 변화율이 외력의 합과 같다는 것이다. 식 (3.60)에서 힘 F와 속도 V는 벡터(vector)량이므로 크기뿐만 아니라 방향을 가짐에 유의해야 한다. 그러나 간단한 문제에 있어서는 오히려 힘과 속도를 벡터로 계산하는 것보다 스칼라(scalar)량으로 취급하여 계산하는 편이 편리할 때가 많다. 유관에 작용하는 x, y 방향의 외력의 합을 ΣF_x, ΣF_y라고 하고 속도의 x, y방향성분을 각각 V_x, V_y라 하면 운동량방정식은 식 (3.60)의 벡터방정식으로부터

$$\Sigma F_x = \rho Q(V_{2x} - V_{1x}) \tag{3.61}$$

$$\Sigma F_y = \rho Q(V_{2y} - V_{1y}) \tag{3.62}$$

식 (3.61)과 (3.62)은 평면계에 흐르는 흐름의 역적－운동량관계를 표시하는 스칼라방

정식으로서 여러 가지 수리학적 문제의 해결에 많이 사용된다.

그림 3.33(a)는 단면이 점차로 축소되는 만곡관내의 흐름을 표시하고 있다. 이러한 관로에 있어서는 흐르는 유체에 의하여 관벽에 힘이 미치게 되며 이 힘은 운동량 방정식에 의해 계산될 수 있다. 그림 3.33(b)의 만곡관은 검사체적 ABCD의 자유물체도와 속도 벡터를 표시하고 있으며 p_1, p_2는 단면 1과 2에서의 평균압력이고 F는 유체가 관의 벽에 미치는 힘의 합력을 표시한다.

$$\Sigma F_x = \rho Q(V_{2x} - V_{1x}) \text{로부터}$$

$$p_1 A_1 - p_2 A_2 \cos\theta - F_x = \rho Q(V_2 \cos\theta - V_1)$$

$$\Sigma F_y = \rho Q(V_{2y} - V_{1y}) \text{로부터}$$

$$F_y - W - p_2 A_2 \sin\theta = \rho Q(V_2 \sin\theta - 0) \tag{3.63}$$

따라서, 관속에 흐르는 유량 Q와 입구와 출구의 직경을 알고 압력 p_1, p_2를 측정하면 F_x 및 F_y를 계산할 수 있으며 이를 벡터합성함으로써 F의 크기와 방향을 알 수 있다.

$$\therefore \quad F = \sqrt{(F_x)^2 + (F_y)^2}$$

$$\theta = \tan^{-1} \frac{F_y}{F_x} \tag{3.64}$$

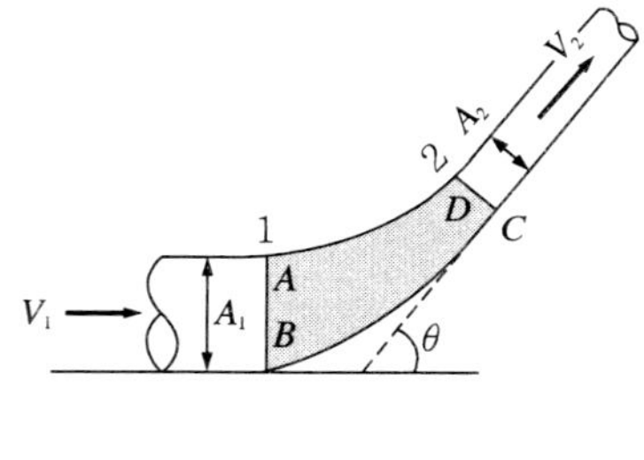

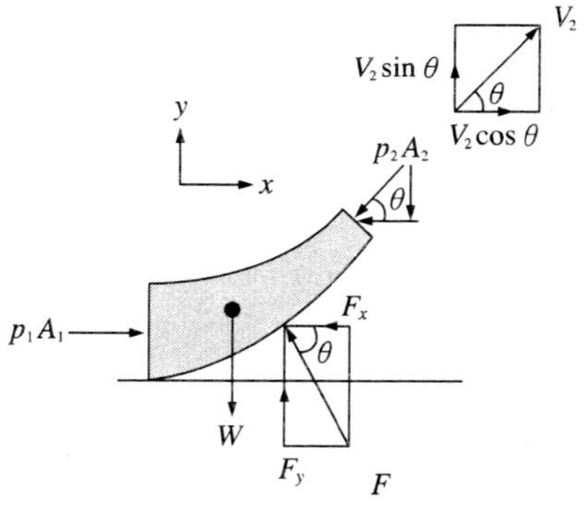

그림 3.33

3.9 선형운동량 이론의 응용

(1) 평판에 충돌하는 분류의 힘

일반적으로 평판에 충돌하는 분출은 반동(rebound)을 일으키지 않는 반면에 유체는 어느 경계에 이를 때까지 평판의 표면을 따라 유동해 가다가 표면의 접선방향으로 분리되어 나가는 것을 볼 수 있다.

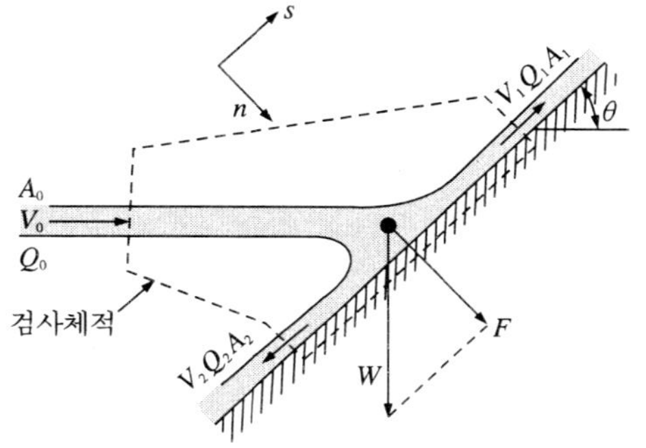

그림 3.34 경사평판에 작용하는 힘

그림 3.34와 같은 경사평판에 비압축성 유체의 분류가 충돌할 때 평판이 받는 힘과 유량 Q_1, Q_2를 알아보자. 마찰손실을 무시하고 위치수두를 고려하지 않으면, 충돌전후 압력은 불변이므로(여기서는 대기압) Bernoulli정리에 의하여

$$V_1 = V_2 = V_0$$

좌표계를 그림과 같이 평판의 접선방향을 S좌표, 수직방향을 n 좌표로 하고 점선으로 표시한 검사체적에 운동량 방정식을 적용하면 유량 Q_1, Q_2와 F를 계산할 수 있다.

표면력은 대기압에 의한 전압력과 n방향으로 작용하는 반력 F뿐이다. 대기압은 검사체적 전면에 걸쳐 균일하게 작용하므로 서로 상쇄되어 전압력의 벡터합은 0이다. 따라서 마찰력은 무시하였으므로 표면력은

$$F_{ss} = 0, \quad F_{sn} = F$$

또 체적력은

$$F_{bs} = -W\sin\theta , \quad F_{bn} = W\cos\theta$$

정상유동에서 이들 힘을 고려한 운동량 방정식은

$$F_s = -Wsin\theta = \int_{C \cdot S} V_s(\rho \vec{V} \cdot d\vec{A})$$

$$= V_1(\rho V_1 A_1) + (-V_2)(\rho V_2 A_2) + (V_0 \cos\theta)(-\rho V_0 A_0)$$

여기서 $V_1 = V_2 = V_0$, $Q_1 = V_0 A_1$, $Q_2 = V_0 A_2$, $Q_0 = V_0 A_0$을 고려하면

$$Q_1 - Q_2 = Q_0 \cos\theta - \frac{W}{\rho V_0} \sin\theta \tag{3.65}$$

또

$$F_n = F + Wcos\theta = \int_{C \cdot S} V_n(\rho \vec{V} \cdot d\vec{A}) = V_0 \sin\theta \, (-\rho V_0 A_0)$$

$$F = -\rho Q_0 V_0 \sin\theta - Wcos\theta \tag{3.66}$$

를 얻는다. 식 (3.65)과 연속방정식

$$Q_1 + Q_2 = Q_0$$

을 연립하면

$$Q_1 = \frac{Q_0}{2}(1+\cos\theta) - \frac{W}{2\rho V_0} \sin\theta$$

$$Q_2 = \frac{Q_0}{2}(1-\cos\theta) + \frac{W}{2\rho V_0} \sin\theta \tag{3.67}$$

을 얻는다. 만일 체적력이 무시할 정도로 작은 경우에는 체적력을 무시하면

$$Q_1 = \frac{Q_0}{2}(1+\cos\theta), \quad Q_2 = \frac{Q_0}{2}(1-\cos\theta) \tag{3.68}$$

$$F = -\rho Q_0 V_0 \sin\theta \tag{3.69}$$

와 같이 주어진다. 따라서 유체가 평판에 주는 힘은 다음식으로 주어진다.

$$K = -F = \rho Q_0 V_0 \sin\theta - Wsin\theta \tag{3.70}$$

예제 3.11

지름 40mm의 수분류가 60m/sec의 속도로 고정평판에 45°의 각방향으로 충돌할 때 평판이 받는 힘 P를 구하라.

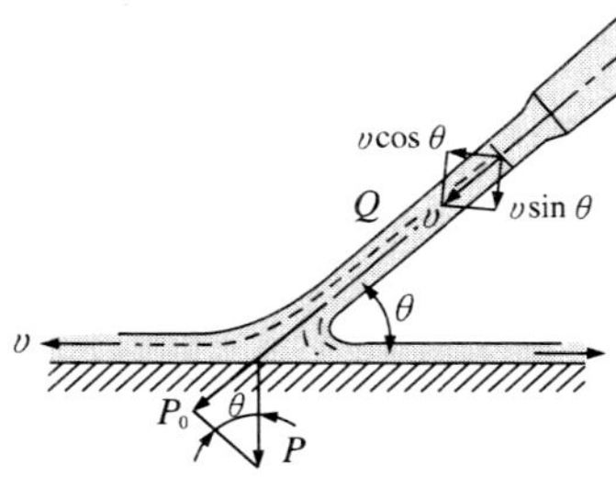

그림 3.35

풀이)

유체가 평판에 주는 힘 P는

$$P = \rho Q V sin\theta$$

$$= \frac{1,000}{9.8} \times \frac{\pi}{4}(0.04)^2 \times 60\sin 45° \times 60$$

$$= 326.25(\mathrm{kg}_f)$$

(2) 고정날개에 작용하는 힘

자유분류가 물체에 충돌하여 물체로부터 힘을 받으면 운동량의 변화를 일으키고 동시에 분류는 물체에 힘(작용 반작용의 법칙)을 가한다. 그러므로 자유분류가 물체에 주는 힘(반작용력)은 선형운동량 방정식으로부터 계산할 수 있다.

지금 자유분류가 그림 3.36과 같이 구부러진 고정날개에 접해서 충돌없이 유입하고 분류는 마찰없이 날개 위를 흐른다고 가정한다(있다 하더라도 미소하여 무시한다). 또 유입단과 유출단에서 분류는 등속도유동을 한다고 가정한다. 분류는 자유분류(대기속에서의 분류)이므로 날개의 양단에서의 압력은 대기압이다. 날개의 입구단과 출구단의 고도차가 별로 크지 않을 때에는 위치수두의 변화는 무시한다. 이상 열거한 가정 아래서 고정날개에 작용하는 힘을 계산하기 위하여 그림 3.36과 같이 검사체적을 택하였다. 자유분류가 고정곡면 날개에 접해서 유입하는 유입속도를 V_1, 분류단면적을 A_1이라 한다. 분류가 고정날개 위를 흐르는 동안 운동량의 변화를 가져오게끔 하는 외력은 체적력 W, 표면력으로서 압력과 곡면에서의 반력 R이다. 분류와 날개의 경계면을 검사체적으로 택하였으므로 반력 R은 날개면이 유체에 주는 힘이다. 이 경우 대기압은 검사표면의 상부면과 양단면에만 작용하고 하부면(경계면)에는 날개에 의하여 차단되므로 작용하지 않는다. 그러므로 A_t를 분류와 날개가 접촉하는 면적의 날개에 투영한 투영면적이라면 대기압에 의한 표면력의 x, y성분은 각각 $P_{atm}A_{tx}$, $P_{atm}A_{ty}$이다.

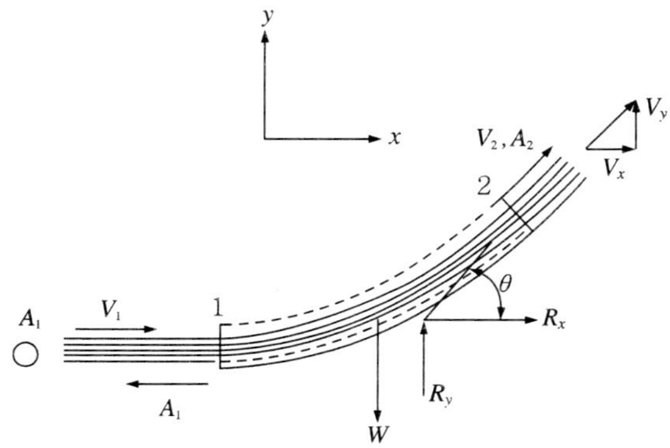

그림 3.36 고정날개에 작용하는 힘

여기서 A_{tx}는 A_{ty}의 x성분(A_{ty}를 연직면에 투영한 면적), A_{ty}는 A_t의 y성분(A_t를 수평면에 투영한 면적)이다. 위치수두의 변화를 날개면이 분류에 주는 힘을 R, R의 x, y성분을 각각 R_x, R_y의 방향은 그림과 같다고 가정하면 정상유동에서 운동량 방정식은 다음과 같이 주어진다.

$$P_{atm}A_{tx} + R_x = (\rho V_2 A_2)(V_2 \cos\theta) - (V_1)(\rho V_1 A_1)$$
$$-P_{atm}A_{ty} + R_y - W = (\rho V_2 A_2)(V_2 \sin\theta) - 0$$

따라서, $\rho V_1 A_1 = \rho V_2 A_2$, $V_1 = V_2$를 고려하면

$$R_x = -P_{atm}A_{tx} - \rho V_1^2 A_1 (1 - \cos\theta) \tag{3.71a}$$

$$R_y = P_{atm}A_{ty} + W + \rho V_1^2 A_1 \sin\theta \tag{3.71b}$$

혹은

$$R_x = -P_{atm}A_{tx} - \rho Q V_1 (1 - \cos\theta) \tag{3.72a}$$

$$R_y = P_{atm}A_{ty} + W + \rho Q V_1 \sin\theta \tag{3.72b}$$

와 같이 주어진다. 여기서 W는 곡면날개에 접하고 있는 분류의 무게, Q는 분류의 유량

이다. 유체가 곡면날개면에 주는 힘은 R의 반작용이므로 이 힘을 K라고 하면

$$K = -R$$

인 관계가 있으므로 분류가 곡면날개면에 주는 힘은

$$K_x = P_{atm} A_{tx} + \rho Q V_1 (1 - \cos\theta) \tag{3.73a}$$

$$K_y = P_{atm} A_{ty} + W + \rho Q V_1 \sin\theta \tag{3.73b}$$

로부터 계산할 수 있다. 여기서 하나 유의할 것은 R_x나 R_y를 계산해서 양의 값이면 가정의 방향이 사실과 일치한다는 것을 의미하고, 만일 음의 값이 나오면 실제 방향은 가정한 방향의 반대방향이라는 것을 의미한다.

다음에는 자유분류가 고정 곡면날개에 접해서 유입할 때 곡면날개를 고정시키는 데 필요한 힘을 구하기 위하여 검사체적을 그림 3.37과 같이 곡면날개를 포함시켜 택한다.

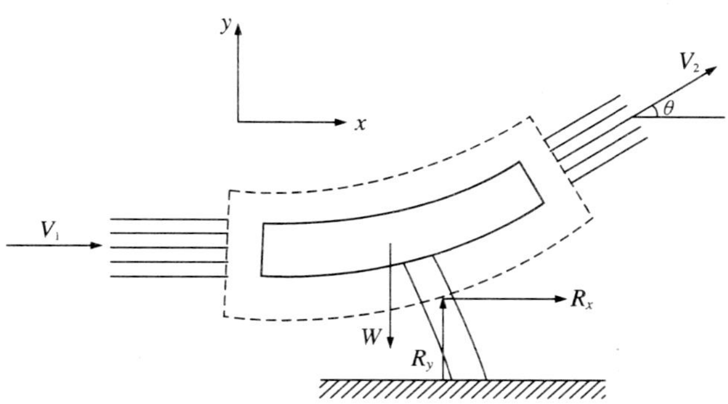

그림 3.37 곡면날개를 고정시키는 데 필요한 힘

대기압은 우주와 경사표면과의 교차부분을 제외하고는 사방에서 균일하게 작용하므로 대부분의 대기압은 서로 상쇄되어 평형을 이룬다. 그러므로 교차부분에 대기압이 작용되지 않으므로 해서 생기는 불평형력과 분류의 응력 때문에 발생하는 힘과의 합력 R만이 교차부분에서 표면력으로 작용하게 된다. 체적력은 검사체적에 작용하는 중력이므로 검사체적안에 있는 분류, 곡면날개, 공기의 무게가 된다.

정상유동에 대하여 운동량 방정식을 적용하면

$$R_x = (\rho V_2 A_2)(V_2 \cos\theta) - (\rho V_1 A_1)(V_1) = -\rho V_1^2 A_1 (1 - \cos\theta) \tag{3.74a}$$

$$R_y - W = (\rho V_2 A_2)(V_2 \sin\theta) - 0 = \rho V_1^2 A_1 \sin\theta \tag{3.74b}$$

로부터 곡면날개를 고정시키는데 필요한 힘 R_x, R_y를 계산할 수 있다.

$$R_x = -\rho V_1 A_1(1 - \cos\theta) = -\rho Q V_1 (1 - \cos\theta) \tag{3.75a}$$

$$R_y = W + \rho V_1^2 A_1 \sin\theta = W + \rho Q V_1 \sin\theta \tag{3.75b}$$

(3) 이동날개에 작용하는 힘

유동하는 유체의 운동량을 변화시키려면 반드시 유체에 힘이 가해져야 한다. 차폐되지 않는 유체(unconfined fluid)가 이동날개 위를 운동할 때 운동량의 변화가 일어난다면 유체와 날개 사이에는 힘이 작용되고, 날개의 이동에 의하면 날개와 유체 사이에는 에너지의 교환이 일어난다. 터어보 기계(turbo machine)는 이 원리를 이용하여 만들어진 기계로서 유체가 갖고 있는 에너지를 동력으로 또는 동력을 유체의 에너지로 교환하는 기계이다. 전자는 터어빈(turbine), 후자는 펌프(pump)라 말한다. 여기서 기술하고자 하는 이동날개의 이론은 터어보 기계 중 충동터어번(impulse turbine)의 원리가 되는 중요한 이론이다.

지금 땅에 대하여 V_0의 속도로 이동하는 곡면날개에 단면적 A_1, 속도 V_1의 자유분류가 그림 3.38과 같이 날개에 접해서 유입된다고 가정한다. 곡면날개에 작용하는 힘을 계산하기 위하여 검사체적을 그림 3.38과 같이 택한다. $x$yz를 검사체적에 고정한 좌표계 XYZ를 땅위에 설정한 좌표계(관성좌표계)라 하며 $x$yz좌표계에 대하여 일정속도로 병진 운동할 때에는 운동좌표계도 하나의 관성좌표계로 취급할 수 있다. 그러므로 관성좌표에 대한 선형운동량 방정식을 그대로 적용할 수 있다. 선형운동량 방정식은 모든 물리량은 검사체적을 설정한 좌표계에서의 값이므로 $x$yz에 대한 속도는

$$V_{xyz} = V_{XYZ} - R$$

와 같이 주어진다. 따라서 운동량 방정식은

$$\begin{aligned} F_x = R_x &= \int_{C\cdot S} (V_{xyz})_x (\rho \vec{V}_{xyz} \cdot d\vec{A}) \\ &= (V_1 - V_0)[-(V_1 - V_0)\rho A_1] + [(V_1 - V_0)\cos\theta][(V_1 - V_0)\rho A_2] \end{aligned} \tag{3.76}$$

검사체적에 연속방정식을 적용하면

$$(V_1 - V_0)\rho A_1 = (V_1 - V_0)\rho A_2 \tag{3.77}$$

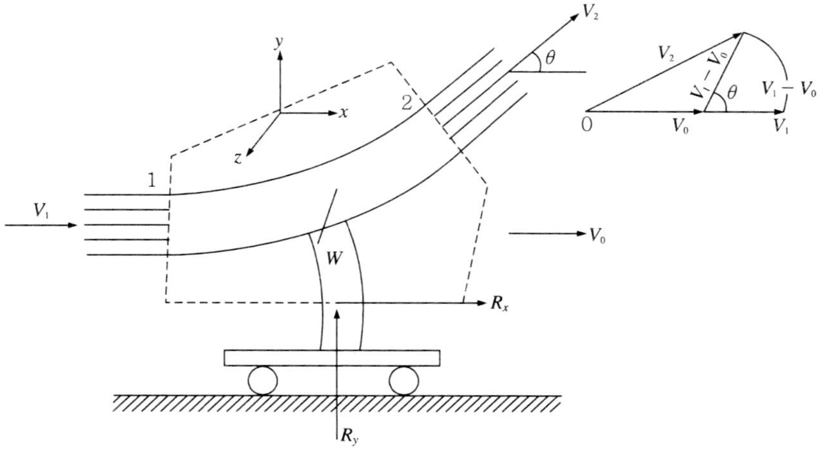

그림 3.38 이동날개에 작용하는 힘

식 (3.77)을 고려하고 식 (3.76)을 정리하면

$$R_x = -(V_1 - V_0)^2 \rho A_1 (1 - \cos\theta) \tag{3.78}$$

를 얻는다. 또 y성분은

$$F_y = R_y - W = \int_{C \cdot S} (V_{xyz})_y (\rho \overrightarrow{V}_{xyz} \cdot d\overrightarrow{A})$$

$$= [(V_1 - V_0)\sin\theta][(V_1 - V_0)\rho A_2] \tag{3.79}$$

또는

$$R_y = (V_1 - V_0)^2 \rho A_1 \sin\theta + W \tag{3.80}$$

를 얻는다. 만일 날개가 단일날개가 아니라 날개열로 되어 있다면 노즐에서 유출된 분류는 전부 날개 위를 흐르게 되므로

$$R_x = -\rho Q (V_1 - V_0)(1 - \cos\theta)$$

$$R_y = -\rho Q (V_1 - V_0)\sin\theta + W \tag{3.81}$$

와 같이 된다. 여기서, $Q = A_1 V_1$이다.

유체로부터 이동날개에 작용하는 힘은

$$K_x = -R_x = (V_1 - V_0)^2 \rho A_1 (1 - \cos\theta)$$

$$K_y = -R_y = -(V_1 - V_0)^2 \rho A_1 \sin\theta - W \qquad (3.82)$$

와 같이 주어진다.

예제 3.12

그림 3.39(a)와 같이 단일이동 베인에 대하여 분사류에 작용하는 힘과 베인에 한 일량을 구하여라(분사류는 물이다).

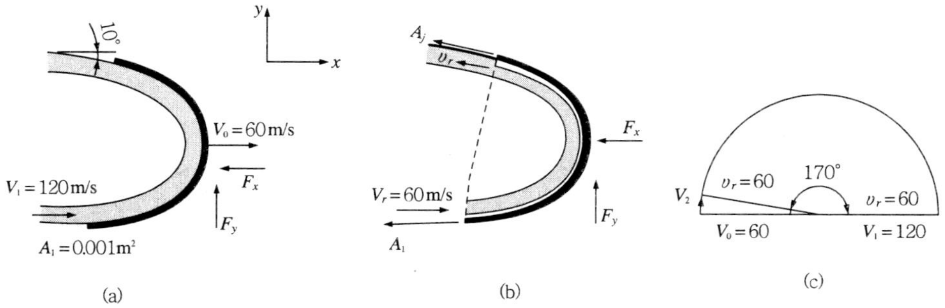

그림 3.39

풀이)

그림 3.39(b)는 검사체적과 상대속도에 대하여 도시한 그림이며, 그림(c)는 극 벡터선도(polar vector diagram)를 도시한 것이다.

그림 (a)에서 F_x의 작용방향이 설정한 좌표계와 반대임을 고려하여 식 (3.78)에 적용한다.

$$-F_x = -(V_1 - V_0)^2 \rho A_1 (1 - \cos\theta) = -(120 - 60)^2 \times 997.3 \times 0.001(1 - \cos 170)$$

$$F_x = 7{,}125.3(\text{N})$$

F는 유체의 자중을 무시하여 식 (3.80)을 적용하여 구한다.

$$F_y = (V_1 - V_0)^2 \rho A_1 \sin\theta = (120 - 60)^2 \times 997.3 \times 0.001 \times \sin 170 = 623(\text{N})$$

베인에 작용시킨 동력은

$$L = F_x \times u = 7{,}125.3 \times 60 = 427{,}518(\text{N} - \text{m/sec}) = 427.5(\text{kW})$$

예제 3.13

그림과 같이 분류가 60°로 원활하게 굽어진 베인 위로 흘러가고 있다. 최초 분류의 지름은 50mm이고 유속은 36m/sec이다. 마찰에 의하여 유속이 감소되어 베인 끝부분에서의 유속은 30m/sec가 되었다. 중력의 영향을 무시하고 이 베인에 작용하는 힘을 구하여라.

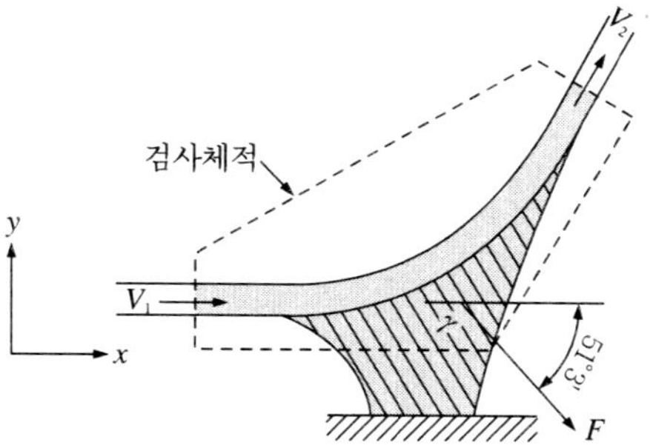

그림 3.40

풀이)

균일운동으로 가정하면 $V_1 = V_2$가 되며, x방향의 유체에 작용하는 힘은 x방향의 운동량의 증가와 같다. 그러므로

$$\rho Q V_2 \cos 60 - \rho Q V_1 = \frac{1,000}{9.8} \times \frac{\pi}{4}(0.05)^2 \times 36 \times 30 \times \frac{1}{2} - \frac{1,000}{9.8} \times \frac{\pi}{4}(0.05)^2 \times 36 \times 36$$

$$= -151.4(\text{kgf})$$

동일한 방법으로 y방향에 대해서도

$$\rho Q V \sin 60 - 0 = \frac{1,000}{9.8} \times \frac{\pi}{4}(0.05)^2 \times 36 \times 30 \times \frac{\sqrt{3}}{2} = 187.3(\text{kgf})$$

그러므로 합력은 $F = \sqrt{(-151.4)^2 + (187.3)^2} = 240.8(\text{kgf})$

작용방향은 $\theta = \tan^{-1}(-\frac{187.3}{154.4}) = -15°3'$

(4) 노즐(nozzle)

유체가 노즐로부터 분출할 때 노즐에 미치는 힘이라든가 노즐이 장착되어 있는 배의 추진력 등을 계산하고자 할 때 운동량 방정식을 이용하면 쉽게 얻을 수 있다. 그림 3.40과 같은 노즐로 유체를 분사시킬 때 마찰손실을 무시하고 노즐에 의하여 파이프에 미치는 힘을 구해보자. 노즐입구에서의 압력 P_1, 단면적 A_1, 유속 V_1, 노즐출구에서의 압

력 P_2, 단면적 A_2 유속 V_2라 하고, R을 노즐이 유체에 작용하는 힘으로 반력이라 하고, 검사체적을 노즐외벽이 검사표면이 되도록 택하면, 대기압이 균일하게 작용하므로 서로 상쇄되어 압력에 의한 표면력은 대기압력만을 고려하면 된다.

그림 3.41에 선형운동량 방정식을 적용하면 다음과 같이 된다.

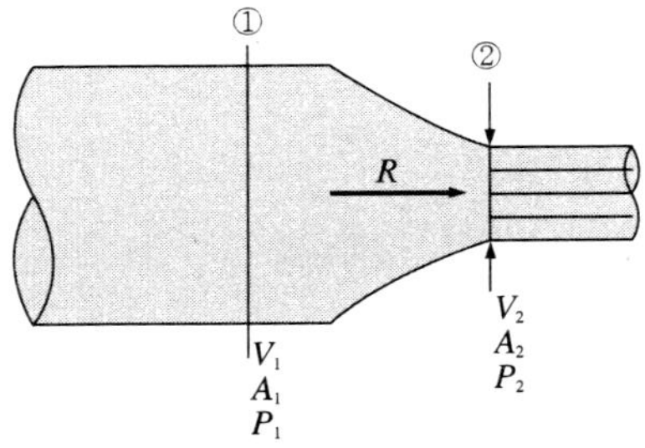

그림 3.41

$$\vec{F} = \int_{C\cdot S} V_x(\rho\vec{V}\cdot d\vec{A}) = \int_{A2} V_2(\rho V_2 dA_2) - \int_{A1} V_1(\rho V_1 dA_1)$$
$$= (\rho Q_2)V_2 - (\rho Q_1)V_1$$

P_2는 대기압이므로 유체의 대기압으로는 0이 되므로

$$R = \rho Q(V_2 - V_1) - P_1 A_1 \tag{3.83}$$

따라서, 유체가 노즐에 주는 힘은

$$K - R = P_1 A_1 - \rho Q(V_2 - V_1) \tag{3.84}$$

여기서, 알 수 있는 것은 K와 R은 노즐내에서 작용 반작용으로 작용하므로 파이프는 인장력을 받는다.

예제 3.14

배의 후미에 수평으로 설치한 지름 8cm의 노즐에서 40m/sec의 속도로 물을 분출한다. 배를 묶어 두려면 얼마의 힘이 필요한가?

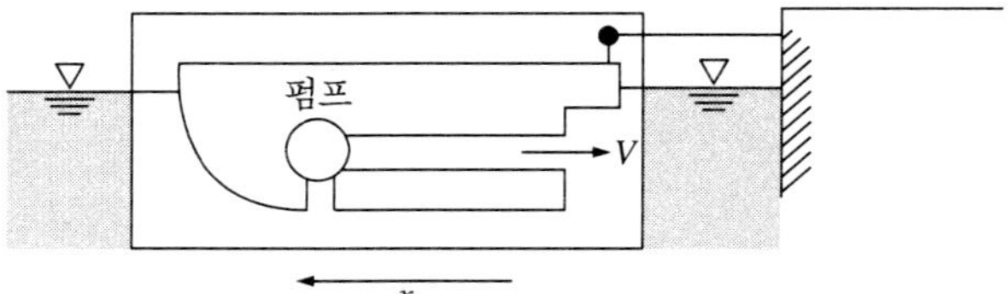

그림 3.42

풀이)

유량 Q는

$$Q = \frac{\pi}{4}D^2V = \frac{\pi}{4}(8 \times 10^{-2})^2 \times 40 = 0.201\text{m}^3/\text{sec}$$

점선으로 표시한 검사체적에 대하여 운동량 방정식을 적용하면

$$R = -\rho QV = -1{,}000 \times 0.201 \times 40$$

$$= -8{,}040\text{N} = -80\text{kgf}$$

배를 묶어 두려면 $-x$방향으로 80kgf의 힘을 가해야 한다.

3.10 운동량과 운동에너지 보정계수

공학적으로 유체흐름의 문제를 해석함에 있어서 유체가 흐르고 있는 유로의 형태가 폐수로나 개수로를 막론하고 문제를 쉽게 풀이하기 위하여 흔히 일차원적으로 문제를 취급하게 된다. 따라서 유속 V는 단면에 대하여 일정한 평균속도라고 가정된다. 베르누이 방정식에서 속도수두는 $V^2/2g$로서 여기서 V는 유로단면에서의 평균속도가 된다. 그러나 단면의 임의점에서의 속도분포의 값 u를 이용한 운동에너지 $u^2/2g$을 전단면에 대하여 적분함으로써 얻어진 값은 평균속도 V를 이용하여 계산된 값과는 차이가 있게 된다. 따라서 좀 더 정확한 운동에너지 즉, 속도수두를 평균속도 V를 이용하여 계산하려면 수정계수 α를 $V^2/2g$ 의 값에 곱하여 줌으로서 얻게 된다. 이렇게 함으로써 일일이 $u^2/2g$ 의 값을 전단면에 대하여 적분해야 하는 불편을 없앨 수 있게 된다.

그림 3.43에서 단위시간에 어떤 단면을 통과하는 운동에너지 E_k는 다음과 같이 적분으로 얻게 된다.

$$E_k = \gamma \int_A \frac{u^2}{2g} u dA \tag{3.85}$$

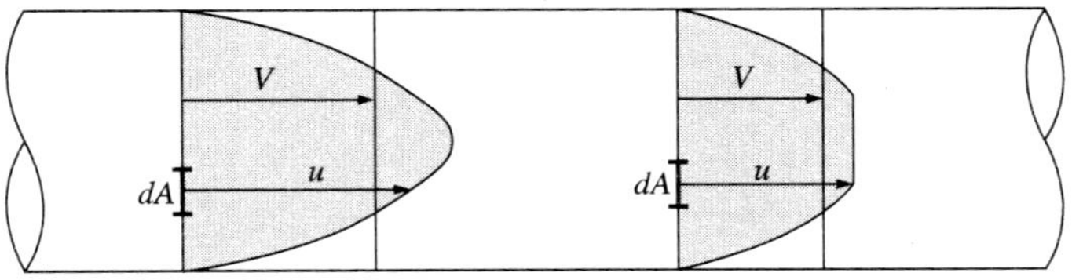

(a) 층류 (b) 난류

그림 3.43 속도분포

여기서 γudA는 단위시간에 단면 dA를 통과하는 유체의 무게이며, $u^2/2g$은 단위 무게당의 운동에너지이다. 이때 평균속도 V를 그대로 사용하기 위하여 수정계수 α를 고려한 운동에너지는 E'_k는

$$E'_k = \alpha \frac{V^2}{2g} \gamma VA \tag{3.86}$$

따라서 $E'_k = E_k$라 놓고 α에 대해 정리하면

$$\therefore \alpha = \frac{1}{A} \int_A (\frac{u}{V})^3 dA \tag{3.87}$$

로 된다. 위 식에서 α를 **운동에너지 보정계수**라 한다.

관로문제에 Bernoulli 방정식을 적용할 때는 운동에너지 항을 수정한 Bernoulli 방정식

$$\frac{P_1}{\gamma} + \alpha_1 \frac{V_1^2}{2g} + z_1 = \frac{P_2}{\gamma} + \alpha_2 \frac{V_2^2}{2g} + z_2 \tag{3.88}$$

를 사용하는 것이 더 합리적이다. 관류(pipe flow)에 있어서, 층류일때는 $\alpha = 2$이지만 난류일때는 α의 값은 약 1.01부터 1.10의 범위로써 보통 1로 놓게 되어 보정계수를 고려할 필요가 없게 된다.

관로설계는 특별한 경우를 제외하고는 일반적으로 난류로 설계되므로 정밀한 계산 이외에는 α를 고려하지 않는 것이 보통이다.

운동량보정계수도 운동에너지 보정계수와 같은 방법으로 구한다. dA단면을 통과하는 유체질량이 가지는 단위시간당 운동량 P는

$$P = \int_A d\dot{m}u = \int_A (u)(\rho udA) = \int_A \rho u^2 dA \tag{3.89}$$

로 된다. 다음 평균속도 V를 그대로 사용하기 위해 보정계수 β를 고려한 운동량 P'는

$$P' = \beta(\dot{m}V) = \beta(\rho AVV) = \beta\rho AV^2 \tag{3.90}$$

따라서, $P = P'$라 놓고 β에 대해 정리하면

$$\therefore \beta = \frac{1}{A} \int_A (\frac{u}{V})^2 dA \tag{3.91}$$

로 된다. 위 식에서 β를 **운동량보정계수**라 한다. 정상 1차원 유동에 운동량 보정계수 β를

고려한 운동방정식은 다음과 같이 쓸 수 있다.

$$\Sigma \vec{F} = \int_{C \cdot S} u(\rho \vec{V} \cdot d\vec{A})\, \beta = \int_{A1} \beta_1 V_1 \rho V_1 (-dA_1) + \int_{A2} \beta_2 V_2 \rho V_2 dA_2$$

$$\Sigma F_x = m(\beta_2 V_2 - \beta_1 V_1) \tag{3.92}$$

등속도유동의 경우 β ≒ 1.02이고, 관류의 유동이 층류이면 β = 4/3, 난류이면 β = 1.01~1.05이다. 그러므로 생각하는 단면을 가능한 한 속도분포가 일정한 장소를 택하는 것이 좋다. 이때는 $\beta^2 = \beta^1 = \beta$가 되고 β ≒ 1이 되므로 식 (3.92)은 다음과 같이 된다.

$$\Sigma F_x = \dot{m}(V_2 - V_1) \tag{3.93}$$

예제 3.15

그림과 같은 수평원관내로 기름이 흐르고 있다. 벽면에서의 속도는 0이고 최대 속도는 관중심에서 일어나며 속도분포는 포물선을 이룬다. 단면의 최대속도(U_{max})가 4m/sec 일 때

① 단면 ①에서 평균속도 V_1을 계산하라.

② 단면 ①에서의 운동에너지 보정계수를 계산하여라.

③ P_1 = 75kpa일 때 보정계수를 쓴 베르누이 방정식에서 P_2를 구하고, 보정계수를 쓰지 않은 경우와 비교하라.

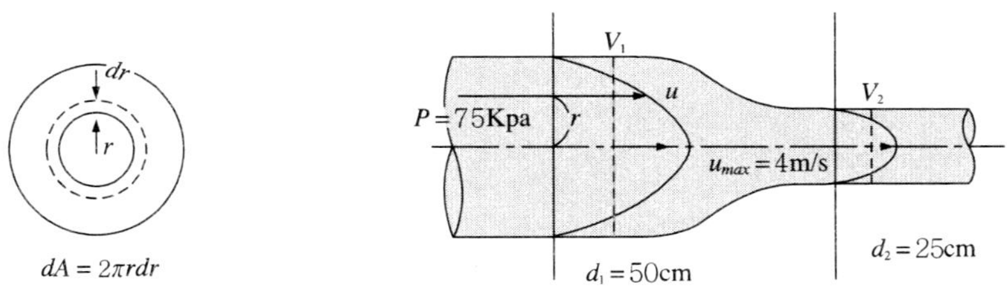

그림 3.44

풀이)

① 속도분포 곡선을 구하면 $u = ar^2 + b$ 로 된다.

그림에서 $r = 0$일 때 $u = u_{max}$ 이므로 $b = u_{max}$

$r = r_1$일때 $u = 0$이므로 $a = -\dfrac{u_{max}}{r_1^2}$

따라서 속도 분포식은

$$u = u_{max}(1 - \frac{r^2}{r_1^2})$$

이다. 유량을 계산하고 평균속도 V를 구하면

$$Q = AV = \int_A udA = \int_0^{r1} u2\pi rdr$$

$$= 2\pi u_{max}\int_0^{r1}(1 - \frac{r^2}{r_1^2})rdr = 2\pi u_{max}[\frac{r^2}{2} - \frac{r^4}{4r_1^2}]_0^{r1}$$

$$= \frac{\pi}{2}u_{max}r_1^2$$

$$\therefore V = \frac{1}{2}u_{max} = \frac{1}{2}\times 4 = 2\text{m/sec}$$

② 운동에너지 보정계수 α ;

$$\alpha = \frac{1}{AV^3}\int_0^{r1} u_{max}^3(1 - \frac{r^2}{r_1^2})2\pi rdr$$

$$= \frac{8}{\pi r_1^2 u_{max}} \cdot 2\pi u_{max}^3\int_0^{r1}(1 - 3\frac{r^2}{r_1^2} + 3\frac{r^4}{r_1^4} - \frac{r^6}{r_1^6}rdr)$$

$$= \frac{16}{r_1^2}[\frac{r^2}{2} - \frac{3}{4}\frac{r^4}{r_1^2} + \frac{1}{2}\frac{r^6}{r_1^4} - \frac{r^8}{8r_1^6}]$$

$$= 2$$

보정계수가 2일 경우는 층류일때며, 실제로 층류의 속도분포는 포물선 분포이다.

③ 베르누이 방정식에서

$$P_2 = P_1 + \frac{\rho(V_1^2 - V_2^2)}{2} = 75\times 10^3 + \frac{1}{2}\times 10^3\ (V_1^2 - 16V_1^2)$$

$$= 75\times 10^3 + \frac{1}{2}\times 10^3\times(-15\times 2^2)$$

$$= 45\times 10^3\ (\text{N/m}^2)$$

베르누이 방정식에 보정계수를 적용하면

$$\frac{P_1}{\gamma} + \alpha\frac{(V_1^2 - V_2^2)}{2} = 75\times 10^3 + \frac{1}{2}\times 10^3\ (V_1^2 - 16V_1^2)$$

에서 $\alpha = 2$이므로

$$P_2 = P_1 + \rho(V_1^2 - V_2^2)$$

$$= 75\times 10^3\times 10^3 + 10^3(-15\times 2^2)$$

$$= 15\times 10^3\ (\text{N/m}^2)$$

연습문제

Q3.1 관로에 물이 흐르고 있다. 관로상의 한 점에서의 직경은 18cm, 유속은 4m/sec, 압력은 4kg/cm^{2}이며 이 점으로부터 12m 떨어진 점에서 직경은 8cm로 축소되었다. 관로가 수평일 경우와 수직일 경우(물은 수직 하향으로 흐름)에 8cm 단면에서의 압력을 구하라.

Q3.2 단면적이 0.1m^{2}인 수로가 서서히 축소되어 0.03m^{2}의 단면이 되었다. 두 단면사이의 압력강하량을 측정하기 위하여 수은이 든 시착액주계를 사용하였더니 38cm의 변위(deflection)가 생겼다. 이 수로를 통한 유량을 계산하여라.

Q3.3 그림 3.45와 같은 관로에 0.8cm^3/sec의 물이 흐른다. 직경이 1m인 단면에서의 압력이 0.12kg/cm^{2}였다면 0.7m 단면에서의 압력은 얼마가 될 것인가?

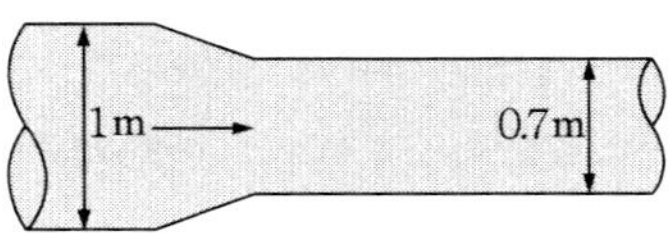

그림 3.45

Q3.4 그림 3.46과 같은 벤츄리 메타에 물이 흐르고 있다. 유량을 계산하라.

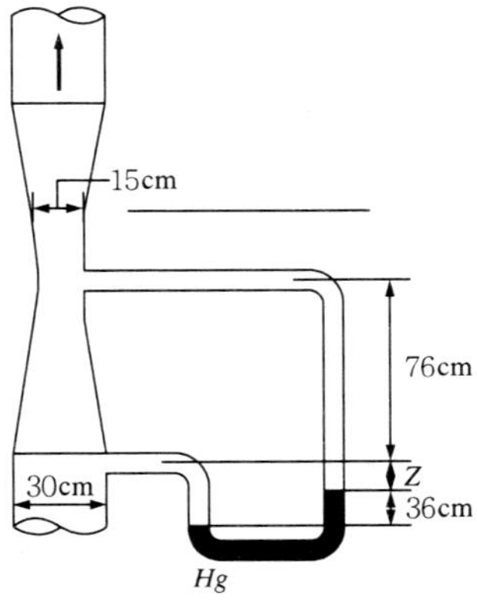

그림 3.46

3.5 그림 3.47과 같은 관로에 물이 흐르고 있다. 두 압력계의 독치가 동일하다면 작은 관의 직경 d는 얼마가 되겠는가?

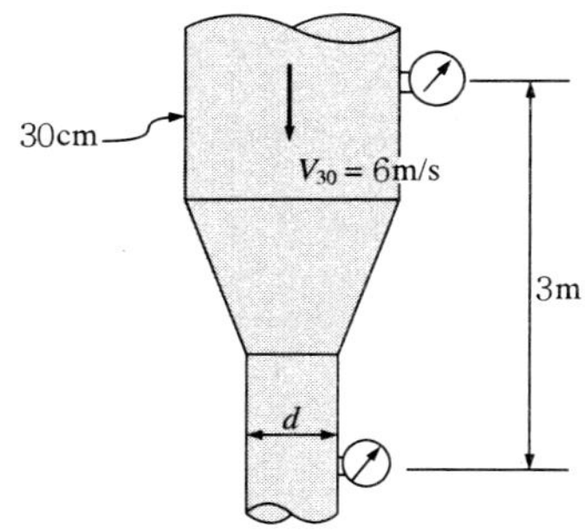

그림 3.47

3.6 유속계수 C_v = 0.98인 피토관을 벤젠(비중 0.88)이 흐르는 관로의 중심선상에 위치시켰다. 정압력과 동압력의 차를 측정하기 위한 수은 시착액주계의 독치가 8cm일 때 관중심선에서의 유속을 계산하라.

3.7 어떤 수조로부터 물을 직경 2.5cm인 사이폰(siphon)으로 뽑아내려고 한다. 사이폰의 말단은 수조내 수면보다 3m 아래에 있고 사이폰의 정점부는 수면보다 1m 위에 있다. 사이폰을 통해 배출되는 유량과 정점부에서의 압력을 구하라.

3.8 한 수조의 수면으로부터 1.7m 아래에 있는 측벽에 직경 8cm의 수평관이 연결되어 있다. 이 관은 점차적으로 확대되어 10cm의 관과 연결되어 있고 10cm관을 통해 대기중으로 물을 방출한다. 관로를 통한 유량과 8cm 관내의 압력을 구하라.

Q3.9 그림 3.48의 벤츄리 메타를 통해 흐르는 유량을 계산하라.

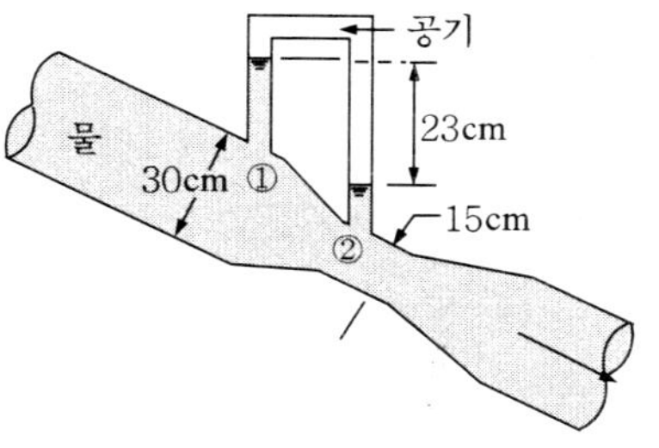

그림 3.48

Q3.10 그림 3.49에서 R = 30cm일 때 관의 중심선에서의 유속 V를 계산하라.

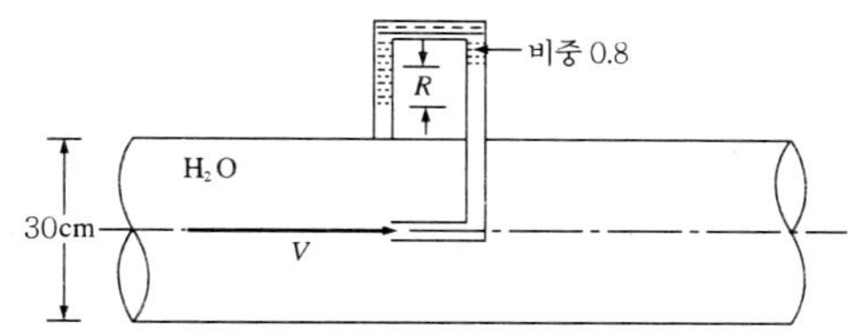

그림 3.49

Q3.11 그림 3.50의 관로를 통해 흐르는 유량을 계산하라.

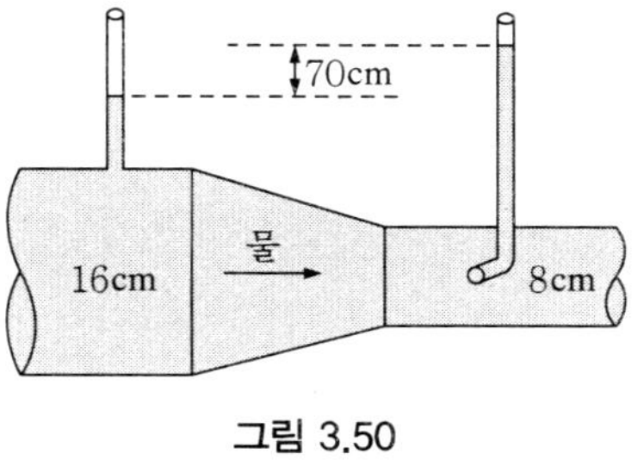

그림 3.50

Q3.12 그림 3.51의 직경 8cm 관에서의 속도수두를 계산하라.

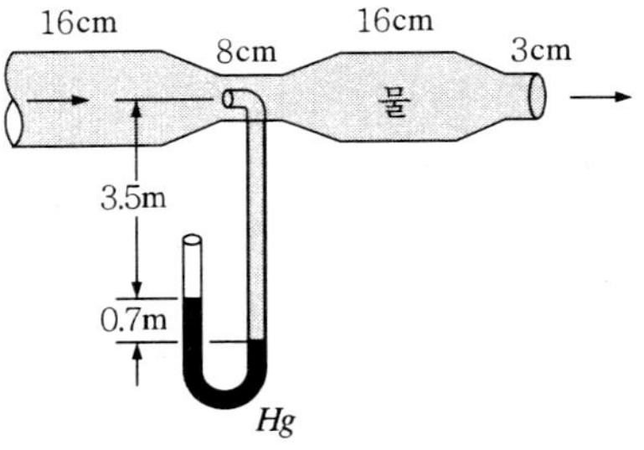

그림 3.51

Q3.13 폭 3m인 직사각형단면을 가진 개수로가 4m 폭으로 확대된다. 폭 3m인 단면에서의 수심이 1.5m였다면 4m 폭을 가진 단면에서의 수심은 얼마나 될까?

Q3.14 직경 10cm인 흡입관과 직경 8cm인 방출관을 가진 펌프가 $0.04m^3/sec$의 율로 양수하고 있다 흡입관의 한 단면에서의 진공 계기압력은 수은주로 15cm이었다. 이 단면보다 5m 높은 위치에 있는 방출관상의 한 단면에 있어서의 압력이 $4kg/cm^3$이었다면 펌프에 의하여 공급된 동력은 몇 마력이나 될 것인가?

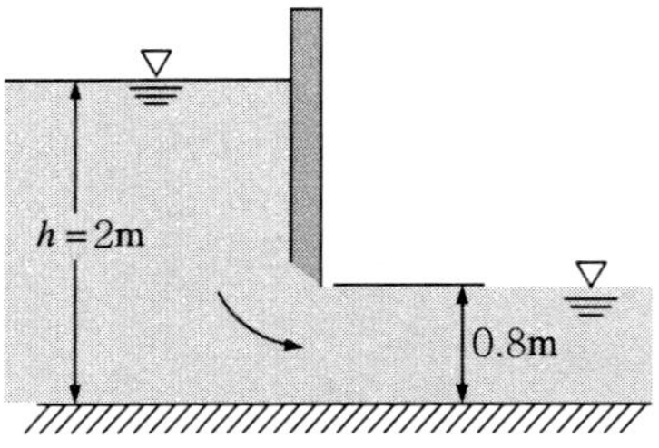

그림 3.52

Q3.15 수면표고 100m인 저수지로부터 수면표고가 150m인 저수지로 $0.016m^3/sec$의 물을 양수하려면 소요 마력수는 얼마나 될 것인가?

Q3.16 흡입관과 방출관의 직경이 각각 20cm 및 15cm인 펌프로 0.16m^3/sec의 물을 양수한다. 펌프 위치에서 동수경사선을 20m 높이기 위해 필요한 펌프의 마력을 계산하라. 60마력을 가진 펌프를 사용한다면 동일한 수두증가에 대하여 얼마만한가?

Q3.17 그림 3.53의 펌프용량은 7마력이다. 0.07m^3/sec의 물을 양수할 때 방출관에 위치한 계기의 독치는 얼마나 되겠는가?

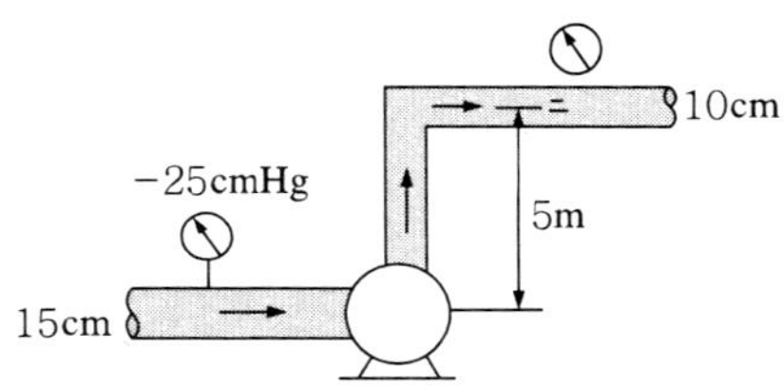

그림 3.53

Q3.18 그림 3.54에서 15cm 관에 물이 꽉 차서 흐르도록 하기 위해서는 몇 마력 용량의 펌프를 사용해야 할 것인가?

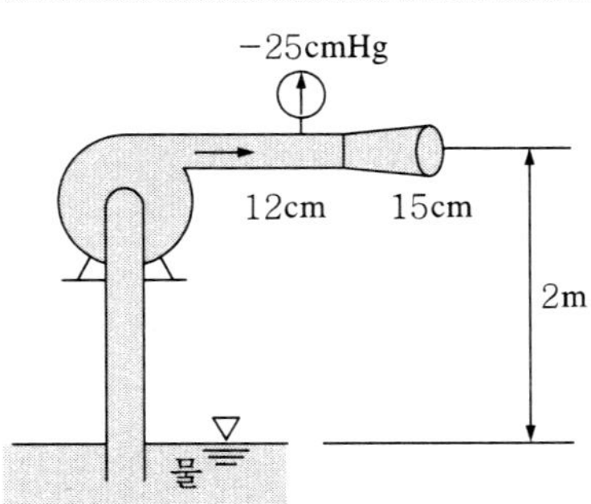

그림 3.54

Q3.19 그림 3.55와 같이 저수지의 물을 사용하여 터어빈을 돌리고져 한다. 터어빈에 유입하는 유량을 $0.1 m^3/sec$로 하고 20마력의 동력을 얻기 위해 필요한 h를 구하라.

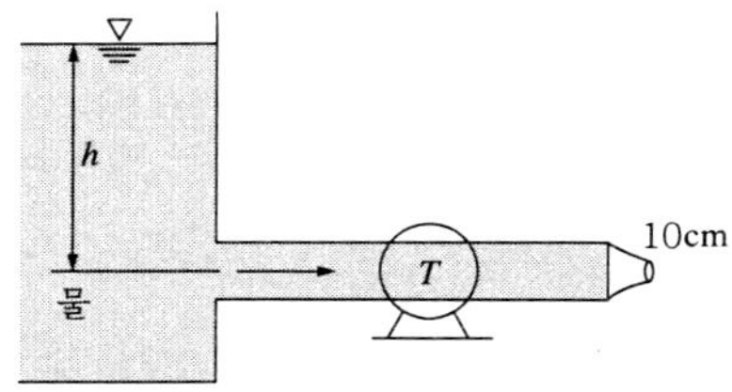

그림 3.55

Q3.20 한 수력발전소의 터어빈이 수면표고 80m인 저수지로부터 $3.5 m^3/sec$의 율로 물을 취한 후 수면표고 25m인 하류의 하천으로 방류한다. 이 때 터어빈이 얻게 되는 동력을 구하라.

Q3.21 그림 3.56과 같이 60° 만곡되는 축소관을 통해 $0.3 m^3/sec$의 물이 흐를 때 만곡부에 작용하는 힘의 크기와 방향을 구하라. 단, 관은 수평면내에 있다.

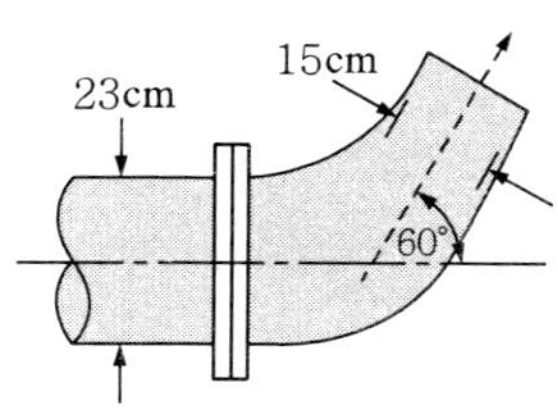

그림 3.56

Q3.22 그림 3.57과 같은 90° 만곡관의 직경은 60cm이다. 비중이 0.85인 기름이 $1m^3$/sec의 율로 흐를 때 단면 1에서의 압력이 $3kg/cm^2$였다면 만곡관에 작용하는 힘의 크기는 얼마나 되겠는가? 단, 관은 수평면내에 놓여 있다고 가정하라.

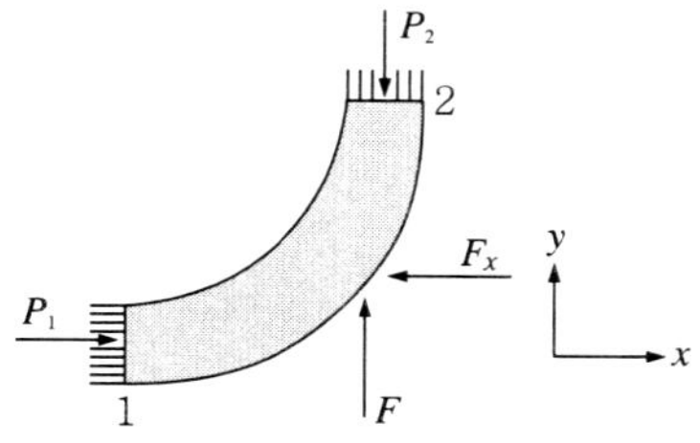

그림 3.57

Q3.23 직경 10cm인 수평관이 180° 만곡되면서 직경 5cm로 축소된다. 10cm 및 5cm 관에서의 압력이 각각 $1kg/cm^2$ 및 $4kg/cm^2$일 때 만곡부에 작용하는 힘을 구하라.

Q3.24 직경 15cm인 수평관에 $0.07m^3$/sec의 물이 흐르고 있다. 이 관에서의 압력은 $4kg/cm^2$로 측정되었으며 관의 말단이 7.5cm로 축소되어 있다. 축소된 단면에 걸리는 수평력을 구하라.

Q3.25 직경이 5cm인 수평관이 직경 10cm로 확대된다. 이 관로를 통해 $0.025m^3$/sec의 물이 흐를 때, 5cm관에서 측정한 압력은 $1.5kg/cm^2$이었다. 확대부에 작용하는 수평력을 계산하라.

Q3.26 그림 3.58의 고정날개에 작용하는 힘을 구하라. 분류의 직경은 5cm이며 유속은 20m/sec이다.

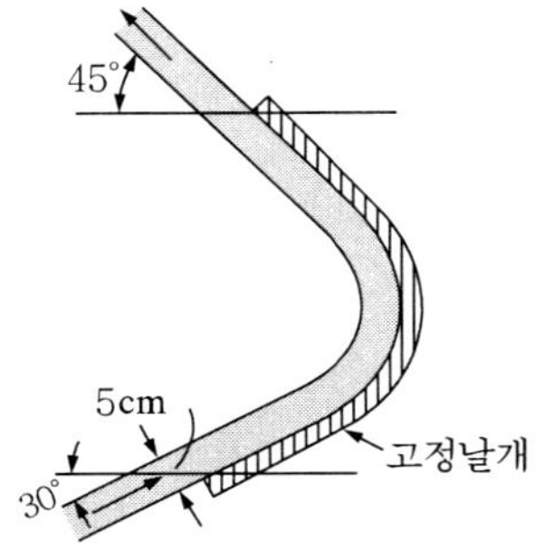

그림 3.58

Q3.27 그림 3.59에 표시한 날개는 일련의 날개군중의 한개를 표시하고 있다. 날개의 방향변환은 150°이며 직경 8cm인 분류가 35m/sec의 속도로 유입한다. 만약 날개가 25m/sec의 속도로 분류와 동일한 방향으로 이동한다면 날개가 받는 힘은 얼마나 되겠는가? 힘의 작용방향은?

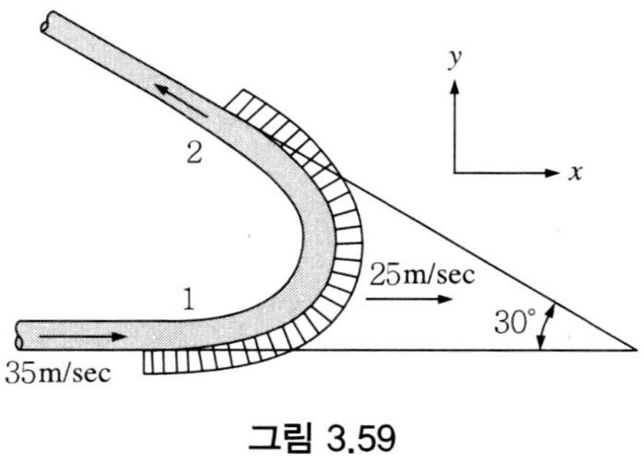

그림 3.59

Q3.28 그림 3.60의 날개는 수차에 달려 있는 한 개의 날개를 표시하고 있다. 분류가 날개에 미치는 힘을 계산하라.

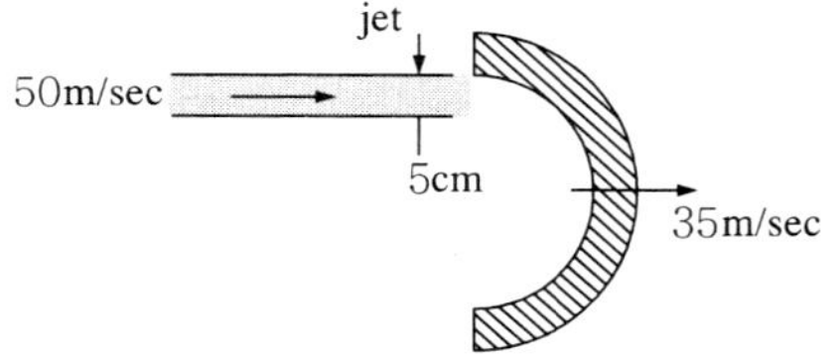

그림 3.60

Q3.29 그림 3.61의 예연위어 위로 월류하는 단위폭당 유량은 $0.1m^3/sec$이다. 위어에 작용하는 힘의 크기와 방향을 구하라.

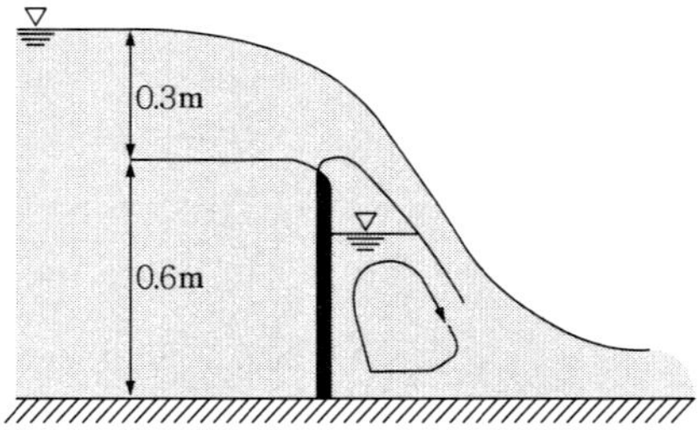

그림 3.61

Q3.30 그림 3.62의 수로폭이 1m일 때 구조물에 작용하는 수평력을 구하라.

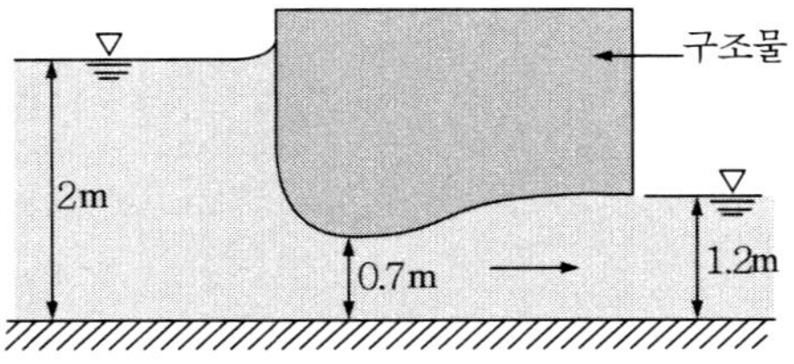

그림 3.62

Q3.31 그림 3.63에 표시한 수리구조물 위로 물이 흐를 때 구조물 AB에 미치는 수평력의 크기와 방향을 구하라. 수로폭은 1m라고 가정하라.

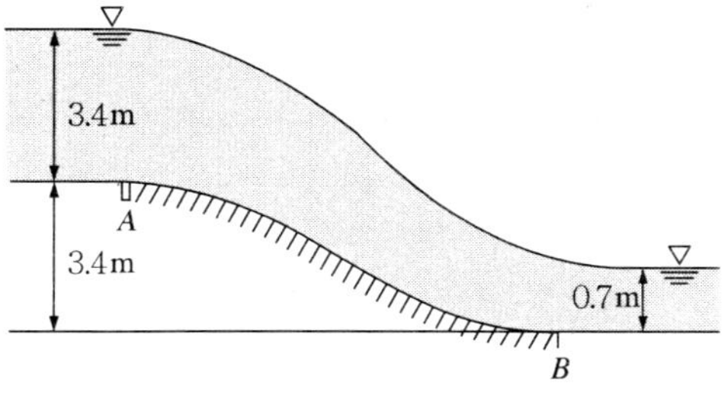

그림 3.63

Q3.32 그림 3.64와 같이 댐 여수로 하류부에 있는 바켈용 감세공 AB에 부딪치는 수류의 수평력 및 수직력을 구하여 총 힘을 계산하고 그의 작용방향을 결정하라. 단, 단면 A와 B 사이의 물의 무게는 300kg이며 B단면 하류의 수맥은 자유분류(free jet)라고 가정하라.

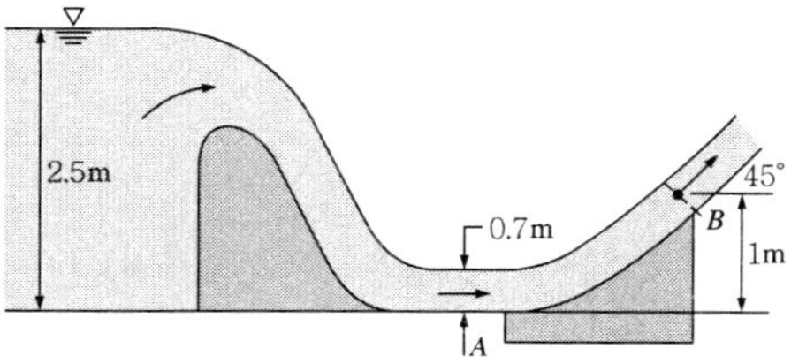

그림 3.64

Q3.33 그림 3.65에서 물의 흐름이 구조물에 미치는 힘의 수평력을 계산하라. 수로폭은 1m이다.

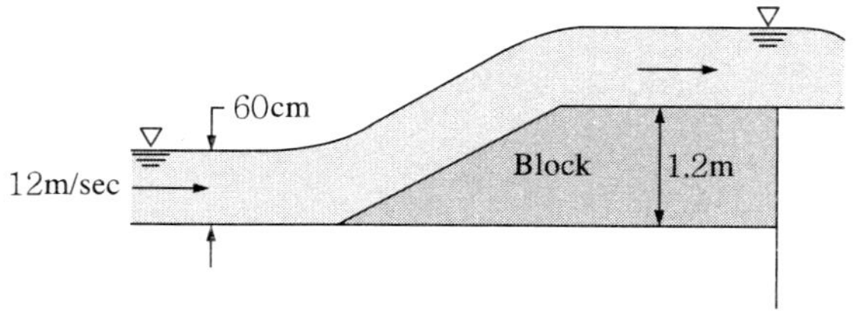

그림 3.65

CHAPTER 04

수력장치

CHAPTER 04 수력장치

수리공작물을 설계하는 경우에는 역학적 성질만이 아니고, 유량을 조사하는 것이 대단히 귀중하다. 예컨대, 하천으로 유입되는 수량을 알지 못하면 제방의 높이나 하폭을 정할 수 없고, 수도용수로 얼마만큼 이용할 수 있을 지도 모른다.

이 장에서는 오리피스, 수문, 위어에 관한 성질과 그것을 사용하여 유량계측을 하는 경우의 계산법에 관해서 설명한다.

4.1 오리피스(orifice)

오리피스(orifice)는 물이 흘러 통과하도록 용기의 벽에 있는 구멍이다. 일반적으로 벽은 얇다고 가정하고 구멍의 모서리는 직각이나 기하학적 변화가 가능하다(그림 4.1).

물이 수직 모서리로 된 원형 오리피스를 통하여 흐를 때 오리피스 내측 모서리로부터 짧은 거리에 최소직경을 갖는 분출이 형성하여 수축이 발생한다. 그림 4.2에 나타낸 것처럼 유선은 단면 a–a에서 서로 평행하고 매우 가깝다. 이 점을 수축단면(Vena contracta)이라 한다.

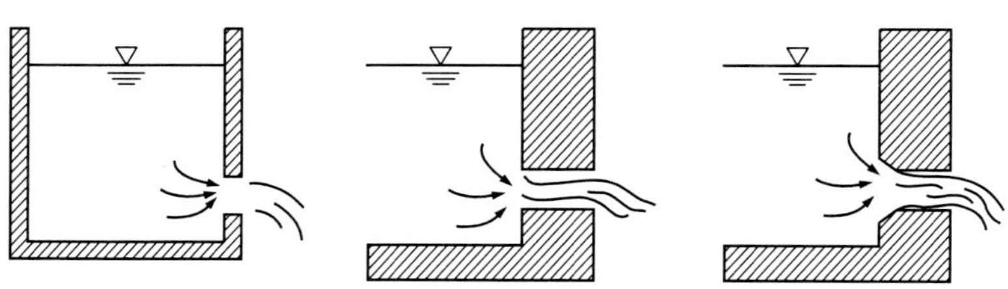

(a) 얇은벽, 직각 모서리 (b) 두꺼운벽, 직각 모서리 (c) 두꺼운벽, 비스듬한 모서리

그림 4.1 오리피스의 예

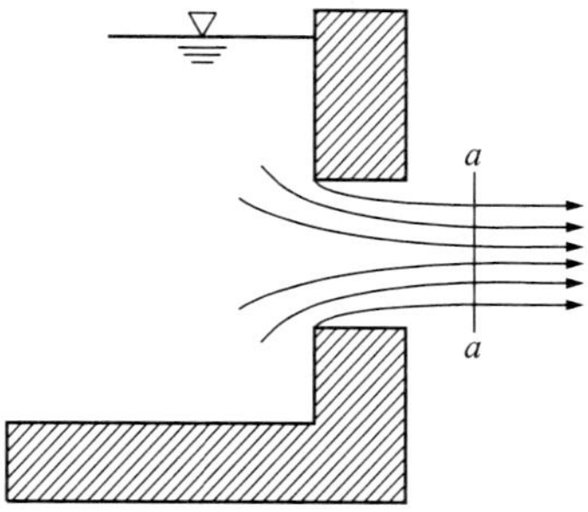

그림 4.2 직각 모서리된 원형오리피스에서 분출 수축

오리피스는 유량을 측정하는 것이 주목적이며 큰 오리피스와 작은 오리피스로 분류된다. 오리피스의 크기가 수심(오리피스 중심에서 수면까지의 높이)에 비해 작고 오리피스 단면내의 유속이 균일하다고 볼 수 있는 오리피스를 **작은 오리피스**(small orifice)라 하고, 오리피스의 크기가 비교적 커서(직경 또는 높이가 수두의 1/5이상) 오리피스 단면내의 유속이 균일하지 못한 오리피스를 **큰 오리피스**(large orifice)라고 한다. 또는 오리피스 단면의 상단과 하단에서의 압력수두가 큰 차이가 없어 동등하다고 보는 오리피스를 작은 오리피스, 압력수두의 차이가 있을 때를 큰 오리피스로 정의하기도 한다.

4.1.1 오리피스를 통한 자유분류의 경우

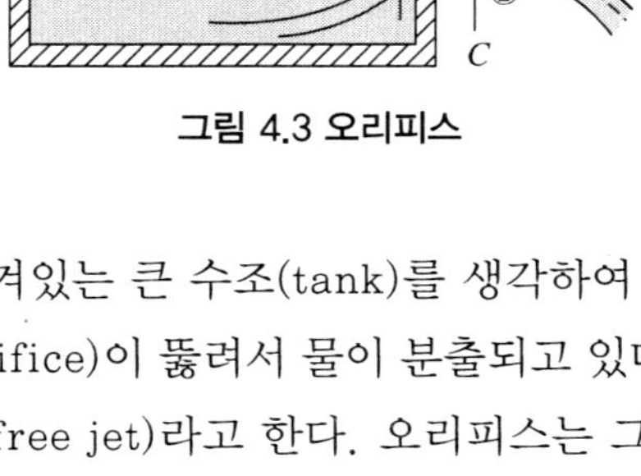

그림 4.3 오리피스

그림 4.3과 같이 물이 담겨있는 큰 수조(tank)를 생각하여 보자. 수면으로부터 깊이가 h인 벽면에 작은 구멍(orifice)이 뚫려서 물이 분출되고 있다. 이와 같이 대기 중으로 분출되는 분출을 자유분출(free jet)라고 한다. 오리피스는 그림과 같이 입구가 날카롭게 되어 있는 칼날 오리피스(sharp-edged orifice)와, 입구가 둥글게 가공되어 있고 출구가 날카롭게 된 오리피스(profiled orifice)의 두 가지가 있다. 칼날 오리피스처럼

날카롭게 가공하는 이유는 유체와의 접촉면적을 최소한으로 하여 마찰손실을 줄이기 위한 것이다.

물이 오리피스를 통해 분출될 때 분류의 단면은 오리피스의 단면 A_0에서 최소가 되어 그 크기가 A_0와 같아야 되나 실제로 분류의 최소단면은 오리피스단면 A_0를 지난 c−c 단면에서 A_C와 같은 수축된 분류의 최소단면이 생긴다. 이와 같은 현상을 **수축현상**(Vena Contracta)이라고 한다.

이 분류의 속도를 구하기 위하여 점 ①과 ②에서 속도와 압력을 각각 V_1, V_2, P_1, P_2라 하면 Bernoulli 방정식은

$$\frac{V_1^2}{2g} + \frac{P_1}{\gamma} + Z_1 = \frac{V_2^2}{2g} + \frac{P_2}{\gamma} \tag{4.1}$$

로 된다. 여기서 $P_2 = P_{atm} = 0$이고, V_1은 수조 내에서 유체가 하강하는 속도이므로 V_2에 비하여 무한히 작은 값이므로 $V_1 \approx 0$이다. 또 $P_1 = \gamma(h - z_1)$ 에서 $h = \dfrac{P_1}{\gamma} + z_1$ 이므로 식 (4.1)에 대입하여 풀면

$$h = \frac{V_2^2}{2g}$$

또는

$$\therefore\ V_2 = \sqrt{2gh} \tag{4.2}$$

여기서, V_2는 오리피스에서 분출되는 유체의 속도이다. 이 식은 이탈리아의 물리학자 Torricelli(1608~1647)가 처음으로 유도한 식으로서 **Torricelli식**이라고 한다. 식 (4.2)는 여러 가지 손실을 고려하지 않은 채 Bernoulli 방정식으로부터 유도해 낸 순수한 이론식이므로, 실제 유속은 이 값보다 적은 값을 나타낸다. 그러므로 이 계산값을 보정하기 위하여 계수(coefficient)를 고려해야 한다. 식 (4.2)에서 $V_2 = V$로 나타내고 실제유속을 V_{act}라 하면

$$V_{act} = C_v \sqrt{2gh} \tag{4.3}$$

여기서, C_v를 **속도계수**라 하고, 이론적인 속도를 V_{id}라 하면 $C_v = V_{act} / V_{id}$이다. 나아가서 수축현상(vena contracta : 축맥)의 영향에 의하여 **수축계수**(coefficient of contraction) C_c를 고려하면 $C_c = A_c / A_0$로 나타낸다. 또 C_c와 C_v에 의하여 **유량계수**

(coefficient of discharge) C는 다음과 같이 구한다.

$$C = \frac{A_c \cdot V_{act}}{A_0 \cdot V_{id}} = C_c \cdot C_v \tag{4.4}$$

따라서 실제유량 Q_{act}는

$$\begin{aligned} Q_{act} &= A_c \cdot V_{act} \\ &= A_0 \cdot C\sqrt{2gh} \end{aligned} \tag{4.5}$$

로 구한다.

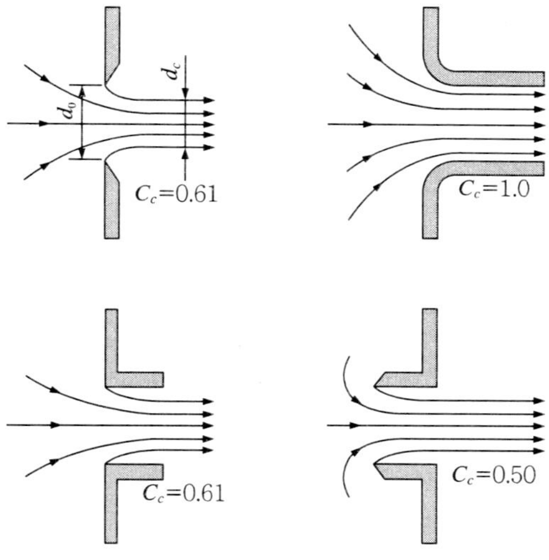

그림 4.4 오리피스 출구의 형상에 따른 수축계수

예제 4.1

① 큰 탱크에서 그림 4.5와 같이 액체가 대기에 접하고 있고, 작고 둥근 구멍을 통해 바깥으로 나간다. 손실을 무시하고 탱크로부터의 유출속도를 구하라. 출구구멍 점 ②에서의 압력은 대기압으로 가정한다.

② 다음 탱크 출구에 90° 엘보우(elbow)를 설치한다(그림 4.5(b)). 물 분출의 높이는 얼마나 되겠는가? 손실이 없다고 가정하고 물표면 아래 h거리에 ②를 잡는다.

풀이)

① 유출속도는 베르누이 방정식에서 구한다.

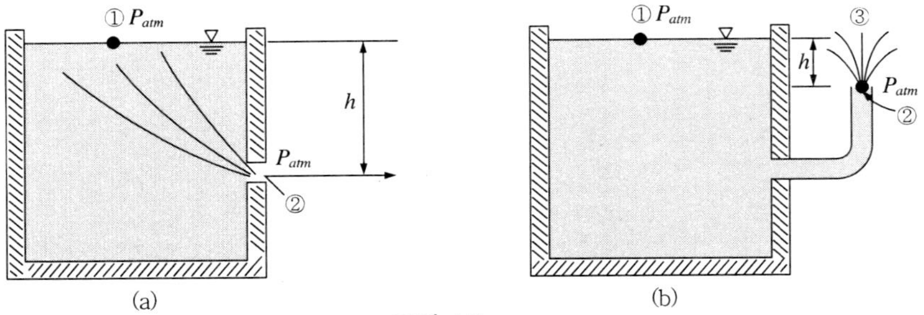

그림 4.5

$$\frac{P_1 - P_2}{\gamma} + (Z_1 - Z_2) = \frac{V_2^2 - V_1^2}{2g}$$

이 경우 $P_2 = P_{atm}$이고 탱크의 단면적 A_1은 구멍의 면적 A_2보다 아주 크므로 $V_1^2 \approx 0$이다. 따라서

$$V_2 = \sqrt{2g(z_1 - z_2)} = \sqrt{2gh}$$

② 출구에서 속도변화의 크기는 변함이 없으므로 무손실 엘보우에 대해

$$V_2 = \sqrt{2gh}$$

다음 점 ②와 ③사이에 베르누이 방정식을 적용한다. 점 3에서 분출의 최대도달점이고 V_3의 속도는 영이다.

$$\frac{P_3 - P_2}{\gamma} + (Z_3 - Z_2) = \frac{V_2^2 - V_3^2}{2g}$$

여기서 $P_2 = P_3 = P_{atm}$이므로 $\frac{V_2^2}{2g} = z_3 - z_2$, $V_2^2 = 2gh$, $Z_3 - Z_2 = h$이다. 이와 같이 손실이 없다면 물분출의 높이는 탱크에서 최초의 물수준까지 올라가며 손실이 있을시 분출의 최대높이는 물탱크의 수면아래가 될 것이다.

4.1.2 큰 오리피스(large orifice)

그림 4.6과 같은 직사각형 큰 오리피스의 유량 Q를 구하는 공식을 유도해 보자. 직사각형 큰 오리피스의 미소단면적 dA 를 통과하는 미소유량 dQ 는

$$dQ = dA \cdot V = b \cdot dH \cdot V$$

유속 $V = C_v \sqrt{2g(H + h_a)}$ 이므로 미소유량 dQ 는

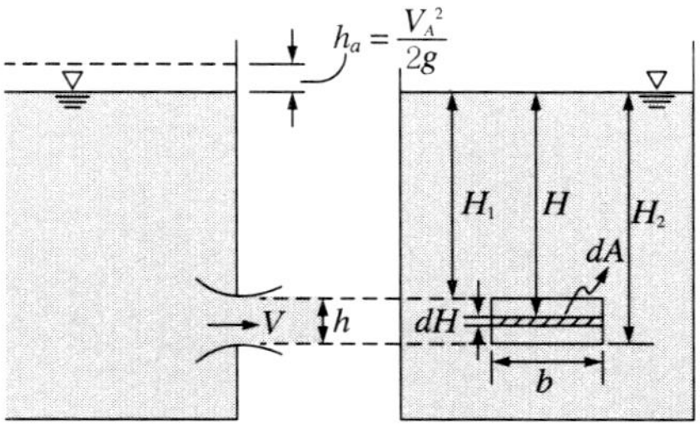

그림 4.6

$$dQ = C\sqrt{2g(H+h_a)} \cdot b \cdot dH \tag{4.6}$$

따라서 유량 Q는

$$Q = \int_{H_1}^{H_2} C\sqrt{2g(H+h_a)} \cdot b \cdot dH$$

$$= \int_{H_1}^{H_2} Cb\sqrt{2g}\ (H+h_a)^{\frac{1}{2}} \cdot dH$$

$$= \frac{2}{3} Cb\sqrt{2g}\,[(H_2+h_a)^{\frac{3}{2}} - (H_1+h_a)^{\frac{3}{2}}] \tag{4.7}$$

접근유속수두 $h_a = 0$ 라고 하면

$$\therefore\ Q = \frac{2}{3} Cb\sqrt{2g}\,(H_2^{\frac{3}{2}} - H_1^{\frac{3}{2}}) \tag{4.8}$$

4.1.3 수중 오리피스(submerged orifice)

이 수중 오리피스는 수면높이가 다른 두 곳의 저수지나 탱크에서 가로막힌 벽의 밑부분에서 작은 구멍을 통한 압력차에 의하여 수면이 높은 곳에서 낮은 곳으로 물이 흘러 나가는 경우이다. 그러므로 이 경우 오리피스를 통과하는 유속을 구하기 위하여 그림 4.7의 점 ①, ②에서의 압력과 속도를 P_1, V_1, P_2, V_2라 하면 베르누이 방정식에 의하여

$$\frac{V_1^2}{2g} + \frac{P_1}{\gamma} + Z_1 = \frac{V_2^2}{2g} + \frac{P_2}{\gamma} + Z_2 \tag{4.9}$$

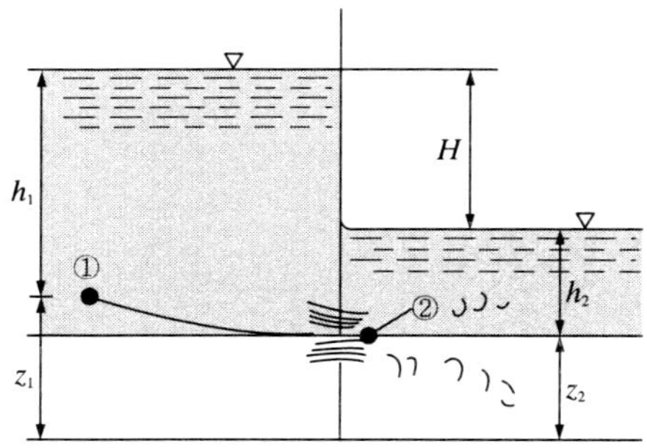

그림 4.7 수중 오리피스

에서 $Z_1 \approx Z_2$, $V_1 \ll V_2$이므로 $V_1 \approx 0$, 또는 $P_1 = \gamma h_1$, $P_2 = \gamma h_2$ 이므로

$$\therefore \ V_2 = \sqrt{2g(h_1 - h_2)} = \sqrt{2gH} \tag{4.10}$$

결국 분출속도는 두 수면의 높이차 H에 좌우된다.

4.1.4 관내의 오리피스에 의한 유량계산

그림 4.8과 같이 수축현상이 일어나는 오리피스 유동에서의 유량계산식은 다음과 같이 된다.

$$Q_{act} = A_0 \cdot C\sqrt{2gh} \tag{4.11}$$

이 식에서 A_0는 오리피스의 단면적으로 형상에 따라 그 값을 대입하면 될 것이다. 오리피스의 계수들은 모두 실험적으로 결정하며, 원형 칼날 오리피스에서 자유분사의 경우 각 계수의 실험값은 다음과 같다.

속도계수 $C_v = 0.97 \sim 0.99$

수축계수 $C_c = 0.61 \sim 0.66$

유량계수 $C = 0.60 \sim 0.65$

다음 그림 4.8은 유량을 측정하기 위하여 관 내부의 유동방향의 수직하게 오리피스를 설치한 경우이다.

점 ①, ②에 베르누이 방정식을 적용하면

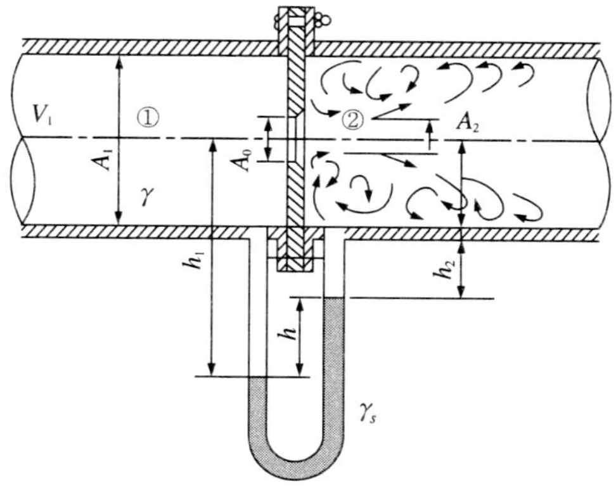

그림 4.8 관내의 오리피스

$$\frac{V_1^2}{2g} + \frac{P_1}{\gamma} = \frac{V_2^2}{2g} + \frac{P_2}{\gamma}$$

$$\frac{P_1 - P_2}{\gamma} = \frac{V_2^2 - V_1^2}{2g}$$

$$= \frac{V_2^2}{2g}[1-(\frac{V_1}{V_2})^2]$$

$$= \frac{V_2^2}{2g}[1-(\frac{A_2}{A_1})^2]$$

$$= \frac{V_2^2}{2g}[1-\frac{C_c^2 A_0^2}{A_1^2}]$$

위식을 V_2에 대해 정리하면

$$V_2 = \sqrt{\frac{2g}{\gamma}(P_1 - P_2)\frac{1}{1 - C_c^2(\frac{A_0}{A_1})^2}} \tag{4.12}$$

액주계 원리로부터

$$P_1 - P_2 = h(\gamma_s - \gamma)$$

이고 (4.12)식에 속도계수 C_v를 고려하면, 실제속도 V_{act}는

$$V_{act} = C_v \sqrt{\frac{2gh(\frac{\gamma_s}{\gamma} - 1)}{1 - C_c^2(\frac{A_0}{A_1})^2}} \tag{4.13}$$

따라서 유량 Q는

$$Q = A_2 V_{act}$$

$$= C_c A_0 \cdot C_v \sqrt{\frac{2gh(\frac{\gamma_s}{\gamma} - 1)}{1 - C_c^2(\frac{A_0}{A_1})^2}} \tag{4.14}$$

위 식에서 $C = \dfrac{C_c \cdot C_v}{1 - C_c^2(\frac{A_0}{A_1})^{1/2}}$ 라면

$$Q = CA_0 \sqrt{2gh(\frac{\gamma_s}{\gamma} - 1)} \tag{4.15}$$

예제 4.2

수면하 1.2m에 있는 지름 3cm인 오리피스에서 물이 100초 사이에 $207l$ 유출하였다고 한다. 또, 이때의 분류는 출구로부터 1.5m 수평으로 나아간 곳에서 수직으로 0.5m 떨어져 있을 때 속도계수 C_v와 수축계수 C_c를 구하라.

풀이)

문제로부터 Q = 0.00207m^3/sec, A = $\frac{\pi}{4}d^2 = \frac{\pi}{4}(0.03)^2$ = 0.00071m^{2}이므로

$$C = \frac{Q}{A\sqrt{2gh}} = \frac{0.002071}{0.00071 \times \sqrt{2 \times 9.8 \times 1.2}} \fallingdotseq 0.6$$

이론적인 분출속도

$$V_1 = \sqrt{2gh} = \sqrt{2 \times 9.8 \times 1.2} \fallingdotseq 4.85 (\text{m/sec})$$

실제의 유속 V_a로 수평방향으로 xm 진행하는데 필요한 시간 t는

$$t = x / V_a \qquad ①$$

t동안 지구의 인력방향으로 움직인 거리 y는

$$y = \frac{1}{2}gt^2 \qquad ②$$

①, ②에서

$$y = \frac{1}{2}g\frac{x^2}{V_a^2}$$

따라서 실제분출속도 V_a는

$$V_a = \sqrt{\frac{x^2 g}{2y}} = \sqrt{\frac{1.5^2 \times 9.8}{2 \times 0.5}} = 4.7\text{m/s}$$

$$C_v = \frac{V_a}{V_1} = \frac{4.7}{4.85} = 0.969$$

$$C_v = \frac{C}{C_v} = \frac{0.60}{0.969} = 0.62$$

예제 4.3

그림 4.9와 같이 단면적이 $A_p = 2A_0$인 파이프에 속도계수 $C_v = 0.8$이고, 단면적이 A_0인 오리피스가 설치되어 있다. 이 파이프는 수면으로부터 100cm깊이의 댐에 부착되어 있다. 물이 오리피스 부분을 흐르는 동안 다른 손실이 없다고 가정할 때, 파이프 출구에서 속도 V_p를 구하여라.

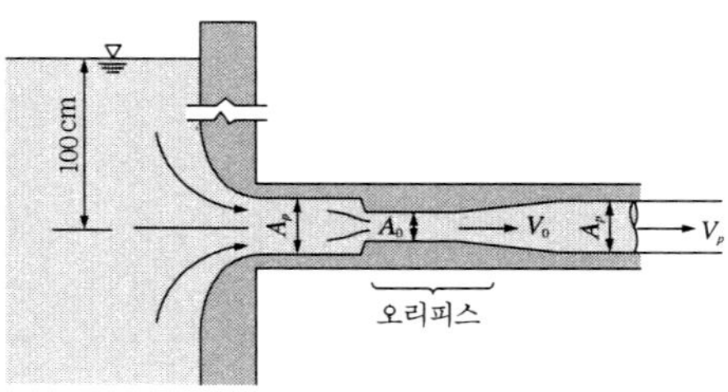

그림 4.9

풀이)

베르누이 방정식을 1과 오리피스 출구에 적용하여 V_0에 대해 정리하면

$$\frac{V_1^2}{2g} + \frac{P_1}{\gamma} = \frac{V_0^2}{2g} + \frac{P_0}{\gamma}$$

$V_1 \ll V_0$이므로 $V_1 \approx 0$, $\frac{P_1}{\gamma} = H$이므로

$$V_0 = \sqrt{2g(H - \frac{P_0}{\gamma})} \qquad ①$$

오리피스 출구와 관의 출구에 베르누이 식을 적용하여 $\frac{P_0}{\gamma}$에 대해 정리하면

$$\frac{P_0}{\gamma} + \frac{V_0^2}{2g} = \frac{P_2}{\gamma} + \frac{V_p^2}{2g}$$

$P_2 = P_{atm}$이고 $A_0 V_0 = A_p V_p$이므로

$$\frac{P_0}{\gamma} = \frac{V_p^2}{2g}[(\frac{A_p}{A_0})^2 - 1] \qquad ②$$

②를 ①에 대입하면

$$V_0 = \frac{A_p}{A_0} V_p = C_v \sqrt{2g\left\{H + \frac{V_p^2}{2g}(\frac{A_p}{A_0})^2\right\}} \qquad ③$$

따라서 속도 V_p는

$$V_p = (\frac{2gH}{1 + A_p{}^2/A_0{}^2(1/C_v^2 - 1)})^{\frac{1}{2}} = (\frac{2 \times 32.2 \times 100}{1 + 4(1/0.64 - 1)})^{\frac{1}{2}} = 44.5(\text{cm/s})$$

4.1.5 오리피스에 의한 배수시간

① 일반적인 경우

그림 4.10에서 수심이 H_1에서 H_2까지 되기까지 걸리는 시간 t를 구해보자.

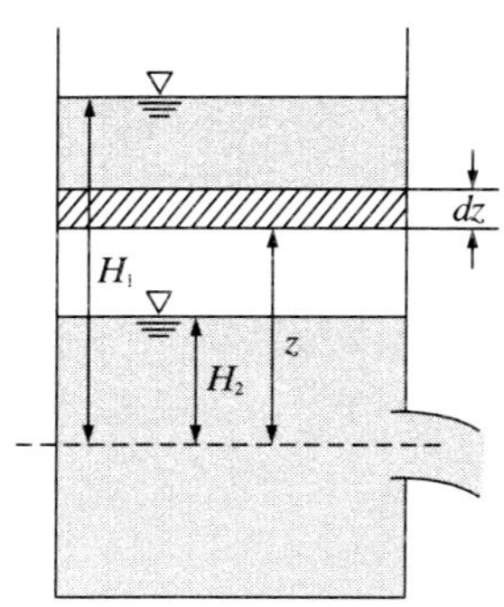

그림 4.10

수조 단면적을 A, 오리피스의 단면적을 a, dt시간 동안의 수위저하를 $-dz$라고 하면

$$-Adz = Q \cdot dt$$

작은 오리피스의 유량공식(접근 유속수두 h_a는 무시) $Q = C \cdot a\sqrt{2gz}$ 에서 dt 시간 동안 오리피스로부터 유출되는 용량은 수조의 단면적 A에 수위저하 $-dz$의 곱과 같으므로

$$-Adz = C \cdot a\sqrt{2gz}\,dt \tag{4.16}$$

$$\therefore\ dt = \frac{-A}{C \cdot a\sqrt{2gz}}dz$$

시간 t = 0에서 t = t까지 걸리는 동안 수심 H_1에서 H_2로 변하므로

$$\int_0^t dt = \frac{-A}{C \cdot a\sqrt{2g}}\int_{H_1}^{H_2} z^{-\frac{1}{2}}dz$$

$$t = \frac{-2A}{C \cdot a\sqrt{2g}}\left(H_2^{\frac{1}{2}} - H_1^{\frac{1}{2}}\right)$$

또는

$$t = \frac{2A}{C \cdot a\sqrt{2g}}\left(H_1^{\frac{1}{2}} - H_2^{\frac{1}{2}}\right) \tag{4.17}$$

② 수중오리피스인 경우

그림 4.11과 같은 수중 오리피스에서 수면차 H_1에서 H_2로 될 때까지 걸리는 시간 t를 구해보자.

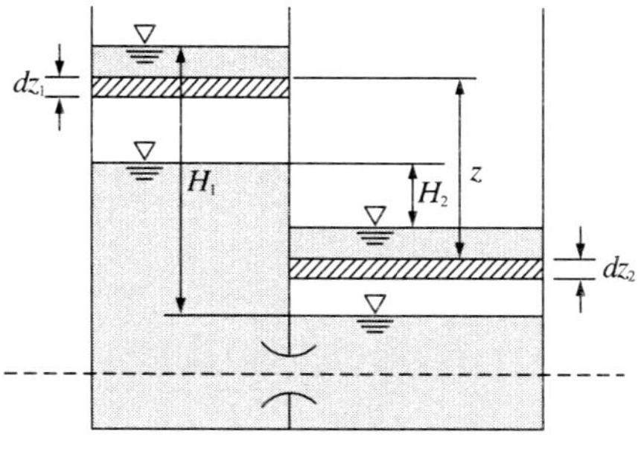

그림 4.11

왼쪽 수조에서 미소시간 동안의 수면강하를 $-dz_1$, 오른쪽 수조의 수면상승을 dz_2, 양쪽 수면차 z의 감소를 $-dz$라 하면

$$-dz_1 + dz_2 = -dz \rightarrow dz = dz_1 - dz_2$$

왼쪽 수조의 수면적을 A_1, 오른쪽 수조의 수면적을 A_2라 하면

$$-A_1 dz_1 = A_2 dz_2$$

수중 오리피스의 유량 Q(접근유속수두 h_a를 무시)를 구하는 공식은

$$Q = C\cdot a\sqrt{2gz}$$

양변에 미소시간 dt를 곱하면

$$Qdt = C\cdot a\sqrt{2gz}\,dt$$

$$\therefore -A_1 dz_1 = A_2 dz_2 = C\cdot a\sqrt{2gz}\,dt \qquad (4.18)$$

$$dz = dz_1 - dz_2$$

$$= -\frac{1}{A_1} = C\cdot a\sqrt{2gz}\,dt - \frac{1}{A_2} = C\cdot a\sqrt{2gz}\,dt$$

$$= -\left(\frac{1}{A_1} + \frac{1}{A_2}\right) = C\cdot a\sqrt{2gz}\,dt$$

$$\therefore dt = \frac{-A_1A_2}{A_1+A_2} \cdot \frac{1}{C\cdot a\sqrt{2g}}\frac{1}{\sqrt{z}}dz \qquad (4.19)$$

수면차가 H_1에서 H_2될 때까지 걸리는 시간 t를 구하기 위해서 식 (4.19)를 H_1에서 H_2까지 적분하면

$$t = \frac{-A_1A_2}{A_1+A_2} \cdot \frac{1}{C\cdot a\sqrt{2g}}\int_{H_1}^{H_2}\frac{1}{\sqrt{z}}dz$$

$$\therefore t = \frac{2}{C\cdot a\sqrt{2g}}\ \frac{A_1A_2}{A_1+A_2}\left(H_1^{\frac{1}{2}} - H_2^{\frac{1}{2}}\right) \qquad (4.20)$$

혹은

$$t = \frac{2}{C\cdot a\sqrt{2g}}\ \frac{1}{\left[\frac{1}{A_1}+\frac{1}{A_2}\right]}\ \left(H_1^{\frac{1}{2}} - H_2^{\frac{1}{2}}\right) \qquad (4.21)$$

$A_1 \ll A_2$의 경우	$A_1 \gg A_2$의 경우
$t = \dfrac{2A_1}{C \cdot a\sqrt{2g}}(H_1^{\frac{1}{2}} - H_2^{\frac{1}{2}})$	$t = \dfrac{2A_2}{C \cdot a\sqrt{2g}}(H_1^{\frac{1}{2}} - H_2^{\frac{1}{2}})$

4.2 수문(gate)

수로의 도중이나 종점부근에 수로를 횡단하여 문을 설치하여 이것을 인양함으로써 유량을 조절하고자 하는 구조물을 수문이라고 한다. 수문의 상류측과 하류의 수심의 차이나 수로의 경사 등 여러 가지의 조건에 의해서 수문을 유하하는 흐름의 상태가 변화된다. 수문이 연직으로 그 하단이 칼모양을 하여 하상이 수평인 경우에 관한 흐름을 도시하면 그림 4.12와 같이 된다.

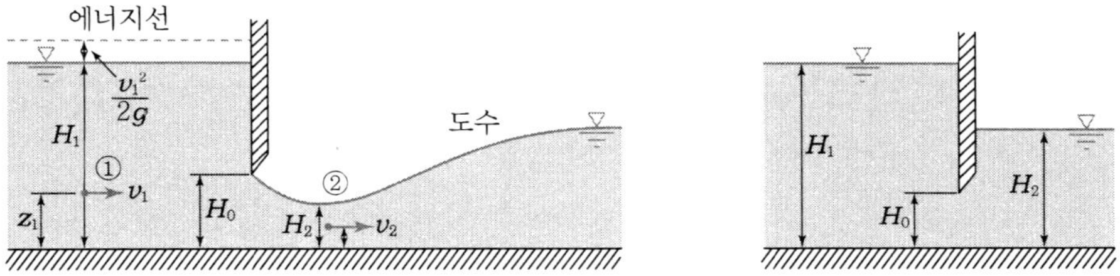

(a) 자유 유출 $H_0 > H_2$ (b) 수중 유출 $H_0 < H_2$

그림 4.12 자유 유출과 수중 유출

수문으로부터의 흐름은 하류측 흐름 상태에 따라 그림 4.12와 같이 둘로 분류된다. 그림 4.12(a)는 하류측의 수위 H_2가 게이트의 열림 H_0보다도 작은 경우이며, 이것을 자유유출이라 한다. 다음에 그림 4.12(b)는 하류측의 수위 H_2가 게이트의 열림 H_0보다도 큰 경우이며, 이것을 수중 유출이라고 한다.

자유 유출에서는 수문으로부터의 흐름이 일단 최소 수심이 되는 단면이 생긴다. 이 단면의 흐름은 수로 바닥과 평행을 이루며, 또한 유속도 일정하다. 그림 4.12(a)에서 ①, ②에 베르누이의 정리를 적용하면

$$\frac{v_1^2}{2g} + z_1 + \frac{p_1}{w} = \frac{v_1^2}{2g} + z_2 + \frac{p_2}{w}$$

$$H_1 = z_1 + \frac{p_1}{w},\ H_2 = z_2 + \frac{p_2}{w}$$

이고, 또한 접근 유속 v_1을 무시하면 식은 다음과 같다.

$$H_1 = \frac{{v_2}^2}{2g} + H_2$$

$$\therefore \; v_2 = \sqrt{2g(H_1 - H_2)} \tag{4.22}$$

여기서 수문의 열림을 H_0라고 하면, $H_2 = C_a H_0$가 되며, 유량 Q는

$$Q = C_a C_v B H_0 \sqrt{2g(H_1 - C_a H_0)}\,[\mathrm{m^3/s}] \tag{4.23}$$

단, C_v : 유속 계수, C_a : 수축 계수, B : 수로 폭[m]

또한, 유량 계수 C(그림 4.13)를 사용해서 유량 Q를 구하면 다음과 같다.

$$Q = CBH_0 \sqrt{2gH_1}\,[\mathrm{m^3/s}] \tag{4.24}$$

수중 유출의 경우는 수중 오리피스와 마찬가지로

$$\text{유량 } Q = CBH_0 \sqrt{2g(H_1 - H_2)}\,[\mathrm{m^3/s}] \tag{4.25}$$

단, C : 수중 유출의 유량 계수

다음 식은 접근 유속이나 하류 수심의 영향을 유량 계수 C에 포함시켜 유량을 구한 것이다.

$$Q = CBH_0 \sqrt{2gH_1}\,[\mathrm{m^3/s}] \tag{4.26}$$

단, C : 유량 계수(그림 4.13)

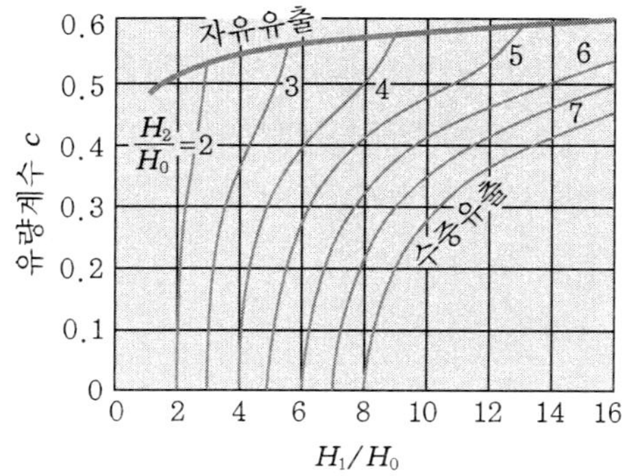

그림 4.13 유량 계수

4.3 위어(Weir)

위어(weir)는 수로를 횡단하여 설치한 장벽 위를 물이 월류(over flow)할 때에 규칙적인 형상을 가진 노치(notch) 또는 결구를 말한다.

위어의 사용목적은 유량측정, 취수를 위한 수위 증가, 분수 등을 열거할 수 있다.

노치의 형상에 따라 직사각형 위어(rectangular weir), 삼각 위어(triangular V-notched weir), 사다리꼴 위어(trapezoidal weir), 포물선 위어(parabolic weir) 등이 있다.

또한 위어정이 날카로운 것을 예연 위어(sharp-crested weir)라고 부르고, 그렇지 않은 것을 비예연위어(weir not sharp-crested)라고 한다.

물이 월류하는 면을 위어정(crest of weir)이라고 부르며 월류하는 물의 얇은 층을 월류수맥 또는 **수맥**(nappe)이라고 말한다. 접근수로(channel of approach)는 물을 위어로 도수하는 수로이며 이 수로에서의 평균유속을 **접근유속**(velocity of approach)이라고 부른다. 수맥이 대기 중으로 사출하면 위어는 자유유량(free discharge)을 갖는다. 만약 유량의 일부가 수중으로 방출되면 수중 위어(submerged 또는 drowned weir)라고 한다.

위어의 상류 약 $2H$되는 점에서 시작하여 위어까지 계속하여 약간의 수면 강하가 일어난다. 이것을 **면수축**이라 한다. 이 현상은 물이 위어 마루부에 접근함에 따라 유속이 가속됨으로써 위치에너지가 운동에너지로 변하기 때문이다.

수로의 전폭이 위어의 폭으로 될 때와 저수지 경우와 같이 위어의 양측에 종으로 벽을 설치하여 폭을 좁히는 경우가 있다. 이런 경우는 측벽도 위어정과 마찬가지로 예연으로 하는 수가 있으며 이때에는 수류는 수축한다. 이것을 **단수축**(end contraction)이라고 하며, 위어와 연접수로의 폭이 같을 때는 이 형상은 일어나지 않는다(그림 4.17).

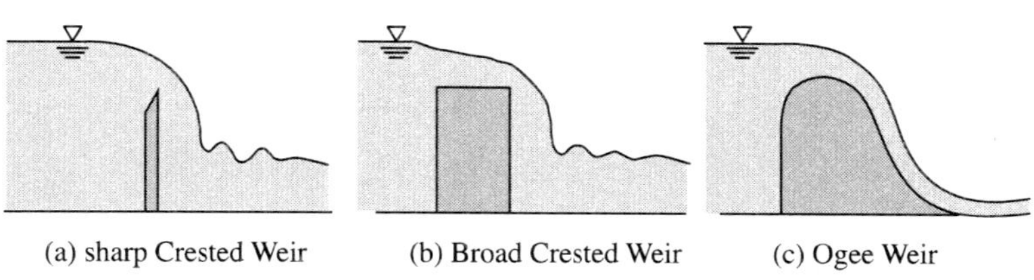

그림 4.14 정상측면에 의한 위어의 분류

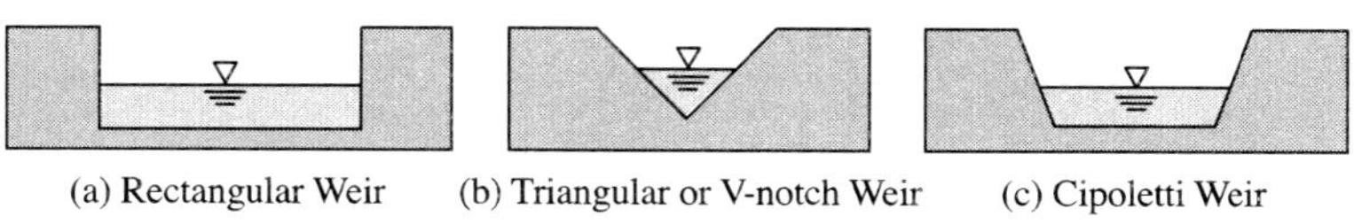

그림 4.15 정상형상에 의한 위어의 분류

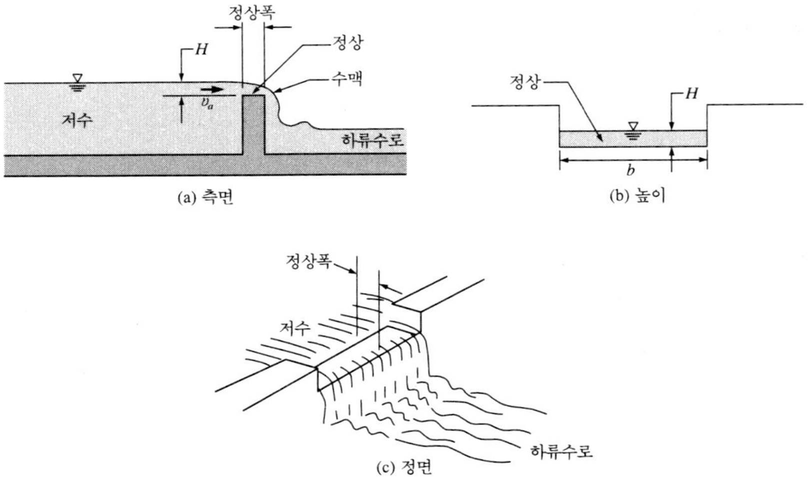

그림 4.16 대표적인 위어

위어의 유량이 생기도록 하는 유효수두(effective head)는 측정한 수두 H에 접근유속으로 인한 유속수두를 더한 것과 같다. 접근수로내에서 유속이 균일하면 유속수두는 $\dfrac{v^2}{2g}$이 된다.

그러나 수로내의 한 단면에서 절대로 균일하지 못하므로 실제의 유속수두는 평균유속에 의한 유속수두보다도 커진다.

$$\text{전수두} = H + \alpha \frac{v^2}{2g} \tag{4.27}$$

여기서, α는 언제나 그 값이 1보다 큰 실험적 에너지 보정계수이다. 그리고 유속이 불규칙할수록 α의 값은 커진다.

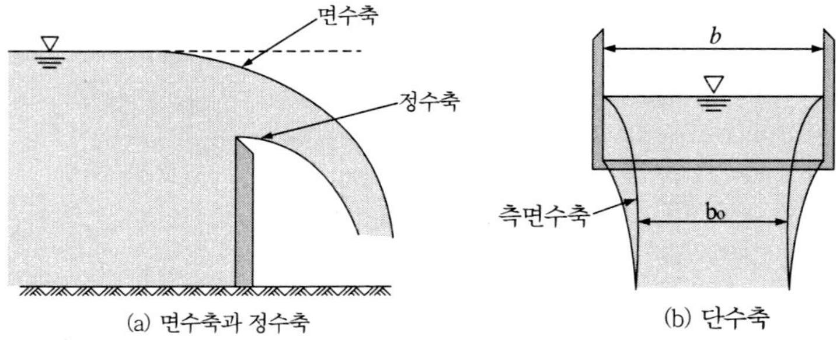

그림 4.17 수맥의 수축현상

4.3.1 직사각형 위어(rectangular weir)

직사각형 칼날형 위어의 유량은 직사각형 큰 오리피스의 유량과 같이 생각할 수 있다.

$$Q = \frac{2}{3} C b \sqrt{2g} \left(H_2^{\frac{3}{2}} - H_1^{\frac{3}{2}}\right)$$

접근유속을 생각하면 $H_a = \dfrac{v_a^2}{2g}$이 된다.

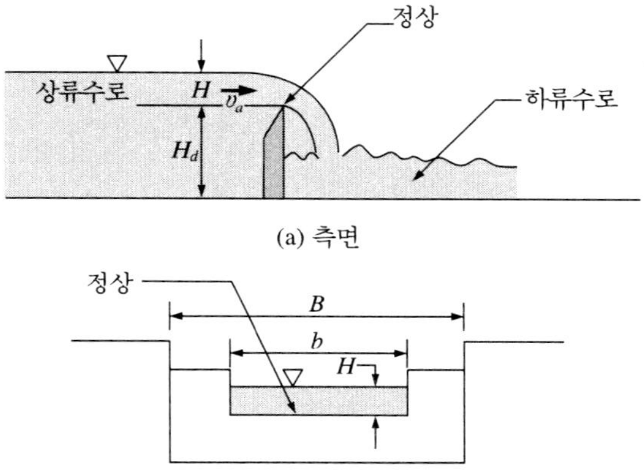

그림 4.18 예연위어의 수리학적 요소

$$\therefore\ Q = \frac{2}{3} C b \sqrt{2g}\ \left[(H + H_a)^{\frac{3}{2}} - H_a^{\frac{3}{2}}\right] \tag{4.28}$$

윗식은 $H_1 = 0$으로 하여 접근유속수두를 고려하였다.

또, $H_a = 0$이라 하면,

$$Q = \frac{2}{3} C b \sqrt{2g}\ \ H^{\frac{3}{2}} \tag{4.29}$$

이 된다.

여기서, C의 값은 위어의 유량계수로서 월류수심 및 위어의 형상에 따라 다르나 대략 0.6 ~ 0.66으로 보통 0.63이다.

또, $K = \dfrac{2}{3} C \sqrt{2g}\ \fallingdotseq 1.85$로 할 때

$$Q = K b H^{\frac{3}{2}}$$

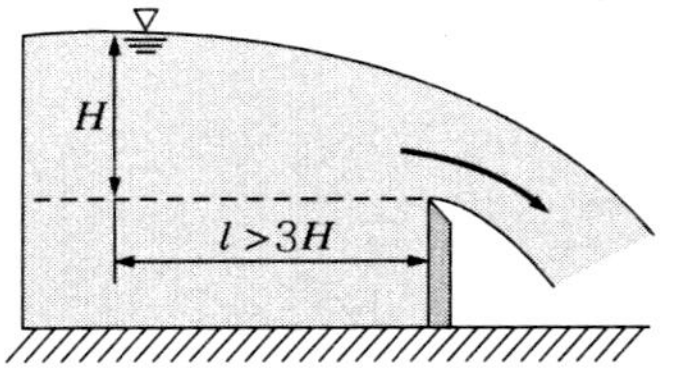

그림 4.19

의 형태로 된다. K는 위어 정수(weir constant)이다. 월류수심 H의 측정위치는 위어로부터 상류측으로 $3H$ 이상으로 표준으로 하지만 보통 수로에서는 $5 \sim 10H$이다.

직사각형 위어에 관한 경험공식을 열거하면 다음과 같다.

(1) Francis공식(미국)

$$Q = 1.84\left(b - \frac{nH}{10}\right)\left[(H + H_a)^{\frac{3}{2}} - H_a^{\frac{3}{2}}\right] \text{ [m/sec 단위]} \tag{4.30}$$

접근 유속을 무시하면, $H_a = 0$이므로

$$Q = 1.84\left(b - \frac{nH}{10}\right)H^{\frac{3}{2}}$$

여기서, Q : 유량(m^3/sec), b : 위어의 폭(m)

H : 월류 수심(m), H_a : 접근 유속수두($\frac{v_a^2}{2g}$)(m)

n : 측면 수축수

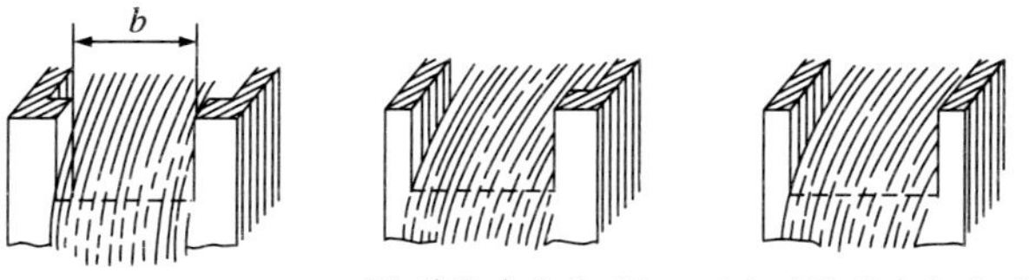

(a) 양쪽이 수축되는 경우 $n=2$ (b) 한쪽만 수축되는 경우 $n=1$ (c) 양쪽에 수축이 없는 경우 $n=0$

그림 4.20 n의 값

(2) Bazin공식(프랑스)

$$Q = \left[0.405 + \frac{0.003}{H}\right]\left[1 + 0.55\left(\frac{H}{H + H_d}\right)^2\right] B\sqrt{2g}\, H^{\frac{3}{2}} \text{ (m−s 단위)} \tag{4.31}$$

접근유속을 무시하면

$$Q = [0.405 + \frac{0.003}{H}]\ B\sqrt{2g}\ H^{\frac{3}{2}}$$

B : 전폭 위어의 폭(m)

H_d : 수로 밑면에서 위어정까지의 높이(m)

또는 $Q = (1.794 + \frac{0.0133}{H})\ [1 + 0.55(\frac{H}{H + H_d})^2]\ \times bH^{\frac{3}{2}}$

(3) Rehbock공식(**독일 : 수정 공식**)

$$Q = CBH^{\frac{3}{2}} \tag{4.32}$$

$$C = [107.1 + (\frac{0.177}{H} + 14.2\frac{H}{H_d})(1 + \varepsilon)]$$

여기서, Q : 유량(m^3/min) , B : 전폭 위어의 폭(m)

C : 유량 계수, H : 월류 수심(m)

H_d : 수로 밑면에서 위어정까지의 높이(m)

ε : 보정항

H_d가 1m 이하일 때 $\varepsilon = 0$, H_d가 1m 이상일 때 $\varepsilon = 0.55\ (H_d - 1)$

4.3.2 3각 위어(triangular weir, triangular notch)

위어의 단면이 그림 4.21과 같이 정점을 저부로 하는 2등변 3각형을 이루는 것을 3각 위어, 또는 V−notch위어라 한다. 이 3각 위어는 소유량의 변화에 대하여도 월류 수심(수두)에 상당한 차이가 생기므로 소유량의 측정에 알맞으며, 소유량에서는 직사각형 위어보다 정확하다. 수로의 단면적에 비하여 월류수맥(nappe)의 단면적이 극히 작으므로 접근유속을 생략할 때가 많다.

그림 4.21에서와 같이 수로 폭 b, 위어 월류 수심 H, 수심 z인 위치에 있어 증분을 dz, 같은 위치에서의 수평 폭 x되는 수평대 부분을 생각하면

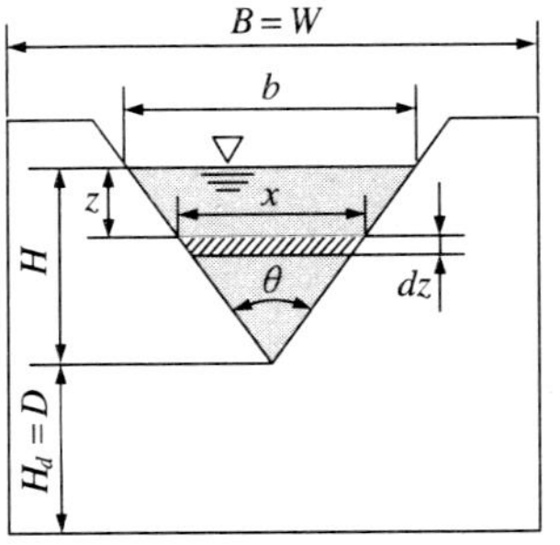

그림 4.21

$$x : b = (H-z) : H$$

$$\therefore\ x = \frac{b(H-z)}{H}$$

$$dA = x\,dz = \frac{b(H-z)}{H}dz$$

미소 면적 dA를 통과하는 유속을 $V = C_v\sqrt{2gz}$ 라 하고, 이 때의 유량을 dQ라 하면

$$dQ = VdA = C_v\sqrt{2gz} \times \frac{b(H-z)}{H}dz$$

$$= C_v\frac{b}{H}(H-z)\cdot\sqrt{2gz}\ dz$$

C_v 를 C로 쓰면

$$\therefore\ dQ = C\frac{b}{H}(H-z)\cdot\sqrt{2gz}\ dz \tag{4.33}$$

이 식을 0~H까지 적분하면

$$Q = \int_0^H C\frac{b}{H}(H-z)\cdot\sqrt{2gz}\ dz = C\frac{b}{H}\sqrt{2g}\int_0^H (H-z)z^{\frac{1}{2}}\ dz$$

$$= C\frac{b}{H}\sqrt{2g}\quad\left[\frac{2}{3}Hz^{\frac{3}{2}} - \frac{2}{5}z^{\frac{5}{2}}\right]_0^H$$

$$= C\frac{b}{H}\sqrt{2g}\quad\left(\frac{2}{3}H^{\frac{5}{2}} - \frac{2}{5}H^{\frac{5}{2}}\right)$$

$$= \frac{4}{15}C\cdot\frac{b}{H}\sqrt{2g}\ \ H^{\frac{5}{2}}$$

지금 $b = 2H\tan\frac{\theta}{2}$ ($\because \tan\frac{\theta}{2} = \frac{b}{2} / H \therefore b = 2H\tan\frac{\theta}{2}$)를 대입하면,

$$\therefore\ Q = \frac{4}{15} C \cdot b\sqrt{2g}\ H^{\frac{3}{2}} = \frac{4}{15} C \cdot 2H\ \tan\frac{\theta}{2}\sqrt{2g}\ H^{\frac{3}{2}}$$

$$= \frac{8}{15} C \cdot H\ \tan\frac{\theta}{2}\sqrt{2g}\ H^{\frac{3}{2}} = \frac{8}{15} C \cdot \tan\frac{\theta}{2}\sqrt{2g}\ H^{\frac{5}{2}} \tag{4.34}$$

또 $\theta = 90°$라 하면 $\tan\frac{\theta}{2} = \tan 45° = 1$ 이므로

$$Q = \frac{8}{15} C\sqrt{2g}\, H^{\frac{5}{2}}$$

예제 4.4

폭 6.5m의 수로에 폭 2m, 높이 1.5m의 직사각형 위어를 설치하였다. 월류수심이 32cm 였을 때 유량은 얼마인가? (단, $C = 0.63$이다)

풀이)

우선 접근 유속을 무시한 유량을 구해 보면

$$Q = \frac{2}{3} Cb\sqrt{2g}\ H^{\frac{3}{2}} = \frac{2}{3} \times 0.63 \times 2 \times \sqrt{2 \times 9.8} \times (0.32)^{\frac{3}{2}}$$
$$= 0.673\ \mathrm{m^3/sec}$$

다음 접근 유속을 생각하여 유량을 구하면

$$V_a = \frac{Q}{A} = \frac{0.673}{(1.5 + 0.32) \times 6.5} = 0.057\mathrm{m/sec}$$

$$H_a = \frac{v_a^2}{2g} = \frac{0.057^2}{2 \times 9.8} = 0.00017\mathrm{m}$$

$$Q = \frac{2}{3} Cb\sqrt{2g}\left[(H + H_a)^{\frac{3}{2}} - H_a^{\frac{3}{2}}\right]$$

$$= \frac{2}{3} \times 0.63 \times 2 \times \sqrt{2 \times 9.8}\left[0.32017^{\frac{3}{2}} - 0.00017^{\frac{3}{2}}\right] = 0.674\mathrm{m^3/sec}$$

예제 4.5

4각 위어 또는 3각 위어에 있어서 유량 계수를 일정하다고 생각하고 월류 수심의 측정

오차에 의한 유량 오차가 1% 이하가 되기 위한 월류 수심의 측정 오차는 어느 정도로 해야 하겠는가?

풀이)

① 4각 위어

$$Q = KbH^{\frac{3}{2}} \qquad \Delta Q = \frac{3}{2}KbH^{\frac{1}{2}}\Delta H$$

$$\frac{Q}{\Delta Q} = \frac{KbH^{\frac{3}{2}}}{\frac{3}{2}KbH^{\frac{1}{2}}\Delta H} = \frac{2}{3}\cdot\frac{H}{\Delta H}$$

$$\therefore\ \Delta Q/Q = \frac{3}{2}\cdot\frac{\Delta H}{H}$$

∴ 월류 수심의 측정 오차는 $\frac{2}{3}$% 이하로 되어야 한다. $(\frac{\Delta H}{H} = \frac{2}{3}\cdot\frac{\Delta Q}{Q})$

② 3각 위어

$$Q = KH^{\frac{5}{2}} \qquad \Delta Q = \frac{5}{2}KH^{\frac{3}{2}}\cdot\Delta H$$

$$\therefore\ \frac{Q}{\Delta Q} = \frac{KH^{\frac{5}{2}}}{\frac{5}{2}KBH^{\frac{3}{2}}\Delta H} = \frac{2}{5}\cdot\frac{H}{\Delta H}$$

∴ 월류 수심 측정 오차는 $\frac{2}{5}$% 이하로 되어야 한다. $(\frac{\Delta Q}{Q} = \frac{5}{2}\cdot\frac{\Delta H}{H})$

4.3.3 사다리꼴 위어(trapezoidal weir)

그림 4.22와 같은 사다리꼴 위어의 유량은 폭 b_1인 직사각형 위어의 유량 Q_1과 각도 θ $(\frac{\theta}{2}+\frac{\theta}{2})$이고, 폭이 $2b_2$인 3각 위어의 유량 Q_2의 합과 같다.

$$\begin{aligned} Q = Q_1 + Q_2 &= \frac{2}{3}C_1 b_1\sqrt{2g}\ H^{\frac{3}{2}} + \frac{8}{15}C_2\ \tan\frac{\theta}{2}\sqrt{2g}\ H^{\frac{5}{2}} \\ &= \frac{2}{15}C[5b_1 + 4b_2]\sqrt{2g}\ H^{\frac{3}{2}} \end{aligned} \tag{4.35}$$

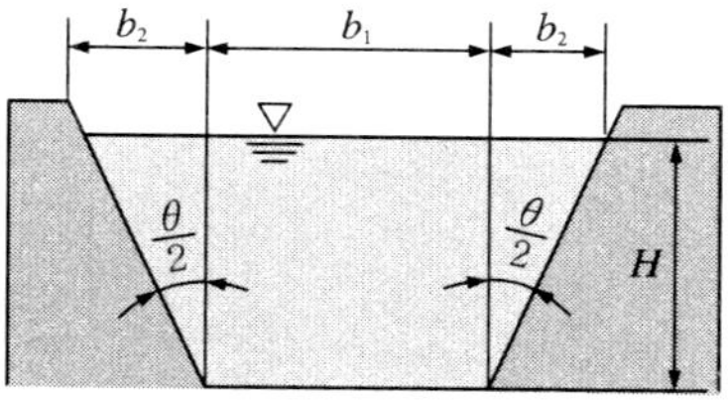

그림 4.22

여기서, $C = C_1 = C_2$이다.

Cipolletti는 $\tan\theta = \dfrac{b_2}{H} = \dfrac{1}{4}$인 사다리꼴 위어에서 수축한 수맥의 단면적은 $b_1 \times H$의 직사각형 위어의 단면적과 같다는 것을 발견하였다. 이것을 **Cipolletti위어**라 하고 그 유량은

$$Q = 1.86 b_1 H^{\frac{3}{2}} (\mathrm{m^3/s}) \tag{4.36}$$

4.3.4 넓은 마루 위어(broad crested weir)

하천 등에 설치한 위어나 댐의 여수토 또는 익류제와 같이 마루가 칼날형으로 되어 있지 않고 상당한 폭을 가지며, 월류수심 H에 비하여 위어의 윗면 폭이 상당히 넓은 것을 넓은 마루 위어라 한다. 이 때 l이 $0.7H$보다 크면 수맥은 위어의 정면에 접촉하여 흐르며, 일반수로의 유수와 거의 같은 상태로 된다.

위어 상면에 베르누이(Bernoulli)의 정리를 적용하면

$$H_1 + \frac{V_1^2}{2g} = H_2 + \frac{V_2^2}{2g} = H_0$$

$$\therefore\ V_2 = \sqrt{2g(H_0 - H_2)}$$

따라서, 위어의 폭을 b, 유량계수를 C라 하면 유량 Q는 다음과 같다.

$$Q = CbH_2\sqrt{2g(H_0 - H_2)} \tag{4.37}$$

식 (4.37)에서 월류 수심 H_2는 Belanger에 의하면 월류량이 최대로 되는 수심이라 한다. 이것을 Belanger의 법칙이라 한다. 여기서 Q를 최대로 하는 H_2는

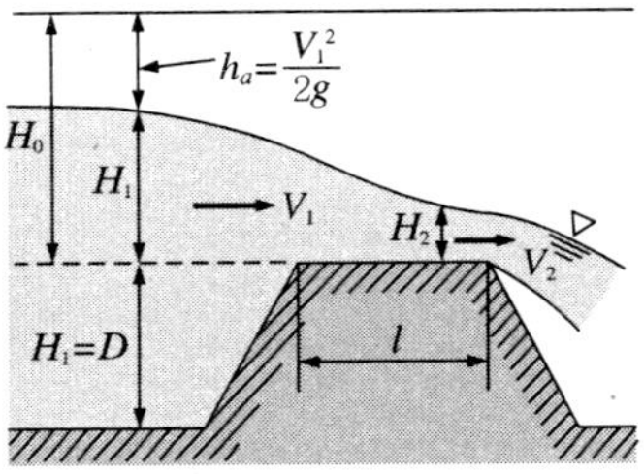

그림 4.23

$$\frac{\partial Q}{\partial H_2} = 0$$

로 하여 구할 수 있다.

$$\frac{\partial Q}{\partial H_2} = \frac{\partial Q}{\partial H_2}[CbH_2\sqrt{2g(H_0-H_2)}] = \frac{\partial Q}{\partial H_2}[Cb\sqrt{2g}\cdot H_2(H_0-H_2)^{\frac{1}{2}}]$$

$$= \frac{\partial Q}{\partial H_2}[Cb\sqrt{2g}\ (H_0H_2^2-H_2^3)^{\frac{1}{2}}]$$

$$= Cb\sqrt{2g}\ [\frac{1}{2}(H_0H_2^2-H_2^3)^{\frac{1}{2}}(2H_0H_2-3H_2^2)] = 0$$

$$\therefore \frac{(2H_0H_2-3H_2^2)}{\frac{1}{2}(H_0H_2^2-H_2^3)^{\frac{1}{2}}}=0$$

$$\therefore 2H_0H_2-3H_2^2 = 0$$

$$2H_0 - 3H_2 = 0$$

$$\therefore H_2 = \frac{2}{3}H_0 \tag{4.38}$$

H_2는 상류와 사류와의 한계 수심이 된다.

식 (4.38)을 식 (4.37)에 대입하여 유량 Q를 구하면

$$Q = CbH_2\sqrt{2g(H_0-H_2)} = Cb\times\frac{2}{3}H_0\sqrt{2g(H_0-\frac{2}{3}H_0)}$$

$$= Cb\frac{2}{3}H_0\sqrt{2g\times\frac{H_0}{3}} = Cb\frac{2}{3}H_0\sqrt{\frac{2}{3}gH_0}$$

$$= Cb\frac{2}{3}\sqrt{\frac{2}{3}g}\,H_0^{\frac{3}{2}} = \frac{2}{3}\sqrt{\frac{2}{3}\times 9.8}\ \ CbH_0^{\frac{3}{2}}$$

$$= 1.7CbH_0^{\frac{3}{2}}\ (\mathrm{m_3/sec}) \qquad (4.39)$$

4.3.5 원통형 위어

(1) **나팔형 여수토**(morning - glory spillway)

나팔형 여수토는 그림 4.24와 같이 저수지내의 여분의 물을 배수하는데 사용되는 것이며, 그 입구가 나팔형으로 되어 있다.

그림 4.24

이 여수토에는 두 가지의 흐름 상태가 있다. 그 하나는 자유월류하는 것이며, 원형의 월류부를 월류한 수맥은 중앙에서 교차하고, 이 점에서 공기를 혼입하게 된다. 다른 하나는 완전히 수중에 잠겨있는 것이며 일종의 관수로라 할 수 있다.

여수토의 정단의 반지름을 r, 월류하는 길이를 L, 월류수심을 h라 하면 유량은 다음과 같이 표시할 수 있다.

$$Q = C_1 L h^{3/2} = C_1 2\pi r h^{3/2} \qquad (4.40)$$

여수토 출구의 단면적을 a라 하고 출구에서 저수지 수면 및 여수토 입구까지의 높이를 각각 h_2 및 h라 하면 유량은 다음과 같다.

$$Q = C_2 a h_2^{1/2} = C_2 a(h+H)^{1/2} \fallingdotseq C_2 P^{1/2}\left(1+\frac{h}{2H}\right) \qquad (4.41)$$

(2) 원통 위어

그림 4.25와 같은 원통형 예연위어의 유량은 월류수심을 h 접근 수두를 h_a, 그리고 원통의 반지름을 r라 하면 다음과 같이 표시된다.

$$Q = m_s L(h+h_a)\sqrt{2g(h+h_a)}$$
$$= C_s 2\pi r(h+h_a)^{3/2}$$
$$= C_s 2\pi r H^{3/2}$$

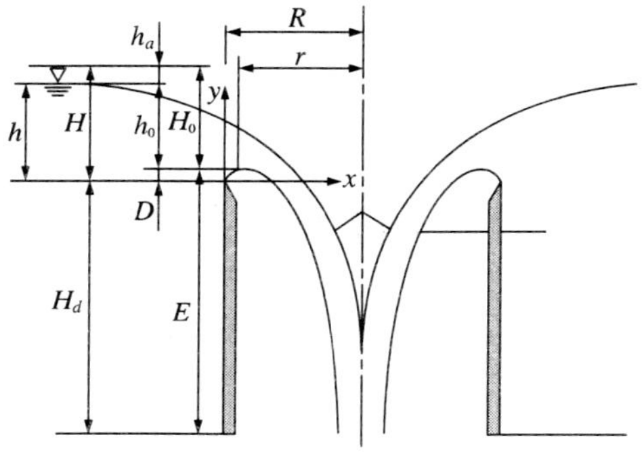

그림 4.25

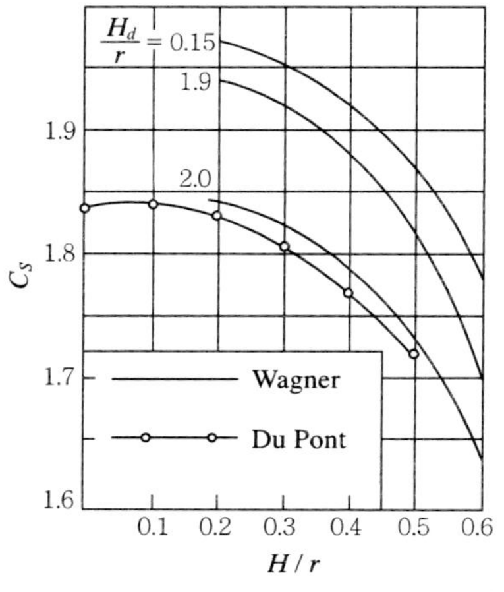

그림 4.26

유량계수 C_s는 Wagner의 실험 결과에 의하면 그림 4.26과 같다. C_s는 H/r의 증가에 따라 작아지고 H_d/r가 감소되면 C_s가 크게 되어 있다.

특히 나팔형 여수토의 단면형은 원통형 예연위어의 수맥의 측정치를 이용하여 정하면 편리하다.

4.3.6 수중 위어(submerged weir)

수중 위어란 하류수위가 있어 마루부보다 높을 때를 말하며, 일반적으로 상류수위를 높이는데 사용된다.

수중 칼날형 위어는 수로의 유량측정에 사용하는 것으로 완전수맥 위어에 비하여 정도가 낮다.

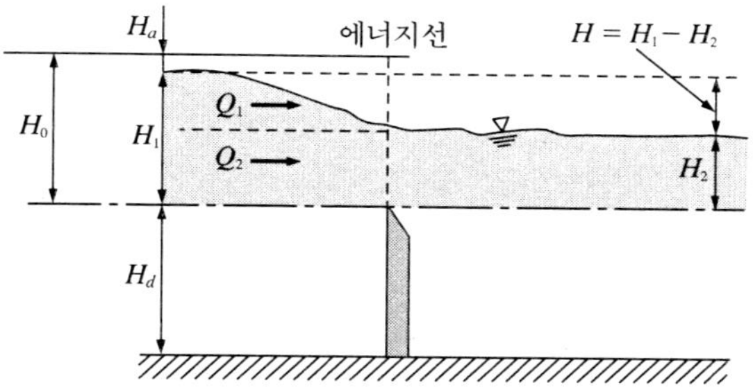

그림 4.27

수두가 $H_0 - H_2 = H + H_a$ 일 때 유량 Q는

$$Q = CbH_2\sqrt{2g(H+H_a)} \tag{4.42}$$

로 구한다.

또는 다음과 같이 생각할 수도 있다.

$$Q = Q_1 + Q_2$$

$$= C_1 b\sqrt{2g}\ [(H+H_a)^{\frac{3}{2}} - H_a^{\frac{3}{2}}] + C_2 bH_2\sqrt{2g(H+H_a)} \tag{4.43}$$

접근유속을 무시하면 $H_a = 0$이므로

$$Q = \frac{2}{3}C_1 b\sqrt{2g}\,H^{\frac{3}{2}} + C_2 bH_2\sqrt{2gH} \tag{4.44}$$

$C = C_1 = C_2 ≒ 0.63$이 되므로

$$Q = 1.86\ bH^{\frac{3}{2}} + 2.8bH_2H^{\frac{1}{2}}$$

연습문제

Q4.1 직경 5cm인 노즐출구에서의 수두가 4m라면 유량은 얼마이겠는가?

Q4.2 직경 5cm인 노즐을 통해 수조로부터 압력 0.4kg/cm^{2}인 공기탱크로 물이 분출된다. 수조의 수면과 노즐 단면의 표고차가 5m라면 노즐을 통한 유량은 얼마나 되겠는가?

Q4.3 밀폐된 탱크내에 자유표면을 가진 물이 들어 있다. 탱크내의 공기압력은 1kg/cm^{2}로 일정하며 탱크내 수면으로부터 3.5m 아래 부분에 노즐이 달려 있다. 노즐이 대기중으로 물을 분출할 때 유속을 구하라.

Q4.4 그림 4.28에서 A점에 있어서의 압력과 B점에서의 유속을 계산하라.

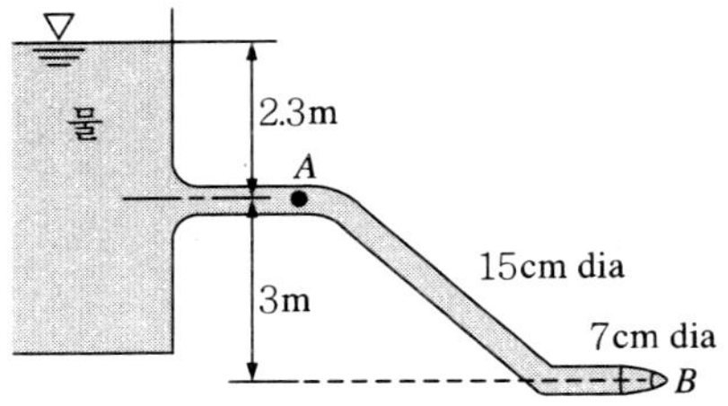

그림 4.28

Q4.5 그림 4.29의 관을 통한 유량을 계산하라.

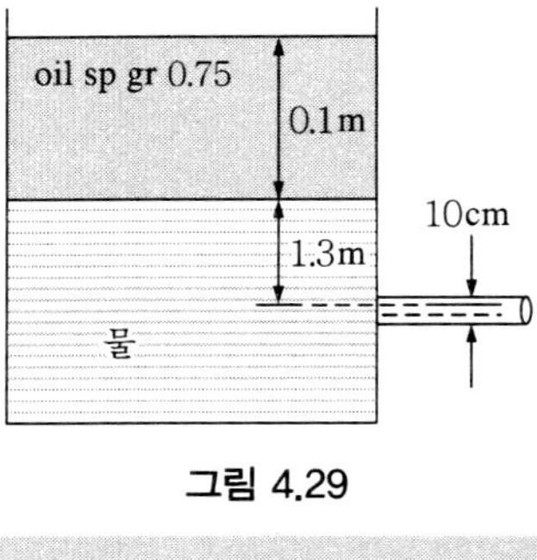

그림 4.29

4.6 그림 4.30에 표시한 예연 위어를 월류하는 단위폭당 유량은 $8m^3$/sec/m이다. 위어 정점으로부터 1m 아래 지점에 있어서 수맥의 두께를 계산하라.

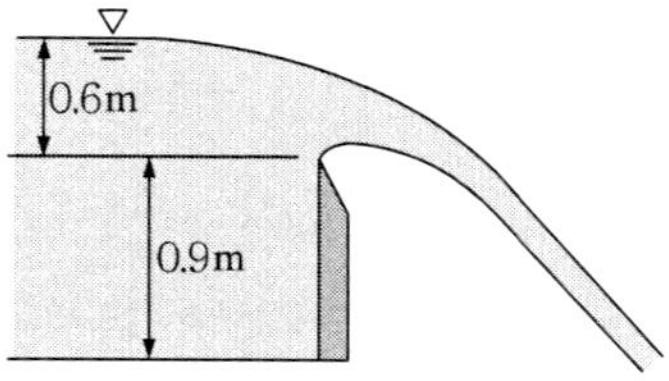

그림 4.30

4.7 그림 4.31에서와 같이 수문 아래로 물이 흐른다. h = 2m이면 단위폭당 유량은 얼마나 될까? 만약 수로의 단위폭당 유량이 $1m^3$/sec/m라면 h는 얼마일까?

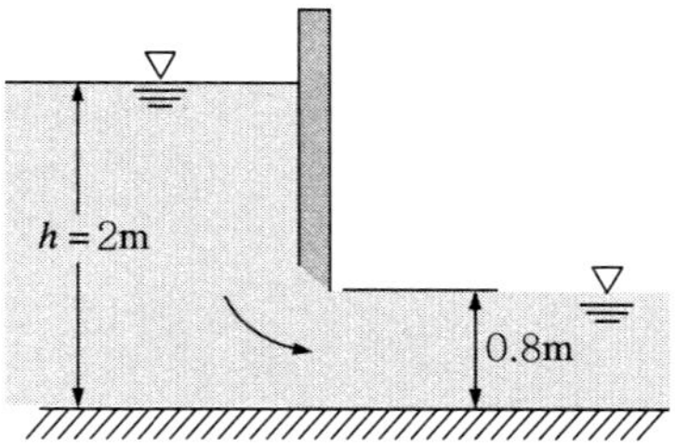

그림 4.31

4.8 그림 4.32의 관에 0.25 m^3/sec의 물이 흐를 때 오리피스에 작용하는 힘을 구하라.

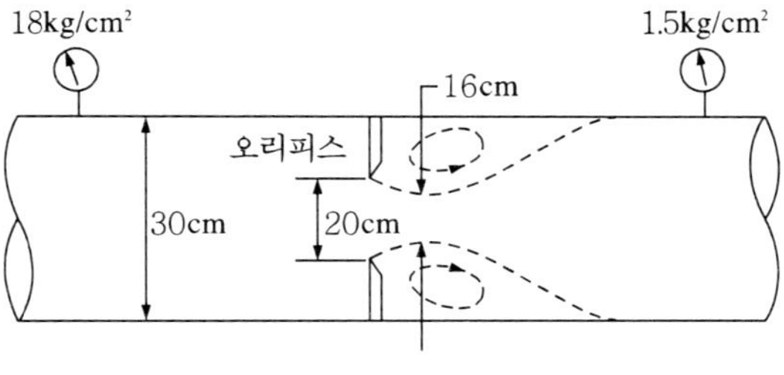

그림 4.32

Q4.9 수면으로부터 2.5m 깊이에 정방형 단면 orifice를 설치하여 $0.04\mathrm{m}^3/\mathrm{sec}$의 물을 유출시킬 때 정방형의 한 변의 길이를 얼마로 하면 좋겠는가? (단, 유량 계수 $C = 0.6$이다)

Q4.10 작은 오리피스로 1일당 $8{,}640\mathrm{m}^3$의 물을 유출시킬 때 직사각형 오리피스의 폭 $b = 20\mathrm{cm}$, 수심 $H = 2.5\mathrm{m}$일 때 orifice의 높이 h를 구하여라(단, $C = 0.6$이다).

Q4.11 수면아래 $2.5\mathrm{m}$의 위치에 어떤 지름 $4\mathrm{cm}$의 작은 orifice로부터 유출되는 유출량을 구하여라(단, $C = 0.6$이다).

Q4.12 그림 4.33과 같은 폭 $6.5\mathrm{m}$의 수로에 폭 $2\mathrm{m}$, 높이 $1.5\mathrm{m}$의 직사각형 weir를 설치하였다. 월류 수심이 $32\mathrm{m}$였을 때 용량은 얼마인가? (단, $C = 0.63$이다)

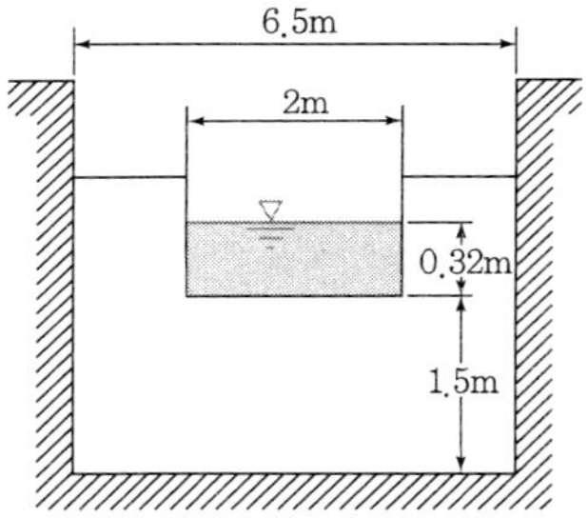

그림 4.33

Q4.13 직사각형 수로에 유량을 측정하기 위하여 폭 $1.2\mathrm{m}$의 직사각형 위어를 설치하여 $0.393\mathrm{m}^3/\mathrm{sec}$의 유량을 측정하였다. $C = 0.60$일 때 수두를 계산하여라. weir 정상까지의 높이가 $0.476\mathrm{m}$일 때 상류 수심을 구하여라.

CHAPTER 05

관과 관망에서의 흐름

CHAPTER 05 관과 관망에서의 흐름

수리학에서 관수로(pipe flow)는 일반적으로 어떤 압력경사하에서 원형 횡단면의 밀폐된 도관에 물이 가득 차 흐르는 것이다. 주어진 유량 Q에 대하여 관의 어떤 단면에서 유량은 관횡단면적, 관높이, 압력 그리고 관의 유속으로 기술할 수 있다. 관에서 측정한 단면의 높이 h는 일반적으로 어떤 해안에서의 평균해수면(MSL)과 같은 수평기준선에 대하여 측정된다.

관에서 압력은 일반적으로 한 점에서 다른 점까지 변화하나 평균값은 보통 관심의 특정한 단면상에 이용된다. 즉, 주어진 횡단면에서 국부적 압력변화는 보통 다른 방법으로 지정하지 않는 한 무시한다.

5.1 관수로내 실제유체 흐름의 기본방정식

관수로내의 비압축성 실제유체의 흐름이 가지는 에너지 관계는 다음 식으로 표시된다.

$$\frac{P_1}{\gamma} + \alpha_1 \frac{V_1^2}{2g} + z_1 = \frac{P_2}{\gamma} + \alpha_2 \frac{V_2^2}{2g} + z_2 + h_{L\,1-2} \tag{5.1}$$

여기서 첨자 1, 2는 어떤 거리에 떨어진 두 단면을 표시한다. 대분분의 관수로내 흐름 문제에 있어서 식 (5.1)의 에너지 보정계수 α는 다음의 몇 가지 이유 때문에 생략하는 것이 보통이다. 첫째로 대부분의 관수로내 실제흐름은 난류이므로 α값은 거의 1에 가까우며, 둘째로 α의 값이 비교적 큰 층류의 경우에는 유속이 작으므로 속도수두는 작아져서 Bernoulli 방정식의 다른 항에 비해 거의 무시할 수 있으며, 셋째로 긴 관로의 실제흐름 문제에 있어서 속도수두는 다른 항에 비해 작으므로 α의 영향은 거의 무시할 수 있고, 넷째로 α는 Bernoulli 방정식의 양변에 있으므로 그 효과가 서로 상쇄되는 경향이 있으며, 마지막으로 실질적인 문제의 해결에 있어서 α를 방정식내에 포함시켜서 흐름을 해석해야 할 만큼 정도가 요구되는 것은 아니라는 점이다. 따라서 식 (5.1)을 실제 문제에 적용하기 위해서는 손실수두 h_L에 대한 깊은 이해와 이의 적절한 결정이 가장 큰 문제가 된다.

그림 5.1과 같은 곧고 긴 원관내의 물의 흐름에 대한 여러 실험결과에 의하면 관로상의 두 단면간에 생기는 손실수두(h_L)는 속도수두와 관의 길이(l)에 비례하고 관경(d)에 반비례하는 것으로서 알려져 있으며 다음과 같은 Darcy-Weisbach **공식**으로 표시된다.

$$h_L = f\frac{l}{d}\frac{V^2}{2g} \tag{5.2}$$

여기서, f는 **마찰손실계수**(friction factor)로서 손실수두와 속도수두, 관의 길이 및 관경간의 관계를 표시하는 비례상수이며 주로 관의 조도에 관계되나 흐름의 유속, 점성계수 및 관의 직경 등에도 관계가 있다.

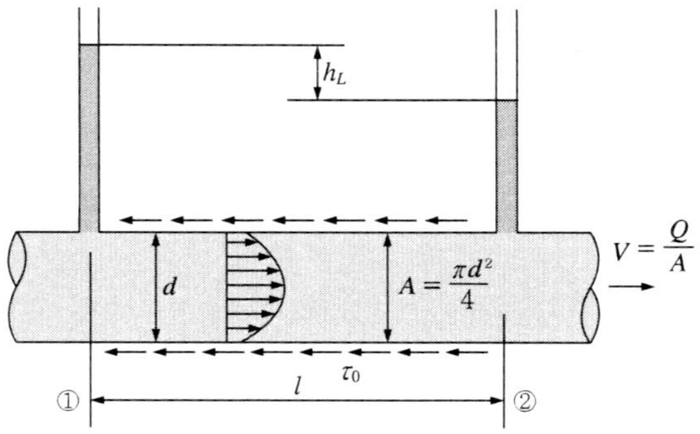

그림 5.1

5.2 Reynolds Number

관, 도관(duct)에서와 같은 내부유동 해석시 마찰로 인한 압력손실을 고려함으로서 물 공급계통에서 펌프용량이나 유출량을 결정할 수 있다.

관내에서의 근본적인 유동형태로는 층류(laminar flow)와 난류(turbulent flow)가 있다.

층류유동시는 주어진 층내의 유체입자는 두층내에 머물며, 전단응력은 층과 층의 미끄럼으로 생기게 된다. 난류 유동시 유체입자는 시간과 공간적으로 불규칙하게 흐르며 속도교란은 유동방향과 수직방향으로 발생한다.

예를 들면, 난류유동중의 임의점에서 축방향의 속도성분 V_x를 시간에 대하여 도표화하면 그림 5.2에서처럼 평균치에 관하여 불규칙한 교란을 일으키며 불규칙한 형태로 나타나고 일반적으로 속도교란은 평균치에 비교하여 작다. 평균속도가 시간에 따라 변하지 않는 한, 난류정상류(turbulent steady flow)로서 유동을 나타낼 수 있다.

한편 난류 관유동에서 속도분포는 대수곡선인 반면에, 층류유동에서 속도양상은 포물선이다(그림 5.3).

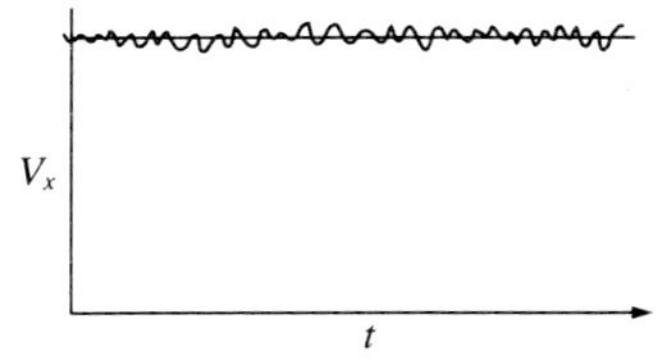

그림 5.2 시간에 따른 속도변화

그림 5.3 관내유동에서의 속도분포

관을 통한 유동의 해석에서 층류이든 난류이든 유동형태에 관심을 기울이게 된다. 이는 유체에 작용하는 전단응력과 전마찰응력이 그 두 형태에 따라서 크게 다르기 때문이다. 따라서 관내에 존재하는 유동형태에 대한 기준을 결정하는 것으로 무차원 매개변수로서 **Reynolds수**를 다음과 같이 정의하였다.

$$Re = \frac{\text{관성력}}{\text{점성력}} = \frac{\rho \cdot V \cdot D}{\mu} = \frac{V \cdot D}{\nu} \tag{5.3}$$

실험을 통해 유체의 속도에 따라 층류가 난류로, 난류가 층류로 바뀌어짐을 알았는데 이때의 유체 속도를 상한계속도(upper critical velocity)와 하한계속도(lower critical velocity)라고 한다.

관유동에 대한 여러 실험치를 보면 Re 〈 2,100이면 층류, 2,100 〈 Re 〈 4,000이면 천이영역, Re 〉 4,000이면 난류임을 알 수 있다. 여기서 2,100을 하한계 Reynolds수 4,000을 상한계 Reynolds수라고 한다. 그러나 이러한 한계 레이놀즈수의 값은 언제나 일정한 값이 아니고 상류구역에서의 안정도, 관입구 모양, 관의 표면마찰, 외계진동 등에 따라서 크게 변동 될 수 있어서 한계 레이놀즈수의 값은 반드시 2,100과 4,000이 아니지만 공학적인 안전도를 고려하여 위의 값을 일반적으로 사용하고 있다.

본서에서는 층류로 되는 하한계 레이놀즈수를 2,100으로 하였으나 교과서에 따라 2,000 또는 2,300 등으로 취하는 경우도 있다. 이와 같이 Reynolds수를 갖는 유동속도를 얻기 위하여 관내경 5cm의 원관을 통하여 20℃의 물 유동을 생각해 본다. 20℃에서 물의 동점성계수(kinematic viscosity) $\nu = \mu/\rho = 1.00 \times 10^{-6} m^2/s$로 정의되었다. 한계 Reynolds수 2,100에 대한 평균유체속도는 다음과 같다.

$$V = \frac{2,100\nu}{D} = \frac{2,100 \times 1.00 \times 10^{-6} m^2/s}{5 \times 10^{-2} m} = 0.042 \text{m/s}$$

바꾸어 말하면 정상상태에서 유동속도가 0.042m/s보다 작다면 5cm 관내의 유동은 층류이고 속도가 0.042m/s보다 크다면 유동은 난류가 될 것이다. 다시 관유동에서 한계 Reynolds수는 고정된 수가 아니고 유동이력에 따라 조금씩 변한다.

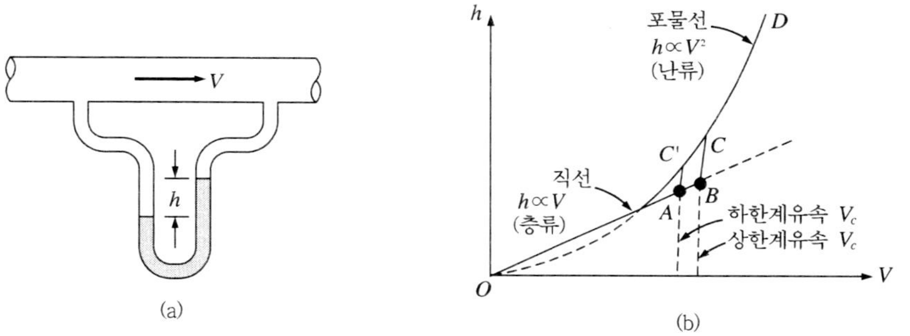

그림 5.4

그림 5.4와 같은 실험에 의해서도 흐름을 층류와 난류로 구분할 수 있다. 그림 5.4(a)에 표시한 관내의 평균유속 V와 두 단면간의 압력차 h간의 관계를 표시해 보면 그림 5.4(b)와 같아진다. 즉, 유속 V가 작을 경우에 h~V관계는 거의 직선(h∝ V)에 가까우나 유속 V가 커지면 포물선(h∝ V^2)에 가까워짐이 알려져 있다. 전자의 경우가 바로 층류이며 후자의 경우가 난류이다. 엄밀히 말하면 층류에서 난류로의 변이는 순식간에 일어나는 것이 아니라 층류와 난류가 공존하는 흐름의 상태가 존재하며 이 영역을 천이영역(transition region)이라 부른다. Reynolds 실험에서는 유리관내 흐름이 부분적으로 층류와 난류가 섞여 흐를 경우가 천이영역에 속하는 흐름이 된다. 그림 5.4(b)는 유속의 증가에 따른 압력강하량 h의 변화를 보이고 있다. 관내의 유속이 증가함에 따라 h~V관계는 OABCD를 따르게 되며 반대로 유속이 감소하게 되면 DC′AO를 따라 변화하게 된다. Reynolds실험과 연관시켜 생각하면 점 A와 B는 각각 상한계유속 및 하한계유속에 해당

하는 점임을 알 수 있다.

5.3 관수로내 흐름계산을 위한 경험공식

관수로내 흐름을 계산하기 위한 경험공식은 흐름의 평균유속을 계산하기 위해 특정조건하에서 개발된 경험공식들로서 흐름의 마찰손실을 표시하는 모종의 계수를 포함하고 있다. 이들 공식 중 대표적인 것은 Chezy공식과 Hazen－Williams 공식 및 Manning공식 등이다.

5.3.1 Chezy의 평균유속공식

Chezy의 평균유속 공식은 Darcy－Weisbach공식으로부터 유도될 수 있다. 식을 평균유속 V에 관해 풀면

$$V = \sqrt{\frac{8g}{f}}\ \sqrt{R_h \frac{h_L}{l}} \tag{5.4}$$

식 (5.4)에서 $\sqrt{8g/f}$ 는 흐름의 상태가 일정하면 상수로 볼 수 있으며, h_L/l은 단위길이당 관내의 손실수두로서 에너지 선의 경사 S와 같다. 따라서

$$V = C\sqrt{R_h S} \tag{5.5}$$

식 (5.5)는 Chezy의 평균유속공식이며, C는 Chezy의 마찰손실계수로서 식 (5.4)와 (5.5)로부터 Darcy－Weisbach의 f와 다음과 같은 관계가 있음을 알 수 있다.

$$C = \sqrt{\frac{8g}{f}} \quad \text{혹은} \quad f = \frac{8g}{C^2} \tag{5.6}$$

식 (5.6)의 C값은 관의 조도뿐만 아니라 흐름의 특성인 S와 관의 단면특성인 R_h에도 관계가 있으며 특히 관의 조도에 비례하여 작아지는 특성을 가진다.

5.3.2 Hazen－Williams의 평균유속공식

Hazen－Williams공식은 비교적 큰 관(d > 5cm)에서 유속 $V \leq 3$m/sec인 경우에 대하여 경험적으로 개발하여 미국에서 상수도 시스템의 설계에 많이 사용되어 온 공식으로

서 다음과 같이 표시된다.

$$V = 0.849\, C_{HW} R_h^{0.63} S^{0.54} \tag{5.7}$$

여기서, V는 평균유속(m/sec), R_h는 동수반경(m)이며 S는 에너지선의 경사(m/m)이고 C_{HW}는 Hazen－Williams계수로서 가장 매끈한 관에서는 150, 대단히 거친 관에서는 80정도의 값을 가지며 설계를 위한 평균치로서 C_{HW} = 100을 많이 사용하여 관의 재료에 따른 C_{HW}값은 표 5.1에 수록되어 있다.

표 5.1 Hazen－Williams 계수

관재료	C_{HW}	관재료	C_{HW}
아스베스토스 시멘트(Asbestos Cement)	140	아연철(Galvanized iron)	120
청동(Brass)	130~140	유리(Glass)	140
벽돌(Brick sewer)	100	납(Lead)	130~140
주철, 신품	130	플라스틱(Plastic)	140~150
(Cast iron) 10년	107~113	동철(Steel), 신품	140~150
20년	89~100	리벳트 강철	110
30년	75~90	주석(Tin)	130
40년	64~83	나무관(Wood－stave)	120
콘크리트, 강철거푸집	140	구리(copper)	120
합판거푸집	130	토관	110
		소방호스	110~140

표 5.1로부터 Hazen－Williams의 조도계수도 Chezy의 C값과 같이 조도가 커지면 작은 값을 가지며 조도가 작아지면 C값은 커짐을 알 수 있다.

C_{HW}와 Darcy의 f간의 관계를 유도하기 위하여 식 (5.7)에 R_h 대신 $d/4$, S대신에 h_L/l을 대입한 후 h_L에 관하여 풀면

$$h_L = \frac{133.5}{C_{HW}^{1.85} d^{0.167} V^{0.15}} \frac{l}{d} \frac{V^2}{2g} \fallingdotseq \frac{133.5}{\nu^{0.15} C_{HW}^{1.85} R^{0.15}} \frac{l}{d} \frac{V^2}{2g} \tag{5.8}$$

물의 ν를 10^{-6}m^2/sec(20℃)라 가정하고 식 (5.8)을 Darcy－Weisbach공식과 비교하면

$$f \fallingdotseq \frac{1{,}060}{C_{HW}^{1.85} R^{0.15}} \tag{5.9}$$

식 (5.7)로 표시되는 Hazen－Williams공식에 의한 관수로내 흐름의 계산은 식 (5.7)

과 연속방정식을 사용하거나 혹은 그림 5.5의 그림을 사용하여 직접할 수 있다.

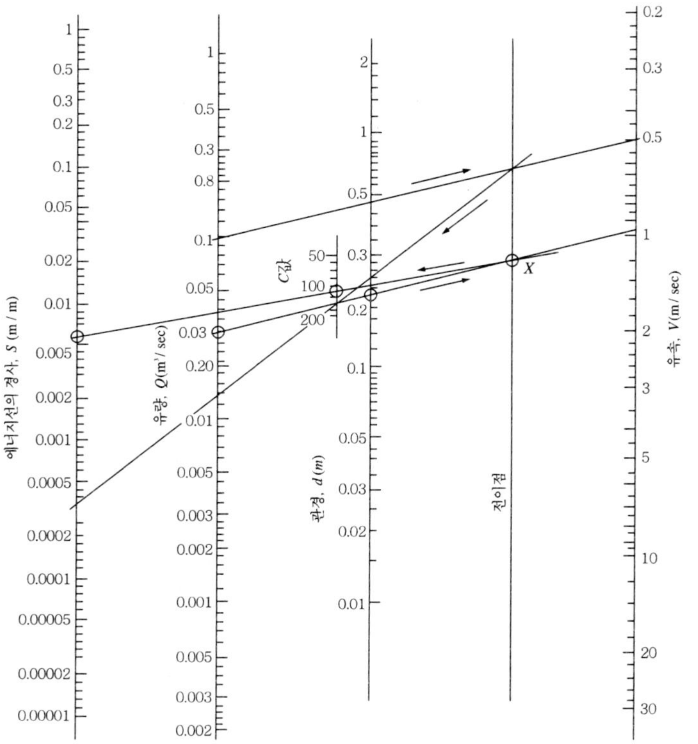

그림 5.5

예제 5.1

직경 d = 20cm이고 길이 100m, C_{HW} = 110인 관에 30l/sec의 물이 흐르고 있다. 마찰손실수두를 구하라.

풀이)

식 (5.7)를 사용하면

$$V = \frac{Q}{A} = \frac{0.03}{\frac{\pi \times 0.2^2}{4}} = 0.849 \times 110 \times (\frac{0.2}{4})^{0.63} S^{0.54}$$

$$0.955 = 14.147 S^{0.54}$$

$$\therefore \ \mathrm{S} = \frac{h_L}{l} = 0.0068$$

$$h_L = 0.0068 \times 100 = 0.68\mathrm{m}$$

그림 5.5에서 Q = 0.03m^3/sec, d = 0.2m를 연결하여 전이점 X를 구하고 X점과 C_{HW}

= 110을 연결하여 에너지선의 경사를 읽으면

$$S = 0.0061\text{m/m}$$

따라서

$$h_L = S \times l = 0.0061 \times 100 = 0.61\text{m}$$

5.3.3 Manning의 평균유속공식

Manning공식은 개수로의 설계를 위해 개발되어 널리 사용되어온 경험공식이나 관수로내 흐름의 해석에도 많이 사용되며 다음과 같이 표시된다.

$$V = \frac{1}{n} R_h^{2/3} S^{1/2} \tag{5.10}$$

여기서, n는 Manning의 조도계수로서 관수로로 많이 사용되는 재료의 n값은 표 5.2와 같다.

표 5.2 관의 재료에 따른 Manning의 조도계수

관재료	n	관재료	n
유리, 청동(Brass), 구리	0.009~0.013	시멘트 몰탈면	0.011~0.015
매끈한 시멘트면	0.010~0.013	타일(Tile)	0.011~0.017
나무(Wood−stave)	0.010~0.013	단철(Wrought iron)	0.012~0.017
매끈한 하수관	0.010~0.017	벽돌(몰탈 접착)	0.012~0.017
주철(Cast iron)	0.011~0.015	리벳트 강관	0.017~0.020
콘크리트(Precast)	0.011~0.015	주름진 금속배수관	0.020~0.024

식 (5.10)을 식 (5.5)와 비교하면 Chezy의 C와 Manning의 n사이에는 다음의 관계가 성립한다.

$$C = \frac{R_h^{1/6}}{n} \tag{5.11}$$

따라서, 식 (5.6)을 식 (5.11)에 대입한 후 f에 관하여 풀면

$$f = \frac{8gn^2}{R_h^{1/3}} = \frac{124.5n^2}{d^{1/3}} \tag{5.12}$$

식 (5.12)는 Darcy의 f와 Manning의 n사이에 관계를 표시하는 식이며 f가 Reynolds 수에 무관한 완전난류 영역에서만 적용이 가능한 식이라고 볼 수 있다. 실제의 관수로내 흐름 문제에서는 대부분의 경우 완전난류 가정이 통용되므로 식 (5.12)의 관계에 의해 f 값을 계산하여 사용할 경우가 있으나 정해가 되지는 못한다.

식 (5.10)으로 표시되는 Manning공식에 의한 관수로내 흐름문제의 해석은 식 (5.10)을 연속방정식과 함께 풀거나 혹은 그림 5.6을 사용하여 도식적으로 할 수도 있다.

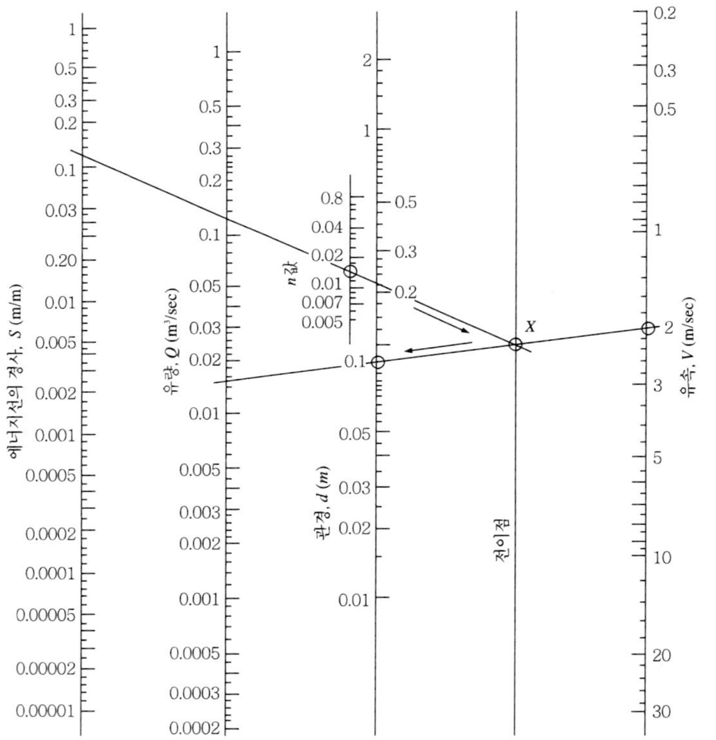

그림 5.6

예제 5.2

직경이 10cm이고 길이가 200m인 관수로에서 측정된 손실수두가 24.6m이었다. 이 관내의 유량을 계산하라. Manning의 n = 0.015이다.

풀이)

$$S = \frac{h_L}{l} = \frac{24.6}{200} = 0.123 \qquad R_h = \frac{\frac{\pi d^2}{4}}{\pi d} = \frac{d}{4} = 0.025\text{m}$$

식 (5.10)을 사용하면

$$V = \frac{1}{0.015} \times (0.025)^{2/3} \times (0.123)^{1/2} = 1.999\text{m/sec}$$

$$Q = AV = \frac{\pi \times (0.10)^2}{4} \times 1.999 = 0.0157\text{m}^3\text{/sec}$$

그림 5.6에서 S = 0.123, n = 0.015를 연결하여 전이점 X를 구하고 X점과 d = 0.10m를 연결하여 유량과 유속을 읽으면

Q = 0.0157m^3/sec, V = 2m/sec

예제 5.3

수면차가 3m인 2개의 저수지를 연결하는 길이 1,500m의 콘크리트관에 의하여 1.1m^3/sec의 물을 송수하려면 관경은 얼마로 해야 하겠는가? Hazen－Williams 및 Manning공식에 의하여 각각 계산하라.

풀이)

① Hazen－Williams 공식

콘크리트관의 C_{HW} = 130

$Q = AV$이므로

$$1.1 = (\frac{\pi}{4}d^2) \times 0.849 \times 130(\frac{d}{4})^{0.63}(\frac{3}{1,500})^{0.54}$$

$\therefore\ d$ = 0.950m

② Manning공식

콘크리트관의 n = 0.014

$$1.1 = (\frac{\pi}{4}d^2) \times \frac{1}{0.014}(\frac{d}{4})^{2/3}(\frac{3}{1,500})^{1/2}$$

$\therefore\ d$ = 1.038m

5.3.4 관 설계

설계는 최대 설계 유량 요구에 응하는 관 크기의 초기 선택으로 시작한다. 이 선택은 단순하게 직경에 대하여 Manning's 방정식을 이용할 수 있다.

$$Q = \frac{1}{n} A R_h^{2/3} S^{1/2} \tag{5.13}$$

원형 단면에 대하여

$$A = \frac{\pi D^2}{4},\ R_h = \frac{A}{P} = \frac{\pi D^2/4}{\pi D} = \frac{D}{4}$$

여기서 D는 관 직경이다.

$$\begin{aligned} Q &= \frac{1}{n} \frac{\pi D^2}{4} \left(\frac{D^{2/3}}{4^{2/3}} \right) S^{1/2} \\ &= \frac{1}{n} (0.312) D^{8/3} S^{1/2} \end{aligned}$$

D에 대해 풀면

$$D_{\min} = 1.55 \left(\frac{Qn}{S^{1/2}} \right)^{3/8} \tag{5.14}$$

콘크리트관이 보통은 우수거 작업에 이용하나 철 혹은 pvc관을 이용할 수 있다. 관 재료의 선택은 수명, 유지 그리고 비용의 요구에 의존한다. 그러므로 콘크리트는 보통 모든 가능한 곳에서 요구된다.

다음 단계는 선택된 관에 대한 정상수심의 계산이다.

식 (5.14)는 관에서 가정된 정상수심을 갖는 등류하에서 가득차서 흐르는 원형관에 대한 설계 방정식이다. 이것은 종종 작은 직경에서 중간을 갖는 원형관에 대하여 우수관설계에 이용한다. 최소 관 직경은 유량, 경사와 관조도를 이용하여 계산한다. 설계자는 유량을 운반하기 위해 더 큰 표준 관 크기를 선택하며 더 큰 직경은 관에 유량이 부분 가득한 원인이 될 것이다.

부분 가득한 관 유량은 그림 5.7에 나타낸 수리학적 요소 그래프를 이용하여 해석할 수 있다. 이 도표는 원형 도관 내 수심증가에 따라 변화하는 면적, 동수반경 그리고 유량을 보여준다. 동수반경 곡선을 보면 동수반경은 흐름깊이비 y/D가 약 0.80 주위에서 최대이다. 이것은 y/D가 0.8과 1.0 사이에서 흐름면적이 상대적으로 작게 증가하는 것에 비하여 윤변이 상대적으로 증가하는 원인이다.

유량비 곡선을 보면 원형도관은 흐름깊이비 0.94 주위에서 최대 유량을 운반하고 이는 원형관에서 정상흐름의 특성을 인지한다. 최대흐름용량은 가득한 흐름보다 흐름깊이 $y/D=0.938$에서 더 크다. 가득한 흐름용량은 보통은 최대로 된다고 가정하나 이는 설계에서 작은 안전계수를 준비한다.

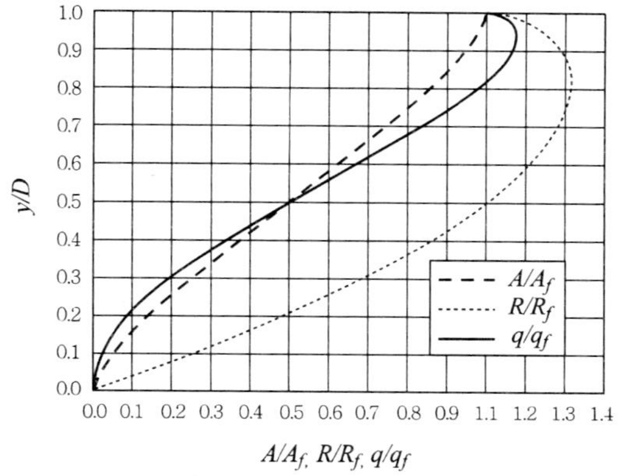

그림 5.7 부분적으로 차서 흐르는 원형관의 수리학적 요소

5.4 점성으로 인한 마찰력과 에너지손실

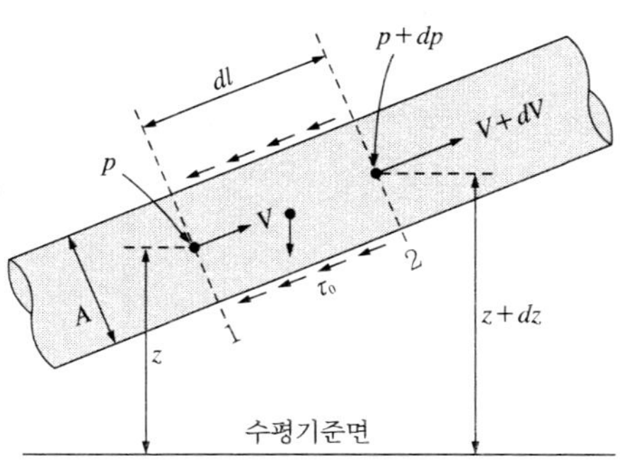

그림 5.8

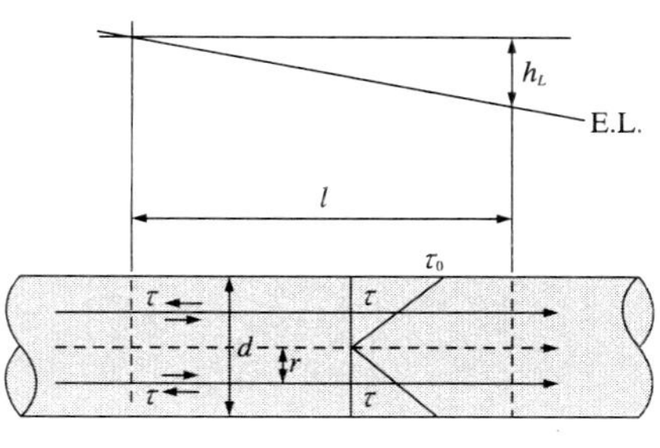

그림 5.9

그림 5.8과 같은 미소유체의 단면 1, 2 사이에 포함되는 검사체적에 역적－운동량의 원리를 1차원적으로 적용하여 에너지방정식과 상관시킴으로써 마찰력이 어떻게 표시되는가를 살펴보기로 하자. 그림 5.8의 τ_0는 유체흐름이 관벽에 미치는 마찰응력으로서 분명히 손실수두 h_{L1-2}와 어떤 관계가 있을 것임을 짐작할 수 있다. 단면 1, 2 사이의 검사체

적에 유관의 흐름방향으로(1차원해석) 역적－운동량의 원리를 적용하면

$$\Sigma F = pA - (p+dp)A - \tau_0 P dl - \gamma A dl\left(\frac{dz}{dl}\right)$$
$$= \rho A V[\beta_2(V+dV) - \beta_1 V] \tag{5.15}$$

여기서, P는 유관의 윤변(wetted perimeter)이다. $\beta_1 = \beta_2 = 1$로 놓고 식 (5.15)를 γA로 나누면 다음과 같이 표시될 수 있다.

$$\frac{dp}{\gamma} + d\left(\frac{V^2}{2g}\right) + dz = \frac{-\tau_0 dl}{\gamma R_h} \tag{5.16}$$

여기서, R_h는 동수반경(hydraulic radius)이라 부르며 유수단면적 A를 윤변 P로 나눈 것으로 정의된다. 식 (5.16)의 좌변을 단면 1과 2에서의 에너지항으로 각각 표시하여 고쳐쓰면 다음과 같아진다.

$$\left(\frac{p_1}{\gamma} + \frac{V_1^2}{2g} + z_1\right) - \left(\frac{p_2}{\gamma} + \frac{V_2^2}{2g} + z_2\right) = -\frac{\tau_0 dl}{\gamma R_h} \tag{5.17}$$

$$h_{L1-2} = -\frac{\tau_0(l_1 - l_2)}{\gamma R_h} = \frac{\tau_0(l_2 - l_1)}{\gamma R_h} \tag{5.18}$$

식 (5.18)은 유체가 흐를 때 점성에 의한 마찰효과 때문에 생기는 손실수두와 마찰응력 사이의 관계를 이론적으로 표시하는 것이다.

이상의 해석적 방법은 어떠한 유관에 대해서든지 적용할 수 있다. 그림 5.8에 표시한 바와 같이 반경이 r이며 유관의 중립축에 대하여 동심원적인 유관의 한 단면에서 마찰응력 τ가 어떻게 변화하는지를 살펴보기로 하자. 반경 r인 원주(periphery)에는 유속이 다른 두 유체층 때문에 마찰응력 τ가 발생되며 식 (5.18)의 τ_0대신 τ를 $(l_2 - l_1)$ 대신 l을, 그리고 동수반경 $R_h = A/P = \pi r^2/2\pi r$ = r/2를 대입하면

$$h_{L1-2} = \frac{\tau l}{\gamma \frac{r}{2}}$$
$$\therefore\ \tau = \left(\frac{\gamma h_{L1-2}}{2l}\right) r \tag{5.19}$$

식 (5.19)에서 두 단면 사이의 h_{L1-2}는 일정하므로 마찰응력 τ는 유관의 중립축으로부

터의 거리 r에 직접 비례하는 직선형 분포를 보인다. 식 (5.19)는 흐름의 상태가 층류 혹은 난류라는 전제없이 해석적으로 구한 것이므로 관로내의 흐름이 층류이건 난류이건 관계없이 전단응력의 분포를 표시하는데 사용될 수 있다.

마찰손실계수는 흐름과 경계면 사이에 일어나는 마찰전단응력의 크기를 간접적으로 표시하는 계수이므로 r = R일 때 $\tau = \tau_0$로 놓고 마찰손실수두식을 이에 대입하면

$$\tau_0 = \frac{\gamma R}{2l}\left(f\frac{l}{d}\frac{V^2}{2g}\right) \tag{5.20}$$

여기서, 관경 d = 2R, $\gamma = \rho g$ 이므로 식 (5.20)을 간단히 하면

$$\therefore\ \tau_0 = \frac{f\rho V^2}{8} \tag{5.21}$$

5.5 원형관 내의 층류유동 : Hagen – Poiseuilli법칙

원형단면 직선관내의 유체유동에 대한 연구는 1840년대에 두 사람에 의하여 행해졌다. 맨 먼저 1839년 독일의 공학기사인 G.H.L/Hagen(1879~1869)에 의하여 실시되었다. 그는 아주 작은 황동관을 사용하여 물을 흘러 보냈는데, 주어진 길이를 흐르는 동안에 수두손실(head loss)은 유량에 비례하고, 관지름의 4승에 역비례함을 알아냈다.

그 때를 즈음하여 프랑스의 J.L.M.Poiseuilli(1799~1869)는 혈관내에 흐르는 피(blood)의 유동에 대하여 연구하고자 아주 힘들고 정밀한 실험을 수행하고 있었다. 그는 아주 작은 유리관을 사용하여 물을 유동시켜 측정한 결과 Hagen과 동일한 결과를 1840년에 얻었다.

층류유동에서는 유체입자들이 서로 다른 유동층을 가로질러 흐르지 않기 때문에 아주 얇은막들의 유동과 마찬가지이다.

완전히 발달된 층류유동에 대한 마지막 예로서 관내의 유동을 생각해 보자. 유체는 축대칭으로 흐르므로 원통 좌표계를 사용하면 취급이 편리하다. 길이가 dx이고 두께 dr을 갖는 그림 5.10에 나타난 환형의 미소 검사체적을 선택하자. 운동량방정식의 x방향의 성분은 F_x = 0이 된다.

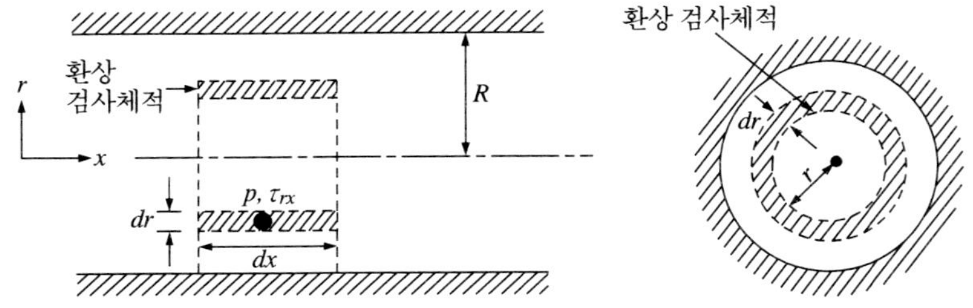

그림 5.10 원관내 완전히 발달된 층류의 해석을 위한 검사체적

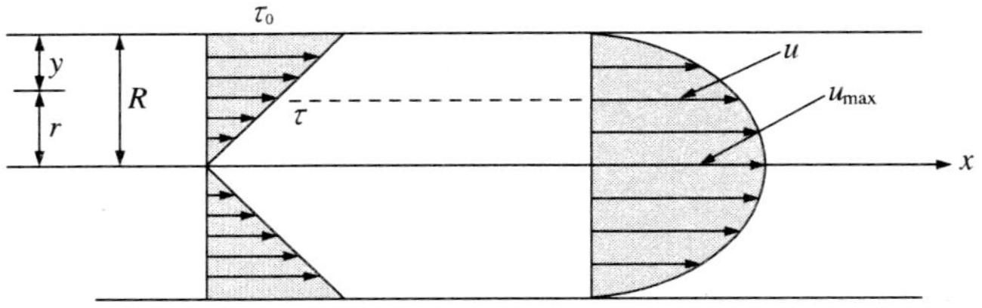

그림 5.11 층류의 유속분포와 전단응력 분포

검사체적에 x방향으로 작용하는 힘의 합을 구해 보도록 하자. 검사체적의 왼쪽 끝 단면과 오른쪽 끝 단면에는 수직력(압력)이 작용하고, 안쪽과 바깥쪽의 원통표면에는 접선력(전단력)이 작용함을 미리 알고 있으므로, 환형 검사체적의 중심압력을 p라 하면, 왼쪽 면에 작용하는 힘은

$$\left(p-\frac{\partial p}{\partial x}\frac{dx}{2}\right)2\pi r dr$$

이고, 오른쪽 면에 작용하는 힘은 다음과 같다.

$$-\left(p+\frac{\partial p}{\partial x}\frac{dx}{2}\right)2\pi r dr$$

환형 검사체적 중심에서의 전단응력이 τ_{rx} 이면, 안쪽면에 작용하는 전단력은

$$-\left(\tau_{rx}-\frac{d\tau_{rx}}{dr}\frac{dr}{2}\right)2\pi\left(r-\frac{dr}{2}\right)dx$$

이고, 바깥쪽 면에 작용하는 전단력은

$$\left(\tau_{rx}+\frac{d\tau_{rx}}{dr}\frac{dr}{2}\right)2\pi\left(r+\frac{dr}{2}\right)dx$$

이다. 검사체적에 작용하는 x방향으로의 힘의 합은 영이어야 하므로

$$-\frac{\partial p}{\partial x}2\pi r dr dx + \tau_{rx} dr 2\pi dx + \frac{d\tau_{rx}}{dr} r dr 2\pi dx = 0 \tag{5.22}$$

으로 쓸 수 있다. 양변을 $2\pi r\, dr\, dx$로 나누면 다음과 같다.

$$\frac{\partial p}{\partial x} = \frac{\tau_{rx}}{r} + \frac{d\tau_{rx}}{dr} = \frac{1}{r}\frac{d(r\tau_{rx})}{dr} \tag{5.23}$$

τ_{rx}는 r만의 함수이기 때문에 만일 식 (5.23)의 양변이 같다면, 이 식의 양변은 상수임을 알 수 있다.

$$\frac{1}{r}\frac{d(r\tau_{rx})}{dr} = \frac{dp}{dx} = \text{상수}$$

이 식을 적분하면

$$\tau_{rx} = \frac{r}{2}\frac{dp}{dx} + \frac{c_1}{r}$$

이며, 또 Newton의 점성법칙에 의한 전단응력은

$$\tau_{rx} = \mu\frac{du}{dr}$$

이므로

$$\mu\frac{du}{dr} = \frac{r}{2}\frac{dp}{dx} + \frac{c_1}{r}$$

이고, 이를 적분하면 다음과 같은 속도분포의 일반식을 얻을 수 있다.

$$u = \frac{r^2}{4\mu}\frac{dp}{dx} + \frac{c_1}{\mu}\ln r + c_2 \tag{5.24}$$

이번에는 적분상수 c_1과 c_2를 구해 보도록 하자. 이를 위해서는 두 개의 경계조건이 필요하나, r = R인 곳에서 $u = 0$이라는 한 개의 경계조건만을 알고 있다. 또 하나의 경계조건을 얻기 위해 식 (5.24)를 살펴보면, 비록 관중심선에서의 속도값은 알지 못한다고 할지라도, r = 0인 중심선에서의 속도값이 유한하다는 것은 알 수 있다. 따라서 r = 0에서

속도가 유한하려면 식 (5.24)에서 $c_1 = 0$이어야 한다. 그러면 식 (5.24)는 다음과 같이 간단히 된다.

$$u = \frac{r^2}{4\mu}\frac{dp}{dx} + c_2$$

그리고, r =R에서 $u = 0$라는 관벽에서의 경계조건을 사용하면, 다음과 같은 c_2를 구할 수 있다.

$$c_2 = -\frac{R^2}{4\mu}\frac{dp}{dx}$$

그러므로 속도분포식은 다음과 같이 구해진다.

$$u = \frac{r^2}{4\mu}\frac{dp}{dx} - \frac{R^2}{4\mu}\left(\frac{dp}{dx}\right) = \frac{1}{4\mu}\left(\frac{dp}{dx}\right)(r^2 - R^2)$$

즉,

$$u = -\frac{R^2}{4\mu}\frac{dp}{dx}\left[1 - \left(\frac{r}{R}\right)^2\right] \tag{5.25}$$

관유동에서 전단응력은

$$\tau_{rx} = \mu\frac{du}{dr} = \frac{r}{2}\frac{dp}{dx} \tag{5.26}$$

와 같이 주어진다.

유량은 다음과 같다.

$$\int_A \vec{V}\cdot d\vec{A} = \int_0^R u2\pi r dr$$

$$= \int_0^R \frac{1}{4\mu}\left(\frac{dp}{dx}\right)(r^2 - R^2)2\pi r dr$$

$$\therefore\ Q = -\frac{\pi R^4}{8\mu}\frac{dp}{dx} \tag{5.27}$$

이것을 **Hagen－Poiseuilli의 식**이라고 하며 완전히 이론적인 유도는 G. H. Wiedermann (1826~1899)이 1856년에 한 것으로 되어 있다.

완전히 발달된 유동에서, 압력구배 dp/dx는 상수이므로,

$$\frac{dp}{dx} = \frac{p_2 - p_1}{L} = \frac{-\Delta p}{L}$$

이다. 이 값을 식 (5.27)에 대입하면 유량을 압력강하의 함수로 나타낼 수 있다.

$$Q = -\frac{\pi R^4}{8\mu}\left|\frac{-\Delta p}{L}\right|$$

또는

$$Q = \frac{\pi \Delta p R^4}{8\mu L} = \frac{\pi \Delta p D^4}{128\mu L} \tag{5.28}$$

이 식은 수평관내의 층류운동에 대해서 적용된다.

평균속도 V는 다음과 같이 쓸 수 있다.

$$V = \frac{Q}{A} = -\frac{R^2}{8\mu}\left(\frac{dp}{dx}\right) \tag{5.29}$$

최대속도의 위치를 찾기 위해 $du/dr = 0$을 만족하는 r값을 구해 보면, 식 (5.25)로부터

$$\frac{du}{dr} = \frac{1}{2\mu}\left(\frac{dp}{dx}\right)r = 0$$

이므로, $r = 0$에서 $du/dr = 0$이다. 그러므로 최대속도 u_{max}은 $r = 0$에서 다음과 같다.

$$\therefore\ u_{max} = -\frac{R^2}{4\mu}\frac{dp}{dx} = 2V \tag{5.30}$$

5.6 손실수두의 계산

실제 유체의 유동에서는 마찰에 의해 압력이 감소되는 압력손실(pressure loss)이 발생된다.

전손실수두는 단면이 일정한 유로내 완전발달된 유동에서 마찰의 효과 때문에 생기는 주손실과, 입구, 연결부분(fitting) 또는 단면의 변화 등에 의해 생기는 미소 손실의 합이라는 것을 상기하면서 각각 주손실과 미소 손실에 대해서 고려해 보자.

5.6.1 주손실

Bernoulli 방정식에서 나타낸 것처럼 에너지 평형은 주손실 h_L을 계산하는데 사용될 수 있다. 일정한 단면을 갖는 관내의 완전 발달된 유동에서 미소 손실 h_{Lm} 은 영이고

$$\alpha_1(V_1^2/2) = \alpha_2(V_2^2/2)$$

이다. 따라서 다음과 같이 쓸 수 있다.

$$\frac{p_1 - p_2}{\rho} = \mathrm{g}(z_2 - z_1) + h_L \tag{5.31}$$

만일 관이 수평으로 설치되어 있다면 $z_1 = z_2$이므로

$$\frac{p_1 - p_2}{\rho} = \frac{\Delta p}{\rho} = h_L \tag{5.32}$$

그러므로 일정한 단면적을 갖는 수평관내 완전히 발달된 유동에서 주손실수두는 압력손실로서 표시될 수 있다. 손실수두는 마찰효과에 의해 기계적에너지가 열에너지로 바뀜을 의미하기 때문에, 일정 단면적의 도관을 지나는 완전히 발달된 유동에 있어서 손실수두는 관내의 유동상태에 의해 결정된다.

수평관내의 완전히 발달된 층류운동에서는 압력강하가 해석적으로 구해질 수 있다. 즉, 식 (5.28)로부터

$$\Delta p = \frac{128\mu LQ}{\pi D^4} = \frac{128\mu LV\left(\frac{\pi D^2}{4}\right)}{\pi D^4} = 32\frac{L}{D}\frac{\mu V}{D}$$

이고, 이를 식 (5.30)에 대입하면 층류유동에서의 손실수두는 다음과 같다.

$$h_L = 32\frac{L}{D}\frac{\mu V}{\rho D} = \frac{L}{D}\frac{V^2}{2}\left(64\frac{\mu}{\rho VD}\right) = \left(\frac{64}{Re}\right)\frac{L}{D}\frac{V^2}{2} \tag{5.33}$$

결과적으로 층류유동에서의 마찰계수는 다음과 같이 주어짐을 알 수 있다.

$$\therefore\ f = \frac{64}{Re} \tag{5.34}$$

난류의 마찰계수 f는 실험적으로 결정된다. 이에 관해 C.F.Moody가 발표한 결과가 **Moody 선도**라고 불리며 그림 5.12에 나타나 있다. 주어진 조건하에서 완전히 발달된 유

동에 대한 손실수두를 결정하기 위해서는 Re수가 제일 먼저 계산되어야 한다.

여러 가지 도관에 있어서 **상대조도**(relative roughness) e/D 의 값을 알고 있는 상태에서 그림 5.14의 곡선을 이용해 읽어낼 수 있으며 손실수두는 Darcy공식을 이용하여 얻을 수 있다.

층류유동에서 마찰계수는 Re수만의 함수이고, 조도에는 무관하다. 유동이 층류를 유지하는 한 Re수가 증가함에 따라서 마찰계수는 감소할 것이다. 한계값보다 큰 Re수에 대해 Moody선도는 천이구역(transition zone)과 완전난류구역(fully rough zone)으로 구분된다. 천이구역에서는 유동저항이 조도에 의한 돌출부분에서의 저항뿐 아니라 벽에서의 층류전단력에 의해 나타나므로 마찰계수는 상대조도 e/D 뿐만 아니라 Re수에 관계된다. 완전난류구역에서는 조도에 의한 돌출부분이 벽면의 층류저항 위로 고도의 주류에 노출됨으로써 유동에 주된 영향을 미친다. 따라서 이 경우 마찰계수는 오직 상대조도의 함수로 주어지므로 Re수에 무관하다.

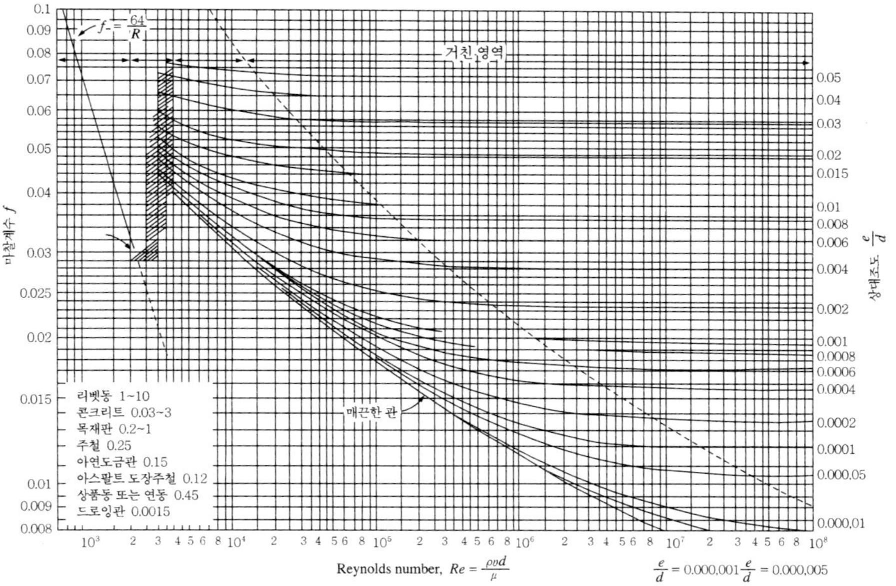

그림 5.12 Moody의 선도

(1) 관마찰의 해석

Colebrook는 관마찰에 관한 그의 논문에서 내벽면이 매끈하게 다듬어진 관에 대한 관마찰의 식을 다음과 같이 유도하였다.

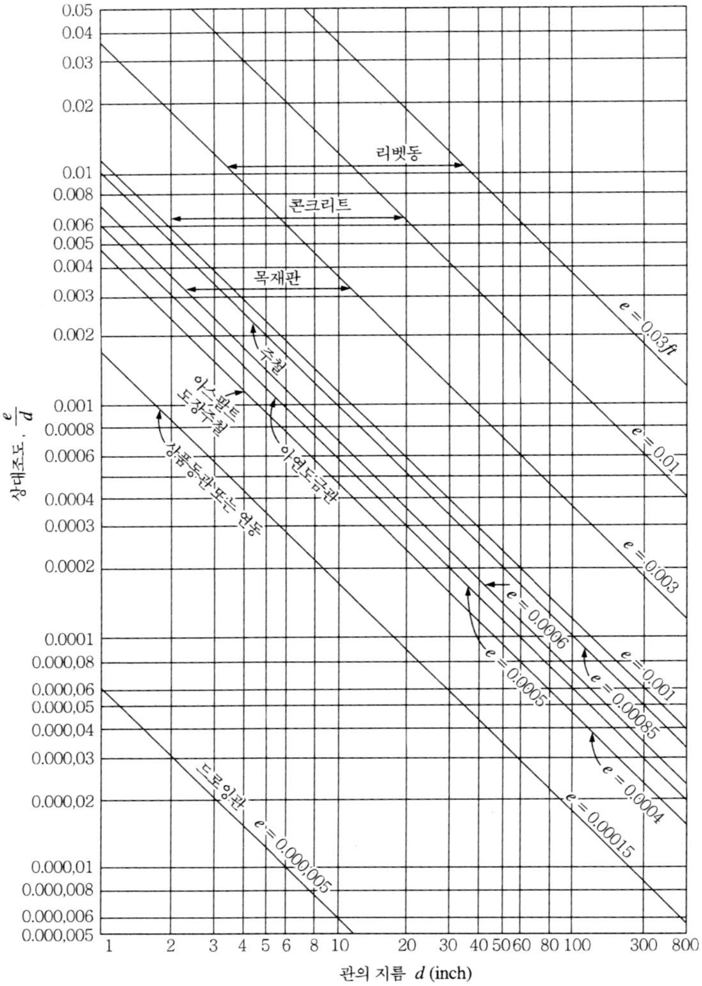

그림 5.13

$$\frac{1}{\sqrt{f}} = A_s + B_s \ln(\mathrm{Re}\sqrt{f}) \tag{5.35}$$

여기서, A_s와 B_s는 상수로서 매끈한 관에 대한 Nikuradse의 실험치로부터 상수의 값을 결정하여 대입시키면 다음과 같이 된다.

$$\text{매끈한 관 : } \frac{1}{\sqrt{f}} = 0.86\ln(\mathrm{Re}\sqrt{f}) - 0.8 \tag{5.36}$$

한편 거친 벽면을 갖는 관에서의 흐름이 완전한 난류일 때 관마찰과 상대조도와의 관계는 역시 Nikuradse에 의해서 모래알 실험으로 얻어졌다. 그런데 여기서 Nikuradse의 모래알 실험을 관류에 있어서 표면의 조도와 관마찰계수와의 관계를 실험적인 방법으로 알아내기 위하여 일정한 크기의 모래알을 관 내벽에 균일하게 부착시켜서 인공적으로 만든 조도를 이용하여 실험을 하였던 것이다. 이렇게 해서 얻은 결과는 실제의 상업용 관에서의 마찰과는 좀 차이가 있지만 이 실험을 통해서 그림 5.14에서도 볼 수 있는 바와 같이 상대조도 e/D와 관마찰계수 f와의 관계는 뚜렷하게 볼 수 있었다.

Nikuradse의 모래알 조도 실험으로부터 완전난류구역에 대하여 방정식 (5.35)의 상수를 결정하여 대입하면 다음과 같이 된다.

$$\text{거친 관}: \frac{1}{\sqrt{f}} + 0.8\ln\frac{e}{d} = 1.14 \tag{5.37}$$

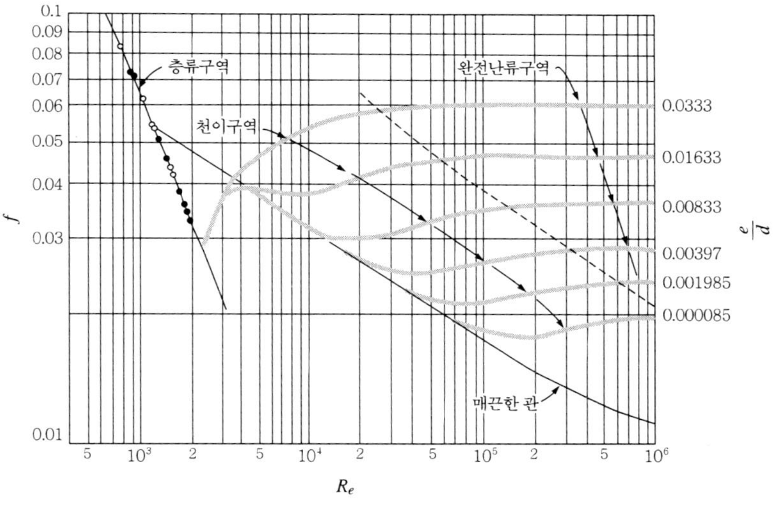

그림 5.14 Nikuradse의 모래알 조도시험

그림 5.14에서 보여주는 Nikuradse의 실험으로부터 상대조도 e/D, 관마찰계수 f 및 레이놀드수 Re와의 관계를 음미하여 보면 다음과 같이 요약된다.

① 층류구역 즉, 레이놀드수 Re가 2,100보다 작을 때는 f는 e/D에 관계없이 Re만의 함수가 되고 $f = 64/\text{Re}$로 표시할 수 있다.

② 완전한 난류구역에서 f는 Re에는 별로 관계없이 다만 e/D에만 영향을 받는다.

③ 천이구역에서 f는 Re와 e/D의 함수가 된다.

Nikuradse의 실험결과는 비록 실제의 상업용관에 대한 값과 일치되지는 않지만 상업용관에서 마찰에 의한 손실을 계산할 때 기본적인 표준치로서 사용되고 있다. 한편 Colebrook는 실제의 상업용 관에서 흐름의 상태가 난류일 때 매끈한 것과 거친 관에 대해서 적용시킬 수 있는 경험식 (5.38)을 제안하였다. 이 결과를 도표로서 표시한 것이 그림 5.12에 주어져 있으며 이 선도를 무디선도(Moody diagram)라고 한다. 무디선도는 관마찰의 계산에서 가장 많이 이용되고 있는 도표이다.

$$\frac{1}{\sqrt{f}} = -0.86\ln\left(\frac{e/d}{3.7} + \frac{2.51}{Re\sqrt{f}}\right) \tag{5.38}$$

한편 Blasius는 레이놀드수가 3,000 〈 Re 〈 100,000인 구역에 대하여 관마찰계수 f의 값을 다음과 같이 레이놀드수 만의 함수로 표시되는 경험식을 제안하였으며 이 방정식은 Blasius 난류마찰식으로 알려져 있다. 즉

$$f = \frac{0.316}{Re^{1/4}} \tag{5.39}$$

예제 5.4

직경이 10cm인 매끈한 관을 통해 40℃의 물이 흐르고 있다. 이 관에서 유량이 각각 $0.02\text{m}^3/\text{s}$와 $0.0001\text{m}^3/\text{s}$일 때 400m의 길이에서 손실수두를 계산하여라.

풀이)

40℃인 물의 동점성계수는

$\nu = 0.658 \times 10^{-6}\text{m}^2/\text{s}$

따라서

$$V_1 = \frac{Q_1}{A} = \frac{0.02}{\frac{\pi}{4}(0.1)^2} = 2.548\text{m/s},\ Re_1 = \frac{V_1 d}{\nu} = \frac{2.548\times0.1}{0.658\times10^{-6}} = 387{,}000 > 4{,}000$$

∴ 난류이다.

$$V_2 = \frac{Q_2}{A} = \frac{0.0001}{\frac{\pi}{4}(0.1)^2} = 0.0127\text{m/s},\ Re_2 = \frac{0.0127\times0.1}{0.658\times10^{-6}} = 1{,}930 < 2{,}100$$

∴ 층류이다.

Re = 387,000에 대하여 무디선도로부터 f_1 = 0.014이며 Darcy방정식에 대입하면

$$H_{L1} = f_1\frac{l}{d}\frac{V_1^2}{2g} = 0.014 \times \frac{400}{0.1}\frac{(2.548)^2}{2\times9.8} = 18.55\text{m}$$

Re = 1,930일 때는 층류이므로 $f_2 = \frac{64}{Re} = \frac{64}{1,930} = 0.033$

따라서

$$H_{L2} = f_2 \frac{l}{d} \frac{V_2^2}{2g} = 0.033 \times \frac{400}{0.1} \frac{(0.0127)^2}{2 \times 9.8} = 1.096 \times 10^{-3} \mathrm{m}$$

5.6.2 미소 손실

관유동은 갑작스런 방향의 전환이나 단면적의 변화 및 그 밖의 연결부분(fitting) 등을 통과하게 된다. 여기서 발생되는 손실수두는 미소 손실로서 이는 유동의 박리(separation)에 기인한다. 이때 에너지는 박리점 부근에서 와류유동에 의해 손실된다. 그런데 이 손실은 일정한 단면을 가진 긴 관에서의 주손실에 비하면 작다. 그래서 미소 손실이라고 불리우며 일반적으로 다음과 같이 표현된다.

$$h_{Lm} = K \frac{V^2}{2g} \tag{5.40a}$$

여기서, K는 손실계수(loss coefficient)라고 하며, 각 경우에 대해 실험적으로 결정된다. 미소 손실은 다음과 같이 표시할 수도 있다.

$$h_{Lm} = f \frac{Le}{D} \frac{V^2}{2g} \tag{5.40b}$$

여기서, Le는 등가길이로서 단면변화에 따른 관로의 부분적 손실을 관마찰손실로 환산하여 생각하고자 나타낸 직선관 길이 즉, 비직선관에서의 부분적 손실수두와 직선관에서의 마찰손실수두가 같을 때 직선관의 관길이이다.

위 두식으로부터 등가길이는 다음과 같이 구해진다.

$$Le = \frac{KD}{f}$$

이 등가길이 Le를 실제 관길이에 더해 줌으로써 부분적 손실을 고려하게 된다.

예를 들어 직경 10mm인 관에서의 K = 20, f = 0.02일 때 등가길이 10m가 되며, 이 관에서 유속 0.5m/s로 L = 100m 유동시 총손실 수두는 다음과 같이 계산된다.

$$h_{Lt} = f\ \frac{(L+Le)}{D}\frac{V^2}{2g} = 0.02\frac{(100+10)}{\left(\frac{10}{1000}\right)}\frac{0.5^2}{2\times 9.8} = 2.81(\text{m})$$

손실계수에 관한 실험은 많이 수행되어 왔으며, 그 중에서 자주 접하는 몇 가지 경우에 대하여 고찰하고자 한다.

(1) 입구형태에 따른 손실

관입구에서의 압력손실을 우선 알아보도록 하자. 입구부분이 날카로운 모서리로 되어 있다면 유동의 박리는 모서리에서 일어나며 수축(vena contracta)이 형성된다. 유체는 수축부에서 감소된 면적을 지남에 따라 국부적으로 가속된다. 그리고 유체는 다시 관내를 충만해서 흐르기 위해서 감속되면서 에너지의 손실을 수반한다.

그림 5.15에서 보는 바와 같이 입구길이에서의 압력강하는 동일길이의 완전히 발달된 유동장에서의 압력강하보다 크다. 관중심에서의 유속은 입구에서부터 경계층이 발달됨에 따라 가속된다는 것을 알았다. 관벽에서의 전단응력도 완전히 발달된 유동에서보다 입구부분(entrance region)에서 더 크다. 아무리 입구가 매끄럽다고 해도 입구부분에서의 압력강하는 같은 길이의 완전발달된 유동에서 보다 크다. 입구부분(입구길이에 해당되는 부분)에서의 손실수두는 에너지방정식으로부터 계산될 수 있다.

$$\frac{p_1}{\rho} + \alpha_1\frac{V_1^2}{2} + gz_1 = \frac{p_2}{\rho} + \alpha_2\frac{V_2^2}{2} + gz_2 + h_{LT} \tag{5.41}$$

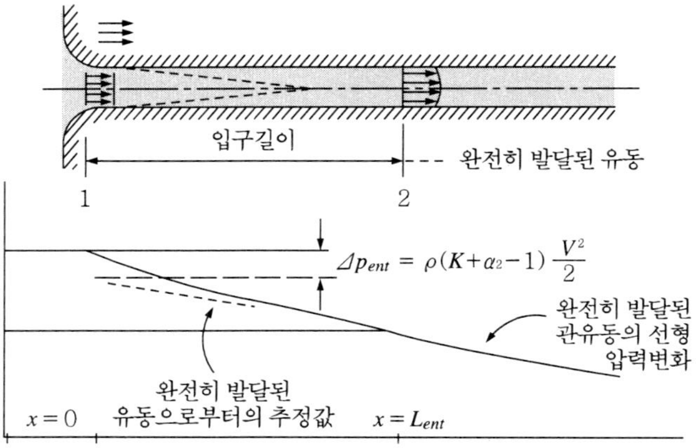

그림 5.15 관입구에서의 정압변화

입구의 형상이 아주 매끈한 경우에 입구유속분포는 균일($\alpha = 1$)하다. 그리고 연속 방정식으로부터 $V_1 = V_2$이다. 높이의 항을 무시하고 식 (5.41)을 압력강하에 대해서 풀면 다음과 같다.

$$p_1 - p_2 = \rho\left[h_{LT} + (\alpha_2 - 1)\frac{V_2^2}{2}\right] \tag{5.42}$$

이 식은 마찰과 박리가 일어나지 않는 유동일지라도 ($h_{LT} = 0$), 압력강하는 $\alpha_2 > 1$인 비균일한 속도분포를 발생시킨다는 것을 나타내고 있다.

$$p_1 - p_2 = \rho\left[h_L + h_{Lm} + (\alpha_2 - 1)\frac{V_2^2}{2}\right] \tag{5.43}$$

완전히 발달된 유동에서 마찰 때문에 생기는 손실수두 h_L 은 다음과 같다.

$$h_L = f\frac{L}{D}\frac{V^2}{2} \tag{5.44}$$

식 (5.40a)로 정의되는 미소 손실계수 K를 식 (5.43)에 대입하고 위 식을 이용하면 압력강하는 다음과 같이 쓸 수 있다.

$$\begin{aligned} p_1 - p_2 &= \rho\left[f\frac{L}{D}\frac{V^2}{2} + K\frac{V^2}{2} + (\alpha_2 - 1)\frac{V_2^2}{2}\right] \\ &= \rho\left(f\frac{L}{D} + K + \alpha_2 - 1\right)\frac{V^2}{2} \end{aligned} \tag{5.45}$$

손실계수 K값은 입구에 대한 압력강하를 측정함으로써 식 (5.45)를 이용하여 계산할 수 있다. 관입구를 매끈하게 해줌으로써 입구손실을 상당히 줄일 수 있음을 알 수 있다. 입구 자체에서 생기는 미소 압력강하 Δp_{ent}는 완전히 발달된 유동과 비교하여 식 (5.44)로부터 결정된다. 즉, 완전히 발달된 유동일 경우 길이 L에서의 압력강하는

$$\Delta p_{f-d} = \rho f\frac{L}{D}\frac{V^2}{2}$$

이므로 입구자체에서의 압력강하는 $p_1 - p_2 - \Delta p_{f-d}$과 같을 것이다. 따라서 Δp_{ent}는

$$\Delta p_{ent} = p_1 - p_2 - \Delta p_{f-d} = \rho(K + \alpha_2 - 1)\frac{V^2}{2} \tag{5.46}$$

으로 표시되며, 이는 그림 5.15에 도식적으로 나타나 있다.

식 (5.45)와 식 (5.46)에 나타난 운동에너지 보정계수 α는 난류속도분포를 지수법칙으로 나타냄으로써 전절에서 계산되었다. 여기서 지수 1/n은 Re 수의 함수이기 때문에 α도 역시 Re수의 함수일 것이다. 지수법칙의 지수와 마찰계수와의 상호관계가 Nunner에 의해 실험적으로 소개되었다.

$$\frac{1}{n} = \sqrt{f} \tag{5.47}$$

Re수가 60,000에서 매끈한 관에 대한 마찰계수 f의 값은 그림 5.12에 대략 0.02를 나타내므로, 이때 1/n의 값은 식 (5.47)에서 1/n = 1/7이다. 이에 상당하는 α값은 1.058이다. 또 공학적으로 관심이 되고 있는 대부분의 난류운동에 대해 α의 값은 거의 1에 가깝기 때문에 때때로 손실수두의 계산에서는 생략된다.

(2) 단면적의 급변화에 따른 손실

① 단면이 급히 확대되는 경우

관의 단면적이 갑자기 확대되면 그 단면을 지날 때에 많은 에너지 손실을 수반한다. 이것은 점성소산(viscous dissipation)에 의하여 일어난 유체의 내부에너지의 상승으로 인한 에너지 손실이다. 이러한 급확대관에서의 손실은 운동량의 방정식을 응용함으로써 쉽게 계산할 수 있다.

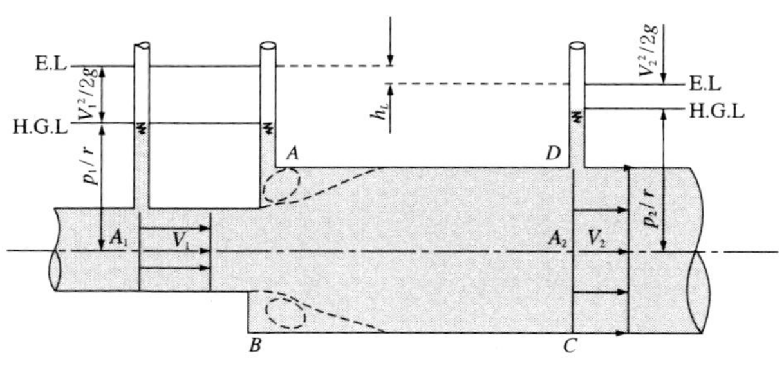

그림 5.16 축대칭 급확대관

급확대관에서 유체는 1차원 정상, 비압축성, 난류유동한다고 가정하고 운동량 변화의 구역을 둘러싸기 위하여 그려진 검사면 ABCD를 생각하라. 그러면 운동량의 변화율은

$$p_1 A_2 - p_2 A_2 = \rho Q(V_2 - V_1) = (V_2 - V_1)\frac{\gamma A_2 V_2}{g}$$

이 운동량의 변화를 생기게 하는 힘들은 면 AB와 CD에 작용한다. 만약 이들을 면들에 작용하는 정수역학적 압력분포에 기인한다고 가정하면 그들은 윗식의 좌변과 같이 된다.(유체와 관벽사이의 전단력은 무시했다)

검사체적 ABCD에 대한 수정 Bernoulli방정식은

$$\frac{V_1^2}{2g} + \frac{P_1}{\gamma} = \frac{V_2^2}{2g} + \frac{P_2}{\gamma} + h_{Lm}$$

로 된다. 이 두 식으로부터, $A_1 V_1 = A_2 V_2$를 고려하고, $(p_1 - p_2)/\gamma$ 를 소거하면

$$\frac{V_2^2 - V_1 V_2}{g} = \frac{V_2^2 - V_1^2}{2g} + h_{Lm}$$

를 얻는다. h_{Lm}에 관해서 풀면 급확대관에서의 손실수두는

$$h_{Lm} = \frac{(V_1 - V_2)^2}{2g} = \frac{V_1^2}{2g}\left(1 - \frac{A_1}{A_2}\right)^2 \tag{5.48}$$

와 같이 계산된다. 이 해석은 초기의 해석적 수력학의 한 대표적인 것이며, h_{Lm}을 그의 최초의 전개에 기여한 이들의 이름을 따서 흔히 Borda－Carnot 수두손실(head loss)이라 한다.

따라서 식 (5.48)에서의 계수는 이 경우

$$K = \left(1 - \frac{A_1}{A_2}\right)^2$$

식 (5.47)을 볼 때 A_1에 비해 A_2가 아주 큰 경우 $\frac{A_1}{A_2} \approx 0$이 되어서 $K = 1$이 된다. 따라서 손실수두는 $h_{Lm} = \frac{V_1^2}{2g}$ 즉, 운동에너지가 완전히 열에너지로 흡수되고 만다. 예를 들어 어떤 관이 직접 큰 물탱크에 연결되었을 때가 이러한 경우로서 이때는 $K = 1$이 된다.

그림 5.17과 같이 물이 관로에 의하여 탱크 또는 저수지에 유입할 때는 관로의 단면적 A_1에 비하여 탱크 또는 저수지의 단면적 A_2가 대단히 크므로 식 (5.48)에서 $\frac{A_1}{A_2} = 0$으로 할 수 있다. 즉, $h_{Lm} = 1 \times \frac{V_1^2}{2g}$ 또는 $K = 1$로 되어 이와 같은 경우에는 관로 속의 속도수두가 탱크 또는 압력 p_1의 위치에서 저압 p_2의 위치로 간극(clearance)으로 새어 흐를 때 그림 5.18(a)와 같이 좁은 간격으로부터 비교적 넓은 부분으로 갑자기 나올 때마다 위에서 설명한 손실수두가 생겨서 그로 말미암아 누출(leakage)의 속도가 감소되

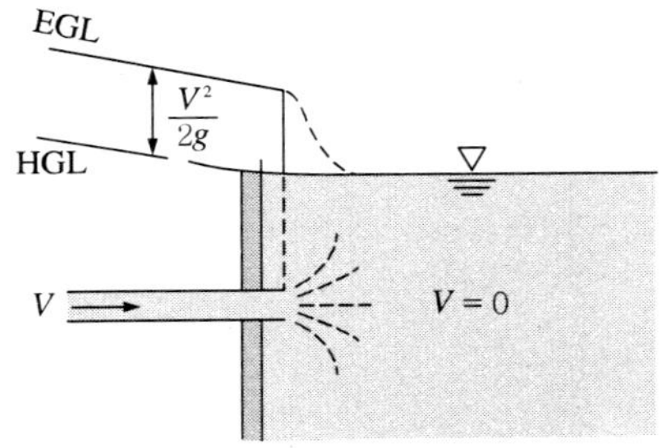

그림 5.17

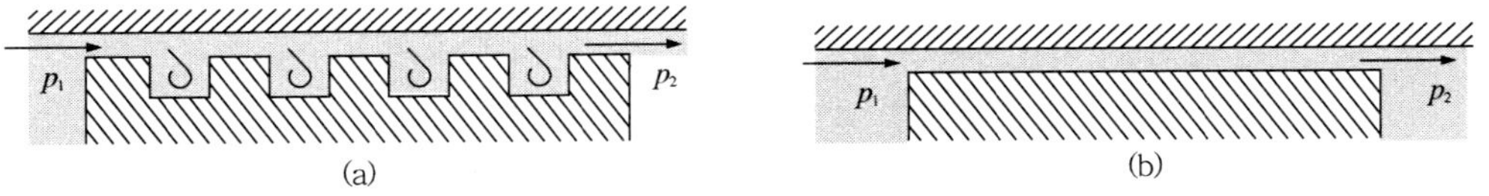

그림 5.18

고, 이와 같은 현상이 반복됨으로써 결국 수두차 $H = \dfrac{p_1 - p_2}{\gamma}$의 대부분이 소실된다. 따라서 그림 5.18(b)에 표시한 바와 같은 좁고 요철이 없는 간격의 경우보다 누출량이 오히려 감소된다.

이 원리를 응용하여 좁은 틈바구니에서의 유체의 누출을 방지하는 이른바 유체밀(fluid tight), 예컨대 수밀(water tight)과 증기밀(steam tight) 등으로 하기 위하여 간극의 벽면에 여러 개의 작은 골(groove)을 파주는 수가 있다. 이것을 미궁충진(labyrinth packing)이라고 한다.

예제 5.5

수평으로 놓인 직경 300mm의 관이 20°로 확대되어 직경이 600mm로 되었다. 유량이 0.3m³/s로 흐르고 있을 때 직경이 작은 쪽의 압력이 140kPa였다면 직경이 큰 쪽의 압력은 얼마인가? 단, 관 마찰손실이 없는 것으로 간주한다.

풀이)

$$V_1 = \frac{0.3}{(\pi/4)(0.3)^2} = 4.24\text{m/s}$$

$$V_2 = \frac{4.24}{4} = 1.06\text{m/s}$$

$\theta = 20°$인 경우 $K \fallingdotseq 0.43$이므로(그림 5.24 참조)

$$\frac{140\times10^3}{9.8\times10^3}+\frac{(4.24)^2}{2g}=\frac{P_2}{\gamma}+\frac{(1.06)^2}{2g}+0.43\frac{(4.24-1.06)^2}{2g}$$

$\therefore\ P_2 = 145\text{kpa}$

② 단면이 급히 축소할 경우

그림 5.19와 같이 유동단면이 갑자기 축소할 때 흐름이 수축맥(Vena contracta)을 지나가므로 유동 단면이 일단 축소되었거나 다시 확대되어 관벽에 충돌할 경우 역시, 마찰 이외의 미소 손실(충돌손실)이 생긴다. 이 손실수두 h_{Lm}를 축소단면에서의 평균속도의 수두로 표시하면 급확대관의 경우와 비슷한 방법으로 유도할 수 있다. 그러나 이때는 축소관에 생기는 유체제트의 축소단면적을 알아야 한다. 베르누이 방정식을 그림의 C−2단면에 적용시키면

$$h_{Lm}=\frac{(V_C-V_2)^2}{2g}$$

연속방정식을 단면 C와 2에 적용하면

$$V_C C_C A_2 = V_2 A_2$$

여기서, C_C는 수축계수로서 $C_C=\dfrac{A_C}{A_2}$이다. 따라서 이를 h_{Lm}식에 대입 정리하면

$$h_{Lm}=\frac{(V_C-V_2)^2}{2g}=\left(\frac{1}{C_C}-1\right)^2\frac{V_2^2}{2g} \tag{5.49}$$

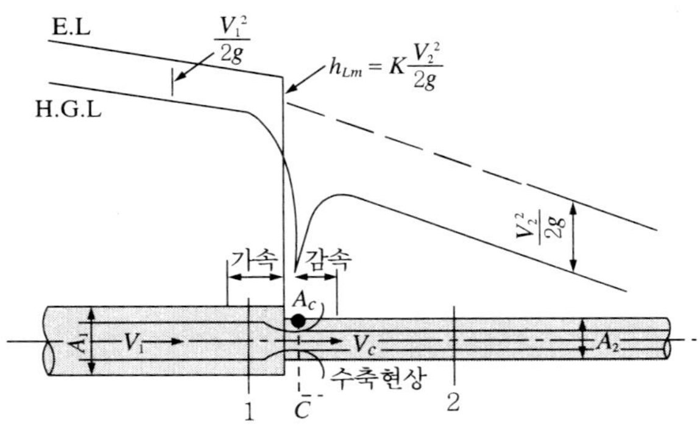

그림 5.19

$$K = \left(\frac{1}{C_C} - 1\right)^2$$

$$h_{Lm} = K\frac{V_2^2}{2g}$$

으로 된다. 이 식에서 계수 K의 값은 면적비 $\frac{A_2}{A_1}$의 크기에 따라서 대략 결정된다. 독일인 Weisbach의 물에 관한 실험 결과에 의하면 다음과 같이 대체로 $\frac{A_2}{A_1}$의 증가에 따라서 K는 감소된다. 표 5.3에서 $C_C = \frac{A_C}{A_2}$이다.

표 5.3

A_2/A_1	0	0.1	0.2	0.3	0.4	0.5	0.6	0.7	0.8	0.9	1.0
C_C	0.617	0.625	0.632	0.643	0.659	0.681	0.712	0.755	0.813	0.892	1.00
K	0.50	0.46	0.41	0.36	0.30	0.24	0.18	0.12	0.06	0.02	0

탱크 또는 저수지에서 물이 관로에 유입할 때 일어나는 손실, 즉 입구손실은 단면이 갑자기 축소할 때에 일어나는 손실과 같은 종류의 손실이다.

입구손실은 관로를 붙인 방법에 따라서 다르며, 그림 5.20(a)와 같이 관로의 입구 끝을 탱크의 벽에 직각으로 붙였을 때는 $K = 0.5$ 내외이며, 그림 5.20(b)와 같이 관 끝이 탱크벽을 관통하여 탱크내에 돌출하는 경우에는 $K = 0.56$ 정도이다. 또 그림 5.19(c)와 같이 관 끝을 탱크벽에 원만하게 붙였을 때는 손실수두가 가장 작고 $K = 0.02 \sim 0.05$이다.

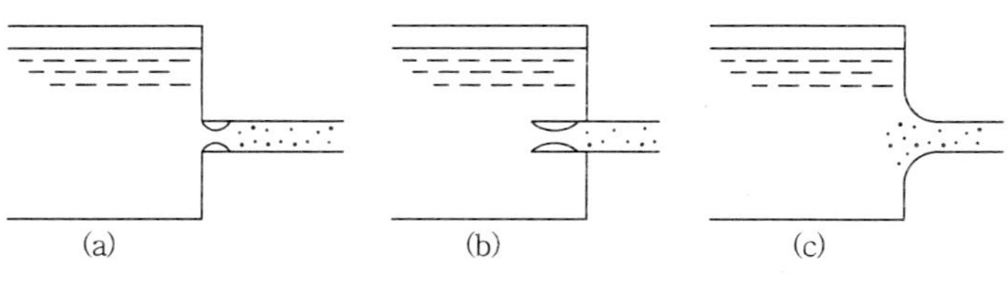

그림 5.20

(3) 유동단면이 점차로 변화할 때의 손실

그림 5.21은 벤튜리 미터(Venturi meter)와 같이 일단 가늘게 된 관이 다시 굵어지는 관로 ABC에 대하여 실험한 상태를 표시하며, 중심선에 따라서 삽입한 가는 관은 압력 측정용이다. 이 관벽에 작은 구멍을 뚫어 이 관의 한 끝을 압력계에 접속하고 중심선에 따라

서 관을 이동함으로써 구멍의 위치를 변경하여 여러 단면에서의 정압을 측정할 수가 있다. 그림 5.21에서 높이 p/γ의 곡선은 이와 같이하여 측정한 압력선이며, B에서의 압력을 0으로 한 곡선이다. 그림 중 h_L는 마찰손실수두이고, $h_{Lm} = K\frac{V_2^2}{2g}$은 미소손실이다. 그리고 AB와 같은 수축관(convergent pipe)에서는 원통관의 유동이 오히려 혼란되지 않는다. 따라서 속도변화에 의한 손실이 거의 없다고 할 수 있다. 이에 반하여 확대관(divergent pipe)에서는 확대율이 크면 다음에 설명하는 바와 같이 h_L이 커진다. 그러므로 「Venturi관에서는 입구의 원추관 AB를 짧게 하고, 출구의 원추관 BC를 길게 하여 손실 h_L를 가급적 작게하고 있다.」

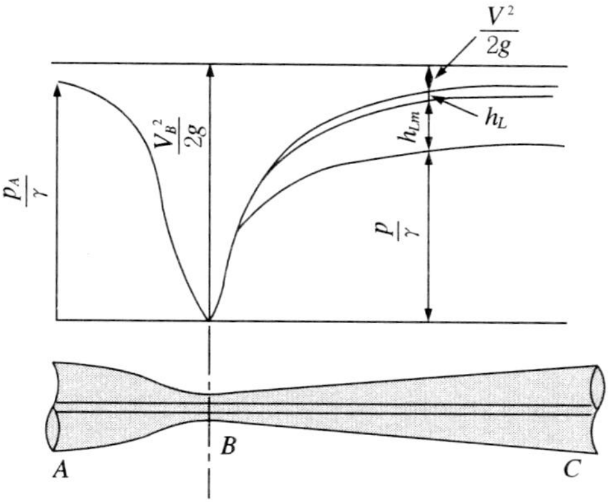

그림 5.21

이와 같은 의미에서 그림 5.21(a)에 표시한 프랜시스 터어빈의 회전차(runner)는 수류의 통로가 중심으로 향하는 수축 유동이므로 통로를 비교적 짧게 하고 그림 5.22(b)에 표시한 원심펌프(centrifugal pump)의 임펠러(impeller)에 있어서 물의 통로는 중심으로부터 외향의 확대 유동이므로 비교적 길게 한다. 예컨대 압력에너지를 속도에너지로 변환시키는 것은 용이하나 반대로 속도에너지를 압력에너지로 변환시키는 것은 어려우며, 이 때에 일부의 에너지가 열에너지로 되어 손실된다.

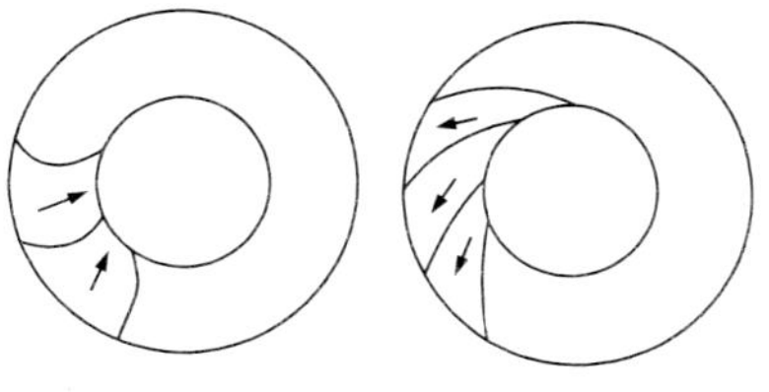

그림 5.22

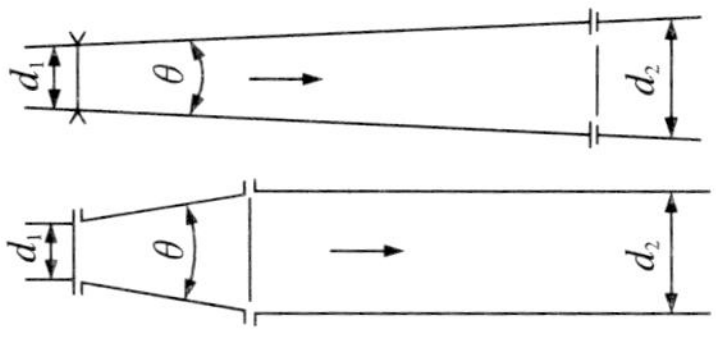

그림 5.23

Gibson은 1910년경 내경 d_1의 가는 관과 내경 d_2의 굵은 관을 연결하는 원추관(그림 5.23)의 길이를 변경시키면서 실험하였다(이 실험은 원추의 각도 θ를 변경하면서 행한 실험과 같은 의미를 갖는다).

이 실험의 결과 원추관이 짧고 θ가 클 때는 주류가 관벽으로부터 이탈하여 소용돌이가 생기고, 미소 손실 h_{Lm}가 커진다. 반대로 θ가 너무 작으면 원추관이 매우 길게 되어 관벽의 주 손실 h_L가 커진다. Gibson은 θ가 약 5°30′이 되도록 원추관의 길이를 선정했을 때, 손실수두의 합계 $h_L + h_{Lm} = K\frac{(V_1 - V_2)^2}{2g}$이 최소치로 된다고 보고하고 있다. 단, V_1 및 V_2는 내경 d_1 및 d_2의 관에서의 평균유속이며, K는 일종의 저항계수이다.

그림 5.24의 곡선은 θ와 K(%)의 관계를 표시하며 θ가 약 5°30′의 경우에 K가 13.5%로 최소, θ가 65°부근에서는 K가 최대치를 취하며, $\theta = 180°$의 경우에 K가 100%로 된다.

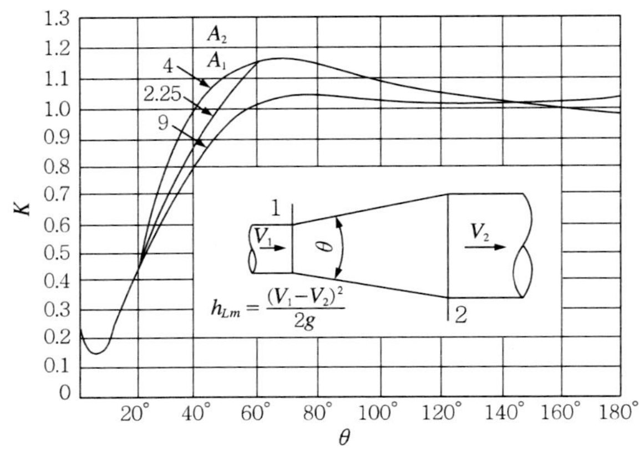

그림 5.24

(4) 밸브(valve), 콕(cock)에 의한 손실

여러 가지 밸브, 콕 등에 의하여 유동의 단면이 한번 축소되면 다시 확대되는 이른바 수축작용(throttling)을 받으므로 밸브의 개도(opening)의 대소에 따라서 손실이 다르며, $h_{Lm} = K\frac{V_2^2}{2g}$에서의 계수 K가 증감한다. 다음에 그 주요한 몇 가지에 대하여 K의 값을 표시한다.

sluice valve에서는 그림 5.25와 같이 원판형의 밸브가 관의 중심선에 직각으로 이동함으로써 원형 통로를 개폐한다. 그림에서 d를 통로의 지름, x를 밸브의 개도로 하면, 개도 $\frac{x}{d}$와 계수 K와의 관계는 대략 다음과 같다.

나비 밸브(butterfly valve)에서는 그림 5.26과 같이 밸브의 기울기 a와 계수 K와의 사이에 다음과 같은 관계가 있다.

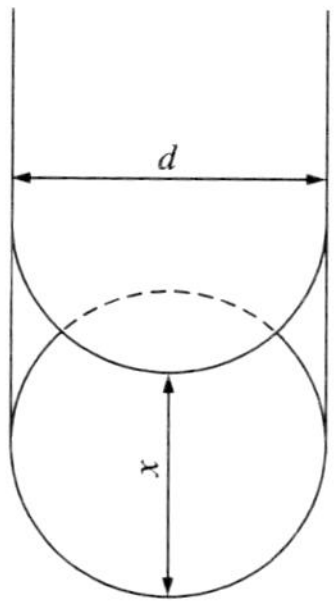

그림 5.25

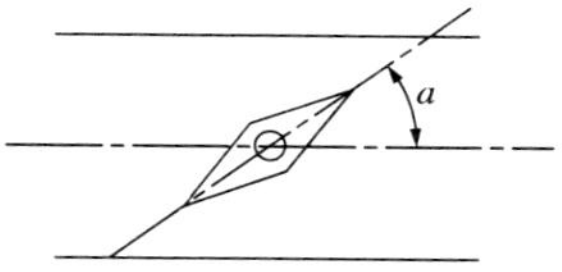

그림 5.26

표 5.4

$\frac{x}{d}$	1	7/8	6/8	5/8	4/8	3/8	2/8	1/8
K	0.05	0.08	0.8	1.5	3.0	8.6	20	100

표 5.5

a	10°	20°	30°	40°	50°	60°	70°
K	0.5	1.5	4.0	11	33	120	750

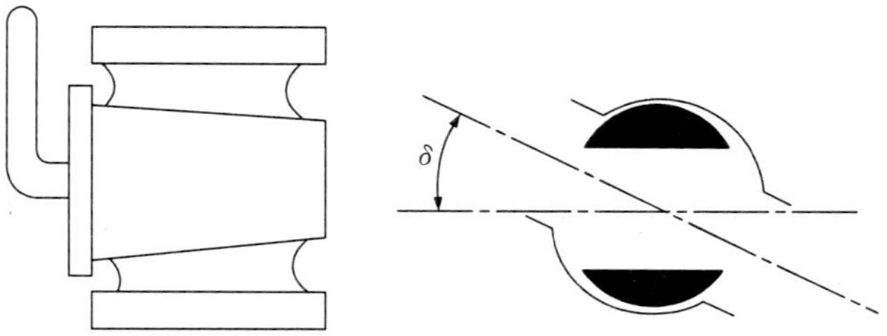

그림 5.27

표 5.6

δ	10°	20°	30°	40°	50°	60°	65°
K	0.3	1.5	5.2	17	50	200	500

콕(cock)이 그림 5.27과 같이 원형 단면의 관로에 있을 때는 개도를 표시하는 밸브의 기울기 δ와 계수 K와의 사이에 대략 다음과 같은 관계가 있다.

(5) 곡관에 의한 손실

곡관(bend pipe)에서의 흐름은 결코 양쪽의 관벽에 평행하게 흐르지 않고 매우 복잡한 상태로 흐른다. 이미 설명한 바와 같이 곧은 관로를 흘러온 속도분포는 그림 5.27의 곡관 입구에 표시한 바와 같이 약간 중앙이 높은 형상으로 되고 관벽 부근에서 속도가 급격히 저하된다. 따라서 중앙을 흐르는 유체가 보유하는 에너지는 벽에 따라서 흐르는 부분의 에너지보다 당연히 크다. 이 큰 에너지를 가진 주류가 그 관성으로 곧장 진입하여 곡관의 A부분에 충돌한다. 그리고 그 방향을 급히 바꾸는 결과, 이 유동은 곡관의 부근에서 2중으로 비틀려 흐른다. 그림 5.28의 우측에 표시한 그림은 단면 AB에서 유동이 비틀리는 모양을 나타낸다.

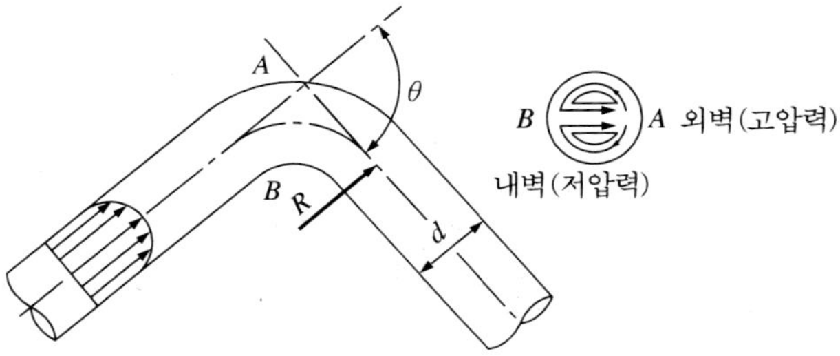

그림 5.28

지금 곡관에 의한 손실수두가 $h_{Lm} = \dfrac{(V_1 - V_2)^2}{2g}$와 같이 표시된다면, 계수 K는 이 때에 주로 유동의 방향변환의 각 θ, 그리고 관의 안지름 d와 중심선의 곡률반경 R과의 비 R/d여하에 따라 변한다. 그리고 내압이 매끈한 곡관의 경우에는 Reynolds수가 증가함에 따라서 K의 값이 감소하지만 내벽이 매끈하지 못한 보통의 곡관에서는 Reynolds수에 의하여 별로 영향을 받지 않는다. 곡관에 의한 손실의 측정에는 독일인 Hofmann이 입구 길이(length)의 영향을 고려하여 d = 2mm, θ = 90°의 곡관에서 실험한 결과 내벽이 조잡한 관에 대한 비 R/d와 계수 K와의 관계를 다음과 같이 발표하였다(1929). 단 이들의 값은 평균값이다.

표 5.7

R/d	0	1	2	4	6	10
K	1.3	0.52	0.29	0.23	0.18	0.20

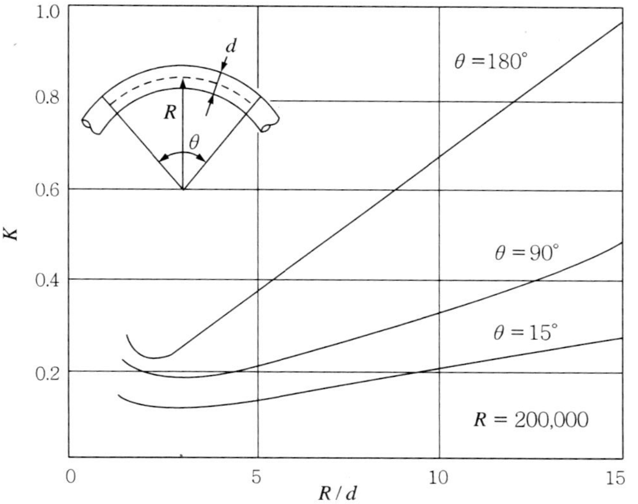

그림 5.29

또 매끈한 관에 대한 K는 일반적으로 더 작으며, 위의 값의 약 $\frac{1}{2}$ 정도이다. Hofmann은 유속을 변경하면서 실험하였으나 내경 d의 변화에 대하여서는 실험하지 않았다.

각 $\theta°$는 직각이 아닌 곡관에서는 그다지 사용되지 않지만, 그런 경우의 계수 K는 직각인 때에 $\frac{\theta°}{90}$를 곱하여 계산할 수가 있다. R/d비가 작은 관을 엘보우(elbow)라고 하며, 위의 표에서 보는 바와 같이 K의 값이 매우 크다.

이와 같이 R/d가 작고 유속 V가 상당히 크면, 그림 5.30에서와 같이 B의 부근에서 관성으로 말미암아 유동이 관벽을 이탈하며, 그 자리에 소용돌이가 생기고 손실수두가 한층 증가한다.

그림 5.31에 표시한 바와 같이 곡관부에 안내 베인(guide vane)을 장치하면, 그와 같은 와류의 발생을 막을 수 있고 손실을 감소시킬 수가 있으며 이는 주로 풍동(wind tunnel) 등의 곡부에 장치한다.

앞의 표에서 R/d비가 어느 정도 이상 커지면 K의 값이 오히려 커지는 경향이 있다. 그것은 R/d이 크면 흐름이 혼란을 일으키는 곡관부가 비교적 길어져서 에너지의 손실이 다시 증가하기 때문이다. 실험한 사람에 따라서 다르지만 Hofmann의 실험 결과에 의하면 R/d이 약 7이 되는 관이 K의 값을 가장 작게 한다.

그림 5.32와 같은 코일 모양의 관은 곡관의 연속이며, 각 θ가 매우 큰 때로 생각할 수 있다. 일본인 토미타(부전)의 실험에 의하면, 코일관(coil pipe)에서는 같은 길이의 곧은 관에 비교하여 손실수두가 약 2배 내외로 증가한다고 보았다.

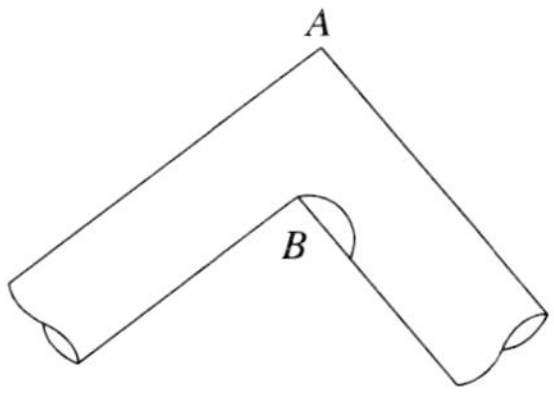

그림 5.30

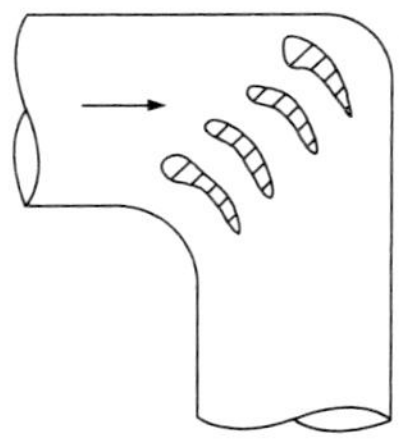

그림 5.31

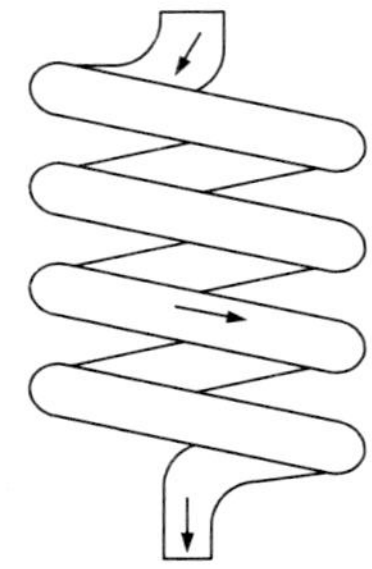

그림 5.32

이외에 T관, Y관 등에서도 각각 특수한 미소 손실(충돌손실)이 일어난다. 굴곡관(pipe bend)에서의 손실수두는 동일길이의 직관에서 보다 크다. 이 경우에서는 2차유동(secondary flow)의 결과로 손실이 생기며, 이는 직관에 해당되는 등가길이(equivalent length)로써 표현된다. 90°굴곡의 경우, 등가 길이는 굴곡관의 곡률반경에 따라 다르다.

그러나 복잡한 관계에서는 그림 5.33에 나타난 연결방법(miter bend : 두 관을 일정한 각도로 연결시키는 방법)이 설치에 간단하고, 저렴하기 때문에 많이 쓰인다. 이에 관한 자료가 그림 5.33에 나타나 있다.

밸브와 연결부분(fitting)을 통해 흐르는 유동에서의 손실은 직관에 해당하는 등가길이로써 표현하는 것이 편리하며, 이들의 몇 가지 대표적인 자료가 표 5.8에 나타나 있다.

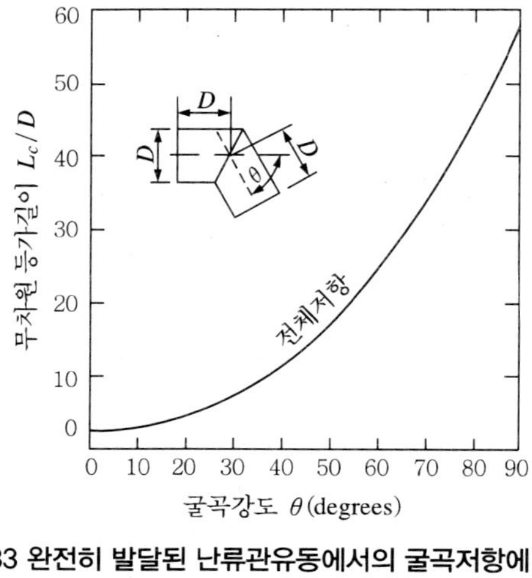

그림 5.33 완전히 발달된 난류관유동에서의 굴곡저항에 대한 설계자료

표 5.8 밸브와 연결부분의 무차원 등가 길이

연결부분	상태	등가길이
Globe valve	Fully open	350
Gate Vale	Fully open	13
	$\frac{3}{4}$ open	35
	$\frac{1}{2}$ open	160
	$\frac{1}{4}$ open	900
Check valve		50~100
90° std. elbow		30
45° std. elbow		16
90° elbow	Long radius	20
90° street elbow		50
45° street elbow		26
Tee	Flow through run	20
	Flow through branch	60
Return bend	Close pattern	50

실제로 밸브 및 연결부분이 삽입됨으로써 유발되는 손실은 관계의 제조과정에 있어서의 품질관리에 따라 상당히 좌우된다. 만일 단면을 자르는 과정에서 끝처리가 안 된 상태의 관들이 그대로 사용된다면, 이들은 국부적으로 유동을 방해하여 상당한 손실수두를 증가시킨다. 비록 본 절에서 논한 손실들이 모두 미소 손실이라 일컬어지지만 이들의 누적은 전체 계의 손실에서 커다란 부분을 차지한다. 각 손실들에 대한 계산된 값은 적어도 ±10%의 오차로 실제손실을 예측해야 한다.

5.7 관유동 문제에 대한 해석

전손실수두를 계산하면 관유동 문제는 에너지 방정식을 이용하여 풀 수 있다. 아주 복잡한 형태의 문제라 할지라도 동일한 방법이 사용된다.

이 절에서는 정상상태의 난류와 파이프내의 비정상류를 해석하는 방법을 논의하자.

5.7.1 단일관로

일반적으로 관유동의 공학적인 문제를 특성별로 분류하여 보면 다음의 세 가지 경우로 집약할 수 있게 된다.

(1) 주어진 유량과 관의 특성으로부터 손실수두와 압력의 변화를 계산하는 문제

(2) 주어진 관의 특성과 전 수두(total head)로부터 유량을 계산하는 문제

(3) 주어진 유량과 압력차를 가능하게 하는 관의 직경을 계산하는 문제

위의 세 가지의 문제 중에서 첫 번째의 경우는 가장 보편적이고 단순한 경우의 문제로써 쉽게 해결될 수 있다. 그러나 두 번째와 세 번째의 경우는 그렇게 쉽게 해결할 수 없고 다만 시행착오법(trial and error method)을 써야 한다. 왜냐하면 관마찰계수인 f나 K는 레이놀드수 Re의 함수인데 Re 또한 유량과 관의 직경의 함수가 되기 때문이다. 그러나 대부분의 경우는 유동상태가 완전한 난류구역으로 레이놀드수 Re가 대단히 크게 되어서 마찰계수인 f나 K의 값은 유량이나 관의 직경에 관계없이 거의 일정한 상수의 값이 되므로 시행착오법을 쓰지 않고서도 해결될 수 있는 경우가 많게 된다.

>> 첫째 경우의 문제

유량, 관의 길이, 직경, 점성계수, 표면조도로부터 손실수두를 계산하는 문제

예제 5.6

직경이 20cm인 주철관에 0.1m^3/s의 기름이 흐르고 있다. 관의 길이가 300m일 때 손실수두를 계산하라. 단, 기름의 동점성계수 $\nu = 0.7 \times 10^{-5}$m^2/s이다.

풀이)

주철관에 대하여 (그림 5.13) 조도는 $e = 0.00026m$, $e/d = 0.0013$

$$V = \frac{Q}{A} = \frac{0.1}{\frac{\pi}{4}(0.2)^2} = 3.18\text{m/s}$$

$$\text{Re} = \frac{3.18 \times 0.2}{0.000007} = 90{,}800$$

무디(Moody)선도 그림 5.12로부터 $f = 0.0234$

따라서

$$H_L = f\frac{l}{d}\frac{V^2}{2g} = 0.0234 \times \frac{300}{0.2} \times \frac{(3.18)^2}{2 \times 9.8} = 18.1\text{m(또는 J/N)}$$

컴퓨터를 이용하여 관마찰의 문제를 풀려고 할 때는 무디(Moody) 선도로부터 직접

f를 읽을 수 없고 Colebrook의 방정식을 이용해서 계산해야 한다. Wood는 레이놀드 수 Re 〉 10,000, 상대조도 1×10^{-5} 〈 e/d 〈 0.04에 대하여 적용시킬 수 있는 다음과 같은 단일식을 제안하였다.

$$f = a + bRe^{-c}$$

여기서

$$a = 0.094\left(\frac{e}{d}\right)^{0.225} + 0.53\left(\frac{e}{d}\right)$$

$$b = 88\left(\frac{e}{d}\right)^{0.44}$$

$$c = 1.62\left(\frac{e}{d}\right)^{0.131}$$

이 식을 이용하여 컴퓨터를 써서 관마찰의 문제를 풀 수 있다.

>> 둘째 경우의 문제

수두손실, 관의 길이, 점성계수 및 조도로부터 유량을 계산하는 문제

예제 5.7

23℃의 물이 직경 25cm인 리벳된 철관(riveted−steel pipe)속에 흐르고 있다. 이때 관의 표면에서 조도가 e = 0.004m이고 손실수두는 400m 길이에 대하여 6m이었다. 이관에서의 유량은 얼마인가?

풀이)

$$\frac{e}{d} = \frac{0.004}{0.25} = 0.016$$

유량과 관마찰계수가 모두 미지수이므로 시행착오법을 써야 한다. 우선 f = 0.04로 가정한다.

Darcy 방정식에서

$$6 = 0.04\frac{400}{0.25}\frac{V^2}{2\times 9.8},\ V = 1.36\text{m/s}$$

23℃의 물은 $\nu = 1.0 \times 10^{-6}\text{m}^2/\text{s}$ 이므로

$$\text{Re} = \frac{0.25\times 1.36}{1.0\times 10^{-6}} = 3.4 \times 10^5$$

Re = 3.4 × 10^5과 $\frac{e}{d}$ = 0.016의 값은 무디선도로부터 f = 0.0422이므로 f = 0.04의 가정은 약간 틀렸음을 알 수 있다. 다시 f = 0.0422로 가정한다.

Darcy방정식에서 $6 = 0.0422\frac{400}{0.25}\frac{V^2}{2\times 9.8}$, V = 1.32m/s

$$\text{Re} = \frac{0.25\times 1.32}{1.0\times 10^{-6}} = 3.3\times 10^5$$

Re = 3.3 × 10^5과 $\frac{e}{d}$ = 0.016의 값은 무디선도로부터 f = 0.0422를 얻게 되며 두 번째의 가정은 옳았음을 알 수 있다. 따라서 V = 1.32m/s가 확정되었다.

$$\therefore\ Q = AV = \frac{\pi}{4}(0.25)^2\times 1.32 = 6.47\times 10^{-2}\text{m}^3/\text{s}$$

>> **셋째 경우의 문제**

손실수두, 유량, 관의 길이, 점성계수, 표면조도로부터 관의 직경을 계산하는 문제.

이와 같은 문제에서는 관의 직경이 미지수인데 Darcy 방정식에서 f, V, d의 3개가 미지수이고 또한 연속방정식에서는 V, d의 2개가 미지수이다. 또한 레이놀드수에서도 V, d, Re등 3개의 미지수가 있다. 직경 d 및 상대조도 e/d도 또한 미지수이다. 따라서 이와 같은 문제를 직접 풀기는 매우 어렵고 미지수들을 가능한 범위에서 소거시켜 방정식들을 기지의 항으로 변형시킨다.

우선 Darcy방정식에서 미지수인 속도를 소거한다.

$$H_L = f\frac{l}{d}\frac{Q^2}{2g(d^2\pi/4)^2}$$

다시 변형시켜서

$$d^5 = \frac{8lQ^2}{H_L g\pi^2}f = C_1 f \tag{5.50}$$

여기서 $\frac{8lQ^2}{H_L g\pi^2}f$은 이미 주어진 값만으로 된 항이므로 상수 C_1으로 놓는다. 그리고 $Vd^2 = 4Q/\pi$이므로

$$\mathrm{Re} = \frac{Vd}{\nu} = \frac{4Q}{\pi\nu}\frac{1}{d} = \frac{C_2}{d} \tag{5.51}$$

여기서, C_2는 $4Q/\pi\nu$와 같으며 주어진 값으로 된 상수이다.

셋째 경우의 문제를 푸는 순서를 요약하면 다음과 같다.

① 마찰계수 f를 적당한 값으로 가정한다.

② 방정식 (5.50)로부터 d를 구한다.

③ 방정식 (5.51)로부터 Re를 구한다.

④ 상대조도 e/d를 계산한다.

⑤ Re와 e/d로부터 새로운 f의 값을 무디선도로부터 읽는다.

⑥ 새로운 f를 다시 가정하여 위의 가정들을 처음부터 반복한다.

⑦ 가정된 f의 값이 만족되면 문제는 해결된다.

예제 5.8

깨끗한 단철관(wrought－iron pipe)을 통하여 $0.2\mathrm{m}^3/\mathrm{s}$의 기름을 운반하려고 한다. 기름의 동점성계수는 $0.7 \times 10^{-5}\mathrm{m}^2/\mathrm{s}$이고 관의 길이 1000m에서 손실수두를 8 J/N으로 하는 관의 직경을 산출하여라.

풀이)

방정식 (5.44)에서

$$d^5 = \frac{8lQ^2f}{H_L g\pi^2} = \frac{8\times10^3\times(0.2)^2}{8\times9.8\times\pi^2}f = 0.414f$$

방정식 (5.51)에 대입하여

$$\mathrm{Re} = \frac{4Q}{\pi\nu d} = \frac{4\times0.2}{\pi\times0.7\times10^{-5}\times d} = \frac{3.64\times10^4}{d}$$

단철관에 대하여

$$e = 4.57\times10^{-5}$$

$f = 0.02$로 가정하면

$$d = 0.383\mathrm{m},\ \mathrm{Re} = 95{,}000,\ \frac{e}{d} = 0.00012$$

무디선도로부터 $f = 0.019$를 얻는다.

$f = 0.019$로 가정하면

$$d = 0.38,\ \mathrm{Re} = 95{,}000,\ \frac{e}{d} = 0.00012$$

무디선도로부터 $f = 0.019$

따라서 $d = 38\text{cm}$가 만족되는 관의 직경이다.

>> **에너지선과 동수경사선을 이용하는 문제**

그림 5.34와 같은 저수지에서 수면의 낙차가 H인 두 저수지를 직경이 d인 수평관으로 연결하였을 때의 유량을 계산하는 문제를 생각해 보자. 에너지선 (E.L.)은 한쪽 저수지의 수면에서 시작하여 다른쪽 수면으로 연결되어야 한다. 그림에서 에너지선이 관의 입구와 출구점에서 급격한 강하를 보여주는 것은 입구나 출구에서의 미소 손실 때문에 일어나는 현상이다.

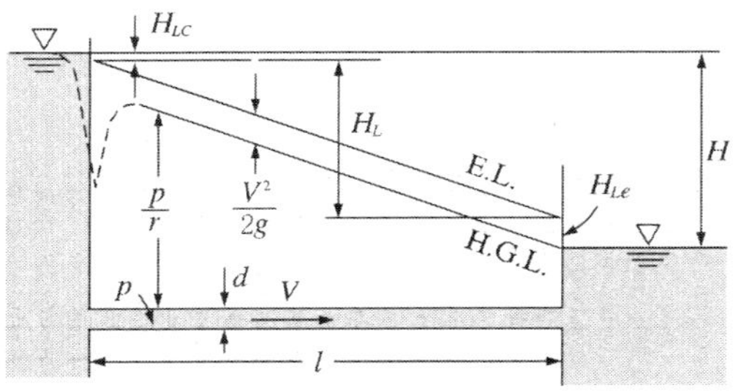

그림 5.34

에너지선의 수평면과의 차, 즉, 전 수두 H는 모든 손실수두를 흡수하여야 하므로

$$H = H_{LC} + H_L + H_{Le}$$

여기서, H_{LC}는 관의 입구점에서의 급축소로 인한 손실이며, H_L는 관의 전 길이 l에서의 마찰 손실이다. 따라서 H_L는 곧고 긴 관에 대한 Darcy 방정식에 의한 손실이다. 그리고 H_{Le}는 관과 저수지와의 연결되는 점에서의 급확대에 따르는 손실이다. 그러면 여기서 각 손실항에 대해서 해당되는 손실계수를 대입시키면

$$H = \left(0.5 + f\frac{l}{d} + 1\right)\frac{V^2}{2g} \tag{5.52}$$

윗 식에서 볼 수 있는 바와 같이 수로에 있어서 어느 두 점간의 에너지선의 차, 즉 전 수두 H는 모두 손실에너지로 흡수하게 되며 이렇게 해서 얻어진 결과는 베르누이방정식을 두 지점에 대입시켜 얻은 값과 같게 된다. 그리고 윗 식에서 관의 길이 l이 아주 길어지게

같아야 한다. 따라서 평행관으로 연결된 관로에서는 다음과 같은 두 방정식이 성립한다.

$$H_{L1} = H_{L2} = H_{L3} = \left(\frac{p_A}{\gamma} + Z_A\right) - \left(\frac{p_B}{\gamma} + Z_B\right) \tag{5.54}$$

$$Q = Q_1 + Q_2 + Q_3 \tag{5.55}$$

여기서, Z_A 와 Z_B 는 A, B점에서의 표고이고, Q는 관입구와 출구에서의 유량이다.

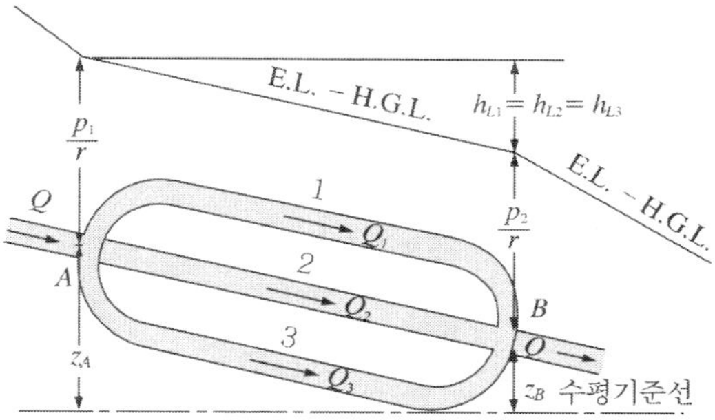

그림 5.36 평행관의 흐름

예제 5.10

직경이 30cm인 수도관에 0.2m^3/s의 유량이 흐르고 있다. 그런데 이 관에 직경이 15cm이고 길이가 300m인 관과 직경이 20cm이고 길이가 600m인 관이 그림과 같이 평행하게 연결되었다가 다시 30cm관으로 합쳐져 있다. 각 분기관에서의 마찰계수 f를 0.022라고 할 때 각 분기관에서의 유량을 계산하라.

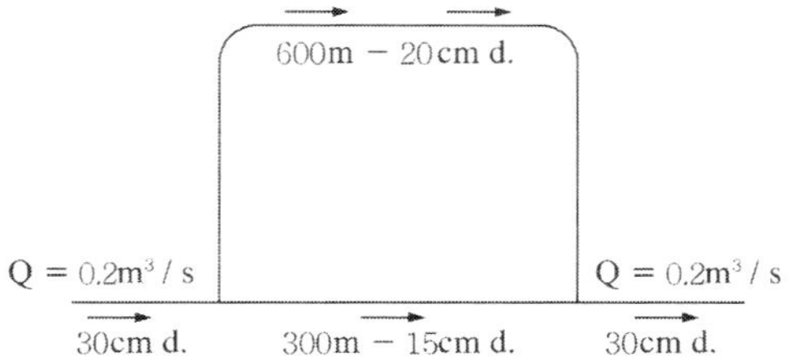

그림 5.37 평행관의 흐름

풀이)

방정식 (5.55)에 대입하여 정리하면

$$\frac{\pi}{4}(0.2)^2 V_{20} + \frac{\pi}{4}(0.15)^2 V_{15} = 0.2$$

$$0.0314\,V_{20} + 0.0177\,V_{15} = 0.2 \qquad (1)$$

$$H_{L20} = H_{L15} = 0.022\frac{600}{0.2}\frac{V_{20}^2}{2g} = 0.022\frac{300}{0.15}\frac{V_{15}^2}{2g}$$

$$V_{15} = 1.225\,V_{20} \qquad (2)$$

식 (1)과 (2)를 연립하여 풀면

$$V_{20} = 3.766\text{m/s}$$

$$V_{15} = 4.614\text{m/s}$$

$$\therefore\ Q_{20} = 3.766 \times 0.0314 = 0.118\text{m}^3/\text{s}$$

$$Q_{15} = 4.614 \times 0.0177 = 0.082\text{m}^3/\text{s}$$

(2) 다지관(branching pipes)

그림 5.38에서와 같이 한 개의 공통접점을 갖는 여러 개의 관이 각각 서로 다른 저수지에 연결되어 있는 경우를 생각할 수 있다. 이와 같이 한 개의 공통접점을 통해서 여러 개의 큰 용기 또는 저수지로 연결되어 있는 관로를 다지관이라고 하며 이러한 문제도 역시 에너지선(E.L.)를 효과적으로 이용하면 쉽게 해답을 얻을 수 있게 된다.

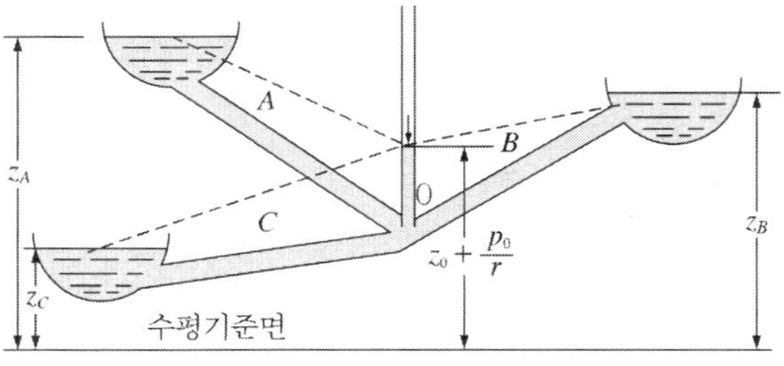

그림 5.38 3개의 저수지로 연결된 관에서의 유동방향

그림 5.38의 각 관에서 물이 흐를 수 있는 방향은 3가지 가능성을 고려할 수 있다.

첫째 : 물은 A를 통해서 B, C로 흐른다.

둘째 : B에는 상관없이 A로부터 C로 흐른다.

셋째 : A와 B로부터 C로 흐른다.

위의 3가지 경우가 그림에서 3개의 에너지선으로 표시되어 있다. 그러면 위의 3가지 경우에 해당되는 방정식을 차례로 세우면 다음과 같이 쓸 수 있다.

첫째의 경우 :

$$Q_A = Q_B + Q_C$$

$$\left| Z_{A,B,C} - \left(z_0 + \frac{P_0}{\gamma} \right) \right| = f_{A,B,C} \frac{l_{A,B,C}}{d_{A,B,C}} \frac{(V_{A,B,C})^2}{2g}$$

둘째의 경우 :

$$Q_A = Q_C$$

$$\left| Z_{A,C} - \left(z_0 + \frac{P_0}{\gamma} \right) \right| = f_{A,C} \frac{l_{A,C}}{d_{A,C}} \frac{(V_{A,C})^2}{2g}$$

셋째의 경우 :

$$Q_A + Q_B = Q_C$$

$$\left| Z_{A,B,C} - \left(z_0 + \frac{P_0}{\gamma} \right) \right| = f_{A,B,C} \frac{l_{A,B,C}}{d_{A,B,C}} \frac{(V_{A,B,C})^2}{2g}$$

위의 여러 경우에서 방정식은 공통접점 0의 수리경사(여기서는 에너지선과 일치한다고 가정한다)을 가정함으로써 Darcy방정식으로부터 속도를 구하여 유량 Q를 계산하고 이 값을 연속방정식에 대입시켜서 연속방정식을 만족시키는가를 확인한다. 만일에 연속방정식을 만족시키지 않으면 다시 동수경사선의 높이를 조정하여 그로부터 얻어진 유량을 연속방정식을 만족시킬 때까지 위의 방법을 계속한다. 이때에 미소손실의 값은 무시하거나 또는 등가길이로 하여 관의 길이에 더하게 되고 관마찰계수 f는 레이놀즈 수 Re의 영향을 받지 않는 것으로 가정한다.

예제 5.11

그림 5.38에서 각 관에서 물이 흐르고 있다. 각 관에서의 유동조건이 다음과 같을 때 각 관에서 흐를 수 있는 유량을 판단하라.

$l_A = 3{,}000\text{m}$ $l_B = 600\text{m}$ $l_C = 1{,}200\text{m}$

$d_A = 0.9\text{m}$ $d_B = 0.45\text{m}$ $d_C = 0.6\text{m}$

$z_A = 30\text{m}$ $z_B = 18\text{m}$ $z_C = 9\text{m}$

$e_A/d_A = 0.0002$ $e_B/d_B = 0.002$ $e_C/d_C = 0.001$

풀이)

우선 $z_0+\dfrac{P_0}{\gamma}=20\text{m}$로 가정한다. 그리고 관내의 흐름이 충분히 난류라고 가정하여 마찰계수가 레이놀즈 수에 관계없다고 가정할 때 f는 상대조도 e/d만으로 구할 수 있다.

동수경사선의 공통점 0의 높이를 20m로 가정하였음으로 이것은 첫 번째의 경우가 된다.

$$10=f_A\frac{3,000}{0.9}\frac{V_A^2}{2g},\ f_A=0.014,\ V_A=2.05\text{m/s},\quad Q_A=1.3\text{m}^3/\text{s}$$

$$2=f_B\frac{600}{0.45}\frac{V_B^2}{2g},\quad f_B=0.024,\quad V_B=1.11\text{m/s},\quad Q_B=0.18\text{m}^3/\text{s}$$

$$11=f_C\frac{1,200}{0.6}\frac{V_C^2}{2g},\ f_C=0.02,\quad V_C=2.32\text{m/s},\quad Q_C=0.66\text{m}^3/\text{s}$$

연속방정식에 대입하면

$$1.30-0.18-0.66=0.46\text{m}^3/\text{s}$$

따라서 $Q_A>(Q_B+Q_C)$가 되며 처음 가정은 적합치 못하다.

$z_0+\dfrac{P_0}{\gamma}=24\text{m}$로 가정한다.

$$6=f_A\frac{3,000}{0.9}\frac{V_A^2}{2g},\ f_A=0.014,\ V_A=1.59\text{m/s},\quad Q_A=1.01\text{m}^3/\text{s}$$

$$6=f_B\frac{600}{0.45}\frac{V_B^2}{2g},\quad f_B=0.024,\ V_B=1.92\text{m/s},\quad Q_B=0.31\text{m}^3/\text{s}$$

$$15=f_C\frac{1,200}{0.6}\frac{V_C^2}{2g},\quad f_C=0.02,\quad V_C=2.71\text{m/s},\quad Q_C=0.77\text{m}^3/\text{s}$$

$$1.01-0.31-0.77=-0.07\text{m}^3/\text{s}$$

따라서 $Q_A<(Q_B+Q_C)$가 되어 이번 가정도 만족스럽지 못하다. 이번에는 $z_0+\dfrac{P_0}{\gamma}$의 값을 20m와 24m사이에 직선적인 보간법을 써서 $z_0+\dfrac{P_0}{\gamma}=23.7\text{m}$로 가정한다.

$$6.3=f_A\frac{3,000}{0.9}\frac{V_A^2}{2g},\ f_A=0.014,\ V_A=1.63\text{m/s},\ Q_A=1.034\text{m}^3/\text{s}$$

$$5.7=f_B\frac{600}{0.45}\frac{V_B^2}{2g},\quad f_B=0.024,\ V_B=1.87\text{m/s},\ Q_C=0.297\text{m}^3/\text{s}$$

$$14.7 = f_C \frac{1,200}{0.6}\frac{V_C^2}{2g}, \; f_C = 0.02, \; V_C = 2.68\text{m/s}, \; Q_C = 0.758\text{m}^3/\text{s}$$

$$1.034 - 0.297 - 0.758 = -0.021\text{m}^3/\text{s}$$

위 값은 아직도 오차가 있지만 대략 만족스러운 답이 된다. 먼저의 경우처럼 다시 보간법을 써서 동수경사선의 높이를 조정하면 더욱 정확한 답을 얻을 수 있게 된다.

5.7.3 관로망(networks of pipes)

도시의 상수관이나 가스관에서처럼 여러 개의 관이 서로 복잡하게 연결되어 하나의 전기회로망과 같이 망(network)을 이루고 있는 경우가 많으며 이러한 문제는 계산하기가 대단히 어려우며 대부분의 경우 시행착오법을 써야 풀리게 된다.

이러한 관로망의 문제에서는 다음과 같은 조건들을 각 관로에서 만족시켜야 한다.

① 각 관의 연결점에서는 유입되는 유량의 합과 유출되는 유량의 합이 같아야 한다.

② Darcy방정식에 의한 손실은 각 관에서 만족한다. 즉, 손실과 유량과의 상관관계가 만족되어야 한다.

③ 관로망에서 임의의 두 점에서의 압력차는 그 두 점의 관로를 어떠한 경로로 구성하여도 같아야 한다.

여기서 첫째 조건은 연속방정식을 만족해야 된다는 것을 말하고 두 번째의 조건은 에너지 손실에 관한 Darcy방정식을 만족시켜야 한다는 것이다.

그리고 셋째 조건은 그림 5.39에서 두 점을 A, G로 잡았을 때 관로를 AFG로 잡거나 AFEDG로 잡거나 간에 AG에서의 압력강하는 같아야 한다는 것이다.

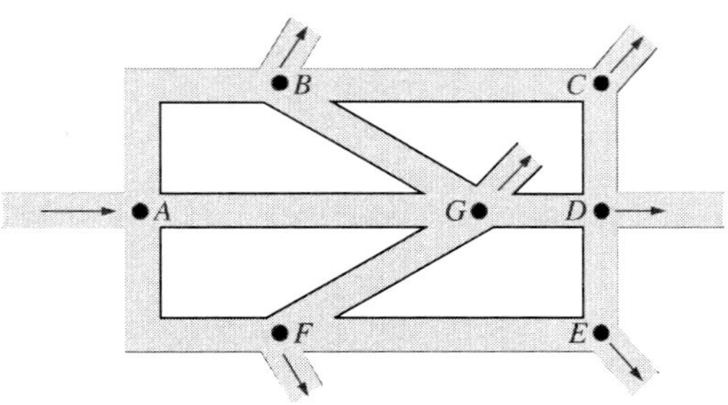

그림 5.39

그리고 관로망의 문제를 풀 때에 관의 손실수두 계산은 Darcy방정식을 변경시켜서 지수함수로 고침으로서 보다 더 편리하게 된다. 지금 관마찰계수 f를 관에서의 평균속도 V의 함수로 고치면 다음과 같은 지수방정식을 얻게 된다.

$$H_L = aQ^n \tag{5.56}$$

또는

$$f = bQ^c \tag{5.57}$$

여기서, a와 n은 상수이다.

예제 5.12

20℃의 물이 15cm 직경의 관에서 평균속도 0.6 ~ 1.8m/s의 범위로 흐르고 있다. 이 관에 적용되는 손실수두의 지수방정식을 구하여라. 단, 관은 깨끗한 주철관으로 되어 있다.

풀이)

$$Re_1 = \frac{Vd}{\nu} = \frac{0.6 \times 0.15}{1.006 \times 10^{-6}} = 90{,}000$$

$$Re_2 = \frac{1.8 \times 0.15}{1.006 \times 10^{-6}} = 270{,}000$$

$$\frac{e}{d} = 0.0017$$

무디(Moody)선도로부터 $f_1 = 0.025,\ f_2 = 0.023$

따라서

$$f_1 = 0.025\text{일 때 } Q = \frac{\pi(0.15)^2}{4}0.6 = 0.0106\text{m}^3\text{/s}$$

$$f_2 = 0.023\text{일 때 } Q = \frac{\pi(0.15)^2}{4}1.8 = 0.0318\text{m}^3\text{/s}$$

위의 값을 방정식 (5.57)에 대입하면

$$0.025 = b(0.0106)^c\ ,\ 0.023 = b(0.0318)^c$$

두 식으로부터 상수 b, c를 구하면

$$b = 0.035,\quad c = 0.074$$

$$\therefore f = 0.035\,Q^{0.074}$$

Darcy방정식을 변형시키면

$$\frac{H_L}{l} = \frac{fQ^2}{2gd^5(\pi/4)^2} = \frac{0.035 \times Q^{1.926}}{2 \times 9.8 \times (0.15)^5 \times (0.7854)^2} = 38.096\,Q^{1.926}$$

즉, 주어진 관에 대하여 주어진 유량의 범위에서 단위길이당의 손실수두가 유량 Q만의 지수함수로 표시되었다.

>> 관로망의 해법

복잡하게 서로 연결되어 있는 관로망(network)문제를 해석적인 방법으로 푼다는 것은 거의 불가능한 일이고 대부분의 경우는 시행착오방법이 이용되고 있다. 이러한 관로망해법의 가장 대표적인 Hardy Cross 방법을 설명하기로 한다. 이 방법은 각관의 접점에서 연속방정식을 만족시키도록 유량을 가정한 다음 위에서 설명한 손실수두에 대한 지수방정식을 이용하여 가정된 유량을 점차적으로 수정하여 나가는 단계로 이루어진다.

이때 관의 각 부분에서 발생되는 미소손실은 무시되거나 또는 등가길이로 환산되어 관의 길이에 미리 보태어진다. 다시 말하면 관로망의 각 관로에 대하여 위의 예제에서 보여준 바와 같이 손실수두의 지수방정식 $H_L = aQ^n$ 가 구해진 다음에 아래에서 설명되는 단계를 거쳐서 점차적으로 문제를 풀어나간다.

① 관로의 각 연결점에서 연속방정식을 만족시킬 수 있도록 각 관로에 대한 유량 Q_0을 가정한다.

② 각 관로에 대하여 손실수두 $H_L = aQ_0^n$을 계산한다. 관로로 연결된 회로에 대하여 $\Sigma H_L = \Sigma a Q_0^n$ 을 계산한다. 이 때 만일 유량의 가정이 맞았으면 $\Sigma H_L = 0$ 이 된다.

③ 가정유량의 수정치 ΔQ 를 계산하기 위한 단계로 각 회로에 대하여 $\Sigma|an(Q_0^{n-1})|$를 계산한다.

④ 유량의 수정치 ΔQ 를 계산한다.

$$\Delta Q = \frac{\Sigma a Q_0^n}{\Sigma|an Q_0^{n-1}|} \tag{5.58}$$

⑤ 수정치 ΔQ 를 이용하여 각 관로에서의 유량을 수정한다.

⑥ ΔQ 의 값이 거의 0이 될 때까지 ①부터 ⑤까지 반복한다.

방정식 (5.58)로부터 표시된 유량의 수정치가 왜 그렇게 되는지를 증명하기로 한다. 임의의 관에 대하여 정확한 유량을 Q, 가정된 유량을 Q_0, 수정유량치를 ΔQ 라고 하면 다음과 같이 된다.

$$Q = Q_0 + \Delta Q$$

이때 각 관로에 대한 손실수두 H_L은

$$H_L = aQ^n = a(Q_0 + \Delta Q)^n = a(Q_0^n + nQ_0^{n-1}\Delta Q + \cdots)$$

여기서 ΔQ 는 Q_0에 비해서 대단히 적음으로 전개식의 두 번째항 이후부터는 무시해도 좋다. 따라서 한 개의 회로에 대해서

$$\Sigma H_L = \Sigma a Q^n = \Sigma a Q_0^n + \Delta Q \, \Sigma an Q_0^{n-1} = 0$$

수정치 ΔQ 에 대해서 풀면 다음과 같이 된다.

$$\Delta Q = \frac{\Sigma a Q_0^n}{\Sigma |an Q_0^{n-1}|}$$

여기서 ΔQ 는 회로망 해석시에 같은 방향이면 +가 되고 방향이 반대일 때는 −의 값을 취해야 한다. 예를 들면 흐름이 반시계방향일 때 ΔQ 만큼 가하고 시계방향일 때는 ΔQ 만큼 가정된 유량으로 빼주어야 한다.

예제 5.13

아래 그림 5.40과 같이 주어진 관로망에서 각관에 흐르는 유량을 계산하라. 그림에서 숫자는 유량을 표시하고 화살표는 흐름의 방향을 표시한다. 그리고 n = 2이다.

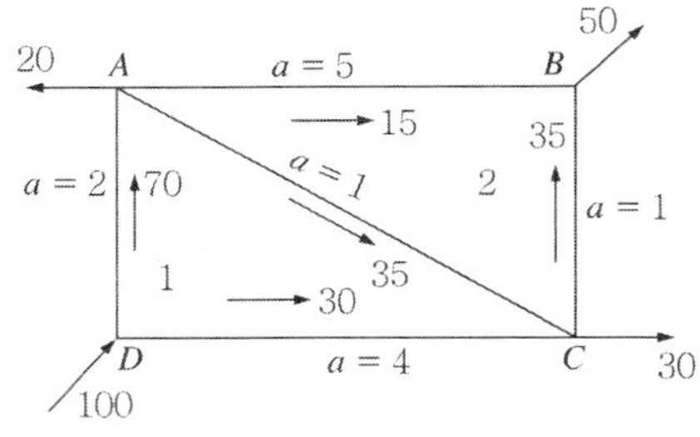

그림 5.40 관로망

풀이)

문제를 단계적으로 계산한 과정을 알기 쉽게 표로서 정리하면 다음과 같다.
제 3단계에서는 표에서도 볼 수 있는 바와 같이 회로 ACD와 ABC에 대해서 수정치 유량의 값 ΔQ가 거의 0에 가깝게 되어 각 관로에서의 유량은 제 3단계의 우측에 그려진 관로망에 표시된 값과 같다.

단계	관로	가정된 유량 Q_0	aQ_0^n	$\|anQ_0^{n-1}\|$	ΔQ	회로강도
1	AC CD DA	35 −30 70	$1\times(35)^2=1224$ $-4\times(30)^2=-360$ $2\times(70)^2=9800$	$2\times35\times1=70$ $2\times30\times4=240$ $2\times70\times2=280$	$\frac{7425}{590}$	
			$\Sigma aQ_0^n=7425$	$\Sigma\|anQ_0^{n-1}\|=590$	13	
	AB BC CA	15 −35 −35	$5\times(15)^2=1125$ $-1\times(35)^2=-1225$ $-1\times(35)^2=-1225$	$2\times15\times5=150$ $2\times35\times1=70$ $2\times35\times1=70$	$\frac{-1325}{290}$	
			$\Sigma aQ_0^n=-1325$	$\Sigma\|anQ_0^{n-2}\|=290$	−5	
2	AC CD DA	17 −43 57	$1\times(17)^2=289$ $-4\times(43)^2=-7400$ $2\times(57)^2=6500$	$2\times17\times1=34$ $2\times43\times4=344$ $2\times57\times2=228$	$\frac{-611}{606}$	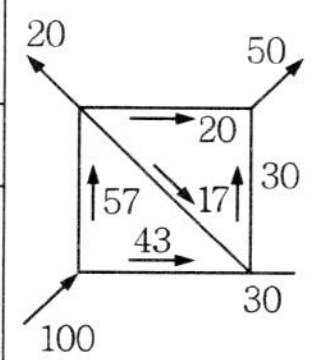
			$\Sigma aQ_0^n=-611$	$\Sigma\|anQ_0^{n-1}\|=606$	−1	
	AB BC CA	20 −30 −17	$5\times(20)^2=2000$ $-1\times(30)^2=-900$ $-1\times(17)^2=-289$	$2\times20\times5=200$ $2\times30\times1=60$ $2\times17\times1=34$	$\frac{811}{294}$	
			$\Sigma aQ_0^n=811$	$\Sigma\|anQ_0^{n-2}\|=294$	3	
3	AC CD DA	21 −42 58	$1\times(21)^2=441$ $-4\times(42)^2=-7050$ $2\times(58)^2=6740$	$2\times21\times1=42$ $2\times42\times4=336$ $2\times58\times2=332$	$\frac{131}{610}$	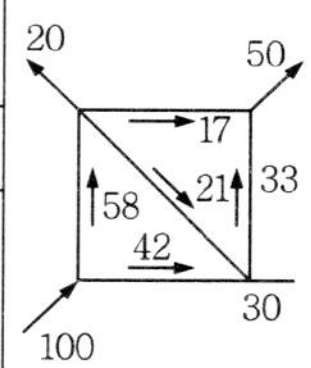
			$\Sigma aQ_0^n=131$	$\Sigma\|anQ_0^{n-1}\|=610$	0.21	
	AB BC CA	17 −33 −21	$5\times(17)^2=1444$ $-2\times(33)^2=-1089$ $-1\times(21)^2=-441$	$2\times17\times5=170$ $2\times33\times1=66$ $2\times21\times1=42$	$\frac{-86}{278}$	
			$\Sigma aQ_0^n=-86$	$\Sigma\|anQ_0^{n-2}\|=278$	0.31	

따라서

$$Q_{AB}=17\text{m}^3/\text{s},\quad Q_{DA}=58\text{m}^3/\text{s}$$

$$Q_{CB}=33\text{m}^3/\text{s},\quad Q_{AC}=21\text{m}^3/\text{s},\quad Q_{DC}=42\text{m}^3/\text{s}$$

5.7.4 비원형단면의 관

지금까지는 대부분 원형단면을 갖는 관만을 취급하였다. 그러나 비록 단면이 원형이 아니더라도 원의 직경 d와 같은 의미의 길이를 적당한 방법으로 정의함으로써 비원형단면의 관에 대해서도 레이놀즈 수나 Darcy방정식 등을 적용시킬 수 있게 된다.

동수반경(hydraulic radius)의 개념이 바로 비원형단면을 갖는 원형단면의 관으로 취급시킬 수 있는 길을 열어 준다. 즉, 비원형단면을 가진 관이 유체역학적으로 원형관과 동등한 영향을 줄 수 있는 특성길이가 동수반경이다. 여기서 동수반경 R_h는 단면적을 윤변(wetted perimeter)로 나눈 값으로 정의된다. 따라서 원관에 대한 동수반경은 다음과 같이 계산된다.

$$R_h = \frac{\text{단면적}}{\text{윤변}} = \frac{\pi d^2/4}{\pi d} = \frac{d}{4} \tag{5.59}$$

윗 식에서 d는 등가직경으로서 비원형관에서와 같은 유체역학적 특성을 갖는 원형관의 직경이며 $d = 4R_h$가 되므로 동수반경 R_h로 Darcy방정식을 다시 고쳐 쓰면

$$H_L = f\frac{1}{4R_h}\frac{V^2}{2g} \tag{5.60}$$

그리고 레이놀즈수 R_e와 상대조도 $\frac{e}{d}$를 동수반경 R_h로 표시하면

$$R_e = \frac{V(4R_h)\rho}{\mu}, \quad \frac{e}{d} = \frac{e}{4R_h} \tag{5.61}$$

위의 방정식들을 이용함으로써 비원형의 단면을 갖는 관에 대해서도 무디선도(Moody diagram)를 이용할 수 있게 되므로 관에 대한 손실수두를 계산할 수 있게 된다. 그러나 여기서 인위적으로 정의한 동수반경의 개념이 실질적인 물리적 의미를 내포하고 있는 것은 아니기 때문에 모든 경우에 완전하게 적용시킬 수 있는 것은 아니다. 실험결과에 의하면 난류상태의 흐름에 대해서는 동수반경의 개념으로 분석한 결과에 별로 오차가 없지만 층류의 흐름에서는 비교적 많은 오차를 초래하고 있음을 알 수 있다.

5.8 부압 혹은 펌프를 갖는 관로

긴 관로는 일반적으로 토지의 자연형상에 따라서 장거리상에 한 저수지로부터 다른 곳까지 물을 운반하도록 놓여 있다. 때때로 관로의 단면을 그림 5.41에 나타낸 것처럼 일부 동수경사선 위의 높이로 끌어올려야 한다. 본장의 초기에 토론한 것처럼 관로를 따라 어떤 위치에서 에너지경사선과 동수경사선 사이에 측정된 연직거리는 그 위치에서 속도수두 $V^2/2g$이고 동수경사선과 관로 사이에 측정된 연직거리는 국부 압력수두 P/γ이다. 관로정상(S)의 부근에서 압력수두는 음의 값을 갖는다. 이는 총에너지수두고 관로의 어떤 위치에서 바닥과 에너지경사선 사이의 연직거리와 같아야 하기 때문이다.

$$H = \frac{V^2}{2g} + \frac{P}{\gamma} + h$$

정상에서 예를 들면 높이 h_s 는 주어지고 속도수두 $V^2/2g$는 역시 고정된 양의 값이다. 합 $V^2/2g + h_s$ 는 H_s보다 더 크게 된다. 그러므로 압력수두 P_s/γ 은 당연히 음이다. 부압(negative pressure)은 관로가 동수경사선 위로 올라간 곳(P와 Q사이)에서 존재하고 이 부압은 정상에서 최대값 $-(P_s/\gamma)$에 도달한다. S에서 R까지 물이 흐르는 것은 압력경사로 흐르게 된다. 바꾸어 말하면 그것은 낮은 압력의 점에서 높은 압력의 점 쪽으로 흐르는 것이다. 이것은 물은 항상 높은 에너지로부터 낮은 에너지위치로 흐르고 암거에서 위치수두가 경사선을 따라 압력수두를 보상하도록 변화하기 때문에 가능하다.

예를 들어 S에서 R까지 흐르는 물의 단위중량이 경험으로 압력이 3m 물기둥과 같게 증가한다면 S의 높이는 적어도 R의 높이보다 3m 더 높아야 한다. S와 R사이의 높이차는 정확하게 3m에 S와 R사이의 수두손실을 더한 것과 같아야 한다. 혹은 더 일반적으로 관로에서 어떤 두 점 1과 2사이에서

$$h_{12} = \left(\frac{P_2}{\gamma} - \frac{P_1}{\gamma}\right) + h_{f12} \tag{5.62}$$

부압은 물의 증기압 이상인 관로의 어느 곳에서나 주요압력과 같이 중요하다. 1장에서 토론한 것처럼 물의 증기압은 대략 20℃에서 −10m의 물기둥과 같다. 관에서 압력이 이 값 아래로 떨어지면 물은 관에서 물이 분리되는 수증기 주머니형태로 국부적으로 수증기가 될 것이다. 이들 수증기주머니는 하류 높은 압력의 범위에서 달아난다.

수증기주머니의 작용은 대부분 격렬하며 관로에 크게 손상을 줄 수 있는 진동과 소리의

원인이 된다.

이론적으로 관로는 압력이 관로의 어떤 단면에서 증기압의 수준까지 떨어지는 것을 허락하도록 설계해야 한다. 실제적으로 대부분의 기간에 물의 용존된 기체를 포함할지라도 물용해는 증기압점에 도달하기 전에 나타날 것이다. 그러한 기체는 매우 서서히 용액으로 돌아간다. 그들은 일반적으로 관 흐름 횡단면은 감소시키고 유량을 분열시키는 큰 기포형태로 물과 같이 움직인다.

예제 5.14

직경 40cm, 길이 2,000m인 균일한 강관으로 그림 5.41에 나타낸 것처럼 두 저수지 사이에서 10℃ 물을 운반한다. 두 저수지는 30m의 수면높이차를 갖고 관로의 중간 길이에서 작은 언덕위로 물을 끌어 올려야 한다. 낮은 저수지 물위로 올려야 하는 정상 S의 최대 높이를 결정하라.

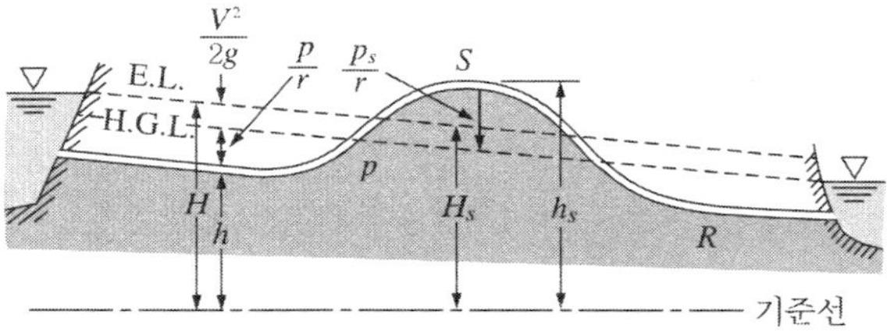

그림 5.41 관로에서 높이 단면

풀이)

입구손실 h_e, 관로에서 마찰손실 h_f 그리고 유출손실 h_d를 포함하여 두 저수지 사이의 총 수두손실은 30m이다.

$$30 = \left(k_e + f\frac{L}{D} + k_d\right)\frac{V^2}{2g}$$

직각입구로 가정하고 $f = 0.025$로 가정하면

$$30 = \left(0.5 + 0.025 \times \frac{2,000}{0.4} + 1\right) \times \frac{V^2}{2 \times 9.81}$$

그러므로 $V = 2.157$m/s, 이 속도에 대하여 가정된 마찰계수 f를 검산해야 한다. 상업용강에 대하여 $e/D = 0.00011$이고, 레이놀즈수는

$$R_e = \frac{VD}{\nu} = \frac{2.157 \times 0.4}{1.31 \times 10^{-6}} = 6.6 \times 10^5$$

Moody마찰도표(그림 5.12)는 $f = 0.014$이며, 가정된 값과 현저하게 차이가 있다. 에

너지관계를 다음과 같이 다시 써야 한다.

$$30 = \left(0.5 + 0.014 \times \frac{2,000}{0.4} + 1\right) \times \frac{V^2}{2 \times 9.81}$$

V = 2.87m/s이며, 여기서 R_e = 8.76 × 10^5이고 Moody마찰 도표에서 f = 0.0138이므로 둘째 근사값에 밀접하다. 속도 2.87m/s는 다음 계산에 채택된다. 10℃에서 수증기압수두는 10.2m이다.

관로정상 S의 최대높이는 h_s로 올라가야 하므로

$$h_s = (0+10.2) + \left(1 + f\frac{L}{D}\right)\frac{V^2}{2g}$$

$$= 10.2 + \left[1 + (0.014)\frac{1,000}{0.4}\right]\frac{2.87^2}{2 \times 9.81} = 25.3\text{m}$$

펌프는 낮은 지점으로부터 물을 올리는 관로 혹은 유량을 간편하게 밀어 올리는데 필요하게 된다. 펌프작동은 압력수두를 밀어 올려 관로에서 물에 에너지를 추가한다. 펌프 설계와 선택의 세부사항은 6장에서 토론하나 압력수두와 에너지수두의 해석은 다음 예제에서 설명한 관로계통에 대한 펌프에 의한다.

예제 5.15

비상펌프를 저수지 A로부터 500m의 거리에서 예제 5.14의 관로 계통에 장치한다. 펌프는 필요할 때 유량을 밀어 올리는데 이용한다. 유량을 두 배로 하기 위하여 개발해야 하는 펌프의 압력수두를 결정하라.

풀이)

저수지 A와 펌프 사이의 수두손실은

$$h_{fAP} = \left(0.5 + 0.014\frac{500}{0.4}\right)\frac{V^2}{2g} \qquad (1)$$

펌프와 저수지 B사이의 수두손실은

$$h_{fPB} = \left(0.014\frac{1,500}{0.4} + 1\right)\frac{V^2}{2g} \qquad (2)$$

펌프가 없는 관로에서 유량은

$$Q_0 = AV = \frac{\pi}{4}(0.4)^2(2.87) = 0.36 \text{ m}^3/\text{s}$$

펌프작동은 유량을 두 배로 한다.

$$Q = 2Q_0 = 2 \times 0.36 = 0.72\text{m}^3/\text{s}$$

그리고 대응하는 속도는

$$V = \frac{Q}{A} = 5.73\text{m/s}$$

방정식 (1)과 (2)에 이 값을 대입하면

$$h_{fAP} = \left(0.5 + 0.014\frac{500}{0.4}\right)\frac{5.73^2}{2\times 9.81} = 30.12\text{m}$$

$$h_{fPB} = \left(0.014\frac{1,500}{0.4} + 1\right)\frac{5.73^2}{2\times 9.81} = 89.51\text{m}$$

유량을 두 배로 준비하기 위한 펌프의 최소 압력수두는

$$H_p = 30.12 + 89.53 - 30 = 89.65\text{m}$$

이 값에 추가하여 압력수두의 확실한 양은 펌프를 작동할 때 펌프에서 발생하는 에너지 손실을 보상하는 것을 준비해야 한다.

5.9 관로에서 수격작용

긴 관로에서 유량의 갑작스런 변화(밸브폐쇄, 펌프 멈춤 등)는 관벽내에 움직이는 물의 질량을 크게 하게 된다. 물질량의 속도변화로부터 결과된 힘은 관에서 정상적인 정수압보다 몇 배 큰 양을 갖는 압력상승의 원인이 될 것이다. 이 현상을 일반적으로 **수격작용**(water hammer phenomenon)이라 한다. 초과 압력은 관벽파열 혹은 관로계통에 다른 손상의 원인이 된다. 가능한 그러한 크기의 압력발생과 압력파형태의 전파는 관로 설계에 관련하여 주의깊게 검토하여야 한다.

밸브폐쇄에 의한 압력의 갑작스런 변화는 흐르는 물기둥을 멈추는데 필요한 관내에 발전된 힘의 결과로써 보여진다. 기둥은 총질량 m을 갖고 dv/dt율로 속도가 변화한다. Newton's의 운동 제2법칙에 따르면

$$F = m\frac{dv}{dt} \tag{5.63}$$

물기둥의 속도를 순간적으로 완전히 0으로 감소할 수 있다면 위의 방정식은

$$F = \frac{m(V_0 - 0)}{0} = \frac{mV_0}{0} = \infty$$

결과된 힘은 무한할 것이다.

결과적으로 그러한 순간적인 변화는 기계적 밸브를 완전히 폐쇄하는데 어느 정도 시간이 요구되므로 거의 불가능하다. 더욱이 관벽과 물기둥은 큰 압력하에서 완전히 변하지 않게 된다. 관벽과 물기둥의 탄성체는 수격작용에서 매우 중요한 역할을 한다.

길이 L이고 내경 D, 벽두께 t 그리고 탄성계수 E_p인 관에 대하여 즉시 밸브폐쇄를 하면 밸브에 근접한 물은 정지하게 되고 운동에너지수두 $V^2/2g$은 압력에너지수두 P/γ로 변형되고 국부적인 압력증가의 원인이 된다. 이 압력증가의 결과로써 이 단면에서 물기둥은 어느 정도 압축되고 관벽은 역시 벽내 응력의 상당한 증가에 의해 약간 팽창한다. 이들 현상의 둘은 작은 추가용적을 준비하는데 도움이 되고 그 단면에 연속적으로 들어가는 물이 완전히 멈추게 될 때까지 허락한다.

다음 단면은 즉시 상류가 순간적으로 같은 절차로 일어난다. 이 식으로 증가된 압력파는 그림 5.42(b)처럼 관의 상부 저수지쪽으로 전파된다. 이 압력파가 상류저수지에 도달할 때 전체관은 팽창되고 물기둥내는 증가된 압력에 의해 압축된다. 매우 순간적으로 관내 전체 물기둥은 완전히 정지한다.

이 변화상태는 관내압력이 개방저수지의 압력보다 더 크기 때문에 뚜렷하게 유지되지 않는다. 관내 정지된 물은 압력파가 저수지에 도달하자마자 저수지내로 흐르기 시작한다. 이 과정은 그림 5.42(d)처럼 저수지에서 시작하고 감소된 압력파는 밸브쪽 하류로 이동한다. 이 기간동안 파 정면 뒤의 물은 관의 연속적인 수축과 물기둥 압력감소에 따라 상류방향으로 움직인다. 압력파가 밸브까지 되돌아가는데 요구되는 시간은 $2L/C$이고 C는 관로를 따른 파이동속도이다. 이것을 민첩(celerity)이라 한다. 관내 압력파 이동속도는 물의 탄성계수 E_b와 관벽재료의 탄성계수 E_p에 의존한다.

$$C = \sqrt{\frac{E_c}{\rho}} \tag{5.64}$$

여기서, E_c는 관과 물의 복합탄성계수이고 ρ는 물의 밀도이다. E_c는 관벽의 탄성과 유체내탄성의 복합이다.

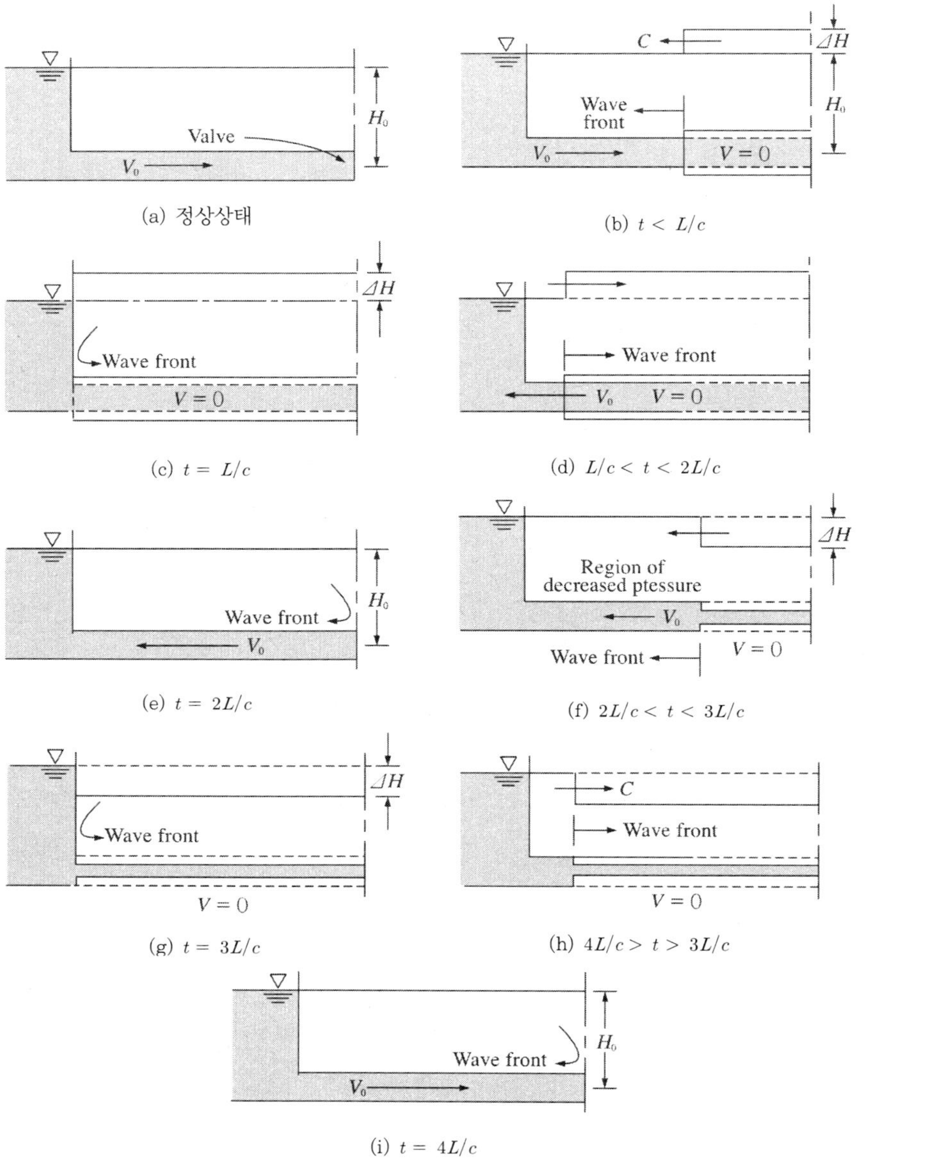

그림 5.42 수격 압력파의 전파(관마찰 무시)

다음 관계로 계산할 수 있다.

$$\frac{1}{E_c} = \frac{1}{E_b} + \frac{Dk}{E_p t} \tag{5.65}$$

물의 탄성계수 E_b 와 물의 밀도는 1장에서 주어졌다. 여러 가지 일반적인 관재료의 탄성계수는 표 5.9와 같으며 k는 관로 고정 방법에 의존되는 상수이고 t는 관벽의 두께이다.

표 5.9 일반적인 관 재료의 탄성계수 E_p

관재료	E_p(dyn/cm^2)	관재료	E_p(dyn/cm^2)
알루미늄(aluminum)	7×10^{11}	납(Lead)	31×10^{8}
황동(Brass), 청동(Bronze)	9×10^{11}	Lucite	28×10^{8}
주철(Castiron)	11×10^{11}	구리(Copper)	97×10^{8}
콘크리트, 철근콘크리트	16×10^{11}	고무(Rubber)	14×10^{8}
유리(grass)	7×10^{11}		
강철(Steel)	19×10^{11}		

길이를 좌우로 움직이는 관 $k = \left(\frac{5}{4} - \epsilon\right)$
길이 이동에 대하여 양 끝에 고정된 관 $k = (1 - \epsilon^2)$
팽창 접합을 갖는 관 $k = (1 - 0.5\epsilon)$

여기서, ϵ은 관벽재료의 Poisson's비이고 일반적 관 재료에 대해 $\epsilon = 0.25$값을 갖는다. 관의 세로 응력을 무시할 수 있다면 $k = 1.0$이고 방정식 (5.65)는 간단히 할 수 있다.

$$\frac{1}{E_c} = \frac{1}{E_b} + \frac{D}{E_p t} \tag{5.65a}$$

그림 5.42(e)은 시간에 따라 밸브에 도착한 압력파가 감소하는 것을 나타내며 관내 전체 물기둥은 상류 방향으로 운동한다. 이 운동은 이미 밀폐된 밸브를 지날 수 없고 파가 밸브에 도착할 때 정지해야 한다. 이 움직이는 물질량의 관성은 밸브에서 압력이 표준정수압 아래로 떨어지는 원인이다. 세 번째 진동주기는 그림 5.42(f)에 나타난 것처럼 저수지쪽 관 위로 전파하는 부압(negative pressure)의 파로써 시작한다. 순간적으로 관내 물기둥이 저수지에 도달한 부압은 다시 완전히 정지하게 되고 관내 압력은 정수압보다 작다. 관 입구에서 압력이 저수지에서 보다 작으므로 물은 다시 관 안으로 흐르고 네 번째 진동주기가 시작한다.

네 번째 주기는 그림 5.42(h)처럼 밸브쪽 하류로 운동하는 표준 정수압의 파로 나타낸다. 파 정면 뒤의 물질량은 역시 하류방향으로 움직인다. 이 네 번째 주기파는 표준정수압이 전체관에 돌아옴에 따라 $4L/C$시간에 밸브에 도착하고 물은 하류 방향으로 움직인다. 관을 통하는 조건들이 밸브폐쇄 시간(첫째 주기파의 시작)에서와 유사한 순간을 제외하고 관내유속은 밸브폐쇄의 시간에서 보다 작다. 이것은 관벽과 물기둥의 점탄성(viscoelastic) 행동과 마찰에 의한 열로써 에너지손실의 결과이다.

다른 순환은 순간적으로 시작한다. 네 개 연속파는 위의 기술된 첫째 순환과 정확하게 같은 방법으로 관위와 아래로 이동하는 것을 제외하고 대응하는 압력파는 크기가 매우 작다. 압력파 진동은 마지막으로 파가 소멸할 때까지 연속적으로 감소된 파의 각조로서 계속된다.

이미 말한 것처럼 밸브의 폐쇄는 일반적으로 완성되는데 t시간의 어떤 주기를 필요로 한다. t가 $2L/C$보다 작든지 밸브폐쇄를 첫째 압력파가 밸브에 돌아오기 전에 끝낸다면 압력상승의 결과는 밸브가 순간적으로 폐쇄되는 것과 같게 된다. 만약 t가 $2L/C$보다 크면 첫째 압력파는 밸브가 완전히 폐쇄되기 전에 밸브에 돌아오고, 돌아온 부압파는 밸브의 마지막 폐쇄로부터 압력상승결과를 보상한다.

수격작용에 의해 일으킨 최대 압력은 계산할 수 있고, 수격압력에 대한 공식은 다음처럼 유도된다.

급하게 밀폐되는 밸브를 갖는 관(tf $2L/C$)에 대하여 첫 주기(t $=-L/C$)동안 관으로 들어가는 물의 추가 용적 ΔVol은(그림 5.42(c))

$$\Delta Vol = -V_0 A(L/C) \tag{5.66}$$

여기서 V_0는 관으로 흐르는 물의 초기 유속이고 A는 관의 횡단면적이다. 증가된 압력 ΔP는 이 추가용적에 관계된다.

$$\Delta P = -E_c \cdot \frac{\Delta Vol}{Vol} = -\frac{E_c \cdot \Delta Vol}{AL} \tag{5.67}$$

여기서 Vol은 관내 물기둥의 본래 용적이고 E_c는 조합된 탄성계수이다. 식 (5.67)에 식 (5.66)을 대입하여 다시쓰면

$$\Delta P = \frac{E_c}{AL} \cdot V_0 \cdot \mathrm{A} \cdot \left(\frac{L}{C}\right) = \frac{E_c V_0}{C} \tag{5.68}$$

압력파는 속도 C로 관을 따라 상류로 전파되는 것처럼 파 정면뒤 물은 즉시 초기속도 V_0로부터 정지하게 된다.

시간 Δt에서 V_0로부터 0까지 갑작스런 속도변화를 포함하는 물의 총 질량은 m $= \rho \cdot$ AC $\cdot\ \Delta t$이다. Newton's의 제2법칙을 이 질량에 적용하면

$$\Delta P \cdot \mathrm{A} = m\frac{\Delta V}{\Delta t} = \rho \cdot \mathrm{A} \cdot \mathrm{C} \cdot \Delta t\frac{V_0 - 0}{\Delta t} = \rho \mathrm{AC} V_0$$

또는

$$C = \frac{\Delta P}{\rho V_0}$$

C의 값을 식 (5.68)에 대입하면

$$\Delta P = E_c V_0 \frac{\rho V_0}{\Delta P}$$

$$(\Delta P)^2 = \rho E_c V_0^{\,2}$$

또는

$$H = \frac{\Delta P}{\rho g} = \frac{V_0}{g}\sqrt{\frac{E_c}{\rho}} = \frac{V_0}{g}C \tag{5.69}$$

여기서 압력수두는 수격에 의해 일어난다. 공식은 급격한 밸브운동 ($t \leqq 2L/C$)에 적용할 수 있다.

폐쇄시간 $t > 2L/C$ 에 대하여 Δp는 압력상승을 보상하는 밸브에 도착하는 반사된 부압 때문에 충분히 발전하지 않는다. 그러한 느린 밸브 폐쇄에 대한 최대 수격압은 Allievi 공식으로 계산할 수 있다. L.Allievi의 수격이론에서 최대수격압은

$$\Delta P = P_0 \cdot \left(\frac{N}{2} + \sqrt{\frac{N^2}{4} + N}\right) \tag{5.70}$$

여기서, P_0는 관내의 정수압이고

$$N = \left(\frac{\rho L V_0}{P_0 t}\right)^2 \tag{5.71}$$

관에 의해 경험을 가진 총 평면압력은

$$P = \Delta P + P_0$$

관로를 따라 어느 점 X에서 정상 정수압수두는 P_0/γ 로 표시하며 그 점과 동수경사선

사이의 연직거리이고 속도수두 $V_0^2/2$는 에너지 경사선과 동수경사선 사이의 연직 거리이다.

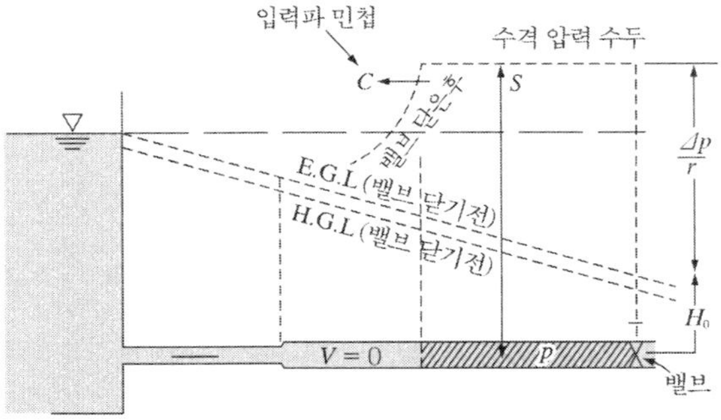

그림 5.43 관로에 관한 수격압

최대수격압의 파가 마지막으로 P에 도착했을 때 파의 정면 뒤의 유속은 0이 되므로 모든 에너지는 압력에너지의 형태로 관의 이 단면에 저장된다. 점 P에서 관에 의해 나타난 압력수두는 물기둥 Ps의 총 높이이다. 다음 예제에서 이 점을 설명한다.

예제 5.16

길이 1,500m, 직경 0.5m인 강관이 등경사로 놓여 있고 벽두께는 5cm이다. 관은 저수지로부터 물을 운반하고 유량은 저수지 자유표면 50m아래에서 공기로 들어간다. 밸브는 관의 하류 끝에 설치했으며 0.8m³/s의 유량을 갖는다. 밸브가 1.4s에 완전히 폐쇄된다면 밸브와 관의 중앙 길이에서 최대수격압을 계산하라. 종응력은 무시한다.

풀이)

방정식 (5.65a)로부터

$$\frac{1}{E_c} = \frac{1}{E_b} + \frac{D}{E_p t}$$

여기서 $E_b = 2.17 \times 10^9 \text{N/m}^2$, $E_p = 1.9 \times 10^{11} \text{N/m}^2$(표 5.10)을 위의 식에 대입하면

$$\frac{1}{E_c} = \frac{1}{2.17 \times 10^9} + \frac{0.5}{1.9 \times 10^{11} \times 0.05}$$

$$\therefore E_c = 1.9 \times 10^9 \text{ N/m}^2$$

방정식 (5.61)로부터 관을 따라 파 전파속도를 구한다.

$$C = \sqrt{\frac{E_c}{\rho}} = \sqrt{\frac{1.9 \times 10^9}{1,000}} = 1,378\text{m/s}$$

밸브에 돌아오는 파에 필요한 시간 t는

$$t = \frac{2L}{C} = \frac{2 \times 1,500}{1,378} = 2.17s$$

그러므로 밸브 폐쇄전 관내 유속은

$$V_0 = \frac{0.80}{\frac{\pi}{4} \times (0.5)^2} = 4.07m/s$$

밸브에서 최대 수격압을 계산할 수 있다.

$$\Delta P = \rho V_0 C = 1,000 \times 4.07 \times 1,378 = 5.61 \times 10^6 \text{ N/m}^2$$

예제 5.17

직경 20cm, 벽두께 15mm인 주철관에서 출구가 갑자기 폐쇄될 때 물을 운반한다. 설계 유량이 $40l/s$라면 다음의 수격압 상승을 계산하라.

(a) 고정된 관벽

(b) 종응력은 무시함

(c) 관로가 길이를 따라 확대점을 갖는다.

풀이)

$$A = \frac{\pi}{4} \times 0.2^2 = 0.0314$$

그러므로

$$V = \frac{Q}{A} = \frac{0.04}{0.0314} = 1.274m/s$$

(a) 고정된 관벽에 대해 $Dk/E_p t = 0$

방정식 (5.65)는 다음 관계로 주어진다.

$$\frac{1}{E_c} = \frac{1}{E_b} \text{ 또는 } E_c = E_b = 1.6 \times 10^9 \text{ N/m}^2$$

$$\rho = 10^3 \text{kg/m}^3$$

방정식 (5.64)로부터 압력파의 속도를 계산할 수 있다.

$$C = \sqrt{\frac{E_c}{\rho}} = \sqrt{\frac{1.6 \times 10^9}{10^3}} = 1,265m/s$$

방정식 (5.69)로부터 수격압의 상승을 계산할 수 있다.

$$H = \frac{VC}{g} = \frac{1.274 \times 1{,}265}{9.81} = 164\text{m}(H_2O)$$

$$\therefore\ P = \gamma H = 1.61 \times 10^6\ \text{N/m}^2$$

(b) 종응력을 갖지 않는 관에 대해 k = 1, 방정식 (5.65a)를 이용하여

$$E_c = \frac{1}{\left(\dfrac{1}{E_b} + \dfrac{D}{E_p t}\right)} = \frac{1}{\left(\dfrac{1}{1.6 \times 10^9} + \dfrac{0.2}{(1.6 \times 10^{11}) \times 0.015}\right)} = 1.41 \times 10^9$$

그리고

$$C = \sqrt{\frac{E_c}{\rho}} = 1{,}188\text{m/s}$$

그러므로 수격압의 상승을 계산할 수 있다.

$$H = \frac{VC}{g} = \frac{1.274 \times 1{,}188}{9.81} = 154\text{m}(H_2O)$$

그리고

$$P = \gamma H = 1.51 \times 10^6\ \text{N/m}^2$$

(c) 확대점을 갖는 관에 대해 k = (1−0.5 × 0.25) = 0.875

방정식 (5.65)로부터

$$E_c = \frac{1}{\left(\dfrac{1}{E_b} + \dfrac{0.875D}{E_p t}\right)} = \frac{1}{\left(\dfrac{1}{1.6 \times 10^9} + \dfrac{0.875 \times 0.2}{(1.6 \times 10^{11}) \times 0.015}\right)}$$

$$= 1.43 \times 10^9$$

그리고

$$C = \sqrt{\frac{E_c}{\rho}} = 1{,}197$$

방정식 (5.69)는 수격압 상승 계산에 이용된다.

$$H = \frac{VC}{g} = \frac{1.274 \times 1{,}197}{9.81} = 155\text{m}(H_2O)$$

그러므로

$$P = \gamma H = 1.53 \times 10^6\ \text{N/m}^2$$

수격해석으로 관로에 있어 압력진동의 시간흐름이 결정된다. 진동하는 물질량과 관벽 사이의 마찰 때문에 압력−시간 양상을 수정하여야 하고 진동은 점점 소멸한다. 대표적

인 압력진동은 그림 5.44에 나타냈다.

실제적으로 밸브는 0시간에 완전히 폐쇄할 수 없고, 수격압은 밸브의 폐쇄율에 따라 점점 증가한다. 대표적인 밸브폐쇄곡선을 그림 5.45에 나타냈다.

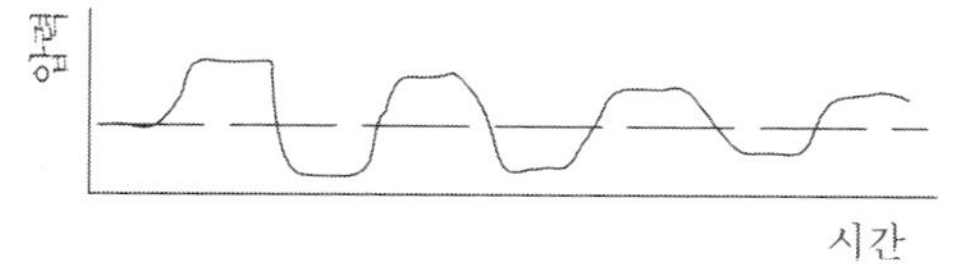

그림 5.44 압력−시간 양상에 관한 마찰영향

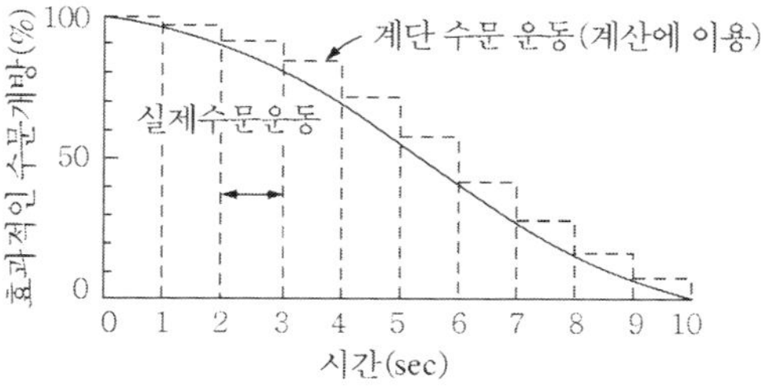

그림 5.45 대표적 밸브 폐쇄 곡선

만약 t_c가 파면이 관로를 따라 둥글게 뛰는데 필요한 시간이 밸브위치에 돌아오는 시간보다 작으면 ($t_c < 2L/C$)조작을 급격한 폐쇄(rapid closure)라 정의하고, 충격압은 최대값에 도달할 것이다. 신속한 폐쇄조작의 계산은 순간적인 폐쇄와 동일하다. 느린 폐쇄조작에 대해 $t_c > 2L/C$이므로 폐쇄전에 밸브위치에 돌아오는 압력파는 완전하다. 압력파가 돌아올 때 밸브를 통해 연속적으로 지나가는 물의 양은 확실하다.

결과적으로 압력파 양상은 변경한다. 마찰과 느린 밸브폐쇄 조작을 고려한 수격작용의 완전한 취급을 다른 곳에서 찾을 수 있다.

5.10 수압조절수조(surge tank)

수력발전소에서 발전용수를 압력수로와 수압관으로 수차에 공급할 때, 폐색장치의 개폐의 변화에 따라 일어나는 수충압의 전파를 될 수 있는 대로 수차 가까운 곳에 제한하고 또한 빨리 감쇄시키기 위해서 자유수면을 가진 수압조절수조를 설치한다. 수격작용은 압력파가 물과 관의 탄성에 따라 결정되는 값이 큰 전파속도라는 것은 식에서 알 수 있다. 수압조절수조의 수면진동은 저수지와 수조와의 사이에 있는 U자관 진동의 일종으로서 그 진동주기는 수격작용의 주기에 비해서 매우 크다. 이와 같은 진동을 일반적으로 surging이라 한다.

서어징이란 급히 밸브를 폐색해서 유수를 정지시키든지, 혹은 밸브를 급히 열어놓든지 하면 수압관이나 수차변은 되풀이 되는 수격작용의 강한 충격을 받아서 파괴될 위험이 있다. 그러므로 이것을 완화하기 위하여 압력터널과 수압관 사이에 자유수면을 가지는 수조를 설치한다. 즉, 밸브를 폐색할 때는 수압관을 유하하는 물을 이것에 수용하고 밸브를 열 때는 일시적으로 이 수조로부터 물을 보급하여 이것으로 급격한 압력의 변동을 완화하는 것으로서 이 수조를 **수압조절수조**(surge tank)라 한다.

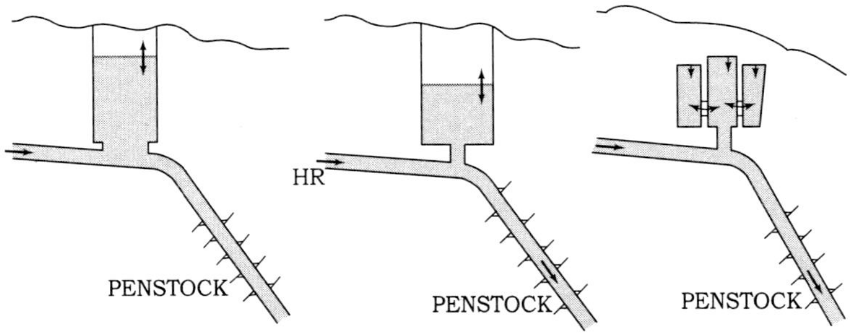

그림 5.46 수압조절수조(surge tank)

U자관 단진동의 식은 처음의 정수면과의 수면차 z_0일 때 t초 후의 수면차는

$$z = z_0 \cos \sqrt{\frac{2g}{l}}\, t \tag{5.72}$$

동요의 주기 T는

$$T = 2\pi \sqrt{\frac{l}{2g}} \tag{5.73}$$

그림 5.47에서 수압조절수조 B의 수면은 저수지 수면보다 손실수두 $h_0 = kv^2/2g$만큼 낮다.

surging에서 가장 중요한 것은 최대 사용수량을 차단했을 때 일어나는 상승 surging과 사용수량의 급증에서 일어나는 하강 surging이다. 압력수로의 손실을 무시했을 때의 가상 surging을 자유 surging이라 하고, 이때의 surging의 극치를 자유 surging z*하면 다음과 같이 구해진다. 다시 말해 서지탱크(surge tank)는 댐수로식 발전소에서 급히 수압관을 개폐해서 부하를 급변시켰을 때 수압관의 수격압(水擊壓)을 완화하기 위해 수압관과 터널접합부에 상당한 크기의 단면을 갖는 자유수면을 설치하는 것으로 서지탱크로 수로 내의 물의 관성을 흡수하고, 부하의 급증가 시기에는 응급적으로 물을 보급한다.

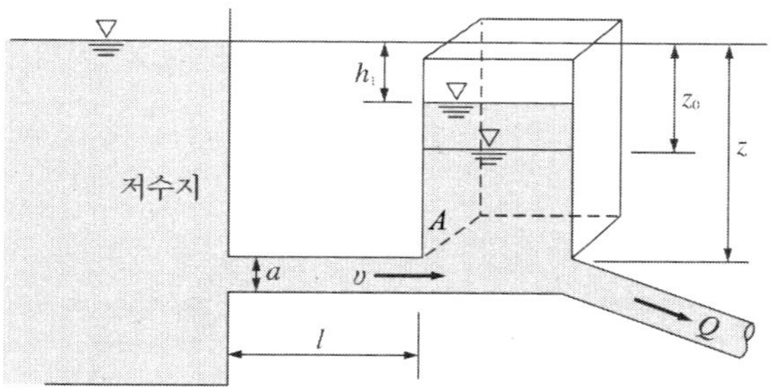

그림 5.47 surge tank

$$z^* = v_0\sqrt{\frac{la}{gA}} \tag{5.74}$$

그 주기 T는

$$T = 2\pi\sqrt{\frac{la}{gA}} \tag{5.75}$$

여기서, A : surge tank의 단면적

a : 압력관의 단면적

l : 압력관의 길이

연습문제

Q5.1 30cm 원형 주철 관로로 2km 길이를 10℃의 물을 운반한다. 4.6m의 수두손실을 허용하면 최대유량은 얼마인가?

Q5.2 직경 45cm인 새로 아스팔트 포장된 주철관은 저수지로부터 1.37km 떨어진 위치까지 물을 운반하고 공기로 물이 유출된다. 관의 입구가 저수지 수면 아래 3m이고 관이 경사 1/100로 놓여 있으면 10℃에서 유량을 결정하라.

Q5.3 직경 0.5m인 수평 상업용 강관은 20℃에서 0.4m^3/s의 물을 운반한다. km 길이당 관에서 압력변화를 계산하라.

Q5.4 6cm의 아연철관은 1/50 경사로 장치되었고 85℃에서 물을 운반한다. 유량이 8.2l/s일 때 길이 20m인 관에서 압력강하는 얼마인가?

Q5.5 두 단면 A와 B는 최적조건에서 4m 리벳 강관을 따라 5km떨어져 있다. A는 B보다 100m높다. 수온이 15℃이고 A와 B에서 측정된 압력수두는 각각 8.3m와 76.7m였다. 유출률은 얼마인가?

Q5.6 상수도협회는 저수지로부터 8km 떨어진 시설까지 1,800m^3/day로 수송해야 한다. 저수지에서 수표면 높이는 관의 입구 5m 위에 있고 관은 1/500 경사로 놓여야 한다. 수온이 5℃와 20℃ 사이에서 변화한다면 이용해야 하는 콘크리트관의 최적직경은 얼마인가? 관유량은 공기내로 들어가고 미소손실을 무시한다.

Q5.7 길이 6km인 새로운 아연관로로 30℃에서 320l/s의 물을 운반한다. 관경은 30cm이다. (a) Hazen－Williams공식 (b) Manning공식 (c) Darcy－Weisbach공식으로부터 계산된 수두손실을 비교하라.

5.8 80cm의 리벳트된 강관으로 저수지 A에서 저수지 B까지 10℃의 물을 운반한다. 관의 길이는 3.2km이고 두 저수지 사이의 높이 차이는 102m이다. (a) Hazen－Williams공식 (b) Manning공식 (c) Darcy－Weisbach공식에 의한 유량을 계산하라.

5.9 1,200m 떨어져 있는 두 저수지는 50cm의 매끈한 콘크리트관으로 연결되어 있다. 두 저수지가 5m의 높이 차를 가지면 (a) Hazen－Williams공식 (b) Manning공식 (c) Darcy－Weisbach공식에 의한 관에서 유량을 결정하라.

5.10 길이 75m, 직경 15m인 아연관은 호수수면 2m 아래에서 호수로부터 물을 받아들인다. 관은 1/25경사로 놓여 있고 중간에서 90°만곡되었다(R/D =1.0). 관이 공기로 자유롭게 유출되고 관내 수온이 20℃라면 유출률은 얼마인가?

5.11 globe밸브가 댐으로부터 수력발전 시설까지 물을 운반하는 1m 강수압관에 설치되어 있다. 입구는 저수지 수면높이 30m 아래에 있고 440m 길이 수압관은 1/2 경사로 놓여 있다. 최대유량을 결정하라.

5.12 30m 높이 물탑은 직경 20cm, 길이 800m 강관으로써 주택지에 물을 공급한다. 출구에서 최대압력 수두를 유지하기 위하여 관 길이의 94%를 30° 점축소로 접합한 더 큰(직경 30cm) 강관으로 대체하였다고 생각한다. 첨두 유량 수요가 0.25m^3/s이면 20℃온도에서 얻어지는 압력수두는 얼마인가?

5.13 펌프는 18l/s의 율로 3m 깊이의 큰 구덩이로부터 물을 운반한다. 구덩이에서 정수위는 구덩이 바닥의 위 50cm에 위치한 흡입구(5cm강관) 위 1.5m이다. 펌프에 필요한 흡입압은 얼마인가? 구덩이로부터 펌프까지 총 수두손실은 대략 속도수두의 1.5배이다.

5.14 직경 5m인 원형수조에 길이 3m로 물이 차 있다. 짧은 수평관은 직경 20cm이고 check밸브는 바닥으로부터 수조를 배수하는데 이용한다. 수조의 50%를 배수하는데 얼마가 걸리는가?

Q5.15 그림 5.48에 나타낸 복합관에 대한 에너지경사선(EGL)과 동수경사선(HGL)을 스케치하라. 손실, 속도변화 그리고 압력수두를 모두 고려하여라.

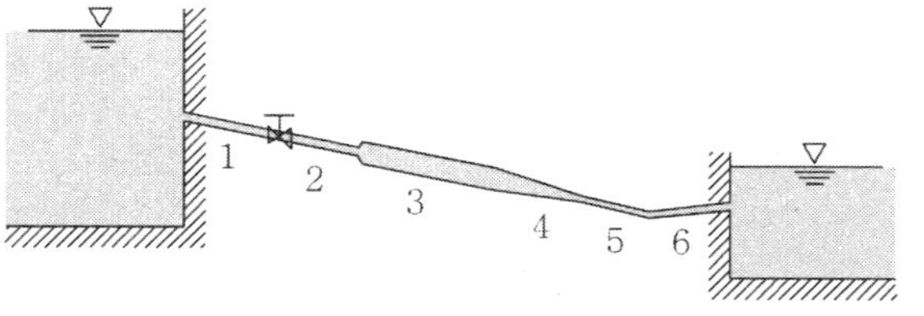

그림 5.48

Q5.16 40cm 직선관은 한 저수지로부터 1.7km 떨어진 다른 저수지까지 20℃에서 물을 운반하는데 이용하였다. 두 저수지 사이의 높이차는 9m이다. 다음 관에 대하여 유량을 결정하라.

(a) 상업용강관

(b) 낡은 주철관

(c) 매끈한 콘크리트

Q5.17 50mmHg의 압력수두하에서 물-글리세린용액($d = 1.1$, $\gamma = 1.03\times10^{-5}m^2/s$) $5l$/min을 운반하는데 필요하여 유리관을 이용하였다($e = 0.003$mm). 관 길이가 2.5m일 때 관경을 결정하라.

Q5.18 반원 횡단면(반경 1.0m)의 콘크리트 터널은 Hazen-Williams계수 120을 갖는다. 터널이 1.2km거리에 걸쳐 $3m^3/s$의 유량을 운반하면 수두손실은 얼마인가?

Q5.19 길이 22m 직경 25cm의 강관으로 수두수조로부터 냉각못까지 물을 가져간다. 수조와 못사이의 높이차가 1.4m이고 글로브밸브가 관로에 설치되었다면 밸브가 완전히 열려 있을 때 최대유량을 결정하라. 직각으로 접합되었다고 가정하라.

Q5.20 접합관 모두가 Hazen－Williams계수 120을 갖는다면 그림 5.49에서 각 저수지의 유입 혹은 유출량을 결정하라.

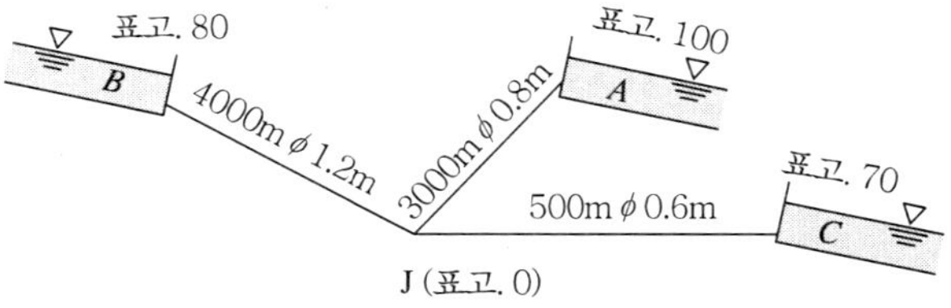

그림 5.49

Q5.21 접합관이 $e = 0.05$mm를 갖는 같은 재료로 만들어졌다면 그림 5.48에서 각 저수지의 유입 혹은 유출량을 결정하라.

Q5.22 1.3m콘크리트관은 길이 2,000m로 저수지 A로부터 교차점까지 5m^3/s의 물을 운반하고 저수지 B와 저수지 C내로 물을 유출한다. 모든 접합관은 직경 1m이다. 교차점으로부터 저수지 B와 C까지 거리는 각 1,500m이고, A와 B사이의 높이차는 8m이다. C에서 표면 높이를 결정하라.

Q5.23 그림 5.50에서 A로부터 B까지 총유량은 12l/s이다. 아연관을 이용하였다면 A와 B사이의 수두손실과 각관에서 유량을 결정하라.

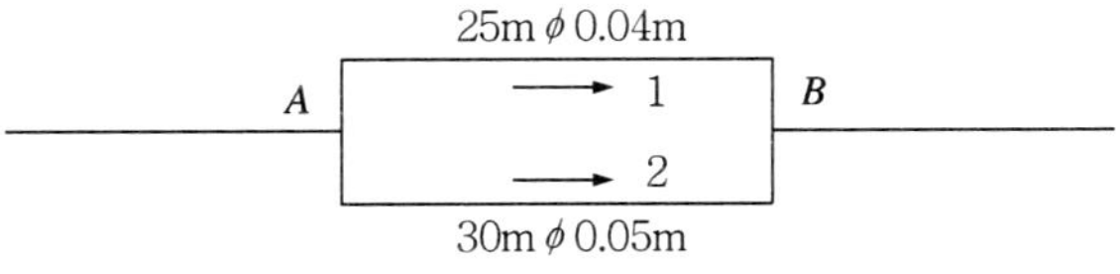

그림 5.50

Q5.24 그림 5.51의 계통은 1.3m^3/s의 총유량을 운반한다. 모든 관은 상업용 강관이다. A와 D사이의 수두손실을 결정하라.

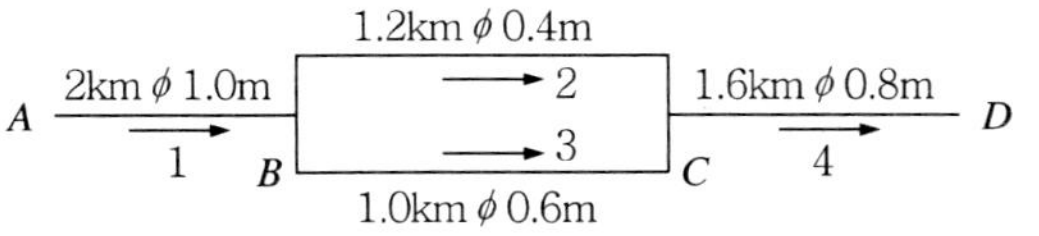

그림 5.51

Q5.25 그림 5.52에서 평행한 아연관 1, 2 그리고 3은 0.8m^3/s의 총유량을 운반한다. 각관에서 유량을 결정하라. 미소손실은 무시한다.

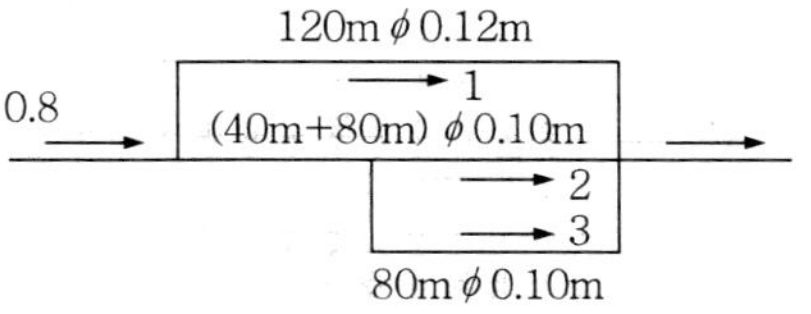

그림 5.52

Q5.26 그림 5.53에 나타낸 망에서 강관의 유량을 결정하라.

Q_1 = 1.0m^3/s Q_2 = 3.0m^3/s Q_3 = 2.5m^3/s

Q_4 = 0.25m^3/s Q_5 = 1.25m^3/s

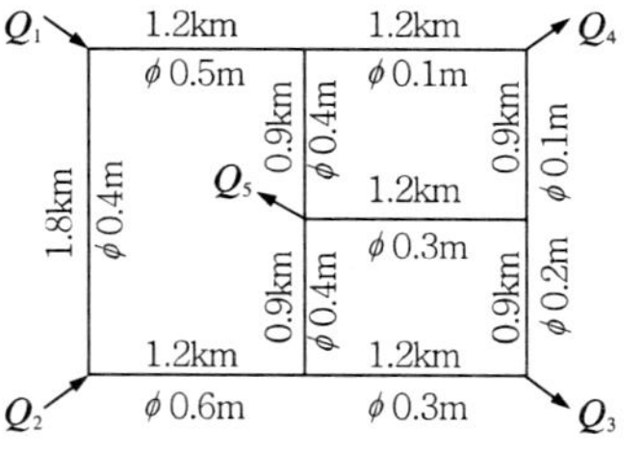

그림 5.53

5.27 그림 5.54처럼 길이가 12m이고 직경 10cm인 관을 저수지로부터 물을 뽑아 올리는데 이용하였고 유량은 대기로 들어간다. 관의 입구끝과 정상 S사이의 총 수두 손실을 1.2m라 하고 S와 유출 끝 사이가 2.0m라 하면 관의 유량과 S에서 압력을 결정하라.

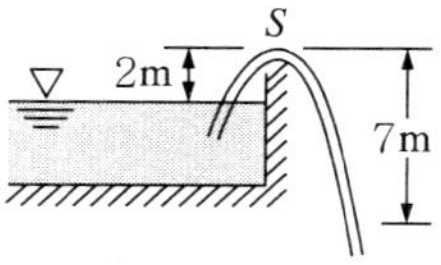

그림 5.54

5.28 1m² 의 사각형 횡단면을 갖는 사이폰 여수로는 여수로정상 20m 아래 하류저수지로 물을 유출하는데 이용하였다(그림 5.55). 마찰수두손실이 속도수두의 두 배와 같고 여수로 길이를 통하여 균등하게 분포되었다면 여수로 작동시에 수면높이의 범위를 결정하라. 여수로의 정상은 입구로부터 1/3길이에 위치해 있다.

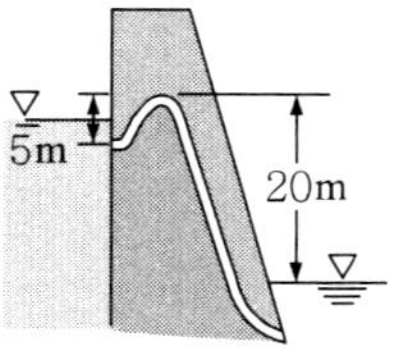

그림 5.55

5.29 펌프는 그림 6.56처럼 저수지 A로부터 물을 끌어 높은 저수지 B로 올린다. A로부터 펌프까지 수두손실은 10cm 관에서 속도수두의 4배이고, 펌프로부터 B까지 수두손실은 속도수두의 7배이다. 배달하는 펌프의 압력수두를 계산하라. 펌프의 입구에서 압력수두는 −6m이다.

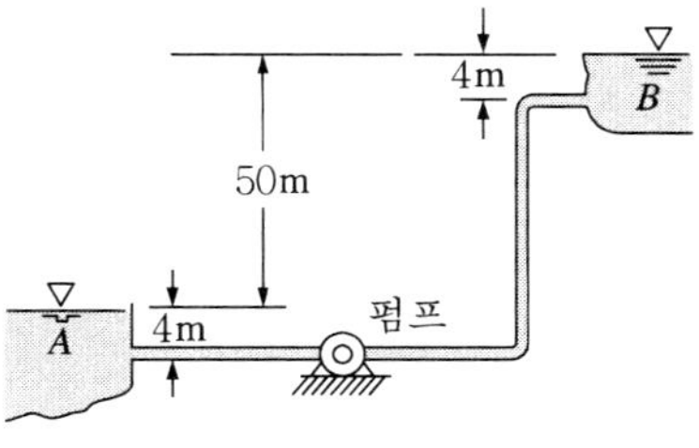

그림 5.56

Q5.30 길이 500m인 강관은 관의 출구보다 55m 위에 물이 있는 저수지로부터 물을 운반한다. 관은 직경이 40cm, 벽두께가 2cm이다. 하류끝에 있는 수문밸브는 30s동안 서서히 폐쇄된다. 최대수격압을 결정하라.

Q5.31 직경 30cm, 길이 420m이고 벽두께 1cm의 수평관이 있다. 관은 철이고 100m 아래 공기로 유출하도록 저수지로부터 물을 운반한다. 승강형태의 역지 밸브는 하류 끝에 설치했다. 밸브가 완전히 개방되었을 때 유량을 결정하라. 폐쇄가 0.5s 기간이라면 밸브에 대한 최대 압력을 계산하라.

CHAPTER 06

수력펌프

CHAPTER 06 수력펌프

터보기계에는 두 가지의 넓은 범주로 펌프와 터빈이 있다. 펌프라는 말은 유체에 에너지를 추가하는 모든 유체기계에 대한 일반적인 용어이다. 일부는 펌프를 에너지 흡수 장치라고 부른다. 왜냐하면 장치로 에너지가 공급되고, 일반적으로 이 장치는 대부분의 에너지를 회전하는 축을 통하여 유체에 전달되기 때문이다(그림 6.1a). 유체 에너지의 증가는 일반적으로 유체의 압력 증가로 나타난다. 반면에 터빈은 에너지 생성 장치이며, 유체로부터 에너지를 추출하고, 그 에너지의 대부분을 어떤 형태의 기계적 에너지 출력으로(일반적으로 회전하는 축 형태로) 전달한다(그림 6.1b). 터빈 출구에서 유체는 일반적으로 압력 손실의 형태로 에너지 손실을 겪는다.

다시 말하면, 펌프는 반드시 통과하는 유체의 속도를 증가시킬 필요가 없으며, 오히려 유체의 압력을 증가시킨다.

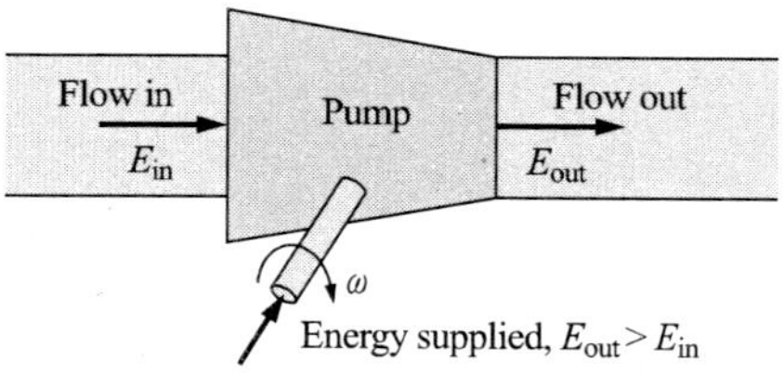

(a)

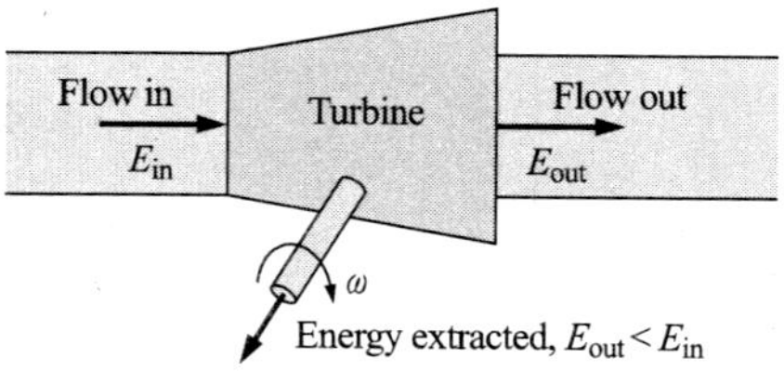

(b)

그림 6.1
(a) 펌프는 유체에 에너지를 공급하며,
(b) 터빈은 유체로부터 에너지를 추출한다.

수력펌프(water pumps)는 기계적에너지를 수리에너지로 전환하도록 설계된 장치이다. 수력펌프의 모든 형태는 두개의 기본 범주로 분류할 수 있다.

1. 터보 수력펌프(Turbo－hydraulic pumps)
2. 양변위펌프(Positive－displacement pumps)

터보수력펌프는 주로 원심형펌프(centrifugal pumps), 프로펠러 펌프(propeller pumps) 그리고 제트펌프(jet pumps)를 포함한다. 터보 수력기계의 해석은 수리이론을 포함한 문제이다. 양변위 펌프는 밀폐된 하우징(housing)내에서 회전하는 전동장치계통(스크류펌프) 혹은 봉인된 실린더내를 움직이는 피스톤(교호펌프)과 같은 정확한 기계 변위에 의해 엄격히 유체를 움직인다. 양변위 펌프의 해석은 단순히 역학개념을 포함하고 수리학의 자세한 지식은 요구하지 않는다. 이 장에서는 현대 수공학에서 이용하는 수력펌프의 대부분을 구성하는 첫째 범주를 자세하게 다루려고 한다.

6.1 기본개념

단일 펌프 설치의 한정적인 윤곽을 그림 6.2에 나타냈다. 펌프에서 관 입구와 출구에서 평균속도를 각각 흡입속도 V_s와 유량속도 V_D라 한다. 1차원 에너지 방정식은 그림 6.2에 나타낸 상태에 대해 점 1과 4 사이에 다음과 같이 쓸 수 있다.

$$\frac{V_1^2}{2g}+Z_1+\frac{P_1}{\gamma}+hp=\frac{V_4^2}{2g}+Z_4+\frac{P_4}{\gamma}+\Sigma(\text{미소손실})+\Sigma(\text{마찰손실}) \quad (6.1)$$

여기서, hp는 액체를 펌프로 운반한 순 수두이고 이 항을 **펌프수두**(pump head)라 한다. 손실항은 관수로단원에서 자세하게 설명하였다. 두 수조의 점 1과 4에서 속도수두항을 무시한다고 가정하면 방정식 6.2는 간단히 정리할 수 있다.

$$\text{hp}=\left[\frac{P_4}{\gamma}-\frac{P_1}{\gamma}\right]+[Z_4-Z_1]+\Sigma(\text{미소손실})+\Sigma(\text{마찰손실}) \quad (6.2)$$

혹은

$$\text{hp}=[\text{압력수두}]+[\text{위치수두}]+[\text{총수두손실}] \quad (6.3)$$

혹은

$$\text{hp}=[\text{정수두}]+[\text{총수두손실}] \quad (6.3a)$$

정수두와 총수두손실의 합을 **계수두**(System head)라 한다.

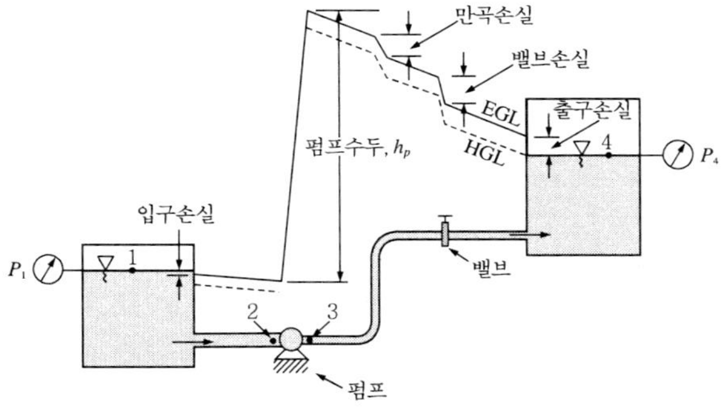

그림 6.2 단일 펌프설치에 대한 한정적인 윤곽

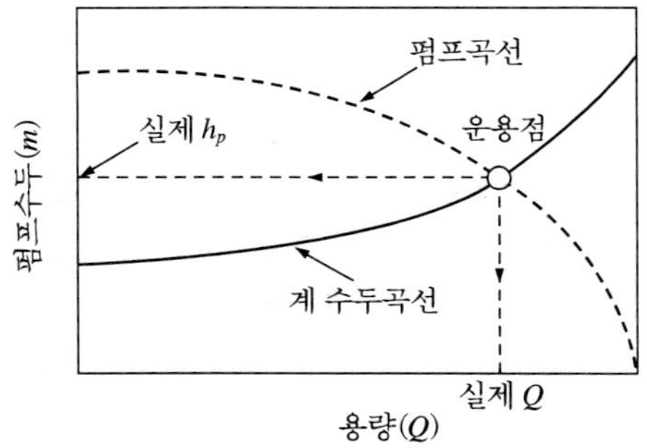

그림 6.3 대표적 펌프 설치에 대한 계 수두곡선과 펌프곡선

6.2 수력펌프의 동력과 효율

터보 수력펌프의 동력에 대한 두 가지 기본 방정식은

(1) **펌프에 주어지는 동력**(power input)

$$P_i = \omega T \tag{6.4}$$

여기서, ω는 펌프의 각속도, T는 전동기에 의해 펌프에 적용된 토르크(torque)

(2) **펌프의 출력**(power input)

$$P_0 = \gamma Q H \tag{6.5}$$

여기서, γ 는 액체의 단위중량, Q는 체적유량이고 H는 펌프에 의해 액체에 가해준 총 에너지 수두이다.

펌프의 효율(efficiency)은 펌프의 주어진 동력과 출력의 비로 정의된다.

$$e_p = \frac{P_0}{P_i} = \frac{\gamma QH}{\omega T} \tag{6.6}$$

수력펌프는 보통 전동기에 의해 운전된다. 전동기의 효율은 전동기에 의해 펌프에 가해진 동력 P_i와 전동기에 가해진 동력 P_m의 비로써 정의된다.

$$e_m = \frac{P_i}{P_m} \tag{6.7}$$

펌프계통의 전효율(overall efficiency)은

$$e = e_p \times e_m = \left(\frac{p_o}{P_i}\right) \times \left(\frac{P_i}{P_m}\right) = \frac{P_o}{P_m} \tag{6.8}$$

또는

$$P_o = e \times P_m \tag{6.8a}$$

e의 값은 항상 계통에서 발생하는 마찰과 다른 에너지 손실에 의해 1보다 작다.

예제 6.1

원심형 펌프는 1,500rpm의 각속도로 회전하며 20m의 높이에 $0.3m^3/s$의 물을 운반한다. 펌프의 운전축에서 측정된 토르크가 500 N−m이면 펌프의 효율을 결정하라.

풀이)

유체에 전달한 동력은 펌프의 출력이다.

$$P_o = \gamma QH = 9.81 KN/m^3 \times 0.3 m^3/s \times 20 m = 58.85 kW$$

펌프에 주어진 동력은

$$P_i = \omega T = \left(2\pi \times \frac{1,500}{60}\right) \times 500 N-m = 78,500 W = 78.5 kW$$

펌프의 효율은 식 (6.6)으로부터 얻을 수 있다.

$$e_p = \frac{P_o}{P_i} = \frac{58.86}{78.5} \times 100\% = 75\%$$

6.3 원심형 펌프

원심형펌프(centrifugal pumps)의 기본원리는 1730년 Demour에 의해 처음으로 증명되었다. 그림 6.4와 같이 단순펌프는 T형태인 두 개의 직선관으로 구성되었다. T는 액체를 준비하여 T의 저부끝을 잠기게 한 후 수평축을 회전시키면 원심력이 발생하고 액체에 대한 중력보다 커지면 액체는 연직축을 통해 올라가고 수평축을 통해 유출한다.

현대 원심력 펌프는 기본으로 두 부분으로 구성한다.

1. 임펠러(impeller)라 부르는 회전자
2. 회전자를 둘러싸고 액체 내부를 압박하도록 봉인하는 하우징(housing)

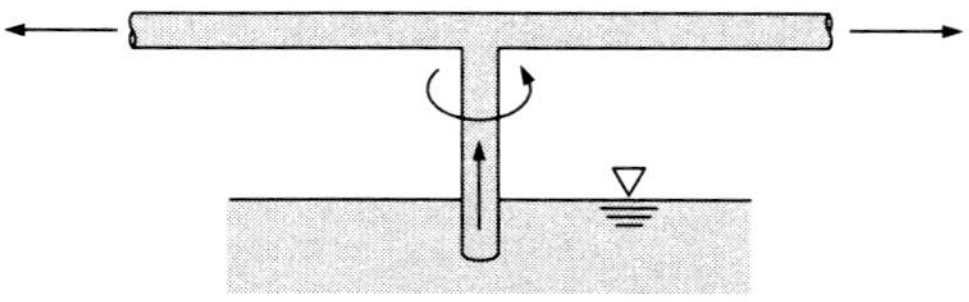

그림 6.4 Demour's원심형 펌프

펌프의 동력은 임펠러의 굴대에서 전동기에 의해 공급된다. 임펠러의 회전운동은 원심력을 발생시켜 그림 6.5(a)에 나타난 것처럼 임펠러 중심부근의 저압부에서 펌프안으로 액체가 들어오고 임펠러를 둘러싼 하우징 바깥 부분의 고압부쪽으로 임펠러 날개의 방향을 따라 흘러나간다. 하우징은 점차적으로 확대되는 나선형으로 설계함으로써 흡입되는 액체는 액체내 운동에너지가 압력에너지로 변환될 때 최소손실을 가지며 방류관쪽으로 유도한다(그림 6.5). 원심형 펌프의 이론은 각운동량 보존법칙을 기초로 하고, 물리적으로 운동량항은 질량과 속도의 곱으로 정의된다.

운동량 = 질량 × 속도

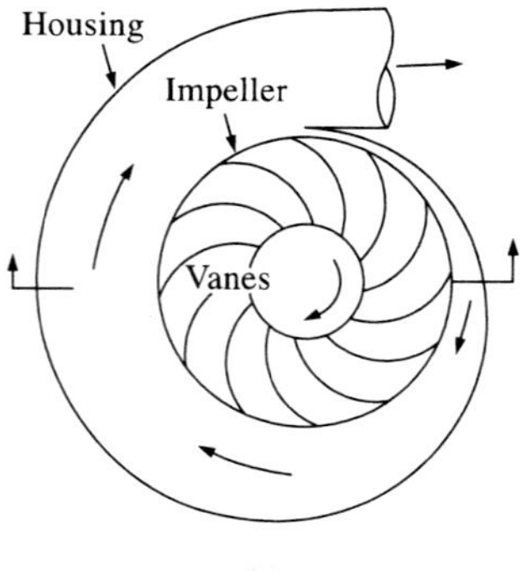

(a)

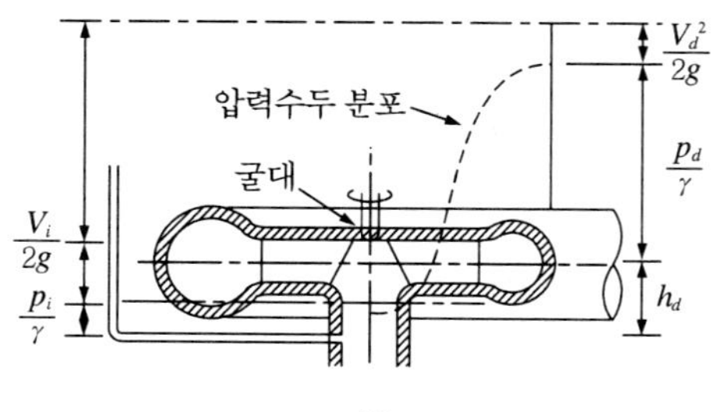

(b)

그림 6.5 원심형 펌프의 횡단면

회전 고정축에 관한 각운동량은 축에 관하여 선형 운동량의 모멘트로써 정의할 수 있다.

각운동량 = 운동량 × 반경 = 질량 × 속도 × 반경

각운동량의 보존법칙은 본체에 작용하는 외력으로부터 결과되는 토르크와 같은 유체에서 각운동량의 시간 변화율을 요구한다.

$$\text{토르크} = \frac{\text{질량} \times \text{속도} \times \text{반경}}{\text{시간}} = \rho\left(\frac{\text{체적}}{\text{시간}}\right) \times \text{속도} \times \text{반경}$$

그림 6.6의 표시를 이 관계 해석에 이용할 수 있다. 단위시간당 작은 유체질량(ρdQ)에 대한 각운동량은

$$\rho dQ \quad \times \quad V cos\alpha \ \times \ r$$

여기서 $Vcos\alpha$는 절대속도의 접선성분이다. 단위시간에 펌프에 들어오는 총 유체 질량에 대해 각운동량은 다음 적분으로 평가할 수 있다.

$$\rho \int_Q r\, V cos\alpha dQ$$

펌프 임펠러에 적용된 토르크는 임펠러의 입구와 출구에서 각 운동량의 차이와 같아야 한다.

$$\mathrm{T} = \rho \int_Q r_o V_o \cos\alpha_o dQ \ - \ \rho \int_Q r_i V_i \cos\alpha_i dQ \tag{6.9}$$

정상류와 임펠러주위 균일 조건에 의해 $r_o V_o \cos\alpha_o dQ$ 와 $r_i V_i \cos\alpha_i dQ$는 일정한 값을 갖는다.

방정식 (6.9)를 간략히 하면

$$\mathrm{T} = \rho Q (r_o V_o \cos\alpha_o \ - \ r_i V_i \cos\alpha_i) \tag{6.10}$$

임펠러의 각 속도를 ω라 놓자. 펌프에 주어진 동력은 식(6.4)와 (6.10)으로서 계산할 수 있다.

$$\therefore \ P_i = \omega T \ = \rho Q \omega (r_o V_o \cos\alpha_o \ - \ r_i V_i \cos\alpha_i) \tag{6.11}$$

펌프의 출력은 액체에 전한 펌프의 총에너지 수두와 펌프유량의 항으로 표현된다. 앞의 설명처럼 유체의 에너지수두는 수력에너지의 세 가지항인 운동에너지 $V^2/2g$, 압력

에너지 P/γ, 그리고 위치에너지 h의 합으로 표현할 수 있다.

$$H = \frac{V^2}{2g} + \frac{P}{\gamma} + h$$

펌프출력은 방정식 (6.5)에 의해 계산해야 한다.

$$\therefore \ P_o = \gamma QH \ = \gamma Q\left(\frac{V^2}{2g} + \frac{P}{\gamma} + h\right)$$

여기서 V, P 그리고 h는 각각 펌프에 의해 액체에 가해진 속도, 압력 그리고 높이이다.

극 벡터도(그림 6.6)는 일반적으로 날개 기하학과 흐름에서 그들의 관계를 해석하는데 이용한다. 사전에 지정된 것처럼 첨자 i와 o는 각각 입구와 출구흐름 조건에 대하여 이용하였다. u는 임펠러의 주위 속도를 나타내며 v는 날개에 관련하는 유속을 나타내고 V는 절대유속이다. V_t는 절대속도의 접선 성분이고 V_r은 방사상 성분이다. 이론적으로 입구에서 에너지손실은 물이 회전없이 임펠러에 들어올 때 최소값에 도달한다. 이는 임펠러가 방사상방향인 입구에서 절대유속인 유속으로 작동될 때 실현된다.

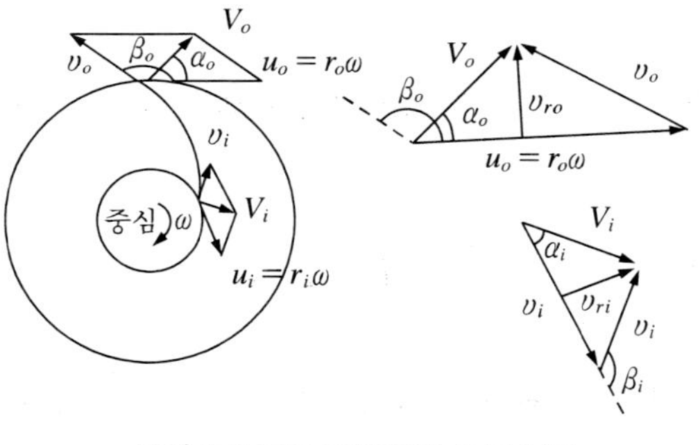

그림 6.6 펌프 임펠러의 속도 도표

예제 6.2

원심형 펌프가 r_i = 12cm, r_o = 40cm, β_i = 118°, 그리고 β_o = 140°의 특성을 갖는다. 임펠러 날개의 폭은 10cm이고 전체가 균일하다. 550rpm의 각 속도에서 펌프는 25m 높이 차이를 갖는 두 저수지 사이에 0.98m^3/s의 물을 운반한다. 이 단계에서 펌프운영의 효율을 결정하라.

풀이)

임펠러의 입구와 출구에서 날개의 주위속도는 각각

$$u_i = \omega r_i = 2\pi \times \frac{550}{60s} \times 0.12\text{m} = 6.91\text{m/s}$$

$$u_o = \omega r_o = 2\pi \times \frac{550}{60s} \times 0.40\text{m} = 23.04\text{m/s}$$

그리고 물의 방사상속도는 연속방정식을 적용하여 얻을 수 있다.

$$Q = A_i V_{ri} = A_o V_{ro}, \text{ 여기서 } A_i = 2\pi B r_i, \ A_o = 2\pi B r_o$$

$V_{ri} = v_{ri}$와 $V_{ro} = v_{ro}$로 쉽게 나타낼 수 있다.

$$v_{ri} = \frac{Q}{A_i} = \frac{Q}{2\pi B r_i} = \frac{0.98}{2\pi \times 0.1 \times 0.12} = 13.00\text{m/s}$$

$$v_{ro} = \frac{Q}{A_o} = \frac{Q}{2\pi B r_o} = \frac{0.98}{2\pi \times 0.1 \times 0.4} = 3.90\text{m/s}$$

속도벡터도 그림 6.6으로부터

$$v_{ti} = \frac{v_{ri}}{\tan\beta_i} = \frac{13.00}{tnn118^\circ} = -6.91\text{m/s}$$

$$v_{to} = \frac{v_{ro}}{\tan\beta_o} = \frac{3.9}{tnn190^\circ} = -4.65\text{m/s}$$

그리고

$$V_i = \sqrt{v_{ri}{}^2 + (u_i + v_{ti})^2} = \sqrt{(13.00)^2 + (0.00)^2} = 13.00\text{m/s}$$

$$\alpha_i = \tan^{-1}\frac{v_{ri}}{(u_i + v_{ti})} = \tan^{-1}(13.00) = 90^\circ$$

$$\cos\alpha_i = 0$$

$$V_o = \sqrt{v_{ro}{}^2 + (u_o + v)} = 18.80\text{m/s}$$

$$\alpha_o = \tan^{-1}\frac{v_{ro}}{(u_o + v_{\tan})} = tan^{-1}\left(\frac{3.90}{18.93}\right) = 11.97^\circ$$

$$\cos\alpha_o = 0.978$$

식 (6.11)에 적용하면

$$P_i = \rho Q \omega (r_o V_o \cos\alpha_o - r_i V_i \cos\alpha_i)$$

$$= 1{,}000 \times 0.98 \times 2\pi \times \frac{550}{60}(0.40 \times 18.8 \times 0.978)$$

$$= 415{,}120\text{W} = 415.12\text{kW}$$

식 (6.5)에 적용하고 오직 고려하는 수두는 높이라 가정하면 $H = h$을 얻는다.

$$P_o = \gamma Q H = 9.81(\text{kN/m}^3) \times 0.98(\text{m}^3/\text{s}) \times 25 \ (\text{m}) = 240.35\text{kW}$$

식 (6.6)으로부터

$$e = \frac{P_o}{P_i} = \frac{240.35}{415.12} = = 0.579 \cong 58\%$$

그림 6.5에서 펌프 입구에서 총에너지 수두는

$$H_i = \frac{P_i}{\gamma} + \frac{V_i^2}{2g}$$

그리고 유출에서 총에너지 수두는

$$H_d = h_d + \frac{P_d}{\gamma} + \frac{V_d^2}{2g}$$

둘 사이의 차이는 펌프가 액체에 전한 에너지양이다.

$$H = H_d - H_i = (h_d + \frac{P_d}{\gamma} + \frac{V_d^2}{2g}) - (\frac{P_i}{\gamma} + \frac{V_i^2}{2g}) \tag{6.12}$$

원심형 펌프의 효율은 날개와 펌프 하우징의 특별한 설계에 크게 의존하고 또한 펌프 작동의 조건하에 의존한다. 대표적 **펌프 특성곡선**을 그림 6.7에 나타냈다. 각 펌프는 유량의 특정한 범위에 대해 설계된 사실로 설명한다. 펌프효율은 유량인 설계유량 범위를 초과할 때 급격하게 감소한다.

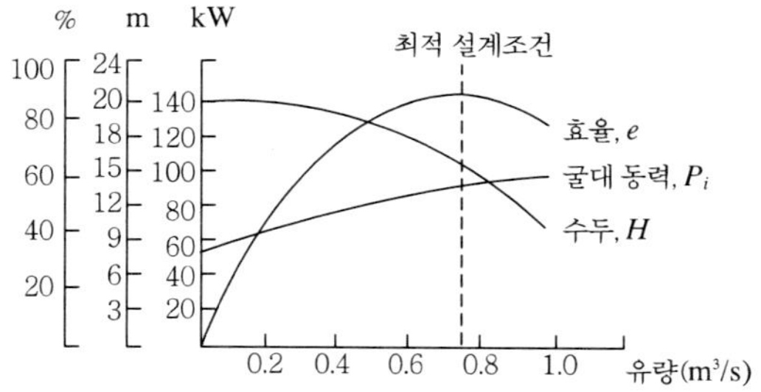

그림 6.7 대표적인 원심형 펌프 특성곡선

예제 6.3

특정한 펌프는 그림 6.7에 나타낸 것과 같은 성질을 갖는다. 65% 효율을 갖는 100−kW 전동기로 작동하였다. 유량, 동수두 그리고 펌프의 효율을 결정하라.

풀이)

식 (6.6)에 적용

$$P_i = e_m P_m = 0.65 \times 100\text{kW} = 65\text{kW}$$

그림 6.7에 준비된 곡선을 이용하면

$$Q = 0.2\text{m}^3/\text{s}(65\text{kW에 대응하는})$$

같은 그림에서 이 유량에 대한 동수두와 효율은 주어진다. 각각

$$H = 19.6\text{m},\ e_p = 40\%$$

6.4 프로펠러 펌프

에너지-운동량 관계에 기초를 두어 설계한 프로펠러에 대한 엄밀한 수학적 해석은 이용할 수 없다. 그러나 역적-운동량의 기본적 원리의 적용은 그들 작동을 설명하는 단순한 수단으로 준비한다. 선형역적(linear impulse)은 힘과 t′에서 t″까지 dt시간동안 몸체에 작용하는 힘의 곱을 적분하는 것으로 정의한다.

$$I = \int_{t'}^{t''} F dt$$

일정한 힘이 T시간동안 수반하면 역적은 단순화할 수 있다.

역적 = 힘 × 시간

역적-운동량의 원리는 시간간격 동안 몸체에 작용하는 힘의 선형역적이 그 시간 동안 몸체의 선형운동량 변화와 같음을 필요로 한다.

힘 × 시간 = 질량 × 속도변화

또는

$$\text{힘} = \frac{\text{질량} \times \text{속도변화}}{\text{시간}} \tag{6.13}$$

의 관계는 그림 6.8에 나타낸 것처럼 어느 두 단면사이에 체적을 가지며 정상운동을 하는 유체에 적용할 수 있다. 인자 질량/시간은 단위시간당 관련된 질량으로써 표현할 수 있다.

$$\frac{\text{질량}}{\text{시간}} = \frac{\text{밀도} \times \text{체적}}{\text{시간}} = \text{밀도} \times \text{유량} = \rho Q$$

그리고 속도의 변화는 지배체적의 두 끝 사이 유속의 변화이다.

$$\text{속도변화} = V_i - V_f$$

식 (6.13)에 위의 관계를 대입하면

$$\Sigma F = \text{힘} = \rho Q \ (V_i - V_f) \tag{6.14}$$

그림 6.8은 수평위치로 가설한 도식적인 프로펠러 펌프를 나타낸다. 4단면은 에너지관계를 증명하기 위해 펌프관을 따라 선택하였다. 계통은 역적-운동량원리로 쉽게 해석할 수 있다.

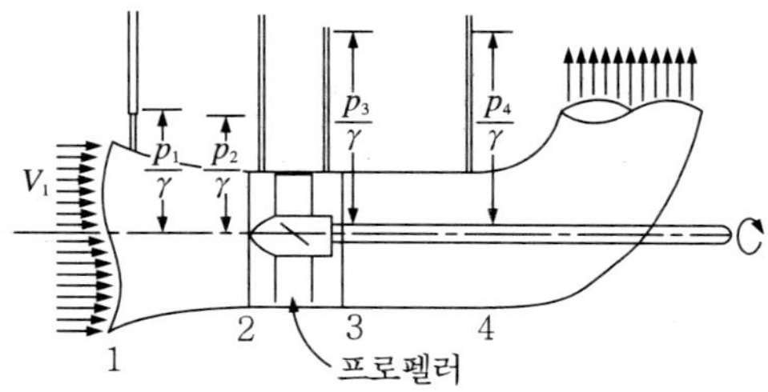

그림 6.8 프로펠러 펌프

유체가 단면 1에서 단면 2까지 움직이는 동안 속도는 증가하고 압력은 Bernoulli에너지 평형원리에 따라 감소한다.

$$\frac{P_1}{\gamma} + \frac{V_1^2}{2g} = \frac{P_2}{\gamma} + \frac{V_2^2}{2g}$$

두 인접단면 2와 3사이의 에너지는 프로펠러에 의해 유체에 가해진다. 에너지는 프로펠러로부터 즉시 하류에 더 높은 압력을 일으켜 압력수두의 형태로 유체에 가해진다. 더욱 하류펌프의 출구끝(단면 4)에서 흐름조건은 더 안정하고 압력수두의 사소한 감소는 단면 3과 4사이의 수두손실과 평균유속의 사소한 증가로부터 일어난다.

단면 1과 4사이에 역적-운동량관계 식 (6.14)를 적용하면 다음 방정식을 얻을 수 있다.

$$P_1 A_1 + F - P_4 A_4 = \rho Q \ (V_4 - V_1) \tag{6.15}$$

여기서 F는 프로펠러에 의해 유체에 가한 힘이다. 식 (6.15)의 우측은 펌프가 $V_1 = V_4$

가 되도록 균일한 직경의 관으로 설치했을 때 생략된다.

$$F = (P_1 - P_4)A$$

이 경우 펌프에 의해 전해진 힘은 전적으로 압력을 산출하는데 이용된다.

$$\frac{P_1}{\gamma} + \frac{V_1^2}{2g} = \frac{P_2}{\gamma} + \frac{V_2^2}{2g} \tag{6.16}$$

그리고 단면 3과 4사이에는

$$\frac{P_3}{\gamma} + \frac{V_3^2}{2g} = \frac{P_4}{\gamma} + \frac{V_4^2}{2g} \tag{6.17}$$

식 (6.17)에서 식 (6.16)을 빼고 같은 횡단면적에 대해 $V_2 = V_3$이므로

$$\frac{P_3 - P_2}{\gamma} = \left(\frac{P_4}{\gamma} + \frac{V_4^2}{2g}\right) - \left(\frac{P_1}{\gamma} + \frac{V_1^2}{2g}\right) = H \tag{6.18}$$

여기서 H는 펌프에 의해 유체에 가해진 총 에너지이다. 펌프로부터 총출력은

$$P_o = \gamma Q H = Q(P_3 - P_2) \tag{6.19}$$

펌프의 효율은 전동기에 의해 주어진 동력과 펌프 출력의 비로써 계산할 수 있다. 프로펠러 펌프는 보통 저수두(12m이하), 고용량(20l/s이상) 적용에 이용된다. 그림 6.12는 펌프의 다른 형태에 대한 적용의 상대적인 범위를 나타낸다.

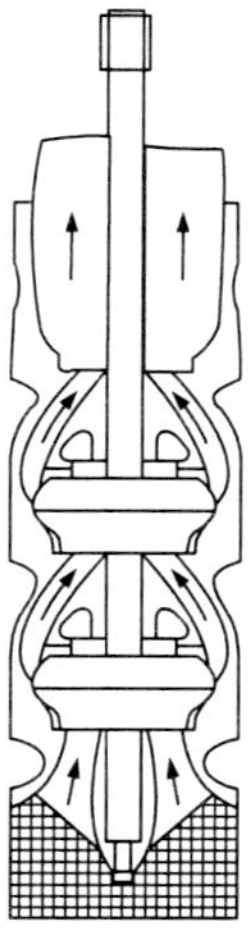

그림 6.9 다단계 프로펠러 펌프

더욱 프로펠러 날개의 한조를 그림 6.9에 나타낸 것처럼 다단프로펠러 펌프(multistage propeller pump)의 형태로 공통 하우징의 같은 회전축에 설치할 수 있다. 이들 펌프는 큰 높이 차이 위로 많은 양의 물을 운반할 수 있다. 펌프는 보통 자동기폭제 작동으로 설계되었고 종종 깊은 우물물을 양수하는 데 이용한다.

예제 6.4

직경 3m인 프로펠러 펌프가 2.6m 위치수두 위로 많은 양의 물을 운반하기 위해 설치되었다. 펌프에 공급되는 축동력은 1,500kW 이고 펌프효율이 80%이면 유량을 결정하라.

풀이)

펌프에 의해 흐름에 가해진 에너지는 식 (6.5)에 주어졌다.

$$P_o = e_p \times P_i = 0.8 \times 1{,}500\text{kW} = 1{,}200\text{kW} = 1{,}200{,}000\text{W}$$

식 (6.19)에 적용하면

$$P_o = \gamma QH = \gamma Q\left(h + \Sigma k \frac{V^2}{2g}\right)$$

$k_{in} = 0.5$와 $k_{out} = 1.0$에 대하여

$$P_o = \gamma Q\left(h + 1.5\frac{Q^2}{2gA^2}\right) \quad : \gamma = 9{,}810\ \text{N/m}^3$$

그리고,

$$1{,}200{,}000 = 9{,}810 \times Q\left(2.6 + 1.5\frac{Q^2}{(1.1\pi)^2 \times 2 \times 9.81}\right)$$

시행에 의해 위의 방정식은 해결할 수 있으며

$$Q = 30.45\text{m}^3/\text{s}$$

6.5 수력펌프에서 공동현상

펌프로 액체를 다루는 경우, 펌프 내의 국부압력이 액체의 증기압 P_v 이하로 떨어질 수 있다(P_v는 포화증기압, P_{sat}이라고도 부르며 열역학 표에 포화온도의 함수로 나타나 있다). $P < P_v$이면 공동현상 기포(cavitation bubble)라고 부르는 증기로 채워진 기포가 발생한다. 다시 말하면, 일반적으로 압력이 가장 낮은 곳인 회전하는 임펠러 블레이드의

흡입면에서 액체가 국부적으로 끓는다. 공동 현상 기포는 생성된 후 펌프를 거쳐서 압력이 더 높은 지역으로 전달되고 이는 기포의 급격한 붕괴를 가져온다. 이 기포의 붕괴는 소음 진동, 효율저하 그리고 무엇보다도 임펠러 블레이드의 손상을 가져오므로 바람직하지 않다. 블레이드 표면 부근에서 반복되는 기포의 붕괴는 블레이드에 피팅(pitting) 또는 부식을 초래하고 궁극적으로 블레이드가 파괴되는 재앙이 발생한다.

펌프설비 설계에서 고려하는 중요한 것의 하나는 펌프와 공급저수지 수면 사이의 상대적인 높이이다. 양수설비에 있어 흡입선에서 물은 보통 대기보다 낮은 압력하에 있다. 공동현상(cavitation phenomenon)은 양수계통의 어느 위치에서 수압이 대기압 아래로 갑자기 하락할 때 잠재적으로 위험하게 된다. 공동이 자주 일어나는 지점은 속도가 매우 큰 임펠러 날개의 끝 근처이다. 높은 속도의 범위에서 대부분 압력에너지는 운동에너지로 전환된다. 이는 펌프와 공급저수지 사이의 높이차 그리고 저수지와 펌프사이 관로에서 피할 수 없는 에너지손실을 더한 것이다.

이들 세 항의 합은 그림 6.10에 나타낸 것처럼 펌프설비에서 **총 흡입수두**(total suction head) H_s를 구성한다.

총 흡입수두는 다음과 같이 표현할 수 있다.

$$H_s = \frac{V_t^2}{2g} + H_p + \Sigma H_L \tag{6.20}$$

여기서, H_p : 펌프와 공급저수지 사이의 높이 차이

ΣH_L : 흡입선에서 총에너지 손실

V_t : 임펠러날개 끝 근처의 국부속도

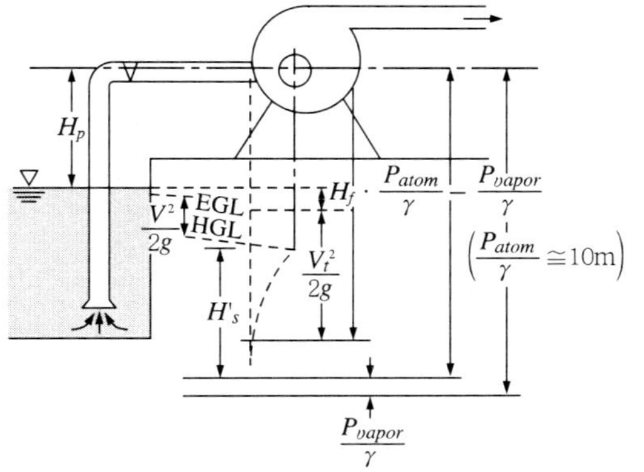

그림 6.10 펌프에 관한 총 흡입수두

H_s의 값은 펌프의 어느 위치에서 압력이 항상 물의 증기압 이상의 범위이내를 유지해야 하며, 한편 물은 증기화되고 공동이 잘 발생될 것이다. 물은 흐름에서 작은 증기기포 형태로 증기화되고 이들 기포는 더 높은 압력범위에 도달할 때 달아난다. 격렬한 진동은 물에서 증기기포가 달아남으로서 일어난다. 충격력 고려에 따라 연속적인 기포분산은 날개와 하우징의 금속면에 관한 높은 국부응력이 원인이 된다. 이들 응력은 표면파괴의 원인이 되고 펌프를 급격히 손상시킬 것이다. 공동을 예방하기 위하여 펌프는 총 흡입수두가 대기수두와 수증기압 수두 차이보다 작은 높이에 설치되어야 한다.

$$\left(\frac{P_{atm}}{\gamma} - \frac{P_{vapor}}{\gamma}\right) - H_s > 0$$

임펠러날개끝 근처의 최대속도는 보통 사용자에 의해 평가되지는 않는다. 펌프 제작자는 그림 6.10에 나타난 것처럼 순 양흡입수두(net positive suction head, NPSH) 혹은 H_s'로써 상업적으로 기지값을 준비한다. NPSH값에 따라 공급저수지 위의 최대펌프 높이는 쉽게 결정할 수 있다.

$$H_p = \frac{P_{atm}}{\gamma} - \left(\frac{P_{vapor}}{\gamma} + H_s' + \frac{V^2}{2g} + H_L\right) \tag{6.21}$$

펌프에서 공동을 막는데 공통적으로 이용되는 다른 인자는 공동인자(cavitation parameter) σ로 기술한다.

$$\sigma = \frac{\left(\frac{P_{atm}}{\gamma} - \frac{P_{vapor}}{\gamma}\right) - H_s}{H} \tag{6.22}$$

여기서, H는 펌프에 의해 발전된 총수두이고 분자는 **순 양흡입수두(NPSH)**이다. H_s항은 펌프의 흡입구에서 유속인 속도수두를 제외하면 식 (6.20)에 표시된 것과 유사하다. 임펠러날개에 관한 속도증가는 이미 인자 σ로 설명하였다. 펌프의 각 형태에 대한 σ값은 제작자에 의해 제공되고 펌프시험 자료에 기초를 둔다.

식 (6.22)에 식 (6.20)의 관계를 대입하면

$$\sigma H = \frac{P_{atm}}{\gamma} - \frac{P_{vapor}}{\gamma} - \left(\frac{V_i^2}{2g} + H_p + \Sigma H_L\right) \tag{6.23}$$

여기서, V_i는 임펠러 입구에서 물의 최대속도이다. 식 (6.23)을 재정리하면

$$H_p = \frac{P_{atm}}{\gamma} - \frac{P_{vapor}}{\gamma} - \frac{V_i^2}{2g} - \Sigma H_L - \sigma H \tag{6.24}$$

공급저수지의 표면 이상 취입구의 최대허용 높이를 주어야 한다. 식 (6.24)에 의해 결정한 값이 음이면 펌프는 공급저수지의 수표면 높이보다 아래에 위치해야 한다.

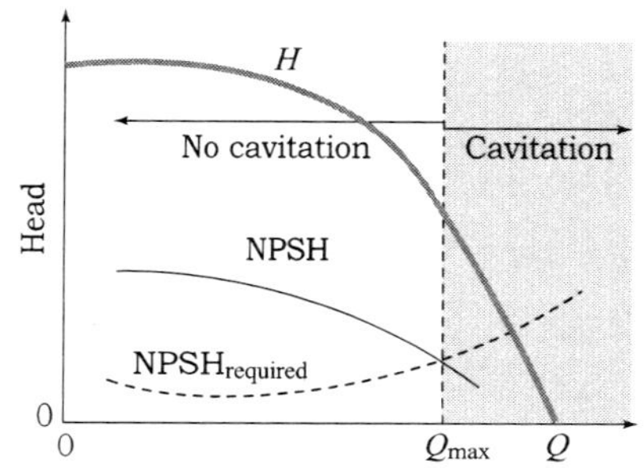

그림 6.11 실제 NPSH와 요구 NPSH가 교차하는 체적유량은 펌프가 공동현상의 발생없이 공급할 수 있는 최대 유량

펌프에서 공동현상을 확실하게 방지하려면 실제 또는 가용 NPSH는 $\mathrm{NPSH}_{required}$보다 커야만 한다. NPSH 값은 유량뿐만 아니라, 포화증기압(P_v)이 온도의 함수이므로 액체의 온도에 따라서도 변한다는 것에 유의하는 것이 중요하다. 또한 각 액체에는 유일한 $P_v - T$선도가 있으므로, NPSH 값은 사용되는 액체의 종류에 따라서도 변한다. 입구의 상류에 있는 배관 시스템에서 발생하는 비가역 수두손실은 유량에 따라 증가하므로 펌프 입구의 정체압(stagnation pressure) 수두는 유량에 따라 감소한다. 그러므로 NPSH 값은 그림 6.11에 나타낸 것처럼 Q에 따라 감소한다. 실제 NPSH와 $\mathrm{NPSH}_{required}$ 곡선이 교차하는 유량을 찾아내어 펌프에서 공동현상 없이 토출이 가능한 최대 체적유량을 추정한다(그림 6.11).

예제 6.5

펌프를 20℃에서 0.060m^3/s물을 양수하기 위해 길이 300m, 직경 15cm인 관로를 해면에 설치하였다. 높이는 25m이다. 펌프가 임펠러 입구직경 18cm, 공동인자 σ= 0.12를 갖고 흡입측에서 1.3m의 총 수두손실에 직면하면 펌프 취입구와 공급수조의 수표면 높이 사이의 상대적 높이를 결정하라. 관로는 C_{HW} = 120 으로 가정하라.

풀이)

관로에서 수두손실은 그림 5.5에 준비된 도표에 의해 결정할 수 있다(Hazen－Williams공식). Q = 0.06m^2/s와 C_{HW} = 120 그리고 D = 0.15m와 L = 300m에 대하여 에너지 경사선의 경사 S = 0.086을 구할 수 있고, H_f = L · S = 25.8이다. 오직 국부손실은 출구에서 있으며 k_e = 1.0으로 가정한다. 취입관과 유도관로에서 속도는 각각

$$V_i = \frac{Q}{A_i} = \frac{0.06}{\pi(0.09)^2} = 2.36\text{m/s}$$

$$V_p = \frac{Q}{A_p} = \frac{0.06}{\pi(0.075)^2} = 3.40\text{m/s}$$

펌프에 의해 발전된 총 동수두는 계통의 양끝에서 저수지에 관한 Bernoulli방정식 적용에 의해 결정할 수 있다.

$$\frac{V_1^2}{2g} + \frac{P_1}{\gamma} + h_1 + H = \frac{V_2^2}{2g} + \frac{P_2}{\gamma} + h_2 + \Sigma H_L$$

여기서 첨자 1과 2는 각각 공급끝과 운반끝에서 저수지를 참고로 한다. 저수지의 표면에서는 $V_1 \cong V_2 \cong 0$ 그리고 $P_1 = P_2 = P_{atm}$

$$\text{H} = (h_2 - h_1) + \Sigma H_L = 25 + (1.3 + 25.8 + 1 \times \frac{3.40^2}{2g}) \cong 52.7\text{m}$$

증기압은 표 1.1에서 찾는다.

$$P_{vapor} = 0.023042\text{bar} = 2{,}335\ \text{N/m}^2$$

$$P_{atm} = 1\text{bar} = 101{,}357\ \text{N/m}^2$$

끝으로 식 (6.24)를 적용하여 펌프의 최대 상대높이를 얻는다.

$$H_p = \frac{P_{atm}}{\gamma} - \frac{P_{vapor}}{\gamma} - \frac{V_i^2}{2g} - \Sigma H_L - \sigma H$$

$$= \frac{101{,}357}{9{,}810} - \frac{2{,}335}{9{,}810} - \frac{(2.36)^2}{2 \times 9.81} - 1.3 - 0.12 \times 52.7$$

$$= 2.19\text{m}$$

6.6 펌프의 선택

펌프의 효율은 유량, 수두 그리고 펌프의 필요 동력에 의존되며 펌프 각 형태의 적용범

위는 그림 6.12에 나타냈다.

유량을 운반하는 펌프에 대한 총수두는 위치수두와 계통에서 초래하는 수두손실을 포함한다. 관로에서 마찰손실과 다른 미소손실은 관내 유속에 의존되고 총수두손실은 유량에 관계시킬 수 있다. 계통에서 총수두와 유량을 표시할 수 있으며 주어진 관로계통에 대하여 유일한 H−Q곡선은 예제 6.6에 나타낸 것처럼 표시할 수 있다.

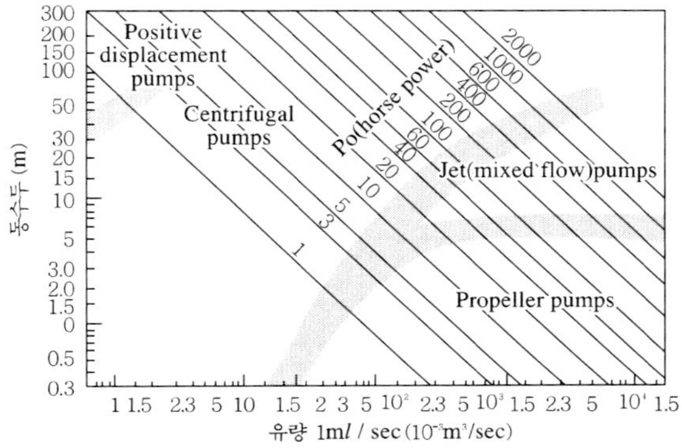

그림 6.12 다른 형태 펌프의 필요수두, 유량 그리고 동력

주어진 계통에 대한 특정한 펌프 선택에서 설계조건을 지정하고 펌프는 적용범위에서 선택한다. H−Q곡선은 제작자에 의해 준비된 펌프 성과표에 짜맞춘다. 일치점 M은 실제 작동조건을 가리킨다. 선택과정은 다음 예제에서 설명한다.

예제 6.6

펌프는 35m의 높이 차이를 갖고 1,000m 떨어진 두 저수지사이에 7l/s의 물을 운반하는 데 이용한다. 10cm직경의 상업용 강관을 계획에 이용한다면 타당한 펌프를 선택하고 제작자에 의해 준비된 펌프 특성곡선(H: Q, 그림 6.12)과 펌프 성과표(그림 6.13)에 기초를 두어 펌프에 대한 작동 조건을 결정하라.

풀이)

상업용 강관에 대한 조도높이 e = 0.045m(그림 6.13)이다. 관내유속은

$$V = \frac{Q}{A} = \frac{0.007m^3/s}{\left(\frac{\pi}{4} \times 0.1^2\right)m^2} = 0.89\text{m/s}$$

그리고 대응하는 레이놀즈수는

$$R_e = \frac{VD}{\nu} = \frac{0.89m/s \times 0.1m}{1 \times 10^6 m^2/s} = 89{,}127 \simeq 9 \times 10$$

그리고

$$e/D = 0.045\text{mm}/100\text{mm} = 4.5\times10^{-4} = 0.00045$$

마찰계수는 Moody도표(그림 6.14)으로부터 얻을 수 있다.

$$f = 0.033$$

관마찰손실은

$$h_f = f\left(\frac{L}{D}\right)\frac{V^2}{2g} = 0.033 \times \frac{1{,}000}{0.1} \times \frac{0.89^2}{2\times9.81} = 13.32\text{m}$$

펌프가 일해야 하는 총수두는

H = (높이차이) + (마찰손실)

= 35 + 13.32 = 48.32m

제작자에 의해 준비된 펌프 선택 도표(그림 6.13)로부터 펌프 Ⅳ와 Ⅴ를 계획에 이용한다. 다음 양들을 선택하기 전에 결정해야 한다.

$Q(l/s)$	V(m/s)	R_e	f	H_f	H
5	0.637	6.9×10^2	0.036	7.95	42.5
6	0.764	7.6×10^2	0.034	10.11	45.1
8	1.019	10.2×10^2	0.032	16.92	51.9

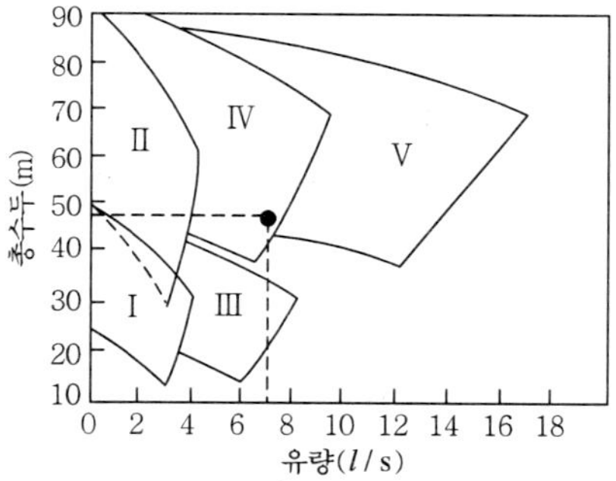

그림 6.13 펌프선택 도표

이들 값을 곡선처럼 H : Q로 표시하였다. 그 곡선은 제작자에 의해 준비된(그림 6.13) 것처럼 펌프의 특성곡선 Ⅳ와 Ⅴ에 일치하면 다음처럼 가능함을 알았다.

3,550rpm에서 펌프 Ⅳ

Q = 6.8l/s, H = 46m

그러므로 P_i = 7.5hp, 효율 = 60%

3,850rpm에서 펌프 Ⅳ

Q = 8.1l/s, H = 52m

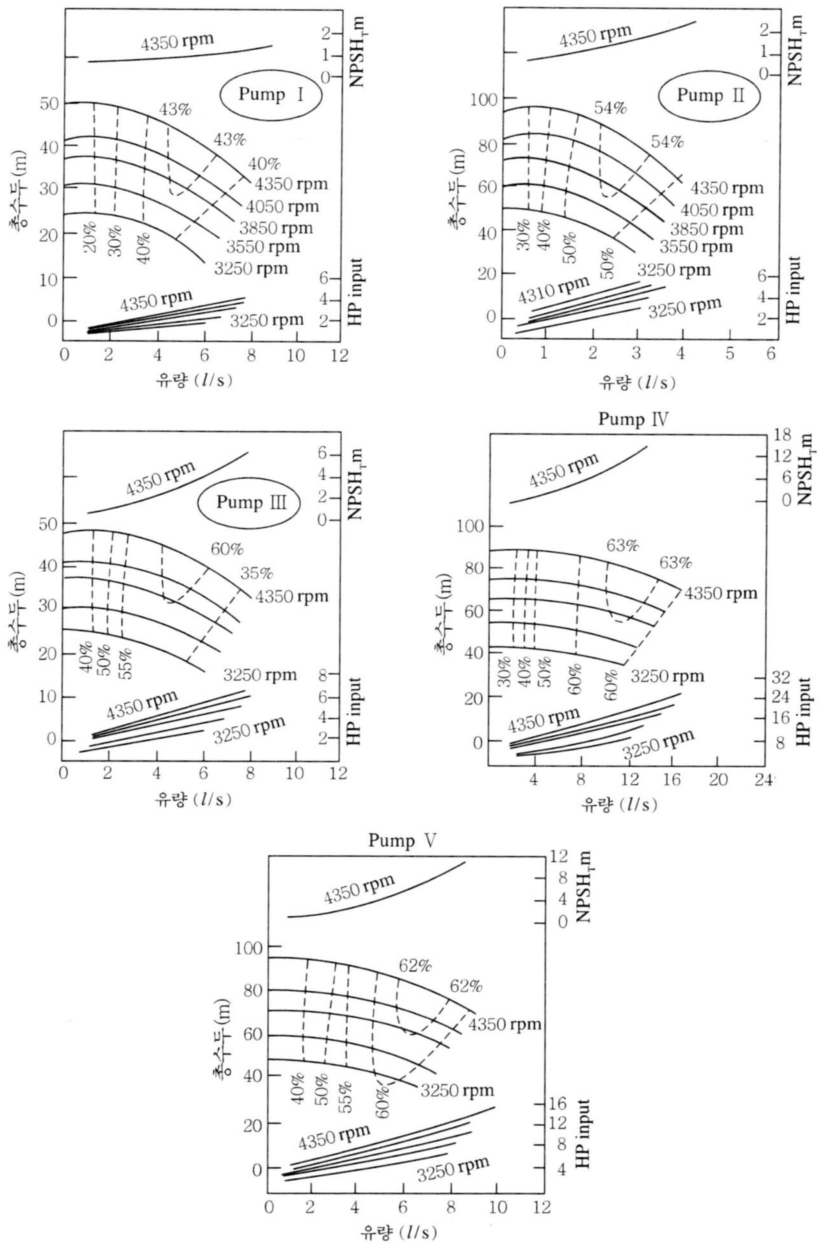

그림 6.14 여러펌프의 특성곡선

그러므로 P_i = 10hp, 효율 = 57%

3,250rpm에서 펌프 **V**

Q = 6l/s, H = 45m

그러므로 P_i = 7.5hp, 효율 = 55%

3,550rpm에서 펌프 V

$Q = 8.4 l/s$, $H = 54m$

그러므로 P_i = 10.5hp, 효율 = 61%

설계유량에 대하여 3%의 편차를 허용하면 첫째 경우(3,550rpm에서 펌프 Ⅳ)는 조건에 잘 일치하므로 선택한다.

6.7 평행 혹은 연속의 펌프

단원 6.2에서 토론한 것처럼 펌프의 효율은 펌프의 유량과 운반하는 높이에 따라 변화한다. 펌프의 최적효율은 단지 작동의 허용된 범위에 관하여 얻을 수 있다(그림 6.7). 유량과 압력 변동의 큰 범위에 관해 효과적으로 작동할 수 있는 양수지점을 설치하기 위하여 그 지점에 몇 개의 동일한 펌프를 설치하는 것이 유리할 것이다.

몇 개의 펌프들이 관로에서 평행하게 연결되었을 때 유량은 증가하나 압력수두는 단일 펌프일 때와 여전히 같다. 평행하게 작동하는 2개의 동일한 펌프는 관로에서 총수두 손실이 유량의 두 번째 동력에 비례하므로 관로 유량의 2배는 되지 않는다. 관로에서 추가적인 저항은 총 유량감소가 원인일 것이다. 그림 6.15는 평행으로 2개의 동일한 펌프 작동의 개요를 나타낸다. 두 펌프의 접합유량은 항상 단일펌프 유량의 2배보다 적다.

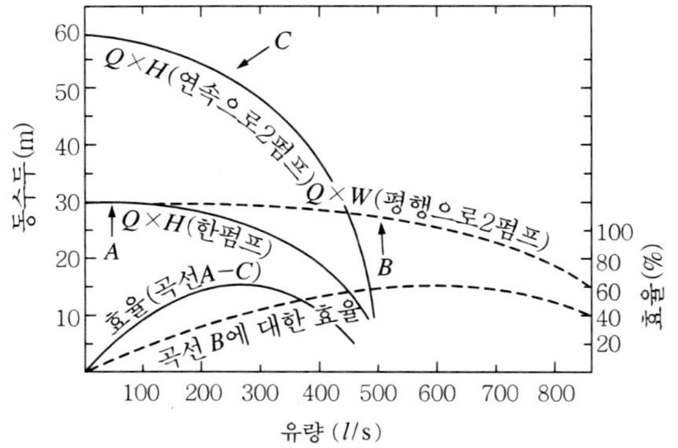

그림 6.15 평행(B) 그리고 계열(C)로 연결된 두 펌프의 대표적 성과곡선

관로에서 연속으로 연결된 펌프는 총출력 압력은 증가하나 유량은 단일 펌프와 거의 같다. 연속으로 연결된 두 펌프에 대한 대표적인 성과곡선은 그림 6.15에서 C곡선이다.

평행하게 혹은 연속으로 작동하는 두 펌프(혹은 그 이상)의 효율은 단일 펌프일 때와 거의 같다. 설치는 각 펌프에 대하여 하나로 분리한 전동기를 갖도록 혹은 두 펌프(그 이상)작동에 한 전동기를 갖도록 배열할 수 있다. 다중펌프설치는 같은 조의 펌프로 작동하는 연속 혹은 평행하게 실행하도록 설계할 수 있다. 그림 6.16은 그러한 설치의 대표적인 개요이다. 연속 작동에 대하여 밸브 A는 개방하고 밸브 B와 C는 폐쇄한다. 반대로 평행 작동에 대하여 밸브 A는 폐쇄하고 밸브 B와 C는 개방한다.

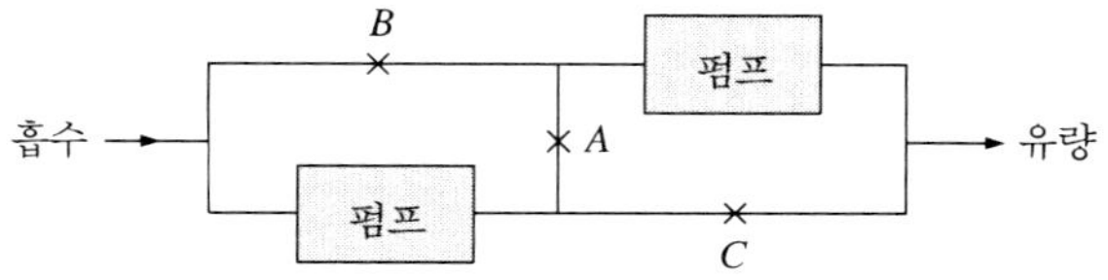

그림 6.16 연속 혹은 평행하게 작동하는 모형적 장치

예제 6.7

두 저수지는 두 저수지사이의 총수두를 H = 20 + 6,000Q^2으로 표시할 수 있는 그러한 긴 관로로 연결되었다. 여기서 Q는 유량(m^3/s)이고 H는 총수두(m)이다. 특정 펌프의 특성 곡선은 다음에 주어진 것을 이용할 수 있다.

수두(m)	70	60	50	40	30	20
유량(m^3/s)	0	0.021	0.034	0.043	0.049	0.053
효율(%)	0	69	80	68	47	30

(1) 한 펌프이용 (2) 연속으로 두 펌프이용 (3) 평행하게 두 펌프를 이용할 때 유량, 수두 그리고 효율을 결정하라.

풀이)

첫 번째 그림 6.17에 나타낸 것처럼 특성곡선을 표시한다. 같은 도표에서 계통곡선을 표시하고 교점을 작동조건으로 정의한다.

(1) 한 펌프

Q = 0.047m^3/s, H = 33m, e_p = 55%

(2) 일련으로 두 펌프

Q = 0.054m^3/s, H = 37m, e_p = 29%

(3) 평행하게 두 펌프

Q = 0.069m^3/s(각 펌프에 대해 0.0345m^3/s), H = 50m, e_p = 78%

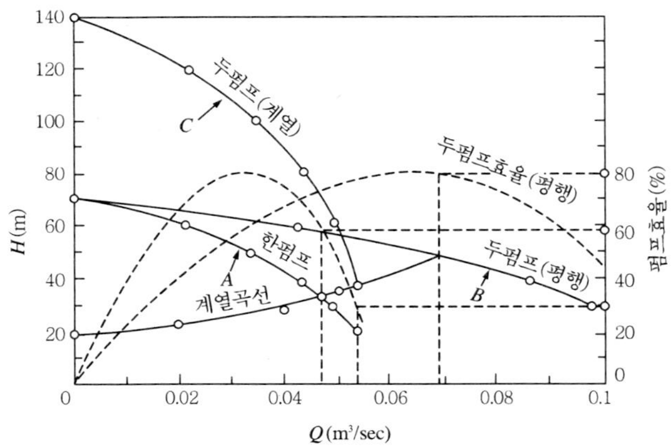

그림 6.17

6.8 비속도와 펌프 상사성

특별한 일에 대한 펌프의 선택은 필요로 하는 유량과 그 유량을 운반하는데 대한 수두에 기초를 둔다. 상대적으로 낮은 높이 위로 많은 양의 물을 올리기 위해서는 고용량, 저수위펌프가 필요하고, 큰 높이에 대해 상대적으로 작은 양의 물을 양수하기 위해서는 저용량, 고수위 펌프가 필요하다. 이들 두 펌프의 설계는 매우 다르다.

보통 상대적으로 큰 반경과 좁은 유량통로의 임펠러는 큰 유량 통로의 작은 반경의 임펠러보다 운동에너지 수두가 압력수두로 이동한다. 방사상방향의 임펠러 출구로 물을 전해주는 기하학으로 설계된 펌프는 출구축의 방향으로 혹은 각으로 물을 허용하는 것보다 흐름에 더 원심각도를 허용한다. 따라서 임펠러와 펌프하우징의 상대적인 기하학은 특유한 원심형 펌프의 성과와 실제적용을 결정한다. 동력학적 해석은 동일한 성질로 조립된 원심형 펌프를 나타낸 것이나 유사한 동력학적 성과특성을 갖는 다른 크기는 형상수(shape number)라고 하는 한 수를 결합시킨다. 특별한 펌프 설계의 형상수는 무차원수로 정의한다.

$$S = \frac{\omega \sqrt{Q}}{(gH)^{3/4}} \tag{6.25}$$

여기서, ω는 임펠러의 각속도(radian/s), Q는 펌프의 유량(m^3/s), g는 중력가속도(m/s^2) 그리고 H는 총동수두(m), 실제의 공학에서 무차원 형상수는 공통적으로 이용되지 않는다. 그 대신에 상업용 펌프의 대부분은 **비속도**(specific speed)항으로 지정한다. 원심형 펌프의 특수한 설계의 비속도는 두개의 다른 방법으로 정의할 수 있다. 어떤 제작자들은 단위수두에서 단위유량을 운반하는 그런 크기의 설계계열의 어떤 단위속도로써 특수한 펌프설계의 비속도로 정의한다. 이 방법의 비속도는 다음처럼 표시할 수 있다.

$$\omega_s = \frac{\omega\sqrt{Q}}{H^{3/4}} \tag{6.26}$$

다른 제작자들은 단위수두를 갖고 단위 동력을 생산하는 그런 크기 계열의 단위 속도로써 또 특수한 설계의 비속도로써 정의한다. 이 방법의 속도는 다음처럼 표시한다.

$$\omega_s = \frac{\omega\sqrt{P}}{H^{5/4}} \tag{6.27}$$

미터단위에서 m^3/s, kW, m 그리고 rpm은 보통 계산에 이용되었다.

정상적으로 비속도는 작동효율의 최적점에서 한방법 혹은 다른 방법으로 정의한다. 실제로 높은 비속도를 갖는 펌프는 일반적으로 저압력 수두에서 고유량에 이용되는 한편 낮은 비속도를 갖는 펌프는 고압력 수두에서 작은 유량 운반에 이용한다. 동일한 기하학 성질을 갖는 원심형펌프는 크기가 다르나 같은 비속도를 갖는다.

예제 6.8

원심형 수력펌프는 최적효율로 작동하고 20m의 높이 위로 $2.5m^3/min$를 운반한다. 펌프는 36cm 임펠러 직경과 3,000rpm회전을 갖는다. (1) 유량의 항, (2) 펌프의 최대 효율이 80%일 때 동력의 항으로 펌프의 비속도를 계산하라.

풀이)

주어진 조건 $Q = 2.5m^3/min$, $H = 20$ 그리고 $N = 3,000rpm$이다.

(1) 식 (6.26)에 적용하면

$$\omega_s = \frac{3,000\sqrt{2.5}}{20^{3/4}} = 500\text{rpm}$$

(2) 80% 효율에서 축동력은

$$P_i = \gamma\frac{QH}{0.80} = \frac{9,810 \times 2.5 \times 2.0}{0.80} = 613,125\text{W} = 613\text{kW}$$

식 (6.27)에 적용하면

$$\omega_s = \frac{3,000\sqrt{613}}{20^{5/4}} = 1,760\text{rpm}$$

연습문제

6.1 원심형 펌프가 20m의 높이에 2.5m^3/s를 운반한다. 펌프가 85% 효율로 조작되면 펌프축에 주어진 동력을 결정하라.

6.2 문제 1의 펌프를 750kW 전동기로 운전한다. 전동기의 효율과 펌프 전동기계통의 효율을 결정하라.

6.3 균일한 임펠러 두께 0.1m, 입구반경 r_i = 30cm, 출구반경 r_o = 75cm, β_i = 120°β_o = 135°를 갖는 원심형 펌프는 10m의 수두에 대하여 2m^3/s의 유량을 운반한다. 펌프가 입구에서 접선 속도성분이 존재하지 않는 속도로 회전한다면 회전속도는 얼마인가? 펌프의 효율을 계산하라.

6.4 원심형펌프 임펠러 출구에서 반경은 60cm이고 폭은 15cm이다. 출구에서 유속이 방사상의 선에 관하여 측정된 60°각도에서 40m/s로 측정되었다면 유출량에 의해 임펠러에 발휘된 토르크를 계산하라.

6.5 원심형펌프 임펠러는 입구직경 50cm와 출구직경 150cm를 갖는다. β_i = 135°, β_o = 150°일 때 펌프는 100rad/s의 각속도로 회전한다. 임펠러는 30cm의 균일한 두께를 갖는다. 방사상 속도 성분 v_{ri}가 접선속도성분 v_{ti}와 같은 크기이면 펌프의 유량과 펌프의 축에 주어진 동력을 계산하라.

6.6 문제 5에서 펌프효율이 85%이면 유량을 운반하는데 대한 수두를 계산하라.

6.7 공장시험에서 특정한 펌프에 대한 공동인자는 σ = 0.075이었다. 펌프는 60℃인 해면에서 물을 양수하기 위해 설치했다. 펌프의 입구와 흡입축 사이의 총 수두손실이 0.5m이면 공급저수지 수표면 높이에 관계있는 펌프 취입구의 허용 높이를 결정하라. 유량은 0.04m^3/s이고 관계통은 예제 6.5에 이용된 것이다.

6.8 펌프의 효율은 공동을 갖게 되면 갑자기 하강한다. 이 현상은 해면에서 작동하는 특정한 펌프(σ = 0.08)에서 측정하였고 펌프는 40℃에서 0.42m^3/s의 물을 운반한다면 계기압력의 합과 입구에서 속도수두를 결정하라. 동수두는 85m이고 흡입관 직경은 30cm이다.

6.9 유량 3l/s를 저수지에서 물을 공급하는데 이용하는 펌프를 선택하라. 위치수두는 20m이고 공급과 운반사이의 거리는 100m이다. 둥근 역지밸브는 직경 4cm아연도금 강관로를 이용하였다. 작동조건을 결정하라.

6.10 50m의 위치수두에 대하여 8l/s의 최소유량을 요구하는 일에 대한 작동조건을 결정하고 펌프를 선택하라. 공급과 운반사이의 거리는 150m이다. 둥근 역지밸브는 상업용 강관으로 이루어진 계통에 이용하였다. 총비용을 다음과 같이 표현할 수 있다면 관로에 대한 가장 경제적 직경을 선택하라.

$$C = d^{1.75} + 0.75P + 18$$

여기서, d는 관직경(cm), P는 동력(hp)이다.

6.11 2개의 동일한 펌프는 그림 6.15에 나타낸 특성곡선을 갖는다. 펌프는 연속으로 연결되었고 수면이 펌프 25m위인 저수지내로 직경 15cm, 길이 1,000m강관을 수평으로 하여 물을 운반한다. 계통에서 미소손실을 무시하고 유량을 결정하라.

6.12 문제 11의 두 펌프가 평행하게 연결되었을 때 유량을 결정하라.

6.13 예제 6.8과 같은 설계에 상응하는 펌프는 임펠러 직경 72cm이고, 1,800rpm으로 작동할 때 같은 효율을 갖는다. 30m수두에 대하여 펌프를 작동하는데 필요한 유량과 축동력을 결정하라.

6.14 동일한 설계의 두 원심형 펌프는 같은 효율로 작동하였다. 펌프 A는 대응하는 차원으로 펌프 B크기의 1/4이다. 450rpm에서 작동할 때 펌프 B는 22m 수두에 대하여 2.4m^3/s를 운반한다. 1,800rpm의 회전속도를 갖고 같은 수두에 대하여 물을 운반할 때 펌프 A의 유량은 얼마인가?

6.15 원심형 수력펌프의 설계를 수리실험실에서 1/10축척모형으로 연구하였다. 최적효율 89%에서 모형은 4,500rpm으로 10m 수두에 대하여 75.3l/s의 물을 운반한다. 원형 펌프가 2,250rpm의 회전속도에서 72% 효율을 갖는다면 이 조건하에서 펌프작동에 필요한 유량과 축동력을 결정하라.

CHAPTER 07

개수로의 유동

CHAPTER 07 개수로의 유동

7.1 서 론

개수로(open channel)는 액체의 흐름이 고체 경계면에 의하여 완전히 닫혀지지 않고 대기압이 작용하는 자유표면을 가진 수로를 말한다. 자연적인 물의 경로, 하천, 인공수로, 하수관(sewer line), 여수로(flume), 액체가 꽉 차지 않은 관 등이 개수로의 예이다(그림 7.1). 개수로내의 흐름은 수로 바닥의 경사와 액체표면에 따라 다르며, 이의 역학적 고찰은 자유표면이 있는 까닭으로 유동단면적이 자유로이 변화하여 폐수로의 경우에 비하여 더욱 복잡하다. 동수경사선은 자유표면과 일치되며, 에너지선은 수면 위로 속도수두만큼 올라가게 된다. 그리고 손실수두는 에너지선의 수평선과의 차로 나타나게 된다. 한편 각 점에서의 유선은 하류방향으로 약간 좁혀지게 되지만 서로 평행한 것으로 보통 간주한다.

개수로에서 흐름에 대한 주된 추진력은 하상경사, 중력에 의해 구성된다. 수로바닥의 높이에서 순수한 변화가 있어야 흐름을 발생시킨다. 개수로에서 흐름의 횡단면적은 공간과 시간에 따라 변화한다. 유량의 얼마간의 변화는 흐름의 횡단면적에 대응하는 변화와 관계가 있다.

자연하천 같은 대부분의 개수로는 불규칙한 단면을 가지므로 무수한 단면이 존재한다. 개수로에서 조도계수(roughness coefficient)는 매우 큰 범위의 변화를 가진다. 동일한 형태의 경계에 대하여 흐름 깊이에 따라 변화하고 시간에 의존된다.

밀폐된 도관에서 흐름은 대기압 유지하에서 자유표면을 가지면 개수로 흐름으로 분류할 수 있다.

그림 7.2는 관수로와 개수로 흐름에서 에너지 수두를 비교한 것이다.

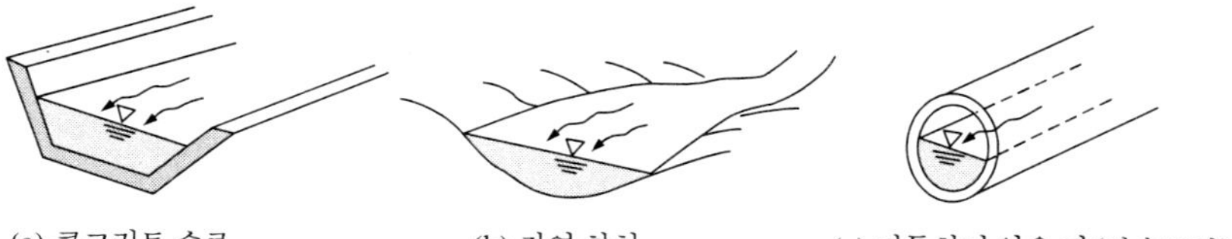

(a) 콘크리트 수로 (b) 자연 하천 (c) 가득차지 않은 관(하수도관)

그림 7.1 개수로 흐름의 예

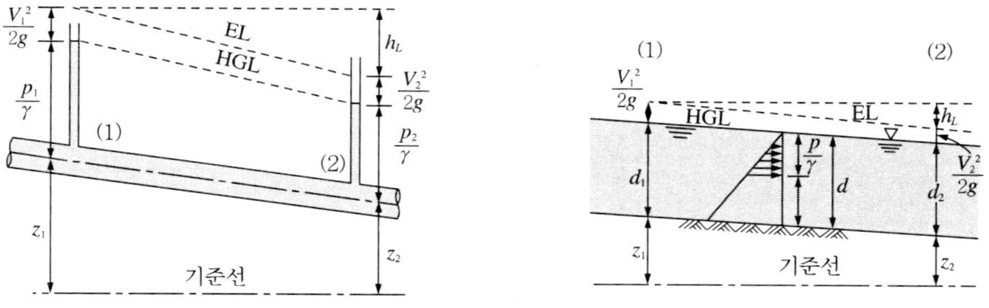

(a) (b)

그림 7.2 관수로(a)와 개수로(b)흐름의 비교

7.2 개수로 흐름의 기초

7.2.1 유동의 분류

개수로내의 유동은 광범위한 형태를 가지며, 이는 층류와 난류, 정상류와 비정상류, 등류와 부등류, 상류와 사류로 구분된다.

여기에서 층류와 난류의 구별은 관수로에서처럼 레이놀즈수로 결정되나 개수로에서는 관수로에서처럼 관직경 D를 사용할 수 없으므로 동수반경(hydraulic radius)의 정의를 이용하여 레이놀즈수를 다음과 같이 나타낸다.

$$Re = \frac{V \cdot R_h}{\nu}$$

여기서, $Re < 500$이면 층류, $500 < Re < 2,000$이면 천이구역, $Re > 2,000$이면 난류이다.

그림 7.3에서 보는 바와 같이 일정한 표면 높이를 유지하는 수조로부터 흐르는 균일한 경사수로에서의 이상유체의 유동은 아무런 저항도 없으므로 액체는 중력의 영향만에 의하여 가속될 것이다. 따라서 평균속도는 계속 증가하며 연속방정식은 유동단면의 변화,

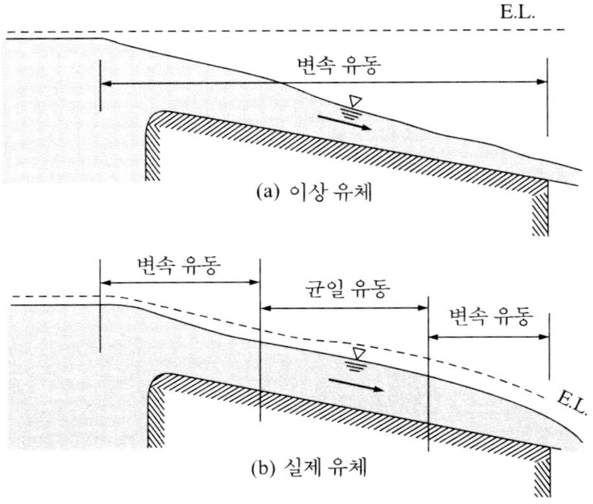

그림 7.3 경사수로의 흐름변화

즉 깊이의 감소를 가져온다. 시간의 함수로서가 아닌 깊이의 변화를 가지는 액체운동을 **부등류**(varied flow or non－uniform flow)라고 한다.

실제유체의 이와 같은 수로속의 흐름은 점성과 수로속도에 좌우될 것이다. 따라서 운동이 느린 상류에서는 저항력이 적고, 중력의 운동방향분력은 이상유체의 경우와 거의 같으므로 불평형력을 가지게 되고, 이 힘으로 인하여 유체는 가속되고 부등유동을 하게 된다. 속도의 증가는 힘이 평형에 이를 때까지 계속되며, 힘이 평형 되는 순간 등속운동이 이루어지고, 등속운동이 계속되는 구간은 유동단면적, 즉 깊이가 일정하게 유지된다. 이 유체운동을 **등류**(uniform flow)라고 한다. 하류로 감에 따라 압력과 중력은 다시 저항력보다 크게 되고 부등류를 형성한다. 실제로 힘의 평형은 그 가능성이 적어 부등류가 대부분이고, 짧은 수로에서는 등류조건이 얻어질 수 없다고 단정할 수 있다. 그럼에도 불구하고 해석의 편의를 위하여 개수로유동에서 계산의 기초가 되고 있다.

흐름은 또한 상류(tranquil)와 사류(rapid)로 구분된다. 이의 상식적인 구분은 경사가 급하지 않은 수로에서 볼 수 있는 느린 흐름이 상류이며 장애물이 있으면 그 영향을 받아 수심이 높아지는 흐름이다. 사류는 수문개구 등에서 쏟아져 나오는 빠른 흐름이고, 장애물을 그대로 넘으며 수심이 높아지지 않는다. 즉, 흐름이 적은 교란을 상류로 이동시켜 상류조건을 변화시킬 때 **상류**라고 하며($F_r < 1$), 상류조건은 하류조건의 영향을 받고 조정된다. 고속에서 일어난 적은 교란이 하류로 밀려 내려갈 때 **사류**라고 하며($F_r > 1$), 하류에서의 변화는 상류조건을 변화시키지 않으므로, 그 흐름은 상류조건에 의하여 조정된다. 흐름의 속도와 기본파의 속도가 꼭 같게 될 때 **한계류**라고 한다($F_r = 1$).

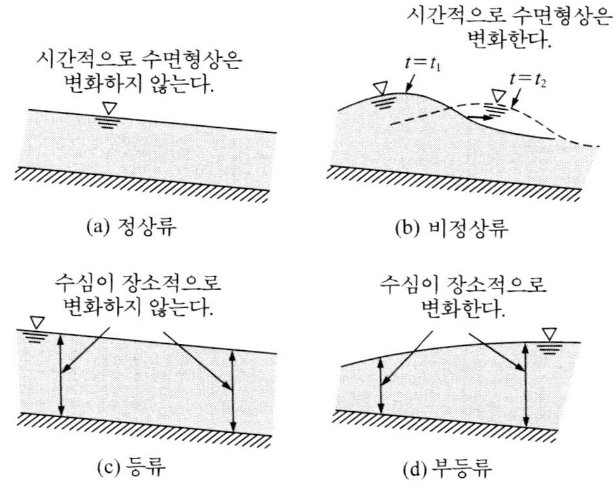

그림 7.4 개수로 흐름의 분류

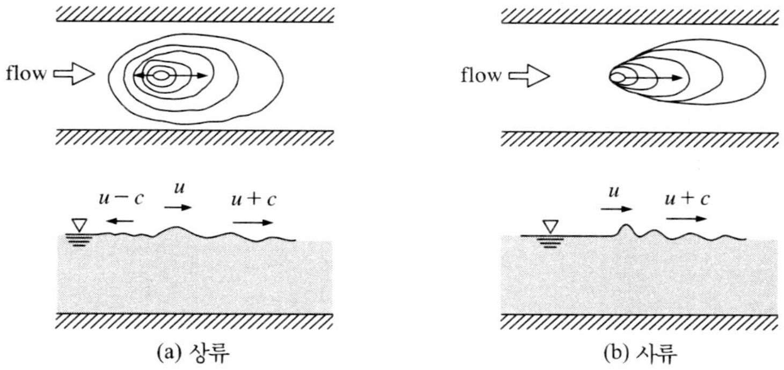

그림 7.5 상류와 사류에 있어서 수면각란의 전파

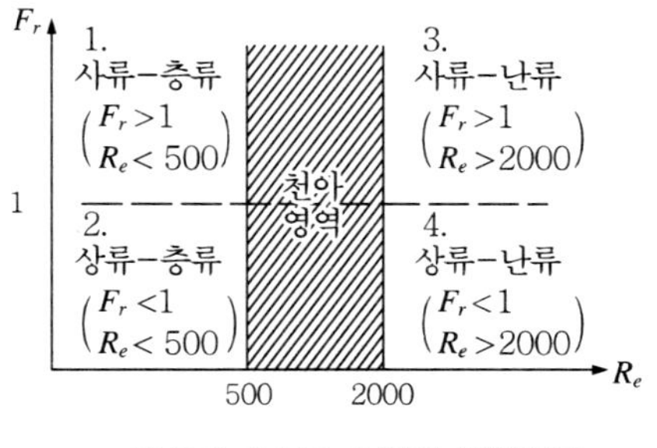

그림 7.6 개수로 흐름의 양식구분

이상에서 나타낸 점성력과 중력의 종합효과에 의한 개수로 흐름의 양식을 분류하면 4 종류가 된다. 그림 7.6은 횡축에 Reynolds수, 종축에 Froude수로해서 흐름양식의 발생 영역을 나타낸 것이다.

7.2.2 수로단면과 기하학적 인자

개수로는 개울이나 하천과 같이 유로가 주위여건에 의해 자연적으로 형성된 자연수로 (natural channel)와 운하나 관개수로 등과 같이 사용목적에 따라 자연수로를 개조하거나 새로이 축조한 인공수로(artificial channel)가 있다. 일반적으로 인공수로는 사용 목적에 따라 흐름을 관리·조절하고 또 목적에 부합되도록 하기 위해서 단순한 기하형상을 갖는 수로로 설계되는 수가 많다. 인공수로에서 취하는 단면형상으로서는 직사각형 단면(rectangular section), 삼각형 단면(triangular section), 사다리꼴 단면(trapezoidal section), 원형 단면(circular section), 및 포물형 단면(parabolic section) 등이 있다. 직사각형 단면수로는 양측에 연직벽을 갖기 때문에 콘크리트, 암석 및 금속과 같이 안정된 재료로 축조되는 것이 일반적이고 삼각형 단면 수로는 규모가 작은 도랑이나 도로 옆 배수거에 사용되는 수가 흔한데 이것은 사다리꼴 단면의 특수한 경우로 볼 수 있다. 또 원형 단면 수로는 관습적으로 하수거나 소형 또는 중형 규모의 암거에 사용되어 왔다.

수로의 횡단면 형상은 속도분포의 양상, 경계 전단응력 그리고 수로에서 2차순환을 좌우하고 수로 유량 용량을 역전한다. 관심은 윤변, 상부폭, 그리고 통수능 인자이고 이들 기하학적 요소는 유량에 관계하여 변화하는 수위의 함수이다. 수로 횡단면의 많은 형태로 정의되는 매개변수들을 기하학적 요소라 한다. 이들 매개변수는 단면의 기하학으로 기술하므로 모두 길이(L)의 차원 혹은 그들의 곱셈으로 표시한다. 기하학적 요소들은 유량계산에 아주 중요한다.

아래에 수로단면과 수심에 따라 정의되는 단면 형상과 관계되는 기하학적 인자들에 대해 설명한다.

(1) 수심(depth)

수심은 그림 7.7에 도시한 바와 같이 자유표면으로부터 수로바닥까지의 연직거리(y)로 정의된다. 때로는 흐름방향에 수직한 깊이를 유수 단면적의 깊이(depth of flow section), d, 즉 $d = y\cos\theta$를 수심으로 정의하는 경우도 있으나, 수로의 경사각이 작은 경우는 근사적으로 y = d이다. 특별한 언급이 없는 경우는 y를 수심으로 정의한다.

(2) **수위**(stage)

수위는 임의의 기준면으로부터 자유표면까지의 연직거리로서 정의된다. 따라서 수로 바닥면을 기준면으로 취하면 수위는 수심과 일치하게 된다.

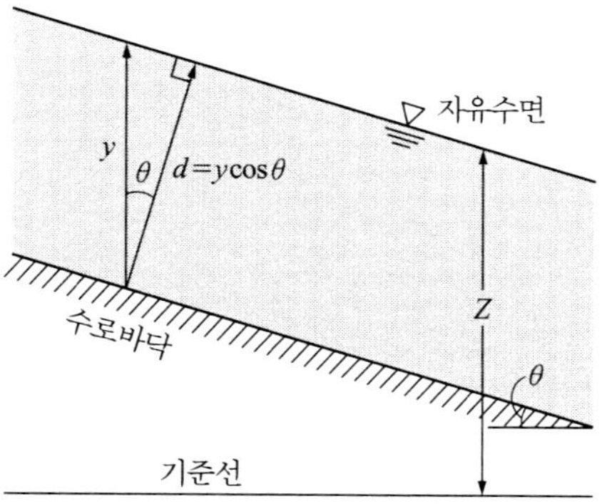

그림 7.7 수심의 정의

(3) **유수 단면적**(cross sectional area of water) A**와 윤변**(wetted perimeter) P

흐름방향과 수직한 단면의 단면적을 유수 단면적이라 하고, 이때 단면과 고체 경계면과 접해서 만들어지는 주변 길이를 **윤변**이라 정의한다.

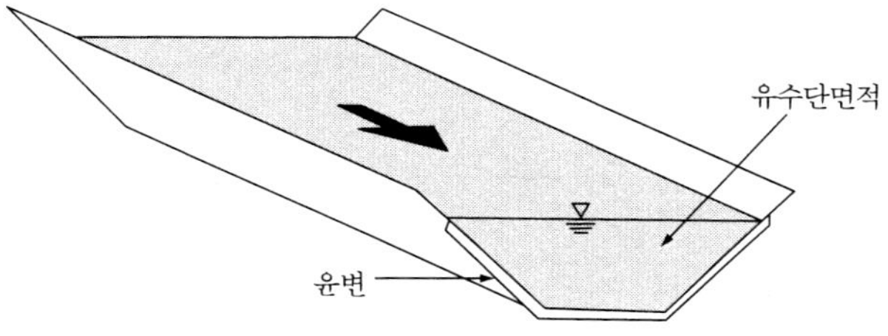

그림 7.8 유수단면적과 윤변

(4) **동수반경**(hydraulic radius)

동수반경 R_h는 윤변에 대한 유수 단면적의 비로서 정의되며, 다음과 같이 표현된다.

$$R_h = \frac{A}{P} \tag{7.1}$$

예로서 반경 R인 하수관거에 물이 반만 차서 흐르는 경우의 동수반경은 $R_h = \frac{1}{2}\pi R^2/\pi R = R/2 = d/4$이다.

(5) 수리 평균심(hydraulic mean depth)

수리 평균심 D는 그림 7.9에서 B로 나타낸 수면폭(top width)에 대한 유수 단면적의 비로서 정의된다.

$$D = \frac{A}{B} \tag{7.2}$$

이 표현은 그림 7.9에 나타낸 바와 같이 수면폭이 넓은 자연수로를 직사각형 단면 수로로 환산했을 때의 수심에 해당한다.

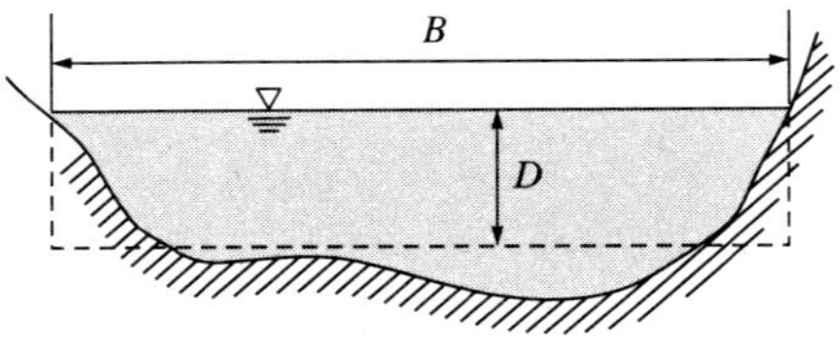

그림 7.9 수리 평균심의 정의

(6) 한계류 계산을 위한 단면계수(section factor for critical flow computation)

단면계수 Z는 유수 단면적 A와 수리 평균심 D의 제곱근과의 곱으로 나타낸다.

$$Z = A\sqrt{D} = A\sqrt{\frac{A}{b_t}} = \sqrt{\frac{A^3}{b_t}} \tag{7.3}$$

위에 설명한 각 인자들을 네 가지 단면을 예로 표 7.1에 정리하였다.

표 7.1 수로단면의 기하학적 인자

단면 형상	단면적 A	윤변 P	동수반경 R_h	수면폭 b_t	수리평균심 D	단면계수 Z
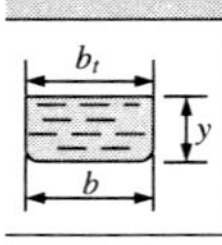	by	b+2y	$\frac{by}{b+2y}$	b	y	$by^{1.5}$
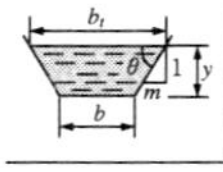	$by+my^2$	$b+2\sqrt{1+m^2}y$	$\frac{by+my^2}{b+2\sqrt{1+m^2}y}$	b+2my	$\frac{by+my^2}{b+2my}$	$\frac{[(b+my)y]^{1.5}}{\sqrt{b+2my}}$
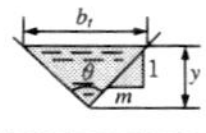	my^2	$2\sqrt{1+m^2}y$	$\frac{my}{2\sqrt{1+m^2}}$	2my	$\frac{y}{2}$	$\frac{\sqrt{2}}{2}my^{2.5}$
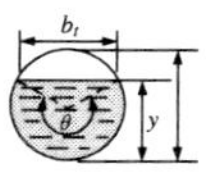	$(\theta - sun\theta)\frac{d^2}{8}$	$\frac{\theta d}{2}$	$\frac{d}{4}\left(1-\frac{\sin\theta}{\theta}\right)$	$\sin\frac{\theta}{2}d$	$\frac{d}{8}\left(\frac{\theta-\sin\theta}{\sin\frac{\theta}{2}}\right)$	$\frac{\sqrt{2}}{32}\frac{(\alpha-\sin\theta)^{0.5}}{(\sin\frac{1}{2}\theta)^{0.5}}d^{2.5}$

7.2.3 유속분포(velocity distributions)

개수로단면은 두 가지 형태의 경계가 존재한다. 측벽과 수로바닥을 이루는 고체 경계와 대기와 접하는 자유표면 경계가 그것이다. 고체 경계면에서는 물의 입자는 비활조건(no-slip condition)에 의해 속도가 0이고, 자유표면 경계에서는 표면마찰에 의해 유속이 감소되기는 하지만 임의의 속도를 갖는다. 그림 7.10과 같은 개수로 흐름에 있어서 균일단면수로(prismatic channel)를 가정하고, 유속분포의 예를 도시하였다. 그림에서 실선은 속도가 동일한 값을 연결한 선으로서 등유속선을 나타내고, 단면의 우측에는 연직속도 분포를 함께 도시하였다. 그림으로부터 알 수 있는 바와 같이 최대유속은 항시 수로 중심부의 수면 근처에서 발생하며, 일반적으로 수면으로부터 전체 수심의 약 20~30%인 거리에 나타난다. 수심이 얕은 수로일수록 최대유속 발생위치는 수면에 더욱 근접해 간다.

그러나 수로의 단면이나 수로경사가 변하거나 수로가 굽어 있는 경우는 흐름은 위의 예의 경우보다 훨씬 복잡하게 나타나며 3차원적 흐름의 형태가 된다. 수로가 굽어 있거나 심한 사행(蛇行) 형태가 되면 원심력으로 인한 2차 흐름(secondary flow)이 크게 나타나서 최대 속도는 수로 중심부가 아닌 외부 만곡면 근처에서 나타난다. 이때 자연수로에서는 바닥의 모래가 침식되거나 퇴적되는 현상이 발생된다.

위에서 설명한 바와 같이 개수로의 실제 흐름은 3차원 흐름이지만, 본장에서는 공학적 관점에서 흐름을 1차원으로 가정하고 다루기로 한다. 즉 수로는 직선이고, 유수단면적과 수로경사가 일정하여 수로 단면마다 균일한 흐름이라 가정한다. 수로의 단면 평균 유속은 통상 수면에서 총수심의 약 60%의 점을 기준으로 한다.

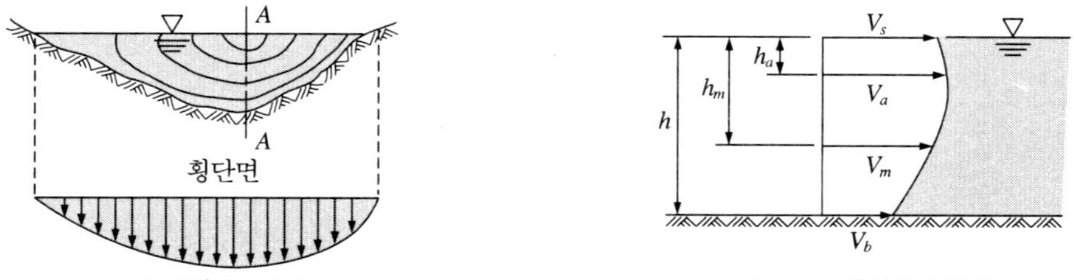

(a) 수평유속곡선 (b) A−A 연직유속곡선

그림 7.10 개수로 흐름의 유속분포

평균유속을 실측에 의해 구할 때는 유속계 또는 부표를 사용하며, 수면에서부터 깊이 0.2h, 0.6h, 0.8h되는 점의 측정유속을 각각 $v_{0.2}$, $v_{0.6}$, $v_{0.8}$이라 하면

$$V_{\prime} \fallingdotseq v_{0.6} \ \cdots\cdots \ \text{일점법}$$

$$V = \frac{1}{2}(v_{0.2}+v_{0.8}) \ \cdots\cdots \ \text{이점법}$$

$$V = \frac{1}{4}(v_{0.2}+2v_{0.6}+v_{0.8}) \ \cdots\cdots \ \text{삼점법} \tag{7.4}$$

수면부표를 흘려서 표면유속 v_s를 측정할 때는 평균유속 $V = (0.8 \sim 0.9)v_s$가 된다. 수심이 클 때, 홍수 시 같이 유속이 커서 유속계를 사용할 수 없을 때는 봉부표를 이용하기도 한다.

7.3 개수로에서 등류

등류인 개수로내의 흐름은 운동량의 변화가 없으므로 저항의 분력은 중력과 크기가 같고 반대방향이며, 관유동의 기초적 개념을 적용할 수 있다.

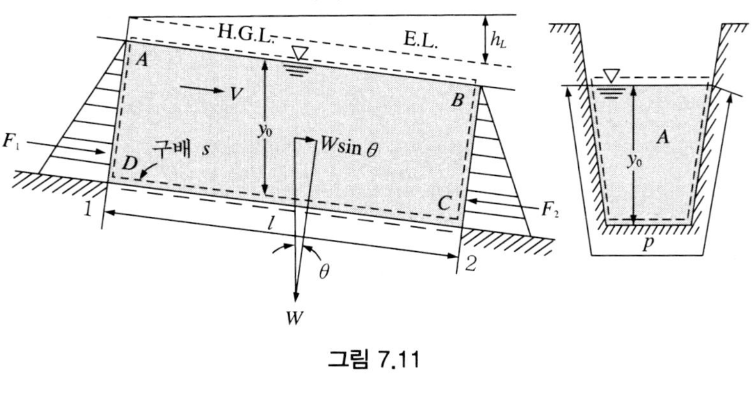

그림 7.11

그림 7.11의 개수로에서 단면 1과 2사이의 액체를 등류라고 생각하면 이곳에 작용하는 힘들은 단면의 정압, 액체의 중력, 수로의 저면과 측면에서 일어나는 저항력이다. 이들의 운동방향의 힘의 합은 운동량변화가 없으며 단면의 정압은 같으므로 유체의 비중량을 γ, 유동단면적을 A, 전단응력을 τ, 단면과 수평과의 각을 θ, 수두손실을 h_L, 윤변(접수 길이)을 P라고 하자.

검사체적 ABCD에 작용하는 힘들은 1, 2 단면에 작용하는 정압 F_1, F_2와 무게 W의 유동방향 성분 $Wsin\theta$, 그리고 수로의 바닥과 양측면에서 발생하는 저항력 $R = Pl\tau_0$ 등이다.

이 힘들의 평형식은

$$F_1 + W sin\theta - F_2 - Pl\tau_0 = 0 \tag{7.5}$$

유동 단면 1, 2에서 유량의 변화가 없으므로

$$F_1 = F_2$$
$$W = \gamma Al$$

가 되고, 작은 경사각의 수로에서는 $\tan\theta = \sin\theta$ 가 되므로 경사 S는

$$\tan\theta = \sin\theta = \frac{H_L}{l} = S$$

가 된다. 또 A/P는 동수반경(R_h)이 되므로 식 (7.5)에 대입하면

$$\therefore \tau_0 = \gamma R_h \cdot S \tag{7.6}$$

실제유체의 운동은 관 속의 유동과 비슷하고, 따라서 동수반경의 개념이 원관과 개수로의 단면형상의 차이에 대하여 적용될 수 있다고 단정하면 식 (7.6)은 원관에서의 전단응력의 식 $\tau = f\rho V^2/8$ 과 같게 놓을 수 있다. 즉,

$$V = \sqrt{\frac{8g}{f} R_h \cdot S} \tag{7.7}$$

여기서, $C = \sqrt{8g/f}$ 로 놓으면

$$\therefore V = C\sqrt{R_h \cdot S} \tag{7.8}$$

가 되며, 이는 프랑스의 수학자이며, 수리학자인 Chezy(1718 ~ 1798)가 1775년에 발표한 식으로써 **Chezy의 식**이라 부른다.

유량 Q는

$$Q = CA\sqrt{R_h \cdot S} \tag{7.9}$$

이 되며, 등류의 기본방정식으로 유량을 구할 수 있다.

예제 7.1

폭 3m인 직사각형 개수로가 1.2m의 등류수심에서 25.3m^3/s의 유량을 운반한다. Manning

계수 n = 0.022를 갖는 수로경사를 결정하라.

풀이)

직사각형 수로에 대하여 z = 0이며 면적, 윤변 그리고 동수반경은

$$A = (b + zd)d = bd = 3 \times 1.2 = 3.6m^2$$

$$P = b + 2\sqrt{1+z^2}\,d = b + 2d = 5.4m$$

$$R_h = \frac{A}{P} = \frac{3.6}{5.4} = \frac{2}{3} = 0.667m$$

$Q = A\frac{1}{n}R_h^{2/3}S^{1/2}$ 에서

$$S = \left(\frac{Qn}{AR_h^{2/3}}\right)^2 = 0.041$$

예제 7.2

사다리꼴 개수로(그림 7.12)는 바닥폭 10m이고 측면경사는 경사도 1:2이다.

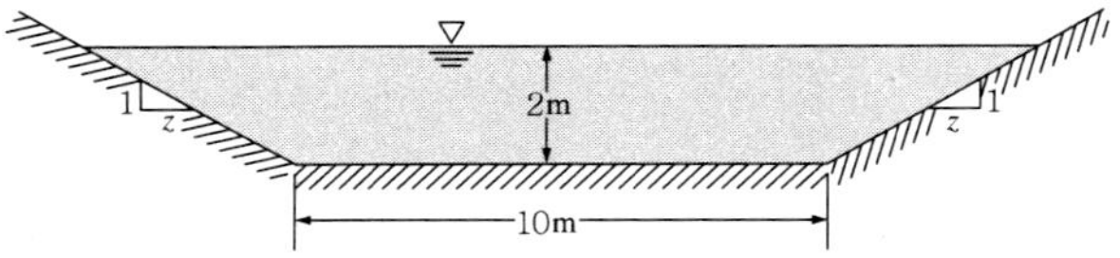

그림 7.12

수로는 매끈한 시멘트 표면으로 피복하였다. 수로가 0.0001의 경사로 놓여 있고 수심 2m에서 등류를 운반한다면 유량을 결정하라.

풀이)

사다리꼴 단면의 면적은

$$A = bd + 2d \times \frac{zd}{2} = (b + zd)d$$

여기서

$$z = \frac{1}{1/2} = 2$$

$$A = (10 + 2 \times 2) \times 2 = 28m^2$$

윤변은

$$P = b + 2(d^2 + z^2d^2)^{1/2} = b + 2\sqrt{1+z^2}\,d = 18.94m$$

동수반경은

$$R_h = \frac{A}{P} = \frac{28}{18.94} = 1.478\text{m}$$

상기 값을 식 (7.11)에 대입하면

$$Q = \frac{1}{n}AR_h^{2/3}S^{1/2} = \frac{1}{0.011} \times 28 \times 1.478^{2/3} \times 0.001^{1/2}$$

$$= 33.03\text{m}^3/\text{s}$$

7.4 Chezy 계수

Chezy계수 C의 적절한 결정은 어려운 문제이다. 관마찰계수 f는 조도와 Reynolds수의 함수이므로 C도 같은 변수의 함수라고 생각된다. 즉, C는 평균유속, 동수반경, 동점성계수 및 벽의 조도의 함수이다. 개수로는 관유동에 비하여 그 치수가 크고, 표면이 거칠며 관유동에서는 Reynolds 수가 크면 조도의 영향이 크다. 따라서 (C가 f의 함수이므로) 실제응용에서 C는 수로의 표면과 단면의 형태에 큰 영향을 받는다. C의 크기와 다른 변수들에 대한 의존성을 결정하기 위하여 여러 가지 실험식이 발표되었다.

7.4.1 Chezy－Manning 공식

식 (7.8)에서 정의한 C를 Chezy의 계수라 하고 실제 실험과 설계에서 사용하기 위하여 C에 대한 값을 반실험적으로 구하였다. Manning은 그의 실험식에서

$$C = \frac{1}{n}R_h^{1/6} \quad (\text{SI단위}) \tag{7.10}$$

로 사용하였다. 그러므로 식 (7.9)에 대입하면,

$$Q = \left(\frac{1}{n}\right)AR_h^{\frac{2}{3}}S^{\frac{1}{2}} \quad (\text{SI단위}) \tag{7.11}$$

이 되어 이를 Chezy－Manning의 공식이라 부른다. 여기서 단위는 미터(m) 단위로 계산하였으며, n은 수로의 조도에 따라 정해지는 상수이다.

7.4.2 Ganguillet와 Kutter의 공식

스위스인 Ganguillet와 Kutter는 Chezy의 계수 C가 유체평균깊이 R_h , 경사 S, 그리고 벽면의 성질, 즉, 벽면의 거칠기에 의하여 변화하는 것을 생각하고 1869년경에 다음 식을 발표하였다.

$$C = \frac{23 + \dfrac{0.00155}{S} + \dfrac{1}{n}}{1 + \left(23 + \dfrac{0.00155}{S}\right)\dfrac{n}{\sqrt{R_h}}} \tag{7.12}$$

이것은 현재 가장 널리 사용되고 있는 식이며, 식 중 n은 표 7.2에 표시한 바와 같이 수로 벽면의 조도를 나타낸 값이다.

표 7.2

벽면의 성질	n
매끈한 판자, 시멘트의 면	0.010 ~ 0.013
거친 판자면, 다듬은 콘크리트 면	0.012 ~ 0.018
벽돌을 쌓아 올린 면	0.013 ~ 0.017
거친 콘크리트 면	0.015 ~ 0.020
거친 돌벽의 면(rubble masonry)	0.017 ~ 0.030
평평한 모래바닥의 면	0.025 ~ 0.035
돌, 풀이 있는 하천의 면	0.030 ~ 0.050

7.4.3 Bazin 공식

프랑스인 Bazin은 경사 S의 영향이 적으므로 무시할 수 있다고 생각하여 1879년경에 다음과 같은 간단한 식을 발표하였다.

$$C = \frac{87}{1 + \dfrac{K}{\sqrt{R_h}}} \tag{7.13}$$

여기서, K는 벽면의 조도에 의하여 변화한 값이며, 표 7.3에 주어져 있다.

식 (7.13)은 R_h 의 증가에 따라서 K의 영향, 즉, 벽면의 영향이 점차로 감소되는 것을 표시한다. 이것은 깊고 넓은 수로, 즉, R_h 의 값이 큰 유동에서는 수로의 밑바닥과 양쪽 벽의 상태가 유동에 미치는 영향이 적다는 것을 의미한다.

표 7.3

벽면의 성질	K
매끈한 면	0.06
벽돌을 쌓아 올린 면	0.16
거친 돌벽의 면	0.46
규칙적인 모래의 면	0.85
보통의 토사 지면	1.30
작은 돌과 풀이 있는 하천면	1.75
굵은 자갈이 있는 하천면	2.00

예제 7.3

손질이 된 매끈한 콘크리트의 직사각형수로 폭이 6m이고, 바닥의 경사가 0.00025, 깊이 1.2m이다. 등류에 대한 유량을 Manning의 식으로 구하라.

풀이)

동수반경 $R_h = \dfrac{A}{P} = \dfrac{1.2 \times 6}{2(1.2)+6} = 0.857$

n을 0.011로 보면

$$Q = \frac{1}{n} A R_h^{2/3} S^{1/2}$$

$$= \frac{1}{0.011}(6 \times 1.2)(0.857)^{2/3}(0.00025)^{1/2}$$

$$= 9.23(\text{m}^3/\text{sec})$$

7.5 수로크기 설계

Manning 방정식은 수로의 흐름 용량을 해석하는 데 유용하다. 해석에서 수로의 기하학을 알면 흐름을 결정하고 방정식은 설계에 이용된다. 수로 설계 인자는 안정성, 효율성, 유지 그리고 미학의 외관을 포함하여 고려해야 하나 설계에서 첫 단계는 크기이다. 크기는 일반적으로 최소와 최대경사, 표면조도, 최대상단폭, 최대측면경사 혹은 가능한 배수완화폭 같은 어떤 한계 내의 기하학적 성질선택을 허락한다.

수로의 크기는 흐름을 알면 수로 기하학을 결정해야 한다. 일반적으로 수로경사는 알

든지 설계에서 쉽게 바꿀 수 없다. 표면조도는 제안된 수로 피복에 의해 조절되나 보통은 가정하든지 알고 있다. 설계과정을 단순화하기 위해 방정식 $q = \frac{1}{n} R_h^{2/3} S^{1/2} A$ 좌측에 관해 수로단면의 모든 기하학적 인자 위치를 재정리한다.

$$AR_h^{2/3} = \frac{qn}{S^{1/2}}$$

이 방정식을 이용하여 크기의 과정은 만든 단면기하학에서 추정하고 흐름 깊이를 결정하는 시행착오이다.

이로부터 면적과 동수경사를 계산하여 방정식의 좌측의 양을 결정한다. 이 수치를 오른쪽 양과 비교하고 이들 수치가 일치하면 크기는 완전하다. 일치하지 않으면 단면기하학을 조정하여 만들고 면적과 동수경사를 재산정한다. 좌측은 다시 오른쪽과 비교하고 이 과정은 양측사이가 같게 얻어지며 일치할 때까지 반복한다.

예제 7.4

$19m^3/s$ 유량을 운반하도록 사다리꼴 수로 단면의 크기를 결정하라. 흐름깊이는 1.5m를 초과할 수 없고 최대 수면에서 상단 폭은 20m를 초과할 수 없다. 측면경사는 적어도 3(H):1(V) 혹은 평평해야 하고 우선 측면경사는 5(H):1(V)이다. 수로경사는 $0.0185m/m$이고 피복은 조도계수 0.04이다.

풀이)

$$AR_h^{2/3} = \frac{qn}{S^{1/2}} = \frac{19 \times 0.04}{(0.0185)^{1/2}} = \frac{0.76}{0.136}$$

$$AR_h^{2/3} = 5.588$$

수로크기는 가정해야 한다. 우리는 침식으로부터 수로를 보호하기 위해 유속을 2 m/s로 해야 한다.

연속방정식을 이용하여 흐름면적을 결정할 수 있다.

$$A = \frac{q}{v} = \frac{19}{2} = 9.5m^2$$

흐름면적은 약 $10m^2$가 출발점이다. 측면경사 5:1에서 바닥폭을 $10m$로 가정한다. 이 경우에서 흐름깊이 $1m$이면 흐름면적 $15m^2$이다. 이 수로는 흐름면적이 충분하다는 것을 나타낸다. 그러므로 $b = 10m$, $z = 5$ 그리고 수심변화에서 A와 P는 오직 y의 함수에 대한 방정식을 만들 수 있다.

$$A = by + zy^2 = 10y + 5y^2$$

$$P = b + 2y\sqrt{1+z^2} = 10 + 2y\sqrt{1+5^2} = 10 + 10.2y$$

이들 방정식에 따라 추정 y에서 A, P, R_h와 $AR_h^{2/3}$ 계산을 허용하고 풀이는 시행착오로 시작한다. 흐름깊이 0.65m는 1.5m의 최대허용깊이 아래이다. 표를 이용하여 상단 폭을 계산한다.

$$T = b + 2zy = 10 + 2(5)(0.65) = 16.5m$$

시행	y	A	P	R_n	$AR_n^{2/3}$	설명
1	1	15	20.20	0.743	12.3	크다
2	0.7	9.45	17.14	0.55	6.34	크다
3	0.65	8.61	16.63	0.52	5.56	거의 일치
4	0.6	7.8	16.12	0.484	4.8	작다

수로경사는 수로에서 흐름속도에 깊은 영향을 갖고 따라서 배수유역으로부터 유출의 흐름특성에 영향을 미친다. 수로경사는 Manning 혹은 Chezy 방정식을 이용하여 유량과 속도를 결정하기 위하여 첫번째로 정의해야 한다. 경사는 길이도 변화하기 때문에 경사의 평균값은 고려중인 수로구간에 대해 결정하여야 한다. Manning 혹은 Chezy 방정식을 이용하기 위해 수로경사는 등류로 가정하여 에너지 경사와 근사한 국부의 측정이다.

수로바닥경사 S는 다음 방정식을 이용하여 결정한다.

$$S = \frac{\Delta h}{L}$$

여기서 Δh는 수로를 따라서 연직강하, L은 수로길이 이다.

S는 수로흐름에서 에너지손실의 일정률로 묘사하는 것은 가치가 없다. 자연수로에서 바닥경사는 드믈게 균등하고 평균 수면 경사는 종종 잘 산정한다. 경사를 산정하기 위해서 고도변화와 수로길이는 지형도 혹은 현장측량으로부터 결정한다.

7.6 효율적인 수로단면

개수로의 유량은 식 (7.11)로 주어지나, 같은 유량을 수송하려는 경우 경제적이고 효율적인 단면의 형태가 모색되어야 할 것이다. 유량 Q, 조도계수 n, 경사 S가 주어진다면 식 (7.11)은 단면적을 윤변의 함수로 놓아서

$$A = \left(\frac{nQ}{S^{1/2}}\right)^{\frac{3}{5}} P^{2/5} = cP^{2/5} \tag{7.14}$$

로 변화된다. 가장 **효율적인 수로단면**은 가장 적은 윤변을 가지는 것이며, 인공수로의 경우에는 재료, 정리와 축조의 비용이 적어지는 경향을 가지므로 경제적인 단면이라 할 수 있다. 위 식은 A가 최소일 때 P가 최소임을 보여준다.

모든 횡단면적의 형상 가운데 반원은 주어진 단면적에서 최소 주계를 가지므로 모든 단면의 수리학적 효율 중 가장 좋다. 반원형 횡단면을 갖는 수로는 곡선이고 수면 높이에서 거의 연직인 측면을 가지며 초기건설에서 수로를 확장하고 유지하기에 어렵다.

실제로 반원형 단면은 단지 조립식 재료의 작은 수로에 이용되었고 큰 수로에 대하여 보통 사다리꼴 단면이 대부분 이용되었다. 가장 효율적인 사다리꼴 단면은 자유수면에서 중심을 갖는 반원에 내접시킬 수 있고 측면이 60°각도인 반육각형이다. 다음 보통으로 이용된 수로단면은 직사각형 단면이다. 가장 효율적인 직사각형 단면은 자유수면에서 원형의 중심을 갖는 반원에 내접할 수 있는 반사각형 단면이다. 수리학적 효율의 반원, 반육각형 그리고 반사각형 단면을 그림 7.13에 나타내었다.

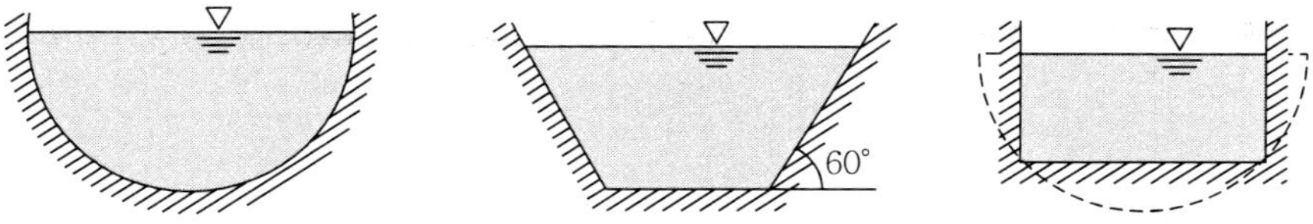

그림 7.13 수리학적 유효단면

수리효율 단면의 개념은 단지 수로를 안정화, 침식하지 않는 재료로 처리하였을 때 타당하다. 이상적으로는 수로는 항상 최량수리효율에 대해 설계하였으나 실용성과 건설비용에 대하여 수정하여야 한다. 그것이 주어진 유량에 대하여 최소 수면적을 제공하는 최량 수리단면일지라도 최소굴착 혹은 건설비용을 갖아야 하는 것에 주의한다. 예를 들어 반육각형 단면은 단지 수면이 제방꼭대기의 높이에 도달할 때 최량수리 단면이다. 이 단면은 수면위의 충분한 간격은 측면을 범람하는 것으로부터 수면의 방해파 혹은 파동을 조건으로 해야 하기 때문에 일반적인 적용에 적합하지 않다. 설계된 수면으로부터 수로제방 꼭대기까지 연직거리는 수로의 **자유단**(freeboard)이라 한다.

자유단의 높이는 설계된 수심의 5~30%로 변화하며 수로설계와 목적에 좌우된다. 파작용과 수면 높이의 파동이 한 수로로부터 다른 수로까지 크게 변화하므로 자유단의 결정에 대하여 받아들이는 규칙은 없다. 일반적으로 자유단은 수로의 설계유량에 관계시켜 고려한다.

7.6.1 직사각형 개수로

직사각형단면에서 효율적인 수로단면을 구하기 위하여 그림 7.14의 기호를 사용하면 P = b + 2y, A = by이므로,

$$A = (P - 2y)y = cP^{\frac{2}{5}}$$

이 식을 y에 관하여 미분하면

$$\left(\frac{dP}{dy} - 2\right) y + P - 2y = \frac{2}{5} cP^{-\frac{3}{5}} \frac{dP}{dy}$$

$dP/dy = 0$으로 놓으면 P = 4y, 즉 P = b + 2y인 까닭에

$$\therefore\ b = 2y \tag{7.15}$$

그러므로 직사각형단면의 경우, 깊이는 저면폭의 $\frac{1}{2}$이 된다.

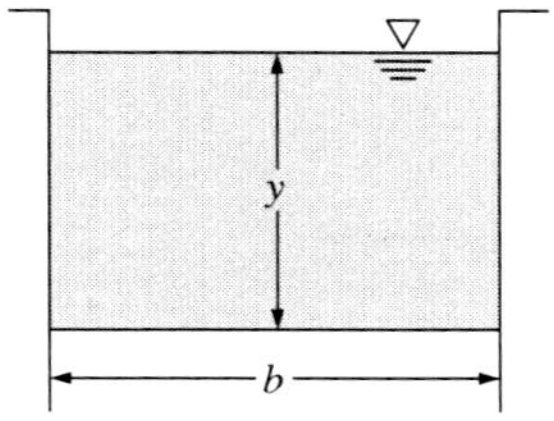

그림 7.14

7.6.2 사다리꼴 개수로

사다리꼴단면을 가지는 수로의 경우는 그림 7.15의 기호들을 사용하면 $A = by + my^2$, $P = b + 2y\sqrt{1+m^2}$ 이고, 식 (7.14)에 이들을 대입하여 b와 A를 소거하면

$$A = by + my^2 = (P - 2y\sqrt{1+m^2})y + my^2 = cP^{\frac{2}{5}} \tag{7.16}$$

m을 정수로 할 때, y에 관하여 미분하고 $dP/dy = 0$로 놓으면

$$P = 4y\sqrt{1+m^2} - 2my \tag{7.17}$$

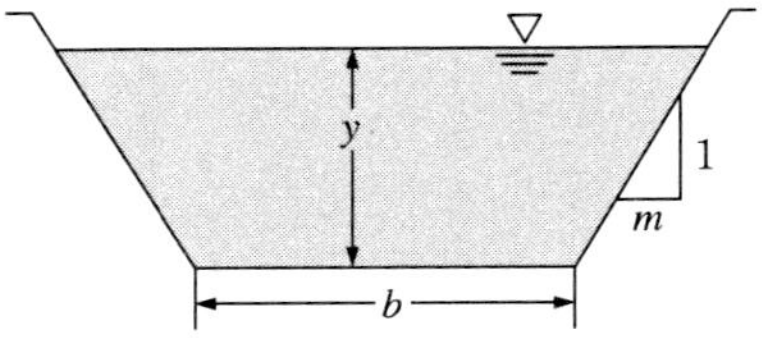

그림 7.15

y를 정수로 할 때, y에 관하여 미분하고 $dP/dm = 0$로 놓으면

$$\frac{2m}{\sqrt{1+m^2}} = 1$$

m에 대하여 풀면

$$m = \sqrt{\frac{1}{3}}$$

이 값을 식 (7.16)에 대입하면

$$P = 2\sqrt{3}\,y,\ b = 2\sqrt{\frac{1}{3}}\,y,\ A = \sqrt{3}\,y^2 \tag{7.18}$$

즉, $b = \dfrac{P}{3}$ 임을 보여준다. 따라서 효율적인 사다리꼴단면은 경사면의 길이가 저면의 길이와 같아야 하며, 특정한 m의 값을 가진 사다리꼴단면에 대하여 식 (7.18)은 가장 좋은 저변 대 깊이의 비를 구하는데 사용된다.

예제 7.5

0.0004의 경사를 가지고 유량 $200m^3/sec$를 수송하는데 대패질된 사다리꼴 목재수로의 가장 경제적인 단면을 구하라.

풀이)

식 (7.18)로부터

$$R_h = \frac{A}{P} = \frac{\sqrt{3}\,y^2}{2\sqrt{3}\,y} = \frac{y}{2}$$

식 (7.11)에 대입하여

$$200 = 90\sqrt{3}\,y^2\left(\frac{y}{2}\right)^{2/3}\sqrt{0.0004}$$

$$y^{\frac{8}{3}} = 102 \quad \therefore\ y = 5.66\text{m}$$

따라서 폭 b는 식 (7.18)로부터

$$b = 2\sqrt{\frac{1}{3}}\,y = 7.53\text{m}$$

예제 7.6

최량수리 사다리꼴 단면이 반육각형임을 설명하라.

풀이)

사다리꼴 단면의 횡단면적 A와 윤변 P는

$$A = bd + zd^2 \qquad (1)$$

$$P = b + 2d\sqrt{1+z^2} \qquad (2)$$

식 (1)로부터 b = A/d − zd이며 이를 식 (2)에 대입하면

$$P = \frac{A}{d} - zd + 2d\sqrt{1+z^2}$$

첫째로 A와 z를 상수로 하고 d에 관하여 P의 첫도함수가 P의 최소값에 대하여 0과 같다고 놓자.

$$\frac{dP}{dd} = -\frac{A}{d^2} - z + 2\sqrt{1+z^2} = 0$$

식 (1)로부터 A를 대입하면

$$\frac{bd+zd^2}{d^2} = 2\sqrt{1+z^2} - z$$

또는

$$b = 2d(\sqrt{1+z^2} - z) \qquad (3)$$

정의에 의해 동수반경 R_h는

$$R_h = \frac{A}{P} = \frac{bd+zd^2}{d+2d\sqrt{1+z^2}}$$

상기 방정식에 식 (3)으로부터 b값을 대입하고 단순화하면

$$R_h = \frac{d}{2}$$

이는 최량수리 사다리꼴 단면이 수심의 1/2과 같은 동수반경을 갖는 것을 나타낸다. 식 (2)에 식 (3)을 대입하고 P에 대해 풀면

$$P = 2d(2\sqrt{1+z^2} - z) \qquad (4)$$

z값을 결정하기 위하여 P는 최소이어야 하며 P의 첫 도함수는 z에 관하여 취하면 0과 같고 단순화하면

$$z = \frac{\sqrt{3}}{3} = \cot 60°$$

그리고

$$b = 2d\left(\sqrt{1+\frac{1}{3}} - \frac{\sqrt{3}}{3}\right) = 2\frac{\sqrt{3}}{3}d$$

또는

$$d = \frac{\sqrt{3}}{2}b = b\sin 60°$$

이는 단면이 반육각형임을 의미한다(그림 7.16).

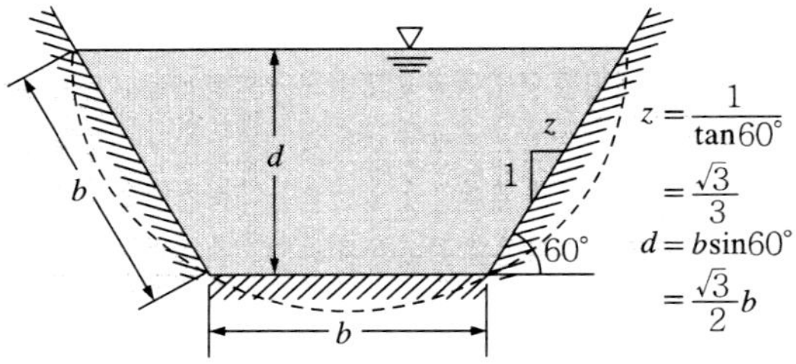

그림 7.16

7.6.3 원형단면 개수로

물이 관속에 꽉차서 흐르지 않는 원관은 개수로로써 취급되며, 이것을 원형개수로라고 한다. 그림 7.17에서 물의 단면적 A와 윤변 P는 각각 다음과 같다.

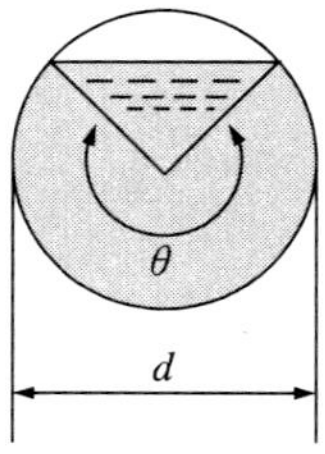

그림 7.17

$$A = \frac{d^2}{8}(\theta - \sin\theta)\ ,\ P = \frac{d}{2}\theta$$

따라서 동수반경 R_h는

$$R_h = \frac{A}{P} = \frac{d}{4}\left(1 - \frac{\sin\theta}{\theta}\right)$$

경사와 벽면의 조도가 일정한 경우의 유속 V와 유량 Q가 최대가 되는 각 θ를 구해보자. 먼저 물의 단면적 A가 일정한 경우, V와 Q를 최대로 하기 위한 각도 θ는

$$d = \sqrt{\frac{8A}{\theta - \sin\theta}}\ ,\ P = \sqrt{2A}\sqrt{\frac{\theta^2}{\theta - \sin\theta}}$$

이므로 $\frac{dP}{d\theta} = 0$ 의 조건에서

$$\theta - 2\sin\theta + \theta\cos\theta = 0$$

가 되어 $\theta = 180°$를 얻는다.

다음에 원의 직경 d가 주어진 경우의 유속 V가 최대되는 각도 θ는 동수반경 R_h가 최대일 때이므로

$$\frac{dR_h}{d\theta} = \frac{d}{d\theta}\left[\frac{d}{4}\left(1 - \frac{\sin\theta}{\theta}\right)\right] = 0$$

$$\frac{\theta\cos\theta - \sin\theta}{\theta^2} = 0 \quad \therefore\ \tan\theta = \theta$$

가 되어 $\theta = 257°30'$을 얻는다.

유량 Q는

$$Q = VA = C\sqrt{R_h S}\,A = C\sqrt{S}\,\sqrt{A^3/P}$$

이므로, 유량 Q가 최대가 될 때의 θ는 C를 일정하다고 하면 $\frac{d}{d\theta}\left(\frac{A^3}{P}\right) = 0$의 조건에서 구할 수 있다.

$$\frac{3A^2P\frac{dA}{d\theta} - A^3\frac{dP}{d\theta}}{P^2} = 0 \quad \therefore\ \frac{dA/d\theta}{dP/d\theta} = \frac{A}{3P}$$

$$\frac{d(1-\cos\theta)}{4}=\frac{d(\theta-\sin\theta)}{12\theta} \qquad \therefore\ 2\theta-3\theta\cos\theta+\sin\theta=0$$

로부터 θ = 308°가 된다.

7.4절에서 설명된 바와 같이 C의 값이 동수반경의 함수이므로 위의 계산과 같이 일정하다고 가정하면 다소의 오차가 생긴다. 따라서 계산에 편리한 식 (7.11)을 사용하면 유량의 최대는 AR_h 인 때이다. 이것으로 위와 같이 계산하면 θ = 302°가 된다.

개수로에서의 유속은 너무 적으면 단면적이 커져서 구축비용이 많아지며 또 토사가 심하다. 반대로 너무 커지면 벽면이 손상되고, 수두손실도 커진다. 따라서 개수로벽의 재료에 따라서 적당한 유속을 선택할 필요가 있으며, 보통 사용되고 있는 유속의 예는 표 7.4와 같다.

표 7.4 실용유속

수로벽의 재료	유속(m/sec)
고운 모래	0.5 ~ 0.8
고운 자갈	0.8 ~ 1.5
딱딱한 점성층	1.1 ~ 1.5
거친 자갈	1.2 ~ 1.8
시멘트 mortar도장	2.0 ~ 3.0

예제 7.7

지름 1.5m의 원형 단면의 폐도관을 물이 그림 7.18과 같이 꼭 $\frac{1}{2}$단면을 흐를 때, Kutter의 공식과 Bazin공식에 의하여 유량을 각각 계산하여 비교하여라.

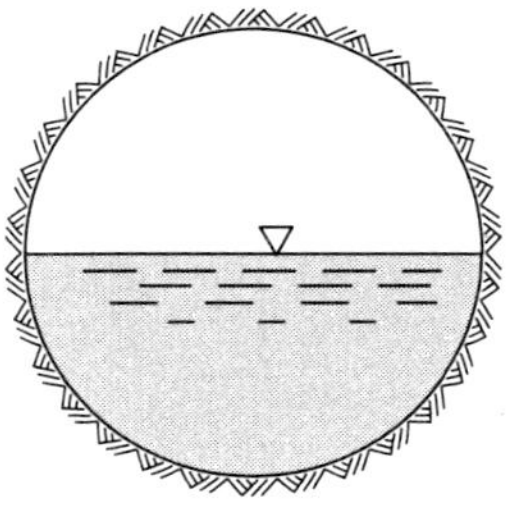

그림 7.18

풀이)

먼저 이 수로에서의 동수반경 R_h을 계산하면

$$R_h = \frac{A}{P} = \frac{\frac{1}{2}\left(\frac{\pi}{4}d^2\right)}{\frac{1}{2}(\pi d)} = \frac{d}{4}$$

$$= \frac{1.5}{4} = 0.375\text{m}$$

다음에 Kutter의 공식에서의 n을 표 7.2에서 0.013으로 선정하면

$$C = \frac{23 + \frac{1}{n} + \frac{0.00155}{s}}{1 + \left(23 + \frac{0.00155}{s}\right)\frac{n}{\sqrt{R_h}}}$$

$$= \frac{23 + \frac{1}{0.013} + \frac{0.00155}{0.001}}{1 + \left(23 + \frac{0.00155}{0.001}\right)\frac{0.013}{\sqrt{0.375}}} = 67$$

이것으로 Chezy의 식에서 평균유속 V를 구하면

$$V = 67\sqrt{0.375 \times 0.001} = 1.29\text{m/s}$$

로 된다. 따라서 유량은 연속방정식에서

$$Q = AV = \frac{1}{2}\left(\frac{\pi}{4}d^2\right) \times 1.29 = \frac{1}{2}(1.767) \times 1.29 = 1.15\text{m}^3\text{/s}$$

로 계산된다.

다음에 Bazin의 식에서 계수 K를 표 7.3에서 0.16을 취하여

$$C = \frac{87}{1 + \frac{K}{\sqrt{R_h}}} = \frac{87}{1 + \frac{0.16}{\sqrt{0.375}}} = 69$$

이 C의 값을 Chezy의 식에 대입하여

$$V = 69\sqrt{0.375 \times 0.001} = 1.33\text{m/s}$$

로 되며, 유량은

$$Q = AV = \frac{1}{2}(1.767) \times 1.33 = 1.18\text{m}^3\text{/sec}$$

이다. 즉, Bazin의 식으로 계산한 유량이 Kutter의 식으로 계산한 것보다 약간 크다.

7.7 개수로 흐름에서 에너지 원리

수로의 저면을 기준면으로 사용한 단위 무게당의 에너지를 **비에너지**(specific energy)라고 한다. 수로저면과 에너지선과의 수선거리인 비에너지 개념은 1912년 Bakhmeteff에 의하여 제안되어 사용되었고, 개수로내의 여러 가지 현상을 간단하고 명백하게 설명하는데 적절하다는 것이 입증되고 있다.

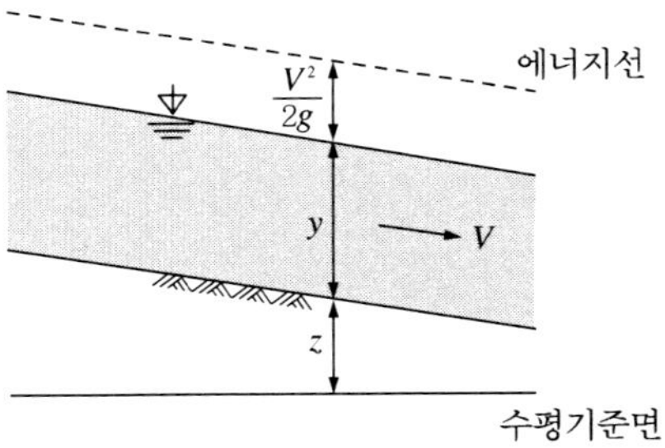

그림 7.19 비에너지

그림 7.19와 같은 경우의 비에너지는

$$E = y + \frac{V^2}{2g} \tag{7.19}$$

직사각형수로에서 개수로의 폭을 b라고 하면 단위폭당의 유량 q는 $\frac{Q}{b}$이므로,

$$E = y + \frac{q^2}{2gy^2} \tag{7.20}$$

이 식은 세 개의 변수를 가지고 있으며, 물리적인 관점에서 이것은 두 경우로 나누어 취급할 수 있다. 그 첫째가 q가 일정하고 E와 y가 변하는 경우이며, 둘째는 E가 일정하고 q와 y가 변하는 경우이다. 그림 7.20은 첫째 경우이며, y의 값이 적을 때 곡선은 E에 무한히 접근하고, y의 값이 클 때 속도수두의 항은 무시되고, E = y인 45도의 선에서 접근한다. E의 최소치에 대한 y의 값은 식 (7.20)에서 q를 일정하다고 보아 미분하여 영으로 놓았을 때 얻어진다.

$$\frac{dE}{dy} = 0 = 1 - \frac{q^2}{gy^3}$$

즉,

$$\therefore\ y_c = (q^2/g)^{\frac{1}{3}} \tag{7.21}$$

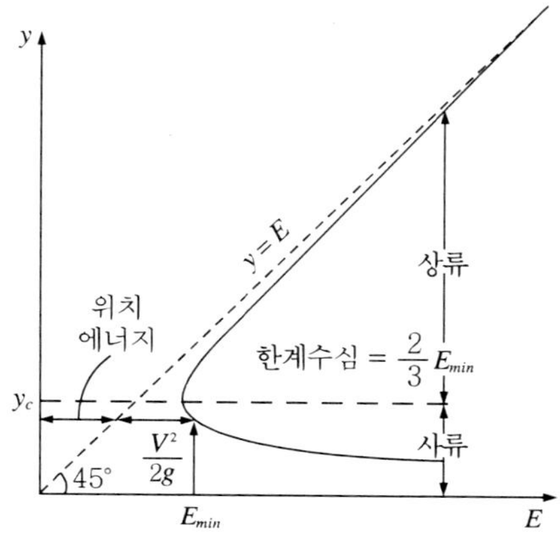

그림 7.20 비에너지 곡선

이 최소 에너지에 대한 깊이를 **한계수심**(critical depth)라 부르고, y_c로 표시한다. 식 (7.21)을 (7.20)에 대입하여 q^2을 소거하면

$$E_{\min} = \frac{3}{2}y_c \tag{7.22}$$

이것은 한계수심이 비에너지의 $\frac{2}{3}$임을 보여 준다. 그림 7.20의 비에너지 선도로부터 y_c이상에서 수심의 증가는 비에너지의 증가를, 그리고 y_c이하에서의 수심의 증가는 비에너지의 감소를 일으키는 것을 알 수 있다. 이것으로 인하여 개수로의 어떤 구역에서의 비에너지의 변화특성은 간단하게 예측할 수 없다. 즉, 유동방향으로 에너지선은 강하하여야 함에도 불구하고 비에너지는 증가도 할 수 있고, 감소할 수도 있다. 또 이 선도의 형상은 주어진 비에너지에 대하여 두 깊이를 가지며, 따라서 두 가지 유동상태를 가능하게 한다. 이 두 깊이들을 **공액수심**(alternate depth)이라고 하며, 실제의 깊이가 y_c보다 크면 전술의 상류가 되고, y_c보다 작으면 사류가 된다.

그림 7.21은 둘째 경우, 즉 E의 일정한 값에 대한 y와 q의 곡선이다.

식 (7.20)을 고치면

$$q^2 = 2g(Ey^2 - y^3)$$

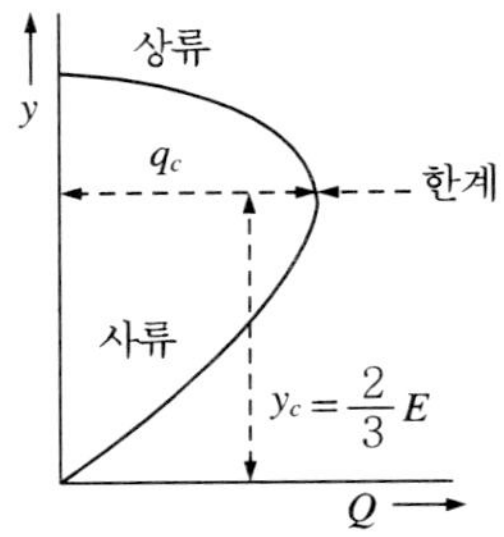

그림 7.21

주어진 E에 대하여 q가 최대일 때에 $dq/dy = 0$이므로,

$$\frac{dq}{dy} = 0 = \frac{g}{q}(2Ey - 3y^2)$$

즉,

$$y_c = \frac{2}{3}E \tag{7.23}$$

그러므로 「한계수심에서의 흐름은 유량이 최대이고, 비에너지가 최소」임을 알 수 있다. 한계수심에서의 **한계유속**은 식 (7.19)와 (7.22)에서 E를 소거하여 얻는다.

$$\therefore\ V_c = \sqrt{gy_c} \tag{7.24}$$

이것은 $\frac{V_c^2}{gy_c} = F_r = 1$의 경우다.

따라서, 상류에서는 $F_r < 1$이고, 사류에서는 $F_r > 1$이 될 것이다.

그리고 식 (7.24)로부터 임의의 위치에서 유속은

$$V = \sqrt{gy}$$

로 쓸 수 있다.

따라서, 사류유동과 상류유동은 $\sqrt{gy}$의 값보다 크거나 작을 때 일어나므로 사류유동에서 표면의 유동은 상류방향이 되고, 상류유동에서는 이와 같은 유동이 그림 7.22에서 보는 바와 같이 하류로 유동방향과 임의의 각도 β로 유동하고 있다고 볼 수 있다. 만일 이와 같은 유동이 정지하게 되려면 유속이 길고 방향이 반대이어야 한다. 그러므로 $\sin\beta = \sqrt{gy}\,/\,V$의 관계를 얻게 된다.

한계수심을 고려하기 위하여 Froude수를 $F_{rc} = V/\sqrt{gy}$ 로 나타내면 결국 $F_{rc} < 1$이면 상류유동, $F_{rc} = 1$이면 한계유동, $F_{rc} > 1$이면 사류유동이 되며 $\sin\beta = 1/F_{rc}$가 된다.

균일 한계유동(uniform critical flow)은 한계경사(critical slope) S_c에서 일어나고 있다고 볼 수 있으므로 식 (7.21)과 Chezy의 유량공식으로부터

$$q = \sqrt{gy_c^3} = Cy_c\sqrt{y_c s_c} \tag{7.25}$$

가 되므로

$$S_c = g/c^2 \tag{7.26}$$

을 얻는다.

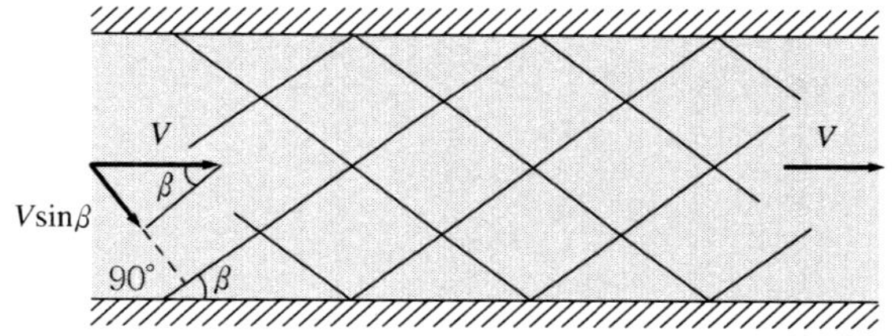

그림 7.22

7.8 수력도약(hydraulic jump)

개수로 유동에서 액체가 높은 속도에서 낮은 속도의 영역으로 유동할 때에 액체표면에서 오히려 급격한 상승 현상이 발생하면서 심한 난류와 와류 또는 공기의 유입을 동반하게 되어 표면에 기복이 발생하는데 이것을 **수력도약**(hydraulic jump) 혹은 **도수**라 한다. 이와 같이 복잡한 면모를 나타내는데도 불구하고 운동량의 원리로써 해석할 수 있다. 이 현상은 월류구조물이나 속도가 큰 수문의 하류에서 일어나며, 수로 저면의 손상방지를 위한 효과적인 운동에너지 소실장치로 또는 용수의 혼합장치로도 이용될 수 있다. 수력도약의 높이가 적으면 그 모양은 정상파(standing wave)로 변한다.

그림 7.23과 같은 수평 직사각형수로에 대하여 수로를 단위폭으로 취하고 단면 1과 2 사이에 연속방정식을 적용하면

$$q = v_1 y_1 = v_2 y_2$$

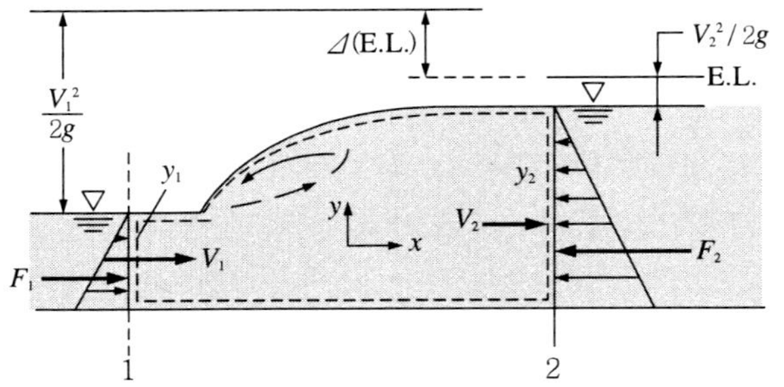

그림 7.23 수력도약

운동량의 원리로부터

$$F_x = F_1 - F_2 = \frac{\gamma}{2}y_1^2 - \frac{\gamma}{2}y_2^2 = \rho q(v_2 - v_1)$$

윗 식을 아래 식에 대입하면

$$\frac{\gamma y_1^2}{2} + \frac{\rho q^2}{y_1} = \frac{\gamma y_2^2}{2} + \frac{\rho q^2}{y_2} \tag{7.27}$$

이 식을 $\frac{y_2}{y_1}$에 대하여 풀면

$$\frac{y_2}{y_1} = \frac{1}{2}\left[-1 + \sqrt{1 + \frac{8q^2}{gy_1^3}}\right] = \frac{1}{2}\left[-1 + \sqrt{1 + \frac{8V_1^2}{gy_1}}\right] \tag{7.28}$$

여기서, y_1과 y_2를 공액수심이라고 한다. 식 (7.32)의 평방근내의 $\frac{V_1^2}{gy_1}$은 ${F_{r1}}^2$이며, 수력도약의 조건인 $\frac{y_2}{y_1} > 1$이 되려면, $F_{r1} > 1$이어야 함을 알 수 있다.

또 식 (7.27)은 $(F)_1 + (M)_1 = (F)_2 + (M)_2$이며 이를 비력(specific force)이라 한다. 여기서 (F)는 단면에서의 정수력이고, (M)은 단면을 통한 초당의 운동량이다. 그러므로 일정한 유량 q에 대하여

$$(F) + (M) = \frac{\gamma y^2}{2} + \frac{\rho q^2}{y} \tag{7.29}$$

따라서, 횡축을 (F) + (M)로, 종축을 y로 하여 선도를 그리면 그림 7.24를 얻는다. 이 선도에서 곡선과 교차되는 수선을 내리면 (F) + (M)이 동일한 값을 가지는 두 점을 얻을 수 있으며, 이 두 점이 공액수심이다.

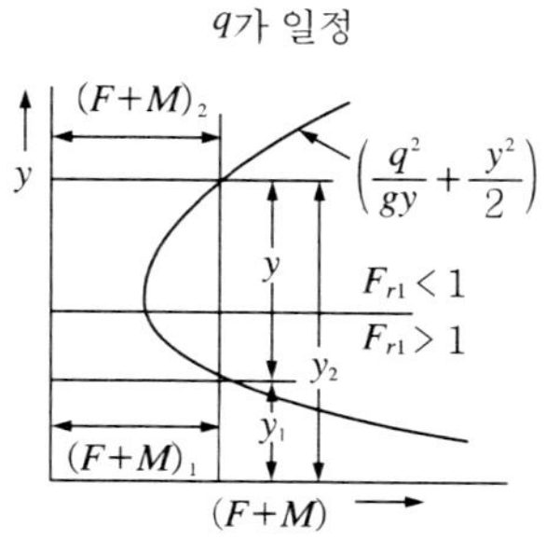

그림 7.24 수력도약에 대한 (F) +(M)곡선

수력도약은 식 (7.21)과 같은 한계수심보다 작은 깊이에서 큰 깊이로 일어나게 된다. 그림 7.23에 Bernoulli방정식을 적용하면

$$\frac{V_1^2}{2g} + y_1 = \frac{V_2^2}{2g} + y_2 + h_L$$

$$h_L = y_1 - y_2 + \frac{V_1^2}{2g}\frac{1}{y_2^2}\left(y_2^2 - y_1^2\right)$$

여기서, h_L 은 수력도약으로 인한 기계적 에너지의 손실이다. 이것을 식 (7.27)과 연립하여 V_1과 V_2를 소거하면

$$\therefore \ \Delta E = h_L = \frac{(y_2 - y_1)^3}{4y_1 y_2} \tag{7.30}$$

예제 7.8

물이 수평으로 놓인 개수로에서 0.6m의 깊이로 흐르고 있다. 3.7m^3/s · m의 유량이라면 수력도약현상이 일어나고 있다고 가정할 때 수력도약 바로 직후에서 후류의 깊이와 거기에서 소산되는 동력을 계산하여라.

풀이)

연속이론, 에너지방정식, 동력의 식은 각각

$$\frac{p_1}{\gamma} + \frac{V_1^2}{2g} + y_1 = \frac{p_2}{\gamma} + \frac{V_2^2}{2g} + y_2 + \Delta(E.L.)$$

$$P = q\gamma E_{loss}$$

이므로

$$V_1 = \frac{3.7}{0.6} = 7.17\text{m/s}$$

$$\frac{V_1^2}{gy_1} = \frac{38.05}{9.81 \times 0.6} = 6.46$$

즉, $V_1^2/gy_1 > 1$이므로 가능하다.

$$\therefore\ y_2 = \frac{0.6}{2}(-1 + \sqrt{1 + 8 \times 6.46}) = 1.88\text{m}$$

$$V_2 = \frac{3.7}{1.88} = 1.97\text{m/s}$$

$$\Delta(E.L) = 0.6 + \frac{(6.17)^2}{2g} - 1.88 - \frac{(1.97)^2}{2g} = 0.46\text{m}$$

따라서 단위폭당의 에너지손실동력은

$$\therefore\ \text{P} = 3.7 \times 9.8 \times 10^3 \times 0.46 = 16.7\text{kW}$$

예제 7.9

폭 3m인 긴 직사각형 개수로는 15m^3/s유량을 운반한다. 수로경사 0.004이고 Manning's 계수는 0.01이다. 흐름이 정상수심에 이르는 수로의 어떤 점에서

(a) 흐름 상태를 결정하라.

(b) 도수가 이 수심에서 일어난다면 도약에서 공액수심은 얼마인가?

(c) 도약을 통한 에너지 수두손실을 산정하라.

풀이)

(a) 흐름에 대한 한계수심은 단위폭당유량

$$\text{q} = \frac{15}{3} = 5\text{m}^3\text{/s/m}$$

한계수심은

$$y_c = \sqrt[3]{\frac{5^2}{9.81}} = 1.60\text{m}$$

이 수로의 정상수심은 Manning 방정식에 의해 결정할 수 있다.

$$Q = \frac{1}{n} A_1 R_{h1}^{2/3} S^{1/2}$$

여기서,

$$A = y_1 b,\ R_h = \frac{A_1}{P_1} = \frac{y_1 b}{2y_1 + b},\ b = 3m$$

그러므로

$$15 = \frac{1}{0.01}(3y_1)\left(\frac{3y_1}{2y_1 + 3}\right)^{2/3} (0.004)^{1/2}$$

y_1에 대해 풀면

$$y_1 = 1.08m,\ V_1 = \frac{15}{3y_1} = 4.63m/s$$

그리고

$$F_{rl} = \frac{V_1}{\sqrt{gy_1}} = 1.42$$

$F_{rl} > 1$이므로 흐름은 사류이다.

(b) 식 (7.28)을 적용하면

$$y_2 = \frac{y_1}{2}(\sqrt{1 + 8F_{rl}^{\ 2}} - 1) = 1.57y_1 = 1.70m$$

(c) 수두손실은 식 (7.30)을 이용하여 산정할 수 있다.

$$\Delta E = \frac{(y_2 - y_1)^3}{4y_2 y_1} = \frac{(0.62)^3}{4 \times 1.7 \times 1.08} = 0.032m$$

7.9 점변류

개수로에서 점변류(gradually varied flows)는 등류나 급변류(rapidly varied flows)와 다르며 수로에서 수심의 변화는 거리를 따라 매우 서서히 일어난다.

등류에서 수심은 정상수심(혹은 등류수심)이라는 일정한 값으로 유지되고 에너지경사선은 수표면선 그리고 수로 바닥선과 평행하다. 속도분포는 구간을 따라 변화하지 않고 유지된다. 그래서 단지 한 수심의 계산은 전구간에 대하여 필요하다.

도수와 같은 급변류에서 수심의 급한 변화는 짧은 거리에서 일어난다. 유속의 중요한 변화는 물 횡단면적의 급한 변화를 관련시킨다. 이 높은 흐름 감속율에서 에너지손실은 필연적으로 높다.

에너지 원리를 이용한 수심의 계산은 믿을 수 없고 이 경우에 계산은 단지 운동량원리를 적용하여 실행할 수 있다. 점변류에서 속도변화는 두 인접한 단면사이의 흐름에 관하여 가속의 영향을 고려할 필요없는 거리를 따라 매우 서서히 일어난다. 수면현상의 계산은 엄격하게 에너지 고려를 기초로 실행할 수 있다. 개수로의 어떤 단면에서 총 에너지수두는

$$H = \frac{V^2}{2g} + d + z = \frac{Q^2}{2gA^2} + d + z$$

수면형상을 계산하기 위하여 첫째로 수로를 따라 총 에너지수두의 변화를 얻는 것이 필요하다. 수로길이 x에 관하여 H를 미분하면 흐름 방향에서 에너지경사를 얻는다.

$$\frac{dH}{dx} = \frac{-Q^2 dA}{gA^3\ dx} + \frac{dd}{dx} + \frac{dz}{dx}$$

$$= \frac{-Q^2 T}{gA^3}\frac{dd}{dx} + \frac{dd}{dx} + \frac{dz}{dx}$$

여기서 $dA = T(dd)$이다. 방정식을 재정리하면

$$\frac{dd}{dx} = \frac{\dfrac{dH}{dx} - \dfrac{dz}{dx}}{1 - \dfrac{Q^2 T}{gA^3}} \tag{7.31}$$

dH/dx 항은 에너지경사선의 경사이다. 이것은 흐름방향에서 총에너지 수두가 감소하므로 항상 음의 값이다($S_e = -dH/dx$). 유사하게 dz/dx항은 수로바닥의 경사이다. 이는 흐름방향에서 수로바닥의 높이가 감소할 때 음이고 수로바닥의 높이가 증가할 때 양이며 일반적으로 $S_o = -dz/dx$로 쓴다. 두 인접한 단면사이의 점변류에서 에너지경사는 등류공식을 이용하여 접근할 수 있다. 간단하게 유도하기 위하여 A = bd, Q = bq 그리고 R_H = A/P = bD/(b+2D) = D = d(b≫d인 넓은 직사각형 수로)의 넓은 직사각형 수로 단면을 증명할 수 있을 것이다.

Manning 공식을 이용하여

$$S_e = -\frac{dH}{dx} = \frac{n^2 Q^2}{R_H^{4/3} A^2} = \frac{n^2 Q^2}{b^2 d^{10/3}} \tag{7.32}$$

수로바닥의 경사는 수로에서 등류가 일어난다고 가정하면 유사한 항으로 표현할 수 있다. 등류이면 수로바닥 경사는 에너지경사와 같으며 가설의 등류조건은 첨자 n으로 명시하였다.

$$S_o = \frac{-dz}{dx} = \left(\frac{n^2 Q^2}{b^2 d^{10/3}}\right)_n \tag{7.33}$$

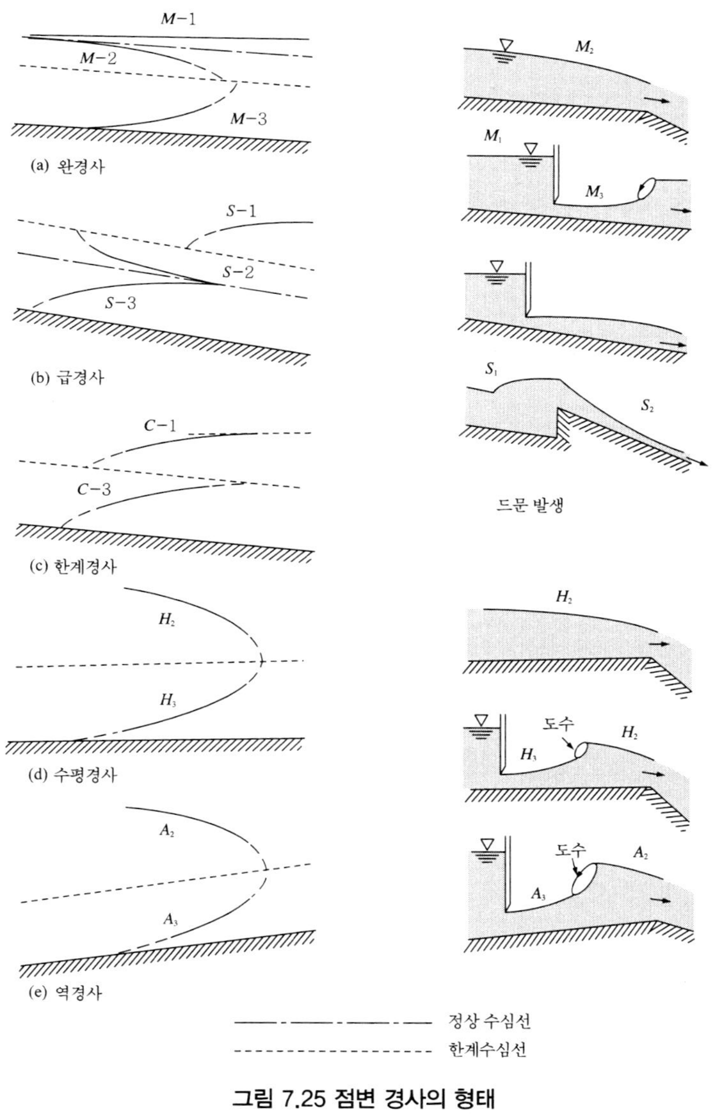

그림 7.25 점변 경사의 형태

한계수심으로부터

$$d_c = \sqrt[3]{\frac{q^2}{g}} = \sqrt[3]{\frac{Q^2}{gb^2}}$$

또는

$$Q^2 = gd_c^3b^2 = \frac{gA_c^3}{b} \tag{7.34}$$

식 (7.32), (7.33) 그리고 (7.34)을 식 (7.31)에 대입하면

$$\therefore \ \frac{dd}{dx} = \frac{S_o\left[1-\left(\frac{d_n}{d}\right)^{10/3}\right]}{\left[1-\left(\frac{d_c}{d}\right)^3\right]} \tag{7.35}$$

이 식은 점변류에 대한 일반적인 미분방정식이고 또한 점변류 방정식이라고도 한다. $dd/dx = 0$일 경우 수심은 그 구간을 통하여 일정한 값을 유지하며 등류의 특별한 경우를 나타낸다.

dd/dx 〈 0일 경우 수심은 흐름 방향으로 감소하고 dd/dx 〉 0일 경우 수심은 흐름 방향으로 증가한다. 주어진 조건에서 이 방정식의 해는 개수로에서 일어날 수 있는 여러 가지 수면형상을 준다.

7.10 점변류의 분류

점변류 해석에서 한계수심 d_c의 역할은 매우 중요하다. 개수로 흐름이 한계수심(d = dc)에 접근할 때 식 (7.35)의 분모는 0에 접근하고 dd/dx값은 무한대에 접근한다. 그 수면은 매우 급하게 되고 이는 도수 혹은 완만한 수로와 호수로부터 급한 수로로 들어가는 수면에서 보여진다. 후자는 수로에서 유량과 수심사이의 유일한 1:1관계로 주어지고 개수로 흐름의 통제라고 한다.

개수로는 수로경사, 표면조건, 단면기하학 그리고 유량에 의존하여 급한수로, 한계수로, 완만한 수로, 수평수로 그리고 역수로의 5개 범주로 분류할 수 있다. 이들은 각 특정한 수로에 대해 계산된 정상수심 d_n과 한계수심 d_c의 상대적인 위치로 표시함으로써 수

로의 흐름조건에 따라 분류하였다.

기준은 다음과 같다.

급한수로(steep channels) : d_n/d_c 〈 1.0 또는 d_n 〈 d_c

한계수로(critical channels) : $d_n/d_c = 1.0$ 또는 $d_n = d_c$

완만한 수로(mild channels) : d_n/d_c 〉 1.0 또는 d_n 〉 d_c

수평수로(horizontal channels) : $S_o = 0$

역수로(adverse channels) : S_o 〈 0

게다가 수면형상곡선의 분류는 실제수심에 의존되고 한계와 정상수심에 관계가 있다. d_n/d_c와 d/d_n의 비는 해석에 이용하며 여기서 d는 수로의 관심있는 어떤 단면에서의 실제 수심이다.

d/d_c와 d/d_n 둘다 1.0보다 크면 수면형상곡선은 수로의 한계수심선과 정상수심선 위에 있다(그림 7.25). 그 곡선은 type−1곡선이라 명시하고 급한수로, 한계수로 그리고 완만한 수로 각각에 대하여 S1, C1 그리고 M1곡선이라 한다.

수심 d가 정상수심과 한계수심 사이에 있으면 곡선은 type−2곡선이라 명시하고 S2, M2, H2 그리고 A2곡선이라 한다. type−2곡선은 한계수로에서 존재하지 않는다. 한계수로에서 정상수심은 한계수심이고 정상수심과 한계수심 사이를 허락하는 거리가 없다.

수심 d가 d_c와 d_n보다 작으면 수면형상곡선은 type−3라 하고 S3, C3, M3, H3 그리고 A3 곡선이라 한다. 각 이들 수면형상 곡선은 그림 7.25에 순서대로 도식화하였으며 개수로에서 물리적 발생의 예로 주어졌다.

수면형상곡선의 어떤 중요한 특성은 점변류방정식[식 (7.35)]의 직접해석으로부터 설명할 수 있다.

(1) type−1곡선에 대하여 d/d_c 〉 1과 d/d_n 〉 1, dd/dx값이 양이면 흐름 방향으로 수심이 증가하는 것을 가리킨다.
(2) type−2곡선에 대하여 dd/dx값이 음이면 수심은 흐름방향으로 증가한다.
(3) type−3 곡선에 대하여 dd/dx값이 양이면 수심은 흐름방향으로 증가한다.
(4) 수심이 한계수심에 접근($d = d_c$)하며 식 (7.35)가 $dd/dx = \infty$이면 수면형상곡선의 경사는 이론적으로 연직이고 도수는 대표적 예이다.
(5) 수면형상곡선의 몇 가지 형태는 결코 수평선에 접근하지 않는다(S2, S3, M2, M3,

C3 그리고 A3). 다른 것은 수로 구간을 통하여 수평인 C1곡선을 제외하고 수평선으로 접근한다. 한계수로에서 $d_n = d_c$이며 식 (7.36)은 $dd/dx = S_0$이므로 수심은 수로바닥 높이 감소만큼 같은 율로 증가하는 것을 가리키고 이론적으로 수평수면 형상이 된다.

(6) $d_n < d_c$인 급한 수로에서 유속은 보통 난파의 것보다 크다. 이 이유에 대하여 하류 수로의 흐름 조건은 상류에 영향을 주지 않는다. 수심의 변화는 단지 하류 방향으로 전파한 어떤 수로 교란에 의한다. 수면형상의 계산은 하류 방향으로 실행한다.

(7) $d_n > d_c$인 완만한 수로에서 파 전파속도는 유속보다 크다. 하류 수로에서 어떤 동요는 상류로 이동할 수 있고 상류뿐만 아니라 하류 흐름 조건에 영향된다. 하류 수로에서 수심변화는 상류로 전파되고 상류수로의 수심을 변화시킨다. 수면형상의 계산은 상류 방향으로 실행한다.

(8) 완만한 경사로부터 급한 경사까지 수로의 변화 혹은 수로바닥의 중요한 강하에서 한계수심은 위쪽 가장자리의 맞닿은 부근에서 일어난다고 가정한다. 이점에서 뚜렷한 수심–유량관계를 얻을 수 있고 종종 수면형상 계산에 대하여 지배단면(control section)으로 이용한다. 표 7.5는 수면형상곡선을 요약한 것이다.

표 7.5 수면형상곡선의 특성

수로	기호	형태	경사	수심	곡선
완만	M	1	$S_o > 0$	$d > d_n > d_c$	M1
완만	M	2	$S_o > 0$	$d_n > d > d_c$	M2
완만	M	3	$S_o > 0$	$d_n > d_c > d$	M3
한계	C	1	$S_o > 0$	$d > d_n = d_c$	C1
한계	C	3	$S_o > 0$	$d_n = d_c > d$	C3
급한	S	1	$S_o > 0$	$d > d_c > d_n$	S1
급한	S	2	$S_o > 0$	$d_c > d > d_n$	S2
급한	S	3	$S_o > 0$	$d_c > d_n > d$	S3
수평	H	2	$S_o = 0$	$d > d_c$	H2
수평	H	3	$S_o = 0$	$d_c > d$	H3
역	A	2	$S_o < 0$	$d > d_c$	A2
역	A	3	$S_o < 0$	$d_c > d$	A3

7.11 수면형상의 계산

점변류에서 수면형상은 식 (7.35)를 이용하여 계산할 수 있다. 계산은 정상적으로 수면 높이(깊이)와 유량사이의 관계를 알고 있는 한 단면으로부터 시작한다. 이들 단면을 **지배단면**(control sections)이라 한다. 개수로에서 지배단면의 몇 가지 예를 그림 7.26에서 설명한다.

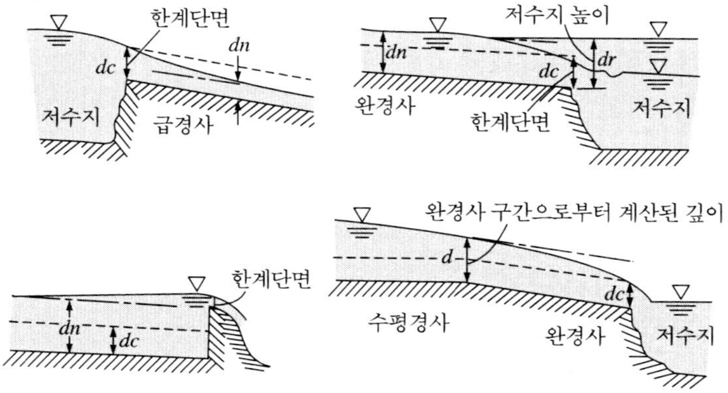

그림 7.26 개수로에서 지배단면

계속적인 계산 절차는 두 단면사이의 수면이 직선에 접근할 수 있는 충분한 짧은 거리에서 다음 단면의 수면 높이를 계산하는데 이용한다. 단계절차는 급류(사류)에 대하여 하류방향으로 그리고 잔잔한 흐름(상류)에 대하여 상류방향으로 실행한다.

공통적으로 이용되는 (1) 직접적분법(direct integration method) (2) 직접순차법(direct step method) (3) 도식적해석순서를 이 단원에서 설명한다.

다른 방법들은 실제 수리학에서 종종 이용되나 프로그램과 계산이 복잡하기 때문에 토론하지 않았다. 이들 다른 계산방법에 대하여는 V. T. Chow의 교재에 제시되어 있다.

(1) 직접적분법

한 세기 이상을 공학자들은 점변류 방정식[식 (7.35)]의 직접적분을 얻기 위하여 시도하였다. 수로 횡단면 형상이 크게 변화하기 때문에 일반해가 실제로 불가능하다. 존재하는 많은 적분법의 포괄적인 검토로 1955년 V. T. Chow에 의해 만들었다. 여기서 토론하는 방법은 여러 존재하는 방법의 연구결과로 Chow에 의해 제시되었다. Chow's법은 수로 형상의 대부분에 직접 적용할 수 있다.

점변류 방정식의 일반적 형태를 재정리하면

$$\frac{dd}{dx} = S_o \left[\frac{1 - \left(\frac{d_n}{d}\right)^N}{1 - \left(\frac{d_c}{d}\right)^M} \right] \tag{736}$$

여기서 지수 N과 M은 횡단면의 형상과 흐름 조건에 의존한다. 넓은 직사각형 수로에 대하여 식 (7.35)에 나타낸 것처럼 N=10/3, M=3이다. 비교적 단순기하학의 수로에서 점변류에 대한 N과 M값은 적분한계의 범위내에서 일정하다고 가정한다.

$d/d_n = u$라 놓고 위의 방정식을 쓰면

$$dx = \frac{d_n}{S_o}\left[1 - \frac{1}{1-u^N} + \left(\frac{d_c}{d_n}\right)^M \left(\frac{u^{N-M}}{1-u^N}\right)\right] du$$

그러므로

$$x = \frac{d_n}{S_o}\left[u - \int_0^u \frac{du}{1-u^N} + \left(\frac{d_c}{d_n}\right)^M \int_0^u \left(\frac{u^{N-M}}{1-u^N}\right) du\right] + \text{상수} \tag{7.37}$$

오른쪽의 첫째 적분항은 u와 N의 함수로써 표시할 수 있다.

$$\mathrm{F}(u,\ \mathrm{N}) = \int_0^u \frac{du}{1-u^N} \tag{7.38}$$

이를 변류함수(Varied flow function)라 한다.

둘째항은 $v = u^{N/J}$ 로 놓아서 유사한 형태로 표현할 수 있다.

$$J = \frac{N}{N-M+1}$$

새로운 변수로 대입하고 적분으로 변형시키면

$$\int_0^u \frac{u^{N-M}}{1-u^N} du = \frac{J}{N}\int_0^v \frac{dv}{1-v^J} = \frac{J}{N}\mathrm{F}(v,\ \mathrm{J}) \tag{7.39}$$

여기서,

$$\mathrm{F}(v,\ \mathrm{J}) = \int_0^v \frac{dv}{1-v^J} \tag{7.40}$$

식 (7.38)과 (7.40) 사이의 유사점은 변수 u와 N을 식 (7.40)에서 v와 J로 바꿔 놓은 것을 제외하고 명백하다.

식 (7.38)과 (7.40)를 식 (7.37)에 대입하여 쓰면

$$x = \frac{d_n}{S_o}\left[u - F(u,N) + \left(\frac{d_c}{d_n}\right)^M \left(\frac{J}{N}\right) F(v,J)\right] \quad + \text{상수} \tag{7.41}$$

넓은 직사각형 수로에 대하여 N = 10/3, M = 3, J = N/(N−M+1) = 5/2 그리고 $v = u^{N/J} = u^{4/3}$이다. 식 (7.41)을 단순화하면

$$x = A\left[u - F(u, \frac{10}{3}) + BF(v, \frac{5}{2})\right] \quad + \text{상수} \tag{7.42}$$

여기서,

$$A = \frac{d_n}{S_o} \;, \; B = \left(\frac{d_c}{d_n}\right)^M \left(\frac{J}{N}\right) = \left(\frac{d_c}{d_n}\right)^3 \left(\frac{3}{4}\right)$$

유량과 수로경사가 주어질 때 일정하다. F(u, 10/3)과 F(v, 5/2)는 넓은 직사각형수로에 대한 변류함수이다.

식 (7.42)에 의해 두 연속적인 단면 1과 2사이의 흐름형상 길이는 다음과 같다.

$$\begin{aligned} L &= x_2 - x_1 \\ &= \mathrm{A}\{(u_2 - u_1) - [\mathrm{F}(u_2, 3.33) - \mathrm{F}(u_1, 3.33)] \\ &\quad + \mathrm{B}[\mathrm{F}(v_2, 2.5) - \mathrm{F}(v_1, 2.5)]\} \end{aligned} \tag{7.43}$$

양의 수로경사($S_o > 0$)와 음의 수로경사($S_o < 0$)에 대한 변류함수 F(u, 3.33)과 F(v, 2.50)의 수치값은 표 7.6에 준비하였다.

표 7.6 넓은 직사각형 수로에 대한 변류 함수

$$F(X.Y) = \int_0^x \frac{dx}{1-x^y}$$

양의 경사			음의 경사		
X \ Y	2.50	3.33	X \ Y	2.50	3.33
0.00	0.000	0.000	0.00	0.000	0.000
0.02	0.020	0.020	0.02	0.020	0.020
0.04	0.040	0.040	0.04	0.040	0.040
0.06	0.060	0.060	0.06	0.060	0.060

$$F(X.Y) = \int_0^x \frac{dx}{1-x^y}$$

양의 경사			음의 경사		
X \ Y	2.50	3.33	X \ Y	2.50	3.33
0.08	0.080	0.080	0.08	0.080	0.080
0.10	0.100	0.100	0.10	0.100	0.100
0.12	0.120	0.120	0.12	0.120	0.120
0.14	0.140	0.140	0.14	0.140	0.140
0.16	0.160	0.160	0.16	0.160	0.160
0.18	0.181	0.180	0.18	0.180	0.180
0.20	0.201	0.200	0.20	0.199	0.200
0.22	0.221	0.220	0.22	0.219	0.220
0.24	0.242	0.240	0.24	0.238	0.240
0.26	0.262	0.261	0.26	0.257	0.260
0.28	0.283	0.281	0.28	0.276	0.279
0.30	0.304	0.301	0.30	0.295	0.298
0.32	0.325	0.322	0.32	0.314	0.318
0.34	0.347	0.342	0.34	0.333	0.338
0.36	0.368	0.363	0.36	0.352	0.357
0.38	0.390	0.383	0.38	0.370	0.376
0.40	0.412	0.414	0.40	0.388	0.395
0.42	0.435	0.425	0.42	0.406	0.413
0.44	0.458	0.447	0.44	0.425	0.433
0.46	0.480	0.469	0.46	0.442	0.452
0.48	0.504	0.490	0.48	0.460	0.470
0.50	0.528	0.513	0.50	0.477	0.488
0.52	0.553	0.535	0.52	0.492	0.506
0.54	0.578	0.558	0.54	0.510	0.524
0.56	0.604	0.580	0.56	0.525	0.542
0.58	0.630	0.605	0.58	0.542	0.560
0.60	0.658	0.629	0.60	0.558	0.577
0.61	0.672	0.642	0.61	0.566	0.575
0.62	0.686	0.656	0.62	0.575	0.593
0.63	0.699	0.666	0.63	0.582	0.602
0.64	0.715	0.680	0.64	0.589	0.619
0.65	0.729	0.692	0.65	0.595	0.617
0.66	0.746	0.705	0.66	0.603	0.624
0.67	0.761	0.719	0.67	0.610	0.633
0.68	0.777	0.733	0.68	0.618	0.641
0.69	0.743	0.746	0.69	0.625	0.659
0.70	0.800	0.760	0.70	0.633	0.657
0.71	0.828	0.776	0.71	0.640	0.664
0.72	0.845	0.791	0.72	0.647	0.672
0.73	0.863	0.806	0.73	0.654	0.680
0.74	0.882	0.822	0.74	0.661	0.687
0.75	0.901	0.838	0.75	0.668	0.694
0.76	0.921	0.855	0.76	0.675	0.702
0.77	0.941	0.872	0.77	0.681	0.708
0.78	0.963	0.889	0.78	0.687	0.715
0.79	0.984	0.907	0.79	0.693	0.722
0.80	1.008	0.926	0.80	0.699	0.732
0.81	1.032	0.946	0.81	0.705	0.736
0.82	1.056	0.966	0.82	0.712	0.743
0.83	1.083	0.987	0.83	0.717	0.749

$$F(X.Y) = \int_0^x \frac{dx}{1-x^y}$$

양의 경사			음의 경사		
X \ Y	2.50	3.33	X \ Y	2.50	3.33
0.84	1.110	1.010	0.84	0.724	0.755
0.85	1.140	1.033	0.85	0.730	0.767
0.86	1.170	1.058	0.86	0.736	0.768
0.87	1.203	1.084	0.87	0.742	0.774
0.88	1.238	1.112	0.88	0.748	0.780
0.89	1.277	1.143	0.89	0.753	0.786
0.90	1.318	1.176	0.90	0.759	0.797
0.91	1.364	1.211	0.91	0.765	0.798
0.92	1.414	1.251	0.92	0.771	0.804
0.93	1.470	1.295	0.93	0.777	0.810
0.94	1.555	1.345	0.94	0.782	0.816
0.950	1.612	1.404	0.950	0.788	0.821
0.960	1.700	1.475	0.960	0.793	0.826
0.970	1.822	1.566	0.970	0.798	0.830
0.975	1.897	1.623	0.975	0.800	0.832
0.980	1.988	1.693	0.980	0.803	0.834
0.985	2.110	1.782	0.985	0.806	0.837
0.990	2.272	1.906	0.990	0.809	0.840
0.995	2.549	2.119	0.995	0.811	0.844
0.999	3.194	2.608	1.000	0.813	0.846
1.000	∞	∞	1.005	0.815	0.849
1.001	2.767	1.932	1.010	0.817	0.851
1.005	2.146	1.445	1.015	0.819	0.854
1.010	1.870	1.236	1.020	0.823	0.857
1.015	1.702	1.115	1.03	0.827	0.861
1.020	1.595	1.030	1.04	0.833	0.866
1.03	1.436	0.910	1.05	0.836	0.871
1.04	1.322	0.826	1.06	0.841	0.875
1.05	1.273	0.762	1.07	0.846	0.880
1.06	1.167	0.710	1.08	0.852	0.884
1.07	1.108	0.666	1.09	0.856	0.889
1.08	1.057	0.639	1.10	0.860	0.894
1.09	1.013	0.597	1.11	0.865	0.897
1.10	0.973	0.568	1.12	0.868	0.900
1.11	0.938	0.543	1.13	0.873	0.905
1.12	0.906	0.519	1.14	0.876	0.909
1.13	0.877	0.498	1.15	0.881	0.913
1.14	0.850	0.479	1.16	0.885	0.917
1.15	0.815	0.461	1.17	0.888	0.920
1.16	0.802	0.445	1.18	0.892	0.924
1.17	0.780	0.430	1.19	0.896	0.928
1.18	0.760	0.415	1.20	0.900	0.932
1.19	0.741	0.402	1.22	0.904	0.935
1.20	0.723	0.390	1.24	0.912	0.943
1.22	0.691	0.366	1.26	0.923	0.952
1.24	0.661	0.346	1.28	0.930	0.957
1.26	0.634	0.327	1.30	0.937	0.964
1.28	0.610	0.311	1.32	0.944	0.970
1.30	0.587	0.296	1.34	0.951	0.976
1.32	0.566	0.287	1.36	0.957	0.982

$$F(X.Y) = \int_0^x \frac{dx}{1-x^y}$$

양의 경사			음의 경사		
X \ Y	2.50	3.33	X \ Y	2.50	3.33
1.33	0.547	0.269	1.38	0.963	0.987
1.3	0.529	0.257	1.40	0.969	0.991
1.38	0.512	0.246	1.42	0.975	0.997
1.40	0.496	0.236	1.44	0.982	1.002
1.42	0.482	0.227	1.46	0.986	1.006
1.44	0.468	0.217	1.48	0.992	1.020
1.46	0.455	0.206	1.50	0.998	1.014
1.48	0.443	0.201	1.55	1.010	1.023
1.50	0.431	0.194	1.60	1.022	1.033
1.55	0.404	0.171	1.65	1.034	1.041
1.60	0.380	0.163	1.70	1.045	1.049
1.65	0.359	0.150	1.75	1.055	1.056
1.70	0.340	0.139	1.80	1.064	1.062
1.75	0.324	0.129	1.85	1.074	1.067
1.80	0.307	0.120	1.90	1.082	1.075
1.85	0.293	0.111	1.95	1.090	1.080
1.90	0.279	0.105	2.00	1.098	1.084
1.95	0.278	0.699	2.10	1.112	1.091
2.00	0.256	0.093	2.20	1.125	1.098
2.10	0.237	0.082	2.3	1.138	1.106
2.20	0.218	0.073	2.4	1.147	1.112
2.3	0.204	0.066	2.5	1.156	1.117
2.4	0.181	0.060	2.6	1.165	1.121
2.5	0.178	0.054	2.7	1.173	1.124
2.6	0.167	0.050	2.8	1.181	1.126
2.7	.0157	0.045	2.9	1.187	1.130
2.8	.0148	0.042	3.0	1.193	1.133
2.9	0.141	0.038	3.5	1.221	1.144
3.0	0.134	0.035	4.0	1.237	1.149
3.5	0.105	0.025	4.5	1.252	1.153
4.0	0.086	0.018	5.0	1.264	1.156
4.5	0.072	0.014	6.0	1.272	1.160
5.0	0.062	0.011	7.0	1.282	1.162
6.0	0.047	0.005	8.0	1.290	1.163
7.0	0.037	0.005	9.0	1.294	1.165
8.0	0.032	0.004	10.0	1.299	1.165
9.0	0.026	0.003			
10.0	0.022	0.002			
20.0	0.008	0.000			

예제 7.10

넓은 직사각형 수로는 경사 0.001과 n = 0.025이며 단위폭당 2.5m^3/s 유량을 운반한다. 댐 바로 뒤에 2m의 수심을 갖는 낮은 댐에 의해 일어나는 배수곡선을 계산하라. 상류계산은 정상수심보다 1% 더 큰 깊이로 실행한다.

풀이)

넓은 직사각형 수로에 대하여 $R_h \approx d$와 $D = d$이므로 Manning공식을 재정리하여 쓰면

$$AR_h^{2/3} = bd_n(d_n)^{2/3} = \frac{Q \cdot n}{S^{1/2}}$$

또는

$$d_n^{5/3} = \frac{Q}{b}\frac{n}{S^{1/2}} = \frac{q \cdot n}{S^{1/2}} = \frac{2.5 \times 0.025}{(0.001)^{1/2}} = 1.98$$

정상수심은

$$d_n = (1.98)^{3/5} = 1.50\text{m}$$

연속방정식을 적용하면

$$V_c^2 = \frac{Q^2}{A_c{}^2} = \frac{Q^2}{b^2 d_c^2} = \frac{q^2}{d_c^2} \qquad \text{(a)}$$

넓은 직사각형수로의 한계류에 대하여

$$F_r = \frac{V_c}{\sqrt{gd_c}} = 1.0 \text{ 또는 } V_c^2 = gd_c \qquad \text{(b)}$$

식 (a)와 (b)를 비교하면

$$d_c = \sqrt[3]{\frac{q^2}{g}}$$

그러므로

$$d_c = \left(\frac{q^2}{g}\right)^{1/3} = \left(\frac{2.5^2}{9.81}\right)^{1/3} = 0.86\text{m}$$

어떤 두 단면 사이의 거리를 결정하기 위하여 식 (7.45)와 표 7.6을 적용하면 다음과 같다.

$$L = x_2 - x_1 = \text{A}\{(u_2 - u_1) - [\text{F}(u_2,\ \frac{10}{3}) - \text{F}(u_1,\ \frac{10}{3})]$$
$$+ [\text{BF}(v_2,\ \frac{5}{2}) - \text{BF}(v_1,\ \frac{5}{2})]\}$$

$$A = \frac{d_n}{S_o} = \frac{1.50}{0.001} = 1{,}500$$

$$B = \left(\frac{d_c}{d_n}\right)^M \frac{J}{N} = \left(\frac{0.86}{1.50}\right)^3 \frac{(5/2)}{(10/3)} = 0.141$$

수면형상계산은 댐으로부터 바로 상류 d = 2.00m와 정상수심보다 1% 더 큰 d =

1.5m사이의 5개 가정된 수심을 갖고 상류 방향으로 실행하였다. 그 계산절차는 표 7.7에 나타냈다.

표 7.7

d	u	v	F(u,10/3)	F(v,5/2)	L(m)	-L (m)
2.00	1.33	1.47	0.277	0.449		
					−187	187
1.88	1.25	1.35	0.334	0.537		
					−238	425
1.76	1.17	1.24	0.430	0.661		
					−325	750
1.64	1.09	1.13	0.597	0.877		
					−926	1,676
1.52	1.01	1.02	1.236	1.595		

단지 댐과 d = 1.52m인 마지막 단면사이의 총거리가 관심있다면 한 단계 계산만으로 충분하다. 식 (7.45)를 적용하고 위의 표로부터 값을 고려하면

$$\begin{aligned} L &= A\{(u_2 - u_1) - [F(u_2,\ 3.33) - F(u_1,\ 3.33)] \\ &\quad + B[F(v_2,\ 2.5) - F(v_1,\ 2.5)]\} \\ &= 1{,}500\{(1.01 - 1.33) - (1.236 - 0.277) \\ &\quad + 0.141(1.595 - 0.449)]\} \\ &= 1{,}676\text{m} \end{aligned}$$

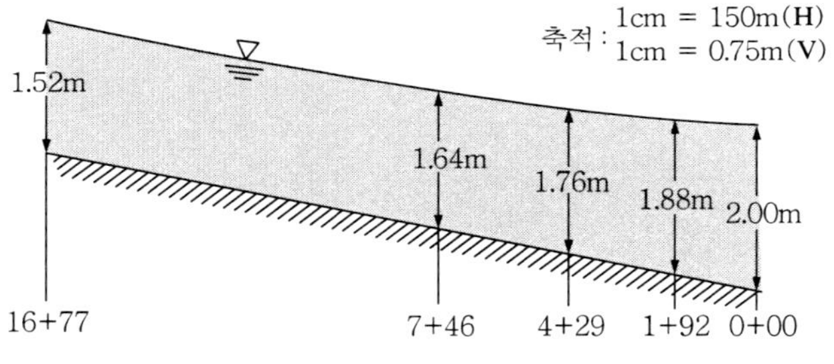

그림 7.27 배수표면 형상

(2) 직접순차법

직접순차법은 수면선이 직선에 접근할 수 있는 충분히 짧은 거리 떨어진 두개의 이웃단면 1과 2사이의 에너지 균형으로부터 직접 얻는다. 두 단면사이의 에너지관계를 쓰면

$$\left(\frac{V_1^2}{2g} + d_1\right) + z = \left(\frac{V_2^2}{2g} + d_2\right) + h_L \tag{7.44a}$$

여기서, z는 수로의 높이 차이이고 h_L은 두 단면사이의 에너지 수두손실이다. 이 관계를 그림 7.28에서 설명하였다.

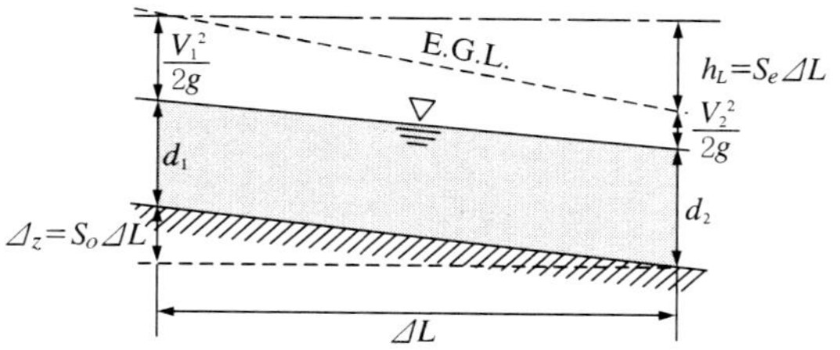

그림 7.28 수면형상의 계산에 대한 정의

식 (7.44a)를 그림 7.28에서 정의된 항으로 다시 쓰면

$$\left(\frac{V_1^2}{2g}+d_1\right)+S_o\Delta L = \left(\frac{V_2^2}{2g}+d_2\right)+S_e\Delta L$$

또는

$$E_1+S_o\Delta L = E_2+S_e\Delta L$$

여기서, E는 비에너지이고

$$\Delta L = \frac{E_2-E_1}{S_o-S_e} \tag{7.44b}$$

계산절차는 알고 있는 수심 d_1을 갖는 단면과 가정한 수심 d_2를 갖는 단면사이의 거리 ΔL을 결정하는 것이다.

동일한 절차로 알고 있는 수심과 같은 d_2를 갖는 같은 방향으로 다음 단면에 적용한다. 예제 7.11에서 설명한 것처럼 표로 만든 계산을 특별히 추천한다. 에너지경사 S_e는 Manning's공식을 적용하여 계산할 수 있다.

$$S_e = \frac{n^2V^2}{R_h^{\ 4/3}} \tag{7.45}$$

예제 7.11

직접순차법을 이용하여 예제 7.10에 주어진 수로에 관하여 배수곡선을 계산하라.

풀이)

넓은 직사각형수로에 대하여 $D = R_h = d$이고

$$V = \frac{Q}{A} = \frac{q}{d}$$

$S_o = 0.001$과 $n = 0.025$는 주어졌고 예제 7.10의 결과로부터 $d_c = 0.86$m와 $d_n = 1.50$m이다. Manning's공식[식 (7.45)]으로부터 $S_e = (n^2q^2)/d^{10/3}$이며 표 7.7에서 에너지경사 계산에 이용하였다.

표 7.8 직접순차법에 의한 배수곡선 계산

(1) d	(2) A	(3) R_H	(4) V	(5) $V^2/2g$	(6) E	(7) ΔE	(8) S_e	(9) $\bar{S}_e$	(10) $S_o - \bar{S}_e$	(11) Δx	(12) L
2.00	–	2.00	1.25	0.080	2.080	–	0.000388	–	–	–	–
1.94	–	1.94	1.29	0.085	2.025	−0.055	0.000429	0.000409	0.000591	−93	93
1.88	–	1.88	1.33	0.090	2.970	−0.055	0.000476	0.000453	0.000547	−101	194
1.82	–	1.82	1.37	0.096	1.916	−0.054	0.000531	0.000504	0.000496	−108	302
1.76	–	1.76	1.42	0.103	1.863	−0.053	0.000593	0.000592	0.000408	−130	432
1.70	–	1.70	1.47	0.110	1.810	−0.053	0.000666	0.000630	0.000370	−143	575
1.64	–	1.64	1.52	0.118	1.758	−0.052	0.000751	0.000709	0.000291	−179	754
1.58	–	1.58	1.58	0.128	1.708	−0.050	0.000850	0.000801	0.000199	−251	1,005
1.52	–	1.52	1.64	0.138	1.658	−0.050	0.00967	0.000909	0.000091	−550	1,555

(1) 2.00m와 정상수심보다 1% 더 큰 1.5m사이에 독단적으로 부여한 수심(m)
(2) 깊이에 대응하는 물 횡단면적(m^2)
(3) 깊이에 대응하는 동수반경(m)
(4) (2)의 면적에 의해 유량을 나누어서 얻어진 평균유속(m/s)
(5) 속도수두(m)
(6) (1)과 (5)로부터 값을 더하여 얻은 비에너지(m)
(7) (6)에서 E값을 앞단계 것으로 빼서 얻은 두 인접한 단면사이의 비에너지 변화(m)
(8) (4)에서 V값과 (3)으로부터 R_h를 이용하여 Manning's공식[식 (7.45)]으로부터 얻은 에너지 경사 혹은 마찰경사
(9) 그 단계들 사이의 평균에너지 경사로 (8)에서 막계산된 S_e와 앞단계의 평균값과 같다.
(10) 수로바닥 경사($S_o = 0.001$)와 (9)와의 차이
(11) 두 인접단면 사이의 계산된 구간길이(m)
(12) 수심 2.00m인 첫째 단면으로부터 거리

(3) 도식적 수면형상의 해석순서

여기서는 경사가 다른 몇 개의 수로가 접속하여 있는 경우에 나타나는 수면형의 도식추적의 순서를 나타내면 다음과 같다.

① 수로의 종단형을 그린다.

② 각 구간에 대해서 한계수심 h_c 및 등류수심 h_o를 계산하여 전구간에 한계수심선 및 등류수심선을 기입한다.

③ 모든 가능한 지배단면의 위치 및 지배단면에서의 수심을 표시한다.

④ 각 지배단면의 지배수심을 출발점으로서 수면형을 추적한다.

또, 사류에서 상류로의 천이는 공액수심의 관계를 만족하는 단면에서 도수를 통하여 일어나며 상류에서 사류로의 천이는 변형점을 일으키는 단면에서 생기며 또 상류에서 한계류로의 천이는 한계경사수로에서 Bakhmeteff의 완화구간을 경유하여 일어난다. 또 지배단면은 다음 3종류가 있다.

① 상류지배단면 : 급경사수로의 상류단에서는 변형점이 생기며, 한계수심을 지배수심으로 하는 지배단면이 된다. 이 지배단면에서는 흐름이 상류에서 사류로 천이한다. 몇 개의 급경사수로가 접속되어 있는 경우에는 최상류의 경사수로의 상류부가 지배단면이 된다.

② 하류지배단면 : 긴 급경사수로 혹은 한계경사수로의 하류부에서는 등류로 되기 때문에 이 부분도 등류수심을 지배수심으로 하는 지배단면이라고 생각된다. 또 완경사수로, 평경사수로 및 역경사수로의 하류단이 단락되어 있는 경우 단록은 지배단면이 되며 지배수심은 한계수심이다.

③ 인공지배단면 : 언, 댐 등의 조절구조물이 있는 경우 여기에서의 수심은 인공적으로 조절되기 때문에 역시 지배단면이 되며 지배수심은 기지이고 혹은 결정할 수 있다.

이상의 지배단면은 모두 가능성을 나타낸 것이며 실제로 지배단면으로 되는가 어떤가는 다른조건 예컨대 하류수심등에 의해서 결정된다.

7.12 교각장애에 의한 수면의 융기

하천에 설치한 교각은 유수의 폭을 좁히며, 따라서 여기에서는 급한 수면구배를 필요로 하기 때문에 교각상류의 수위는 융기한다. 이 수면의 상승높이를 구하는 실용공식으로서 널리 쓰이는 D.Aubuisson의 공식은 다음과 같다.

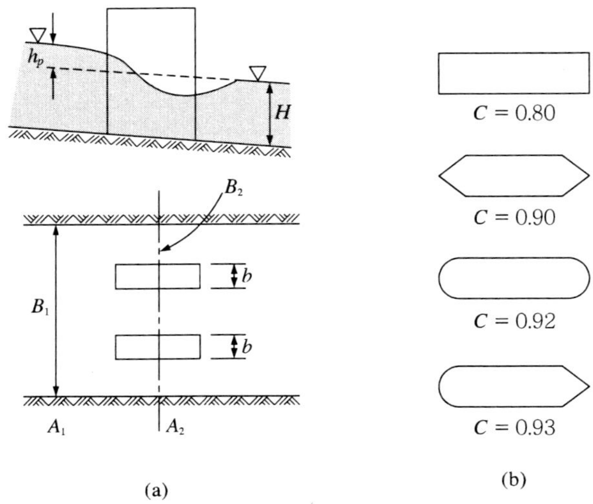

그림 7.29 수로의 단면과 교각의 단면형상계수

(1) 일반 단면일 때

$$h_p = \frac{\alpha}{2g}\left[\left(\frac{Q}{C \cdot A_2}\right)^2 - \left(\frac{Q}{A_1}\right)^2\right] \tag{7.46}$$

(2) 장방형 단면일 때

$$h_p = \frac{\alpha}{2g}\left[\left(\frac{Q}{C \cdot B_2 \cdot H}\right)^2 - \left(\frac{Q}{B_1 \cdot (H + h_p)}\right)^2\right] \tag{7.47}$$

상기식은 우변에도 h_p를 포함하므로 h_p의 값을 가정하여 시산법으로 구한다.

여기서, α : 1.1

A_1, A_2 : 수로의 단면적

C : 교각의 단면형상에 의한 계수

B_1 : 교각 직전의 수로폭

B_2 : $B_1 - \Sigma b$

b : 교각 1기의 폭

H : 수심

Q : 유량

h_p : 교각에 의한 손실낙하

예제 7.12

하천폭 60m인 경우 두께 2.5m의 교각 2기를 설치할 때 교각에 의한 손실수두를 구하시오. 단, 유량 Q =400m^3/sec, 수심 H = 2.2m, C = 0.92이다.

풀이)

$$B_2 = B_1 - \Sigma b = 60 - 2 \times 2.5 = 55\text{m}$$

첫째 근사치로서 h_p를 구할 때 우변의 h_p를 무시하면

$$h_p = \frac{1.1}{2\times 9.8}\left[\left(\frac{400}{0.92\times 55\times 2.2}\right)^2 - \left(\frac{400}{60\times 2.2}\right)^2\right] = 0.214\text{m}$$

h_p = 0.3m로 계산하면

$$h_p = \frac{1.1}{2\times 9.8}\left[\left(\frac{400}{0.92\times 55\times 2.2}\right)^2 - \left(\frac{400}{60(2.2+0.3)}\right)^2\right] = 0.33\text{m}$$

h_p = 0.35m로 계산하면

$$h_p = \frac{1.1}{2\times 9.8}\left[\left(\frac{400}{0.92\times 55\times 2.2}\right)^2 - \left(\frac{400}{60(2.2+0.35)}\right)^2\right] = 0.35\text{m}$$

$\therefore\ h_p$ = 0.35m가 된다.

연습문제

Q7.1 시간과 공간 기준을 이용하여 다음 개수로 흐름을 분류하라.

(a) 다른 등류수로로 물을 끌어 들이기 위해 수문개방

(b) 경사지고 긴 지붕 꼭대기 위의 등강우

(c) (b)로부터 결과되는 도랑의 흐름

(d) 시간에 따라 강우강도가 증가할 때 도랑 위의 흐름

Q7.2 유량이 50m^3/s일 때 예제 7.1의 수로에 대한 정상수심을 결정하라.

Q7.3 45°의 측면 경사를 갖는 삼각형수로는 시멘트 몰타르의 벽돌로 포장하였으며 4m^3/s를 운반한다. 경사가 0.0016이면 흐름의 깊이를 결정하라.

Q7.4 경사 0.0004를 갖는 직사각형수로는 바위를 절단하였다. 폭이 깊이의 2배일 때 50m^3/s의 유량에 대한 수로 크기를 결정하라.

Q7.5 문제 4의 수로가 매끈한 콘크리트로 포장되었다면 유량을 결정하라.

Q7.6 3m 폭 직사각형수로는 0.8m의 정상수심에서 6.3m^3/s의 유량을 운반한다. 수로는 S_o = 0.01의 경사로 놓여 있다. 조도계수 n을 결정하라.

Q7.7 직사각형 활강로는 높은 산에서 낮은 호수까지 재목을 운송하도록 설계하였다. 수로는 10m^3/s 유량을 갖고 1m의 등류수심을 유지해야 한다. 수로는 n = 0.016을 갖는 재료로 만든다. 폭 3m일 때의 수로경사를 결정하라.

7.8 삼각형 도로 하수도(그림 7.30)는 수로경사 0.0016에 대해 52m^3/min유량을 운반하도록 설계하였다. 하수도는 한 쪽은 연직이고 한 쪽은 z : 1의 경사를 가지며 깊이는 0.8m이다. 수로 표면은 깨끗하게 토양을 굴착하였다. 측면 경사 z를 결정하라.

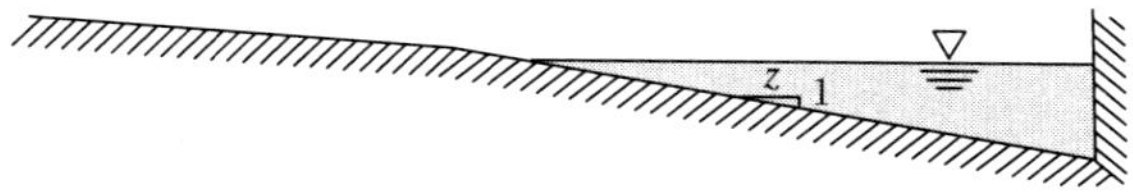

그림 7.30

7.9 바닥폭 6.2m, 측면경사 z = 2를 갖는 사다리꼴 수로는 10m^3/s유량을 운반한다. 수로는 수로경사가 0.04이며 표면은 유약바른 벽돌로 만들었다. Chezy's공식을 이용하여 등류속도를 결정하라.

7.10 폭 12m인 직사각형 수로에 100m^3/s가 흐른다. 흐름의 수심이 3m이고 수로가 2.5m폭으로 좁아질 때 깊이는 얼마인가? (손실은 무시한다)

7.11 가장 수리학적으로 효율적인 직사각형 단면에 대하여 깊이와 폭의 비는 얼마인가?

7.12 바위절단 수로에 대하여 최소굴착 용적은 얼마인가? (직사각형 단면) 수로는 0.003m/m 경사로 25m^3/s를 운반한다.

7.13 바닥폭 4m, 측면경사 z = 1.5인 사다리꼴 수로는 3m의 수심에서 50m^3/s유량을 운반한다. 다음을 결정하라.

(a) 동일 비에너지에 대한 대응수심

(b) 한계수심

(c) 경사 0.0004와 n = 0.022에 대한 등류수심

Q7.14 수로경사 S = 0.0025이고 Manning's 계수 n = 0.035인 폭 15m 직사각형 수로는 62m^3/s의 유량을 운반한다. 흐름의 정상수심과 한계수심을 결정하고 비에너지곡선을 만들어라.

Q7.15 폭 3m의 직사각형수로는 등류수심 1.7m에서 15m^3/s유량을 운반한다. Manning's계수 n = 0.022이다. 수로경사, 한계수심 그리고 Froude수를 결정하라.

Q7.16 등류수심 1.2m인 사다리꼴 수로는 바닥폭 1.5m와 측면경사 z = 1.0을 갖는다. 수로는 n = 0.025와 경사 S = 0.004이다. 유량을 결정하고 표면파의 속도를 계산하라.

Q7.17 100m^3/s유량이 흐르는 사다리꼴 수로는 바닥폭 10m, 측면경사 z = 2.0 그리고 n = 0.017을 갖는다. 유량에 대한 한계수심과 한계경사를 계산하라.

Q7.18 측면 12.5m인 직사각형수로는 2m깊이에서 32m^3/s를 운반한다. 이 흐름은 상류인가 사류인가? n = 0.025이면 이 유량에 대한 수로의 한계경사는 얼마인가? 2m 깊이에서 등류가 생성되도록 하는 수로경사는 얼마인가?

Q7.19 변이는 각각 바닥경사 0.001과 0.0004를 갖는 두 사다리꼴 수로로 연결하였다. 수로는 바닥폭 3m, 측면경사 z = 2 그리고 Manning's 계수 n = 0.02를 갖는 동일 횡단면 형상을 갖는다. 변이는 길이 20m이고 20m^3/s유량을 운반하도록 설계하였다. 변이는 수로처럼 같은 종류의 표면을 갖고 0.02m의 에너지 손실이 변이길이를 따라 균등하게 분포한다고 가정한다. 변이의 양끝에서 바닥높이의 변화를 결정하라.

Q7.20 도수는 폭 4m인 직사각형수로의 초기수심 1.5m에서 일어난다. 공액수심이 2.2m이면 수로에서 수두손실과 유량을 결정하라.

Q7.21 문제 15의 수로 흐름은 상류인가 사류인가? 도수가 1m 깊이에서 일어나면 공액수심과 에너지 손실을 결정하라.

Q7.22 1m^3/s을 운반하는 직경 1m인 원형관에 대한 비에너지와 비력곡선을 그려라.

Q7.23 15m^3/s유량을 운반하는 10m 직사각형수로에 대한 비력도를 그려라. 한계수심과 최소비에너지를 결정하라.

Q7.24 넓은 직사각형수로는 단위폭당 1.5m^3/s유량을 갖고 경사 0.0009 그리고 Manning's계수 0.015이다. 어떤 점에서 수심이 0.75m일 때 수심이 0.73m 되는 단면까지의 거리를 직접 적분법으로 계산하라.

Q7.25 바닥폭 5m이고 측면경사 z = 1.0인 사다리꼴 수로는 유량이 35m^3/s이다. 경사는 0.004이고 매끈한 콘크리트로 포장되었다. 수심이 각각 1.69m와 1.65m 되는 두 단면 사이의 거리를 직접순차법으로 구하라.

Q7.26 바닥폭 2.5m이고 측면경사 z =1인 매끈한 콘크리트로 포장된 사다리꼴 수로가 수로경사 0.004일 때 유량이 18m^3/s이다. 수심이 각각 2.16m와 2.20m인 두 단면 사이의 거리를 구하라.

Q7.27 n = 0.011과 S_o = 0.0016인 넓은 직사각형수로는 수로의 단위폭당 1.6m^3/s이 흐른다. 수로를 가로질러 높이 5m 댐을 축조할 경우 0.30m깊이 증가로 직접 적분법을 이용하여 수면형상을 구하라.

Q7.28 문제 27에서 댐의 하류면은 그림 7.31과 같이 1/10의 경사를 갖는다. 댐하류면위 수면형상을 깊이 증가를 임의로 정하여 직접적분법으로 구하라.

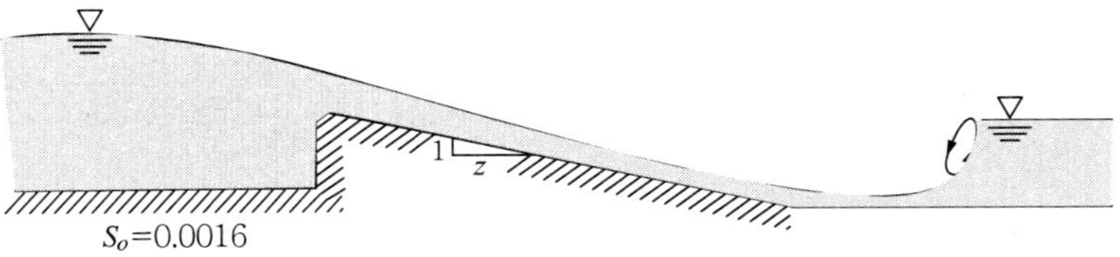

그림 7.31

Q7.29 조도계수 0.015, 바닥폭 3.6m 그리고 z = 2.0인 긴 사다리꼴 수로는 유량 $44m^3/s$이다. 수로경사가 0.0001일 때 높이 5m인 댐으로부터 상류의 수면형상을 계산하라.

CHAPTER 08

지하수와 침투의 수리

CHAPTER 08 지하수와 침투의 수리

8.1 지하수의 연직분포

그림 8.1은 지구의 표면에 가까운 전형적인 지형의 단면도이며 지하수면(ground-water table or phreatic surface)에 의하여 두 개의 구역으로 나누어져 있다.

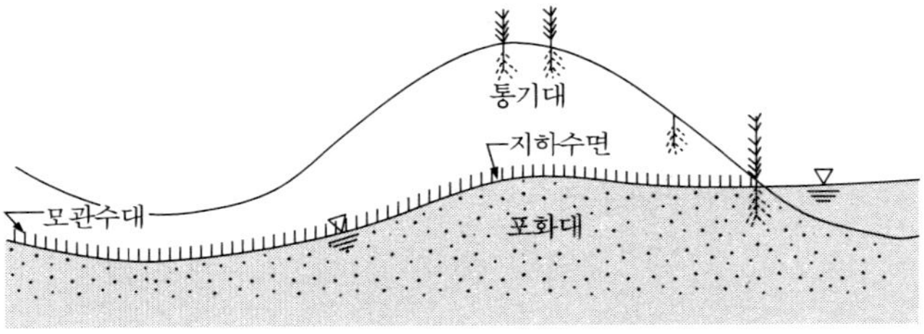

그림 8.1 지하수면의 위치

지하수면의 아랫부분은 물로 포화되어 있으며 이를 **포화대**(zone of saturation)라 부르고 윗 부분은 공기와 물로 차 있으며 이를 **통기대**(zone of aeration)라고 부른다. 통기대내의 물은 토양물리학(soil physics)의 원리로서 그 흐름이 설명되며 농작물의 재배에 대단히 중요한 수원이 되는 반면에 포화대내의 물은 수리학적분야의 주요 관심사인 것이다.

포화대의 상단은 불투수층이 아닌 경우 통기대와 접하게 되고 하단은 점토질의 불투수층이나 암반까지 연장된다. 포화대와 통기대가 접하는 면을 **지하수면**(ground water table)이라 하며 이 면의 압력은 대기압과 동일하다. 실제로 포화대는 지하수면의 약간 윗부분까지 연장되는 것이 보통이다.

포화대내의 물은 통상 지하수(ground water)라 부르며 통기대내의 물은 현수수(suspended or vadose water)라 한다. 통기대는 다시 토양수대(soil water zone), 중간수대(intermediate zone) 및 모관수대(capillary zone)로 나눌 수 있다.

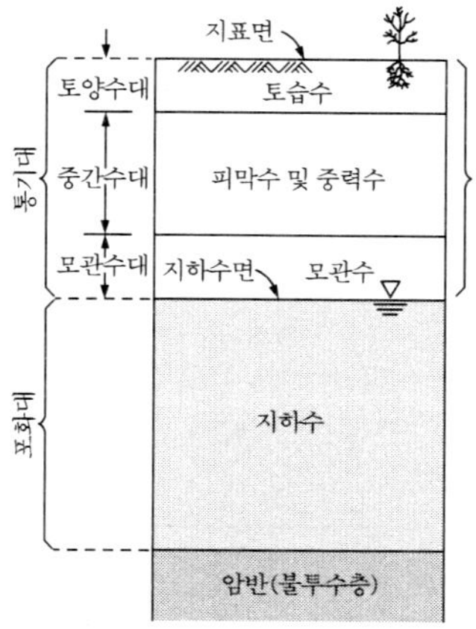

그림 8.2 지하수의 구성

지하수는 포화대내에 존재하는 모든 공극률을 점유하므로 공극률(n)은 바로 단위 토양 체적내에 존재하는 지하수량의 척도가 된다. 그러나 물 분자와 흙입자간의 응집력이라든지 표면장력 때문에 전수량을 지하로부터 채취하거나 배수할 수는 없다. 따라서 포화대에 포장된 물의 일부는 항상 토양이나 암석층내에 존재하게 되며 이를 보유수(retained water)라 부르고 특히 포화대의 전 체적(V_0)에 대한 보유수가 차지하는 체적(V_r)의 백분율을 **보유수율**(specific retention) S_r이라 한다. 즉,

$$S_r = \frac{V_r}{V_0} \times 100 \tag{8.1}$$

이와 반대로 포화대로부터의 채취 및 배수가 가능한 수량은 채취가능수율 S_y로 표시하며 이는 유효공극도(effective porosity)라고 할 수 있다. 즉, 채취가능수율 S_y는 포화대로부터 채취 혹은 배수될 수 있는 수량(V_y)의 포화대 전체적(V_0)에 대한 백분율로 정의할 수 있다.

$$S_y = \frac{V_y}{V_0} \times 100 \tag{8.2}$$

그런데, 공극의 전 체적 V_v는

$$V_v = V_r + V_y \tag{8.3}$$

이므로 $n = (V_v / V_o) \times 100$에 대입한 후 식 (8.1)과 (8.2)를 이용하면

$$n = S_r + S_y \tag{8.4}$$

표 8.1 공극률 및 채취가능수율

포화대의 구성재료 \ 구분	공극률(%)	채취가능수율(%)
점 토	45	3
모 래	35	25
자 갈	25	22
자갈 및 모래	20	16
사 암	15	8
혈 암	5	2
화 강 석	1	0.5

따라서, 채취가능수율은 대수층의 공극이 자치하는 체적의 한 부분이라 할 수 있으며 그 크기는 토양이자의 크기, 모양, 공극분포상태 및 토층의 다짐 정도(compaction)에 의해 지배된다. 입자크기가 비교적 고른 모래질 토양에 있어서의 채취가능수율은 30% 정도이며 대부분의 충적층에서는 10~20%의 값을 가진다. 표 8.1은 포화대의 구성재료에 따른 공극률 및 채취가능수율의 개략적인 평균치를 표시하고 있다.

실제에 있어서는 토양의 상태 및 각종 조건에 따라 크게 달라질 수 있다. 표 8.1을 면밀히 관찰하면 점토는 가장 큰 공극률을 가지지만 채취가능수율은 가장 낮으며 모래질 및 자갈토양은 공극률도 비교적 크고 채취가능수율도 대단히 높음을 알 수 있다.

채취가능수율이 포화대로부터 지하수를 채취할 수 있는 정도를 뜻함에 반하여 **안전채취량**(safe yield)는 인간이 이수목적으로 지하 저수지로부터 경제적으로 채취할 수 있는 물의 양을 의미한다. Meinzer에 의하면 "안전채수율이란 대수층의 기능이나 수질에 해를 끼치거나 경제적 타당성을 상실함이 없이 인간이 이수목적으로 대수층내의 물을 취수할 수 있는 상한율"이라고 정의한다. 사실상 공학적인 면에서 볼 때 안전채수율은 지하수 연구에 있어서 최대 관심사이며 여러 가지 인자에 의하여 지배된다. 이 중 가장 중요한 인자는 물의 양이며 수문학적 물 수지(hydrologic budget) 관계로서 **안전채수량**, G를 표시해보면 다음과 같다.

$$G = P - Q_s - E_T + Q_g - \Delta S_g - \Delta S_s \tag{8.5}$$

여기서, P는 대수층이 위치한 유역면적상에 일정기간 동안 내리는 강수량이며, Q_s은 해당 유역으로부터의 지표하천수량, E_T는 증발산량, Q_g는 유역내로 유입하는 순 지하수량, ΔS_g 및 ΔS_s는 지하수 및 지표수 저류량의 변화율을 표시한다.

만약, 식 (8.5)을 1년 기준으로 계산한다면 ΔS_s는 거의 영에 가까울 것이며 이때 얻어지는 G값은 연간 안전채수량(annual safe yield)이 된다. 강수를 제외한 식 (8.5)의 모든 항은 인공적인 변화를 받게 되므로 G는 각항에 대한 조건을 각각 가정함으로써 계산될 수 있다.

8.2 대수층의 종류와 투수

지하수(groundwater)는 **대수층**(aquifers)이라는 침투할 수 있는 물을 나르는 지질구조에서 생성된다. 대수층은 기본적으로 두 가지 형태이다. **피압대수층**(confined aquifer)은 상대적으로 투수성이 높으며 물을 나르는 구조(모래 혹은 자갈)는 매우 낮은 투수성의 층(점토층) 아래로 제한된다. **비피압대수층**(unconfined aquifer)은 자유수면(free water table)을 갖는 물을 나르는 구조이며 자유수면 아래는 토양이 포화되어 있고 그 위는 대기압하의 공기가 있다. 지하수의 운동은 관 혹은 개수로에서 일어나는 물운동과 같은 방법으로 수리경사 혹은 중력경사하에서 일어난다.

대수층의 압력경사는 본래 연속으로(수면경사) 일어나든지 우물펌프와 같은 인공수단의 결과로써 일어난다. 그림 8.3은 피압과 비피압 대수층구조에서 지하수 생성의 여러 예를 도식적으로 나타낸 것이다. 피압대수층에서 압력면(수두)은 함양면적의 수면처럼 떨어진 수원에서 시작되는 압력수면(piezometric surface)으로써 나타낸다. 분수정(artesian spring)은 지면이 압력수면 아래로 떨어지는 위치에서 구멍을 내어 불침투성의 경계지층에 만든다. 지면이 압력수면 위로 올라오면 굴착정(artesian well)이 된다.

비피압대수층의 수면은 그림 8.3에 나타난 것처럼 같은 지역에서 피압대수층의 압력수면에 관계가 없다. 이것은 피압과 비피압 대수층이 불침투성의 경계 지층에 의해 수리학적으로 분리되어 있기 때문이다.

특수한 지질학 구조에서 지하수 저수지의 용량은 직접적으로 지질구조에서 공극의 비율과 틈이 어떻게 연결되었는가에 의존된다.

그림 8.4는 암석구조의 여러 형태와 그들 틈의 관계를 도식적으로 나타냈다.

그 구조의 총용적과 공극의 비율을 **공극률**(porosity)이라 한다.

$$\alpha = \frac{100\omega}{Vol} \tag{8.6}$$

여기서, ω는 공극의 용적, Vol는 구조의 총용적이다.

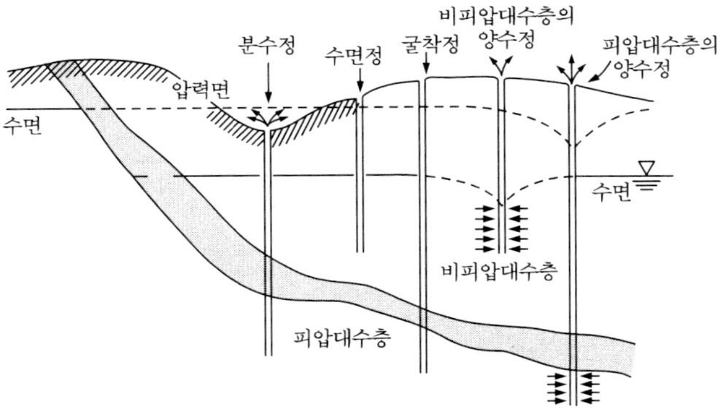

그림 8.3 피압과 비피압 대수층에서 지하수 생성

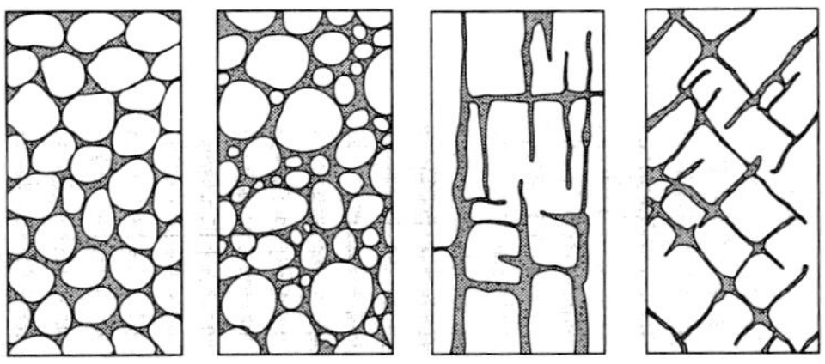

그림 8.4 암석 구조와 틈의 예

표 8.2 공극률 범위

재료	α(%)
점토	45~55
silt	40~50
중간과 거친 것이 혼합된 모래	35~40
미세한 것과 중간이 혼합된 모래	30~35
균일한 모래	30~40
자갈	30~40
자갈과 모래 혼합	20~25
사암	10~20
석회암	1~10

8.3 지하수의 운동

지하수 운동은 흐름방향의 수리경사에 비례한다. 다공성 매체에서 지하수 운동의 겉보기 유속(apparent velocity)은 **Darcy's법칙**에 지배된다.

$$V = K\frac{dh}{dL} \tag{8.7}$$

여기서, dh/dL은 흐름길이 (dL)의 방향에서 수리경사이고 K는 **투수계수**(coefficient of permeability)로써 알고 있는 비례상수이다. 겉보기 유속은 유량을 흐름이 통하는 매체의 횡단면적으로 나눈 몫으로 정의한다.

투수계수는 구조의 매체뿐만 아니라 유체의 성질에 의존한다.

차원해석에 의해 쓰면

$$K = \frac{Cd^2\gamma}{\mu} \tag{8.8}$$

여기서, Cd^2은 매체구조의 성질, γ는 비중, μ는 유체의 점성이다.

상수 C는 매체구조의 공극 크기에 비례하는 크기로 표시하는 d보다 다른 흐름에 영향되는 매체구조의 여러 성질을 나타낸다. 투수계수는 Darcy's 방정식 식 (8.7)을 적용하여 실험실 혹은 현장시험으로서 효과적으로 결정할 수 있다.

물리적으로 겉보기 유속은 다공매체에서 ΔL 떨어진 두 지점 사이의 지하수 이동량에 대한 속도이다.

$$V = K\frac{\Delta L}{\Delta t}$$

이것은 공극에서 개개 물입자 이동의 실제속도가 아니다. 다공매체에서 ΔL 떨어진 어떤 두 지점 사이를 물입자가 이동하는 실제거리는 직선이 아니므로 ΔL 보다 더 길어야 한다. 이 장에서 지하수의 운동은 수공학자 관점에서 처리하였다. 우리는 단지 물 양의 운동에 관심이 있고 공극에서 물입자 운동의 유체역학적 형태는 이 장에 포함하지 않는다.

대수층에서 물운동 방향에 수직인 면적 A에 대한 유량은 다음과 같이 표시할 수 있다.

$$Q = AV = KA\frac{dh}{dL} \tag{8.9}$$

투수계수의 실험실 측정은 다음 예로서 설명할 수 있다.

예제 8.1

대수층의 작은 표본을 직경 4cm이고 길이 30cm인 기둥형태의 시험원통에 채워넣었다. 시험원통의 출구에서 2분 동안 모은 물은 21.3cm^3이다. 시험기간 동안 압력수두 차이는 일정하게 Δh = 14.1cm로 측정하였다. 대수층 표본의 투수계수를 결정하라.

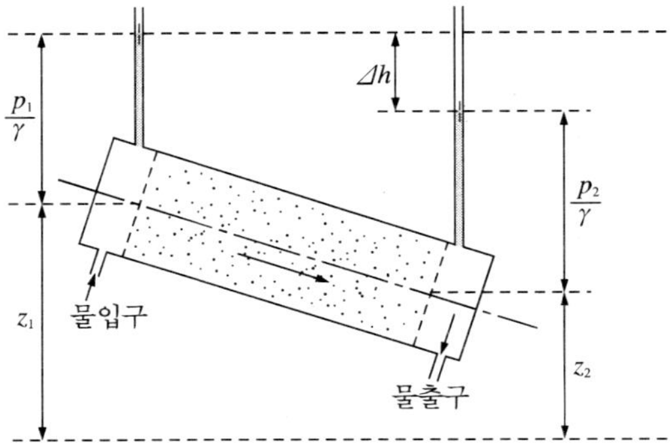

그림 8.5 투수계수의 실험

풀이)

표본체적의 횡단면적은

$$A = \frac{\pi}{4}(4)^2 = 12.56\text{cm}^2$$

수리경사는 흐름 방향에서 측정된 대수층의 단위길이당 압력수두 변화와 같다.

$$\frac{dh}{dL} = \frac{14.1}{30} = 0.47$$

유출율은

$$Q = 21.3\text{cm}^3/2\text{min} = 10.65\text{cm}^3/\text{min}$$

Darcy's법칙 식 (8.9)를 적용하여 계산하면

$$K = \frac{Q}{A}\frac{1}{dh/dL} = \frac{10.65}{12.56}\times\frac{1}{0.47} = 1.80\text{cm}^3/\text{min}/\text{cm}^2$$

Darcy's법칙에 근거를 둔 투수계의 여러 다른 형태는 대수층의 작은 표본에서 투수능의 실험실 측정에 대하여 개발되었다. 통제된 조건하에서 설치된 실험실 실험을 통하여 측정된 것은 현장 투수능을 나타낼 수 없다. 압밀되지 않은 표본을 현장으로부터 가져와 실험실 투수계에 다시 채워 넣으면 구조, 공극률, 배치상태 그리고 채워 넣은 것이 두드러지게 교란하고 변화하게 되어 투수성이 수정되었다. 대수층의 현장 투수성을 더 신빙성 있게 하기 위하여 현장에서 우물 양수시험에 의해 결정할 수 있다.

8.4 우물에서 방사상 흐름

양수에 의한 우물 주위 대수층으로부터 물의 이동은 양수작용으로 우물에서 수면(압력면)이 낮아지기 때문에 우물로 방사상 흐름이 되고 우물 주위의 압력 감소구간을 형성한다. 우물로부터 어떤 주어진 거리에서 수면(압력면)의 강하량(drawdown)은 원수면부터 낮아진 수면(압력면)까지 측정된 연직거리로 정의한다. 그림 8.6(a)는 비피압대수층에서 수면의 강하곡선(drawdown curve)을 나타내고 그림 8.6(b)는 피압대수층에서 압력면의 강하곡선을 나타낸다.

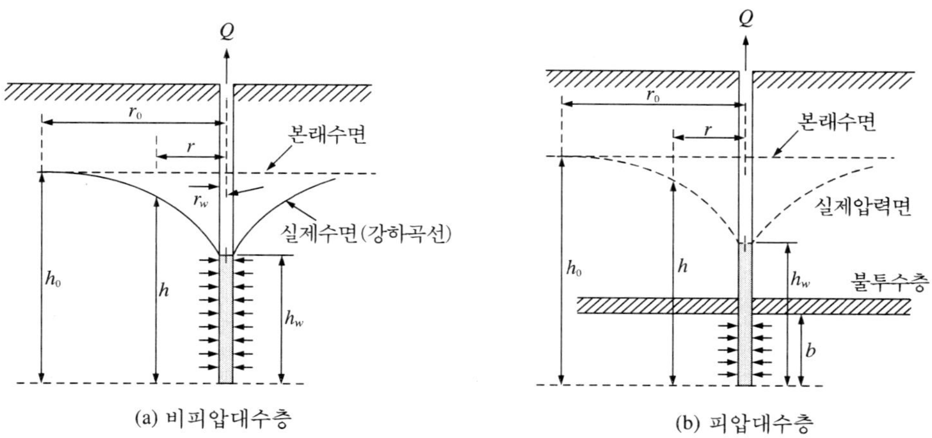

그림 8.6 비피압대수층(a)과 피압대수층(b)에서 양수정으로의 방사상흐름

균일한 대수층구조에서 대칭 강하곡선은 원추형상 기하학으로 설명하며 오목형 원추(cone of depression)라 한다. 오목형 원추의 외곽한계를 우물의 **영향권**(area of influence)이라 정의한다. Darcy's법칙은 평형의 정상상태에 도달한 비피압대수층에 있는 우물에서 수면의 강하와 유량관계 및 방사상 흐름 방정식(radial flow equation) 유도에 직접 적용할 수 있다. 우물을 원점으로 하는 평면 극좌표를 이용하여 우물로부터 어느 거리 r에서 양수량은 다음과 같이 나타낼 수 있다.

$$Q = AV = 2\pi rh\left(K\frac{dh}{dr}\right) \tag{8.10}$$

우물의 한계 사이($r = r_w$, $h = h_w$)를 적분하면 교란하지 않은 수면($r = r_o$, $h = h_o$)의 양은

$$Q = \pi K \frac{h_o^2 - h_w^2}{l_n(r_o/r_w)} \tag{8.11}$$

영향 반경 r_0의 선택은 임의적이다. Q의 변화는 먼거리에서 수면에 의해 우물에 대한 영향이 작기 때문에 r_0의 폭넓은 범위보다 오히려 작다. 실제로 r_0의 근사값은 100~500m이고 대수층의 성질과 펌프 운영에 의존한다.

피압대수층에서 우물로 운반되는 물은 대수층 b로 침투하는 우물의 깊이로 한다. Darcy's법칙을 적용하면 우물의 중심으로부터 반경 r인 원형 경계를 통하여 흐르는 유량을 구한다.

$$Q = AV = 2\pi rb(K\frac{dh}{dr}) \tag{8.12}$$

우물($r = r_w$, $h = h_w$)과 영향 반경 ($r = r_o$, $h = h_o$)에서 경계조건 사이를 적분하면

$$Q = 2\pi Kb \frac{h_o - h_w}{l_n(r_o/r_w)} \tag{8.13}$$

위의 방정식들은 단지 유량이 우물로부터 어떤 거리에서도 일정한 값을 유지하는 정상상태에 적용한다. 유량에 대한 더 일반적인 방정식은 어떤 거리 r에 대하여 쓸 수 있다.

$$Q = 2\pi Kb \frac{h - h_w}{l_n(r/r_w)} \tag{8.14}$$

식 (8.13)과 (8.14) 사이의 Q를 나타내면

$$h - h_w = (h_o - h_w)\frac{l_n(r/r_w)}{l_n(r_o/r_w)} \tag{8.15}$$

식 (8.15)는 압력수두가 양수율에 관계없이 우물로부터 거리의 대수값에 비례로 변화함을 나타낸다.

8.5 투수계수의 현장결정

흙 투수능의 실내실험(예제 8.1)은 흙의 적은 표본으로 수행한다. 우물에 의존된 공학 문제를 해결하는데 그들 값은 현장에서 다량의 재료를 나타낸다. 현장조건을 고려하고 표본을 조심스럽게 취급하여 이용하면 실내시험방법은 매우 유용할 수 있다. 그러나 중요한 수공학 계획은 종종 교란되지 않은 흙 투수능을 측정하는 현장시험을 요구한다.

8.5.1 평형시험(equilibrium test)

대수층 투수계수 K는 우물 양수시험에 의해 현장에서 효과적으로 측정할 수 있다. 양수시험은 양수하는 우물에 추가하여 대수층을 관통하는 두 개의 관측우물이 필요하다. 관측우물은 그림 8.7에 나타낸 것처럼 양수하는 우물로부터 두 임의의 거리 r_1과 r_2에 위치한다. 장기간 동안 일정한 유량 Q로 우물을 양수한 후 관측 우물에서 수면 h_1과 h_2는 최종 평형값에 도달할 것이다. 관측우물에서 평형수위는 대수층 투수계수 계산을 위해 측정한다.

비피압 대수층에 대한 투수계수는 두 관측우물의 경계사이에서 방정식 (8.11)을 적분하여 계산할 수 있다.

$$K = \frac{Q}{\pi(h_2^2 - h_1^2)} \quad l_n\left(\frac{r_2}{r_1}\right) \tag{8.16}$$

피압대수층에 대한 투수계수는 식 (8.13)을 재배열하여 계산할 수 있다.

$$K = \frac{Q}{2\pi b(h_2 - h_1)} l_n\left(\frac{r_2}{r_1}\right) \tag{8.17}$$

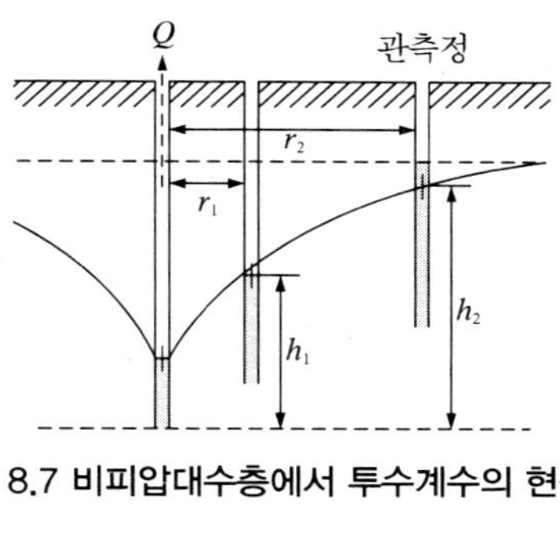

그림 8.7 비피압대수층에서 투수계수의 현장결정

여기서, b는 그림 8.8에 나타낸 것처럼 피압대수층의 두께이다.

식 (8.16)과 (8.17)의 유도는 대수층이 동종이며 등방성이고 면적이 영향권 반경보다 더 크게 도달할 수 있도록 확장된다고 가정한다. 실제로 방정식들은 이들 제한하는 조건에도 불구하고 대수층변화에 대한 투수계수의 양호한 판단에 폭넓게 이용된다.

표 8.3은 자연토양구조에 대한 투수계수의 값을 나타낸다.

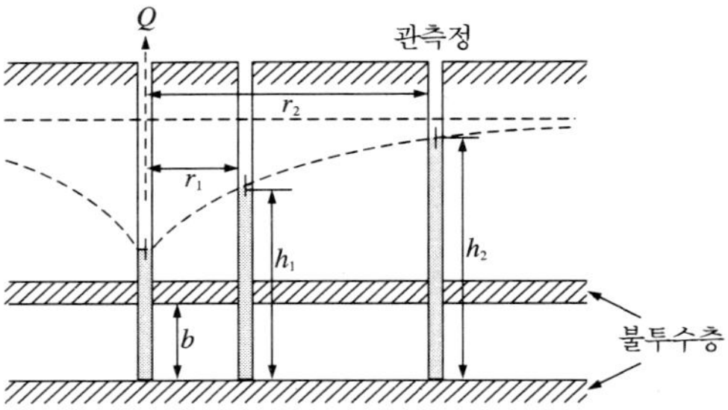

그림 8.8 피압대수층에서 투수계수의 현장결정

표 8.3 자연 토양구조의 투수계수값

토양	K(m/s)
점토	〈 10^{-9}
모래점토	$10^{-9} \sim 10^{-8}$
이탄(peat)	$10^{-9} \sim 10^{-7}$
실트(silt)	$10^{-9} \sim 10^{-7}$
매우 미세한 모래	$10^{-6} \sim 10^{-5}$
미세한 모래	$10^{-5} \sim 10^{-4}$
거친 모래	$10^{-4} \sim 10^{-2}$
자갈섞인 모래	$10^{-3} \sim 10^{-2}$
자갈	〉 10^{-2}

예제 8.2

직경 20cm 우물이 비피압대수층의 교란되지 않은 수면안으로 30m깊이 관통하였다. $0.1m^3/s$의 일정한 율로 장기간 양수한 후 우물로부터 20m와 50m 거리에서 수면강하는 각각 4m와 2.5m로 관측되었다. 대수층의 투수계수를 결정하라. 양수하는 우물에서 수면강하는 얼마인가?

풀이)

그림 8.6과 8.7을 참고로 주어진 조건은 Q = 0.1m^3/s, r_1 = 20m, r_2 = 50m, h_1 = 30.0m −4m = 26m 그리고 h_2 = 30.0m−2.5m = 27.5m이다. 식 (8.16)에 이들 값을 대입하면

$$K = \frac{0.1}{\pi(27.5^2 - 26^2)} \quad l_n\left(\frac{50}{20}\right) = \frac{0.00114}{\pi} = 0.000363\text{m/s}$$

양수하는 우물에서 수면강하는 계산된 투수계수값과 우물직경을 갖고 같은 방정식을 이용하여 계산할 수 있다. 우물에서,

$$r = r_0 = \frac{d_0}{2} = \frac{0.2}{2} = 0.1\text{m}$$

그리고

$$h = h_0$$

그러므로

$$\frac{0.00114}{\pi} = \frac{Q}{\pi(h_1^2 - h_0^2)} l_n\left(\frac{r_1}{r_0}\right) = \frac{0.1}{\pi(26^2 - h_0^2)} l_n\left(\frac{20}{0.1}\right)$$

$$\therefore\ h_0 = 14.53\text{m}$$

우물에서 수면강하는 30 − 14.53 = 15.47m

8.5.2 비평형시험(nonequilibrium test)

평형이론을 이용한 투수계수 K의 현장 결정은 새로운 우물이 평형조건에 도달할 때까지 일정 유량으로 양수해야 한다고 가정하였다. 실제는 많은 피압대수층에서 정확한 평형이 나타나기 위해 수년이 필요하다. 그것은 항상 새로운 우물을 적당한 시간 동안 양수하면 결코 근사한 평형에 도달하기 불가능하다는 것이다. C. V. Theis는 피압대수층의 저류특성과 시간효과를 고려하여 우물 유량의 해석을 나타냈다.

Theis방정식은

$$h_0 - h = \frac{Q}{4\pi T}\int_u^\infty \frac{e^{-u}}{u}du \tag{8.18}$$

여기서, $h_0 - h$ 는 양수우물로부터 r거리에서 관측우물의 강하량이고 u는 무차원 변수로

$$u = \frac{r^2 S_c}{4Tt} \tag{8.19}$$

식 (8.19)에서 t는 양수 시작으로부터 시간, S_c는 대수층의 **저류상수**(storage constant)로 단위수두에 의한 수면 혹은 압력면 강하에 따라 단위면적의 대수층 기둥을 통해 흐르는 물의 양으로 정의하는 무차원 수이다. T는 대수층의 **전도계수**(transmissibility)라 하며 다음과 같이 정의한다.

T = 대수층 두께 × 투수능 = bK

식 (8.18)의 적분은 일반적으로 W(u)라 쓰면 u의 우물함수(well function)라 부른다. 이는 직접 적분할 수 없으나 급수로서 평가할 수 있다.

$$W(u) = -0.5772 - l_n u + u - \frac{u^2}{2 \cdot 2!} + \frac{u^3}{3 \cdot 3!} + \cdots \tag{8.20}$$

t의 적당하게 큰 값과 r의 작은 값에 대한 u는 $l_n u$ 다음 항이 작게 되도록 충분히 작게 할 수 있으므로 무시할 수 있다.

Jacob은 u 〈 0.01일 때 Theis방정식을 수정하였다.

$$S = h_0 - h = \frac{Q}{4\pi T}[-0.5772 - l_n \frac{r^2 S_c}{4Tt}]$$

$$= \frac{-2.30Q}{4\pi T} log_{10} \frac{0.445 r^2 S_c}{Tt} \tag{8.21}$$

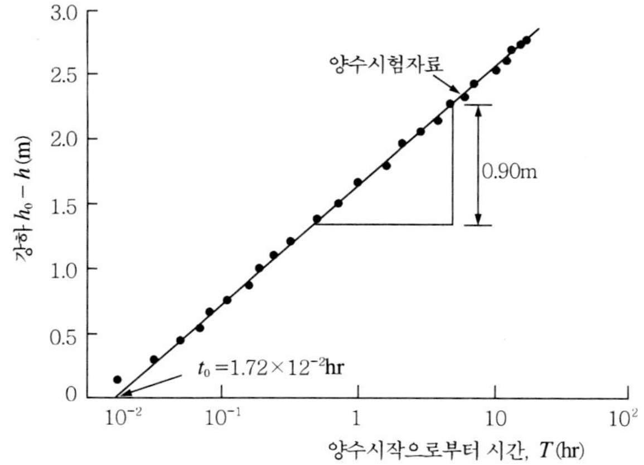

그림 8.9 Theis방정식 (8.18)의 풀이에 대한 Jacob법

관측된 강하량 $h_0 - h$는 그림 8.9에 나타낸 것처럼 반대수지에 양수시간 t에 대하여 표시할 수 있다.

표시된 자료로부터 시간의 한 대수주기(10시간에서 100시간까지) 동안 일어나는 수면 강하량의 변화로써 $\Delta(h_0 - h)$값을 얻을 수 있으며 T값을 다음과 같이 계산할 수 있다.

$$\Delta(h_0 - h) = (h_0 - h_1) - (h_0 - h_2) = (h_2 - h_1)$$
$$= \frac{-2.30Q}{4\pi T}\left[\log_{10}\left(\frac{0.445r^2S_c}{Tt_1}\right) - \log_{10}\left(\frac{0.445r^2S_c}{Tt_2}\right)\right]$$

또는

$$T = \frac{2.30Q}{4\pi(h_1 - h_2)}\log_{10}\left(\frac{t_2}{t_1}\right) \tag{8.22}$$

반대수축에서 식 (8.21)은 직선으로 나타나며, t_o점에서 수평축과 교차하고 이 점에서 $(h_0 - h)$ = 0이므로 다음과 같이 쓸 수 있다.

$$\log_{10}\frac{0.445r^2S_c}{Tt_0} = 0$$

또는

$$\frac{0.445r^2S_c}{Tt_0} = 1$$

그러므로

$$S_c = \frac{2.246\,Tt_0}{r^2} \tag{8.23}$$

예제 8.3

그림 8.9의 자료를 기초로 Jacob's 방법을 이용하여 대수층의 전도계수 T, 투수능 K 그리고 저류상수 S_c를 구하라. 우물은 두께 40m로 추정된 대수층에서 5.8m^3/h의 일정률로 양수하였고 관측우물은 양수우물로부터 20m에 위치하였다.

풀이)

시간 t_1 = 0.5hr와 t_2 = 5.0hr의 한 주기 동안 관측된 강하량은 0.9m이다. 식 (8.22)를

이용하면 전도계수 T는

$$T = \frac{2.3 \times 8.5}{4\pi \times 0.9} log_{10}(5.0\ /0.5) = 1.73\text{m}^3/\text{hr/m}$$

투수능 K는

$$K = T/\ b = 1.73/40 = 0.043\text{m/hr}$$

저류상수 S_c는 식 (8.23)을 이용하여 결정할 수 있다.

$$S_c = \frac{2.246 \times 1.73 \times (1.72 \times 10^{-2})}{20^2} = 1.67 \times 10^{-4}$$

8.6 대수층 경계

우물이 대수층 경계 부근에 위치해 있으면 수면강하곡선의 형상은 방사상 흐름 방정식에 의해 계산된 것처럼 양수율에 연달아 영향을 주므로 암시적으로 수정하여야 한다. 대수층 경계 문제들의 해결은 때때로 영상법(method of image)을 적용하여 단순하게 할 수 있다. 수리학적 영상은 경계의 영향을 나타내는 경계의 반대쪽에 위치한 실제우물과 같은 강도를 갖는 영상적인 수원 혹은 웅덩이이다. 그림 8.10은 불투수성 경계 부근에 위치한 우물에 관한 불투수성 경계의 영향을 표시하고 있으며, 그림 8.11은 경계의 반대쪽에 같은 거리로 같은 강도 Q의 영상적 우물을 위치시켜 영상법을 적용하는 것을 표시하고 있다. 본래 경계조건들은 무한한 범위의 가설적인 균일한 대수층에서 두 우물계통에 의해 수학적으로 대체한것이다.

같은 양수율로 양수하는 두 우물은 수리학적으로 서로 영향을 미치며 수면강하곡선은 선형 중첩시켜 얻는다. 영상우물과 실제우물은 경계선에서 서로 상쇄하여 동수경사가 0이 되므로 ($dh/dr = 0$) 흐름은 경계를 교차하지 않는다.

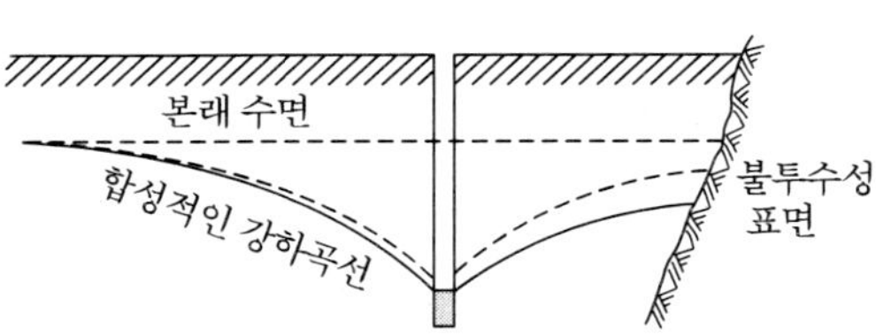

그림 8.10 불투수성 경계근처의 양수정

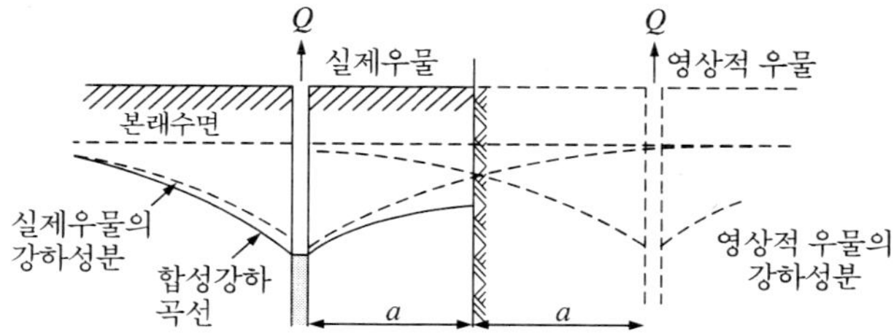

그림 8.11 영상적 우물을 갖는 평형 수리계통

호수, 하천 혹은 다른 유사한 많은 물이 존재하는 부근에 우물이 위치하면 우물의 유량은 증가한다. 수면강하에 대한 그런 물의 영향은 불투수성 경계와는 정반대이다. 영상적인 양수우물 대신에 동등한 수리학적 계통은 경계를 가로질러 같은 거리에 영상적인 주입정(recharge well)을 추가하여 주입정은 양압력하에 대수층안으로 양수율 Q만큼 물을 채운다. 그 결과 수압면 강하곡선은 실제우물의 강하성분과 그림 8.12와 8.13에 나타낸 것처럼 물경계로 대체한 영상적 주입정의 강하성분을 선형중첩시켜 얻는다.

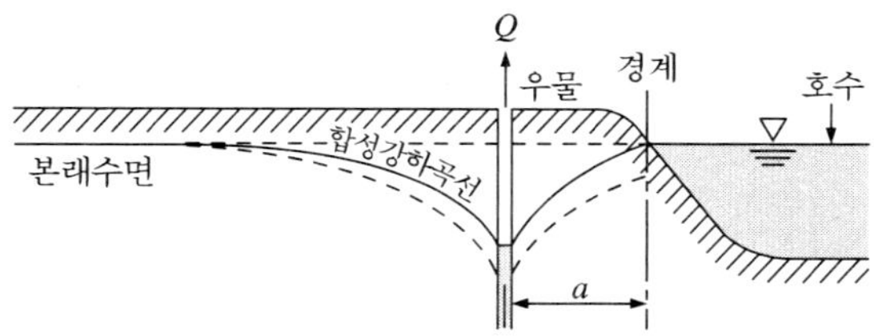

그림 8.12 연속수체 근처의 양수정

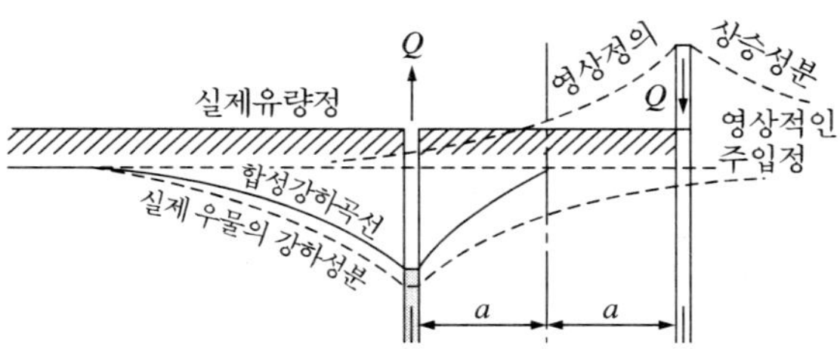

그림 8.13 영상적인 주입정을 갖는 평형수리계통

따라서 실제우물의 강하곡선은 자유수면 높이에서 경계선을 교차하고 급한 동수경사는 더욱 경계선을 가로질러 물이 흐르게 한다.

실제 경계들을 영상적 우물을 갖는 동등한 수리학적 계통에 의해 대체하면 지하수 경계조건들의 변화에 적용할 수 있다. 그림 8.14(a)는 불투수성 경계에 의해 양쪽으로 경계가 된 대수층으로부터 물을 양수하는 양수정을 나타낸 것으로 3개 영상우물의 계통은 동등한 유량을 취하는 것이 필요하다. 영상우물 I_3는 계통의 균형에 필요하다. 3개 영상우물은 모두 실제우물과 같은 양수율(Q)을 갖고 모든 우물은 물리적 경계에 의한 한쪽과 끊이지 않는 하천에 의한 다른 쪽으로 경계가 된 대수층으로부터 물을 양수하는 양수정의 위치를 나타낸다. 동등한 수리학적 계통은 같은 강도 Q의 3개 영상우물을 포함한다. I_1은 주입정, I_2는 양수정이고 I_3는 I_1과 같은 주입정으로 계통 균형에 필요하다.

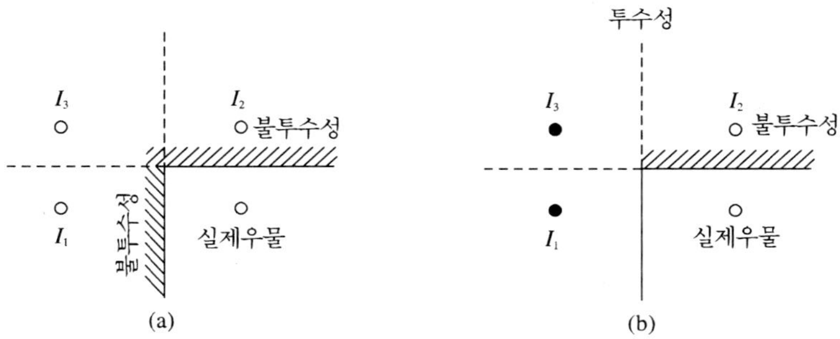

그림 8.14 복합경계 근처의 양수정

예제 8.4

하천변에 위치한 공장에서 K = 0.00012m/s이고, b = 20m인 피압대수층으로부터 $0.04m^3/s$의 유량을 양수하고자 한다. 제방으로부터 30m 떨어진 곳에서 지하수면이 하천수위보다 0.1m이상 낮아지지 않아야 한다. 우물은 제방으로부터 최소한 얼마 떨어져야 하는가?

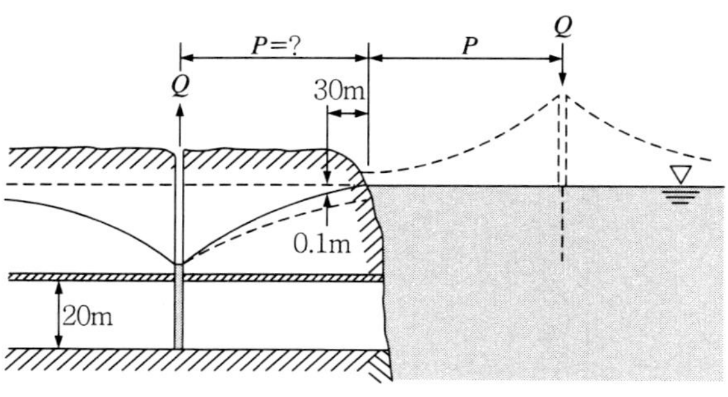

그림 8.15

풀이)

그림 8.12와 8.15에 나타낸 것처럼 하천과 같은 많은 물근처에 위치한 양수정은 경계선으로부터 같은 거리로 반대쪽에 같은 강도의 가상적 주입 우물에 의해 수리학적으로 대체해야 한다. 따라서 강하곡선은 실제와 영상우물이 중첩 그리고 경계 없는 무한범위의 대수층으로 가정하여 얻을 수 있다. 양수정과 하천제방 사이의 거리

를 P라 하면 강하곡선(제방에서 30m, 양수정에서 P − 30m 그리고 주입정으로부터 P + 30m에서)은 양수정과 주입정으로부터 그 점에서 압력면의 합이다. 식 (8.17)을 다시 정리하면

$$h_2 - h_1 = S_1 - S_2 = \frac{Q}{2\pi bK} l_n\left(\frac{r_2}{r_1}\right)$$

양수정에 대해

$$(S_1 - S_2)_d = \frac{Q}{2\pi bK} l_n\left(\frac{P}{P-30}\right)$$

주입정에 대해

$$(S_1 - S_2)_r = \frac{Q}{2\pi bK} l_n\left(\frac{P+30}{P}\right)$$

두 우물을 중첩하면 $S_{2d} = S_{1r}$ 이므로

$$S_{1d} = S_{2r} = \frac{Q}{2\pi bK} l_n\left(\frac{P}{P-30} + \frac{P+30}{P}\right)$$

$$= \frac{Q}{2\pi bK} l_n\left(\frac{P+30}{P-30}\right)$$

$$0.1 = \frac{0.04}{2\pi \times 20 \times 0.00012} l_n\left(\frac{P+30}{P-30}\right)$$

$$l_n\left(\frac{P+30}{P-30}\right) = 0.0377$$

P + 30 = 1.038(P − 30)

∴ P = 1,592m

8.7 지하수의 조사

지구표면에 관해 얻은 정보에 의해 지하수의 위치를 찾는 것은 예견(divination)이라는 고대예술이다. 금세기에 와서 지정학적 방법은 석유와 광물개발에 대하여 발전되었다. 이들 방법의 몇 가지는 지하수 찾기와 해석에 유용하게 증명되었다. 표면 방법에 의해 얻은 정보는 오직 지하수의 징조를 간접적으로 구명할 수 있고, 자료의 정확한 해석은 단지 지중조사에 의해 얻을 수 있는 보충 정보를 필요로 한다.

(1) **전기저항법**(electrical resistivity method)

암석구조의 전기저항은 폭넓은 범위로 변화한다. 특정한 구조의 측정된 저항은 구조의 재료와 구성, 공극의 크기, 형상과 분포, 구조와 함수율과 같은 물리적 그리고 화학적 인자의 변화에 의존된다. 암반만으로 된 구조와 틈 공간에 많은 양의 물로 채워진 구조 사이의 구별 할 수 있는 차이는 지하수를 발견하는 실마리이다. 그 절차는 지표면에 놓여있는 두 전극 사이의 전기적 포텐샬 차이를 측정하는 것을 포함한다.

전류를 그림 8.16에 나타낸 것처럼 두 개의 다른 전극외부를 통하여 적용하면 포텐샬 전극과 같은선을 따르거나 전기장은 지표를 꿰뚫고 전류망을 형성한다.

전기장의 더 깊은 침입은 전극사이의 공간 증가에 의해 일어날 것이고 명백한 저항의 변화는 그릴 수 있는 매끈한 곡선으로 전극공간에 대하여 표시한다.

지중구조에 의하여 저항－공간곡선의 해석은 종종 복잡하고 어렵다. 그렇지만 지중조사로부터 표면 측정을 성립시키는데 까지 확실한 보충자료를 갖고 정확한 측정을 만들 수 있다.

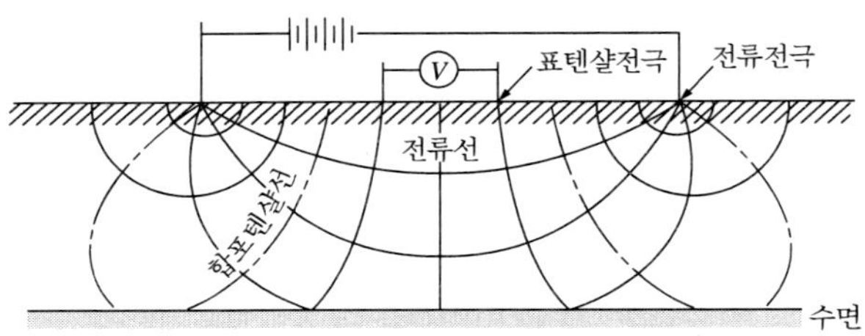

그림 8.16 저항결정에 대한 Schlumberger배열

(2) **지진굴절법**(seismic refraction method)

작은 다이나마이트 폭발을 갖는 지표면 혹은 무거운 중량의 충격에 의해 기지거리를 따라서 어떤 점까지 음파 혹은 충격파에 대해 필요한 시간을 측정할 수 있다. 매체를 통한 지진파 전파는 광파와 같은 방법으로 한다. 그들은 다른 전기적 성질의 어떤 두 물질의 간섭면에서 굴절 혹은 반사한다. 전파속도의 변화는 간섭면에서 일어나고 파속도는 고체 화성암에서 가장 크고 응고되지 않은 구조에서 가장 느리다. 특정한 구조에서 함수는 구조에서 파속도를 변경하는데 중요하다. 굴절파가 지표안으로 수백미터 이동함으로써 지중구조는 같은 선을 따라 충격점으로부터 다양한 거리에 많은 지진계를 설치하여 얻을 수 있다. 파 이동시간은 그림 8.17과 같이 거리에 대하여 표시한다. 시간－공간선의 경사에서 갑작스런 변화는 지하수면을 결정하는데 해석할 수 있다.

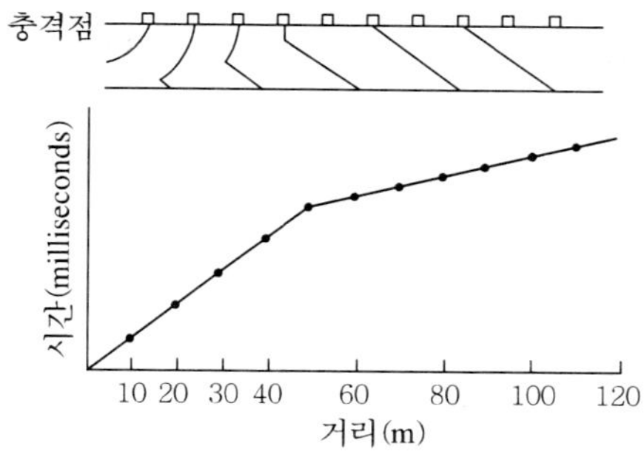

그림 8.17 지진굴절법에 의한 수면 깊이의 결정

8.8 해안에서 해수의 침입

해안대수층은 해안선을 따라 해수와 접촉하고 있다. 자연조건하에서 담수는 그림 8.18에 나타낸 것처럼 수면아래 바다로 흐른다. 그러나 어떤 해안지역에서 지하수의 수요가 증가함에 따라 담수의 바다 쪽 흐름은 감소하고 역전되어 바다로부터 염수가 내륙 대수층으로 들어와서 침입을 일으킨다. 이 현상을 **해수침입**(sea water intrusion)이라 한다. 염수가 내륙 깊이까지 이동하고 물공급 우물에 들어오면 지하수 공급은 이용할 수 없게 된다. 더욱이 해안대수층이 한번 염분에 의해 오염되면 대부분 구조로부터 염분을 제거하기 어렵고 대수층은 영구적으로 손해를 입는다. 해수침입의 공학적 방지와 조절을 이 단원에서 토론할 것이다.

해안대수층의 과도 흡인은 비피압 대수층에서 수면 혹은 피압대수층에서 압력면을 낮추는 결과이고 본래 바다 쪽으로 기울어진 자연경사는 감소 혹은 역전된다. 염수와 담수의 밀도차이 때문에 간섭면은 두 액체가 접촉할 때 형성하고 간섭면의 형상과 이동은 간섭면의 한쪽의 염수와 다른 쪽 담수의 압력균형에 지배된다.

간섭면은 그림 8.18에 나타낸 것처럼 바다수위에서는 일어나지 않으나 바다수위 상부 담수면 높이의 약 40배의 바다수위 아래 깊이인 지중에서 일어나는 것을 알 수 있다. 이 분포는 다른 밀도의 두 액체 사이에 존재하는 정수압의 균형에 의한 것이다.

그림 8.18은 해안대수층의 횡단면을 나타낸다. 바다수위 아래 수심 h_s의 점 A에서 총 정수압은

$$P_A = \rho_s g h_s$$

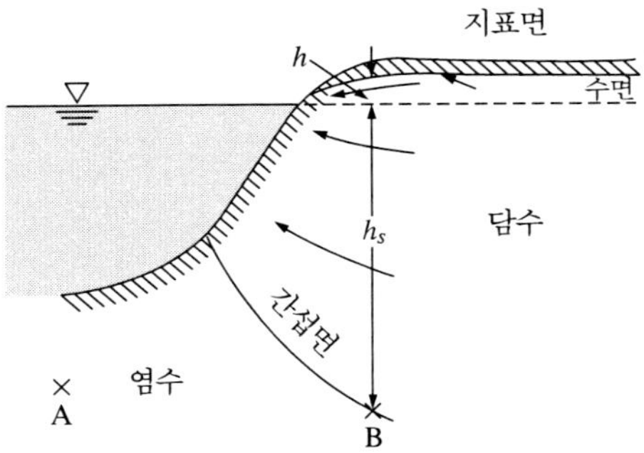

그림 8.18 비피압 해안 대수층에서 담수와 염수 분포의 도식적 표시

여기서, ρ_s는 염수의 밀도, g는 중력가속도이다. 같은 방법으로 A와 같은 깊이의 내륙 점 B에서 정수압은

$$P_B = \rho_f g h + \rho_f g h_s$$

여기서, ρ_f 는 담수의 밀도이다. 고정된 간섭면에 대해서는 A와 B에서 압력이 같아야 한다.

$$\rho_s g h_s = \rho_f g h + \rho_f g h_s \tag{8.24}$$

h_s에 대하여 식 (8.24)를 풀면

$$h_s = \frac{\rho_f}{\rho_s - \rho_f} h \tag{8.25}$$

$\rho_s = 1.025\text{g/cm}^2$ 그리고 $\rho_f = 1.000\text{g/cm}^2$으로 취하면 상기 관계는

$$h_s = \frac{1.000}{1.025 - 1.000} h = 40h \tag{8.26}$$

식 (8.26)은 **Ghyben–Herzberg관계**라 한다.

이 관계는 양수에 의한 해안선 근처 수면의 작은 감소가 간섭면에서 큰 상승을 일으키는 것을 나타낸다. 유사하게 인공적 주입에 의해 해안선 근처 수면의 증가는 지중으로 깊게 염수쐐기가 움직이므로 압력은 바다쪽으로 이동한다. 이들 현상을 그림 8.19에 도식적으로 설명하였다. 뚜렷하게 과도흡인한 해안대수층의 인공적 주입은 해수침입을 억제하는 효과적인 방법이다. 적합한 관리에 의해 대수층의 인공적 주입은 적당한 수위와 경사를 유지하고 과도흡인을 제거할 수 있다.

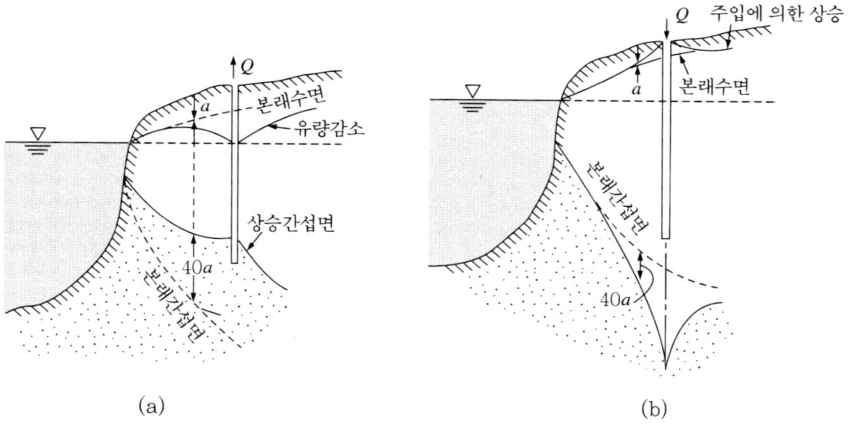

그림 8.19 유출(a) 주입(b)의 영향하에서 염수침입

인공적 주입에 추가하여 여러 다른 방법들을 해수침입의 억제에 효과적으로 적용할 수 있고 그 대부분 공통적 방법은 다음과 같다.

1. 양수골(pumping trough)

양수골은 해안선을 따라 위치하고 있는 양수정의 선이다. 우물양수에 의한 감소골선은 그림 8.20에 나타낸 것처럼 형성된다. 염수가 우물로 들어오는 동안 대수층과 담수의 약간은 역시 이동된다. 담수는 바다쪽에서 우물 방향으로 이동한다. 이 맑은 지하수의 이동은 염수와 담수 간섭면에서 안정시킬 수 있다.

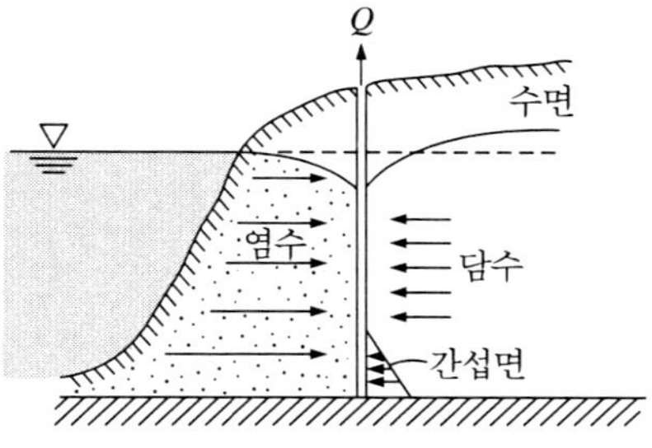

그림 8.20 양수를 통한 염수침입의 조절

2. 압력융기(pressure ridge)

압력융기는 해안선에 평행하게 설치한 일련의 주입정이다. 담수를 염수침입 억제로 해안선을 따라 담수 압력융기를 유지시키기 위해 해안대수층으로 밀어 넣는다. 압력융기는 해수를 물리치는 데 충분하고 내륙에서 충분히 떨어져 위치해야 하는 한편 그림 8.21에서

설명한 것처럼 염수의 융기는 내륙 깊이 이동할 것이다. 불가피하게 담수의 적은 양은 바다로 버려질 것이고 내륙쪽으로 이동한 나머지는 양수 강요의 공급 부분에 이용할 수 있다. 반환된 폐수는 필요한 주입의 적당한 부분에 이용될 수 있다. 이 방법은 이용할 수 있는 지하수 용량을 다 써 버리지 않는 잇점을 가지나 건설운영비가 높은 결함이 있고 소규모 운용하는 데 비현실적인 담수의 추가가 필요하다.

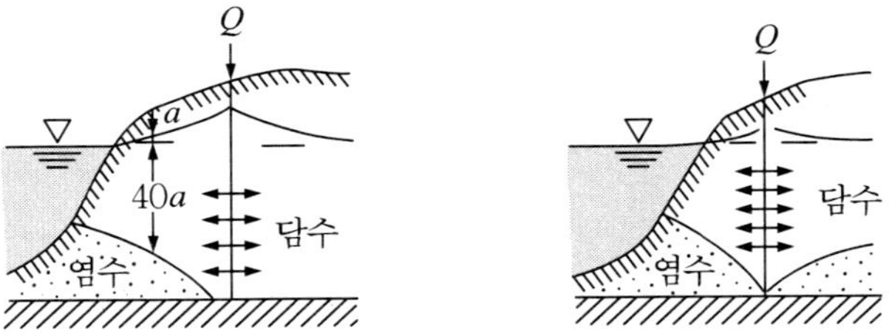

그림 8.21 압력융기에 의한 염수의 조절

3. 지중장애물(subsurface barriers)

지중장애물은 해안대수층 투수능을 감소시키기 위해 해안선을 따라 구축한다. 비교적 얇은 대수층에서 지중제방은 얇은판 말뚝(sheet piling), 점토 혹은 콘크리트 재료로써 건설한다. 불투수성 지중장애물은 슬러리(slurry), 실리콘 겔 혹은 구멍의 선을 통하여 대수층으로 시멘트를 주입한 것과 같은 유동성 재료를 주입하여 형성시킨다. 지중장애물은 큰 내륙 대수층에 연결된 해협, 충적협곡 같은 위치에 가장 적합하다. 장애물의 초기 건설비가 매우 높지만 운영과 유지비용이 거의 없다.

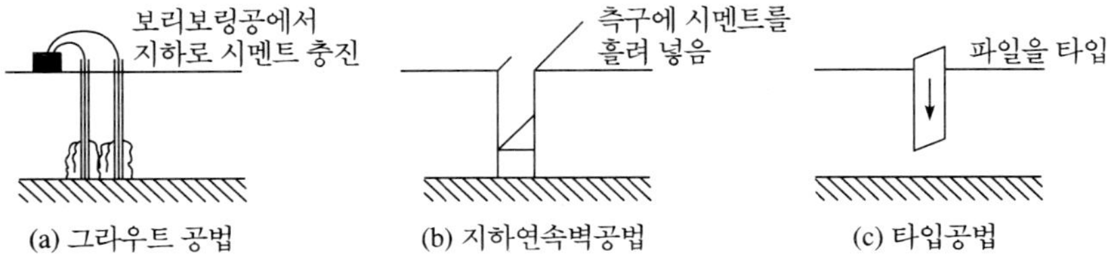

그림 8.22 지수벽공법

8.9 댐 기초를 통한 침투

저수지내에 물을 저류하기 위해 건설된 댐은 침투를 통하여 연속적으로 물을 손실하게 된다. 충적 기초 위에 건설된 불투수성 콘크리트 댐은 기초 침투를 통하여 물을 손실하게 되며 흙댐은 댐 전체를 통하여 물을 손실한다. 침투류의 물운동은 지하수와 같은 방법으로 Darcy's법칙에 지배된다. 침투류는 유선망(flow net) 기법을 적용하여 가장 잘 해석할 수 있다.

유선망은 흐름양상을 유선(streamline)군과 해당 등포텐샬선(equipotential line)에 의해 표시된 그림이다. 유선은 항상 흐름방향으로 나눈다. 등포텐샬선은 속도 포텐샬이 동일한 영역의 모든 점을 연결한다. 선의 두조는 항상 양각에서 만나고 영역에서 직교망을 형성한다. 그림 8.23은 유선과 등포텐샬선에 의해 형성된 유선망의 일부를 표시한 것이다.

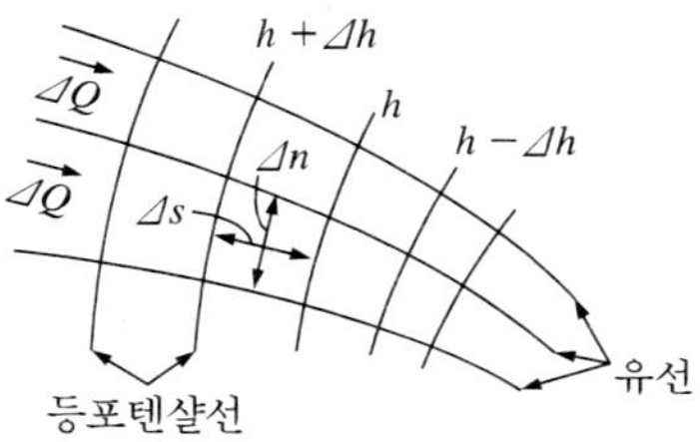

그림 8.23 유선망

유선망은 보통 동일길이의 같은 정사각형으로 인접 유선 한쌍 사이의 거리 Δn과 등포텐샬선 한쌍 사이의 거리 Δs로 구성된다.

$$\Delta n = \Delta s$$

영역의 어느 점에서 근사 속도는 다음 관계로 접근할 수 있다.

$$v = \frac{\Delta q}{\Delta n} \propto \frac{\Delta h}{\Delta s}$$

다공성 매체를 통한 저유량에서 정상류에 대한 Darcy's법칙은

$$v = K\frac{dh}{ds} = K\frac{\Delta h}{\Delta s}$$

댐의 단위폭당 유관을 통한 유량은

$$\Delta q = KA\frac{\Delta h}{\Delta s} \tag{8.27}$$

여기서 A는 정사각형의 폭이다.

$$A = \Delta n \tag{8.28}$$

식 (8.28)을 식 (8.27)에 대입하고 $\Delta n = \Delta s$ 이므로

$$\Delta q = K(\Delta n)\frac{\Delta h}{\Delta s} = K\Delta h \tag{8.29}$$

Δh는 어느 두 인접 등포텐샬선 사이의 포텐샬 강하의 상수값이므로

$$\Delta h = \frac{H}{n} \tag{8.30}$$

H는 저수지수면과 하류수면 사이의 차이(그림 8.24)이고 n은 유선망의 각 유관에서 정사각형의 수이다.

상기 방정식을 다시 쓰면

$$\Delta q = K\frac{H}{n} \tag{8.31}$$

유선망 그림에서 계산한 유관 m에 대하여 댐의 단위폭당 총유량은

$$q = m\Delta q = K\left(\frac{m}{n}\right)H \tag{8.32}$$

총 침투유량은 도식적으로 구성된 유선망에서 단지 m /n의 비를 결정하여 계산할 수 있다.

그림 8.24는 지수벽(cut－off wall)이 없는 경우 그리고 지수벽을 가진 콘크리트댐을 통한 침투의 예를 보여주고 있다. 지수벽은 불투수성 재료의 두꺼운 층 혹은 댐하부 대수층을 부분적으로 관통하는 얇은 판 말뚝이다. 댐기초에 관계있는 위치에 의존하여 지수벽은 침투경로가 연장되어 침투류 양상을 변경하게 되고 압력경사의 연직강하를 일으킨다. 지수벽은 침투량을 효과적으로 감소시키고 댐의 기초에 대한 총 상승력을 줄인다.

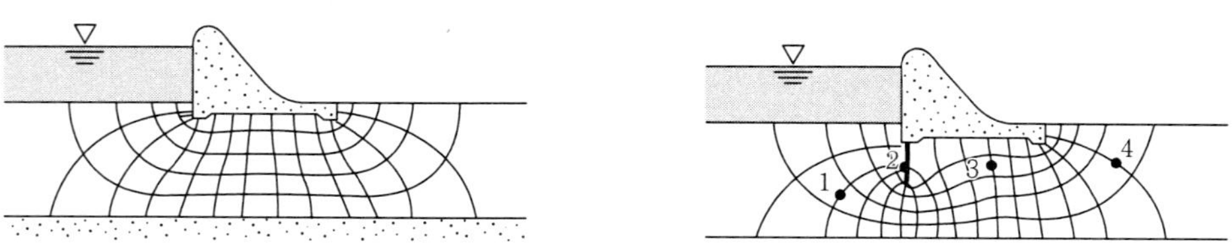

(a) 지수벽이 없는 경우 (b) 지수벽이 있는 경우

그림 8.24 댐기초를 통하는 침투

예제 8.5

그림 8.24에 나타낸 것처럼 충적하상 위에 구축한 콘크리트 중력댐은 저류심이 50m이다. 투수계수가 K = 2.14m/day이면 비피압대수층과 지수벽을 갖는 댐의 단위폭당 침투량을 구하라.

풀이)

식 (8.32)로부터

$$Q = K\left(\frac{m}{n}\right)H$$

① 지수벽이 없는 비피압대수층에 대하여 그림 8.24(a)에서 유관의 수 m = 5 그리고 등포텐샬 강하수 n = 13이다.

$$Q = 2.14 \times \frac{5}{13} \times 50 = 41.51\text{m}^3/\text{day/m}$$

② 그림 8.24(b)에 나타낸 것처럼 지수벽이 있는 피압대수층에 대하여 유관의 수 m = 5, 등포텐샬 강하수 n = 16

$$Q = 2.14 \times \frac{5}{16} \times 50 = 33.44\text{m}^3/\text{day/m}$$

8.10 흙댐의 본체를 통한 침투

흙댐은 투수성 재료를 사용하여 건설하므로 파이핑(piping)과 같은 댐 본체를 통한 침투에 의해 손상되는 것에 대한 특수한 공학적 관심이 있다. 침투해석은 유선망의 방법을 적용하여 설계된 각 흙댐에 대하여 형성한다.

흙댐 본체를 통한 침투는 비피압 매체를 통한 흐름으로써 취급할 수 있다. 흐름의 상류면은 대기압에 있는 포화면(surface of saturation) 혹은 **침윤면**(phreatic surface)이라 한다. 균질인 흙댐에서 **침윤선**(phreatic line)의 대표적 형상은 그림 8.25와 같다.

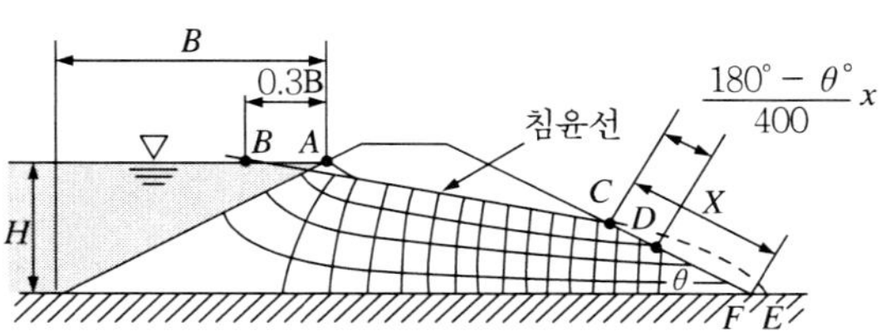

그림 8.25 균질한 흙댐을 통한 침윤선망

침윤선은 $\Delta H = H/n$에 의해 연직으로 일정한 간격을 유지하는 등포텐샬선에 교차하는 유선이다. 여기서 H는 총 유효수두이고 n은 유선망 그림에서 계산한 포텐샬 강하의 수이다. 유선망의 상부경계에 준비하는 이 선은 처음에 시행에 의해 위치를 정해야 한다. 침윤선 위치에 대한 경험적 규칙은 Casagrande에 의해 제시되었고 그림 8.25에 표시하였다. 댐 하류면의 낮은 부분에 대한 단면 DF는 결국 댐 파괴를 일으키는 토양 파이핑에 대한 방지를 해야 한다. 침투수는 적절하게 설계된 배수계통에 의해 하류표면으로부터 영구히 제거해야 한다. 층을 이루지 않는 균질한 흙댐에 대하여 좁은 세로배수는 제방을 통하여 스며 나오는 물을 효과적으로 모두 차단할 것이다. 그림 8.26은 대표적인 흙댐 배수의 크기를 도식적으로 보여준다. 흙댐을 통한 총 유량은 도식적으로 구성된 유선망에 의해 결정할 수 있다. 식 (8.32)는 댐의 단위 폭에 대한 침투유량을 주어진다.

$$Q = K\left(\frac{m}{n}\right)H$$

여기서, m은 유관의 수이고 n은 유선망에서 등포텐샬 강하수이다.

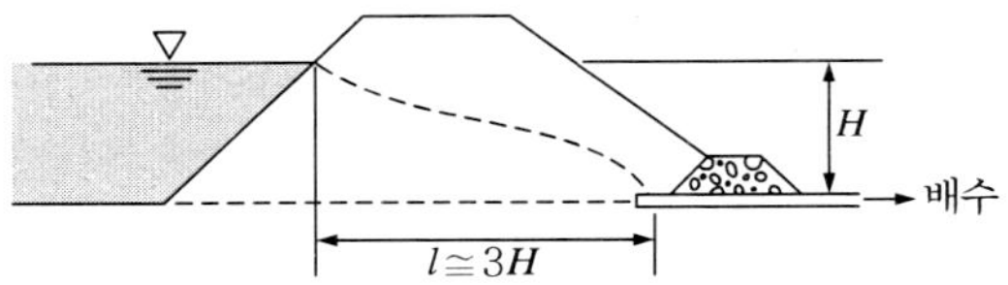

그림 8.26 흙댐에서 배수

연습문제

8.1 실험실 시험에서 모래 표본을 직경 4cm이고 길이 20cm인 원통형 표본공간에 채워 넣었다. 24cm의 정상수두하에서 5분간 수집한 물은 100cm^{3}이다. 표본을 통하여 흐르는 물의 겉보기 유속은 얼마인가? 표본의 투수계수를 결정하라.

8.2 균일한 대수층의 현장측정에서 대수층은 횡단면적이 100m^{2}이었다. 25m떨어진 두 우물은 흐름방향을 따라 지하에 구멍을 뚫었다. 두 우물 사이의 수면높이 차이는 0.35cm로 측정되었다. 상류우물에 소금을 용해시켰고 42h 후 하류 우물에서 얻었다. 대수층의 투수계수를 결정하라.

8.3 그림 8.27에 나타낸 것처럼 모래여과기는 깊이 1m이고 표면적이 4m^{2}이다. 투수능이 0.65cm/s이면 0.8m의 수두 차이에 대하여 여재를 통하는 유량을 결정하라.

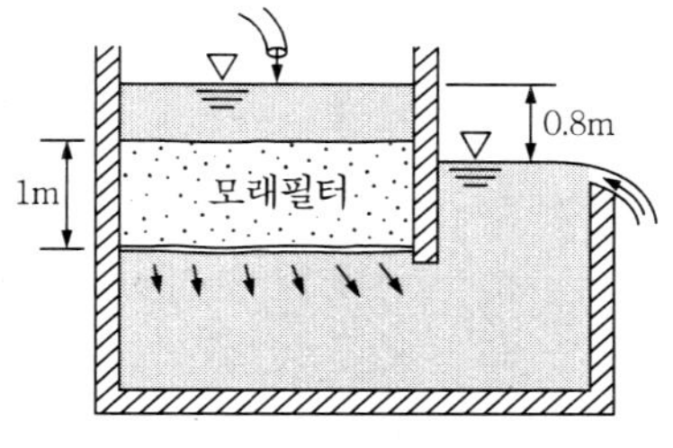

그림 8.27

8.4 균일한 두께(18m)의 피압대수층은 양수우물로 완전히 관통되었다. 0.3m^3/s의 일정한 율로 장기간 양수한 후 관측우물(r_1 = 20m, r_2 = 65m)에서 수위는 안정되었다. 관측우물에서 측정된 강하는 각각 16.24m와 3.42m이다. 투수계수를 결정하라.

Q8.5 대수층의 표본은 호수내의 직경 800m의 원형섬으로 투수계수는 0.000142m/s이다. 이 섬(그림 8.28)의 중앙에 직경 30cm인 우물을 설치하여 0.2m^3/s의 일정한 유량을 양수하기 위해 호수 수면아래 관통해야 하는 우물의 최소 깊이를 구하라.

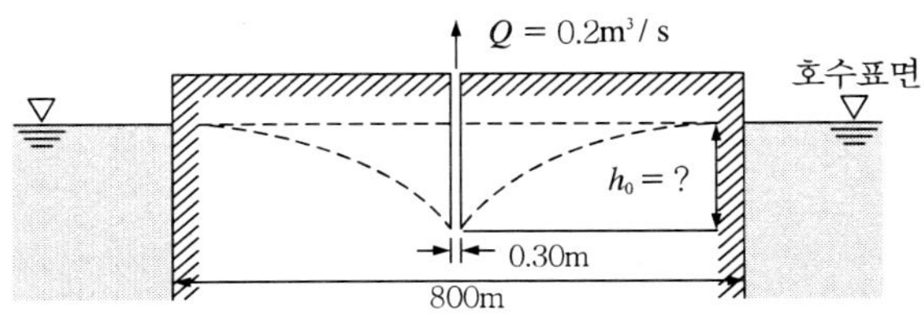

그림 8.28

Q8.6 그림 8.29에서 우물에 대한 수면의 자유표면을 구하라. 양수율이 1.5m^3/h이면 투수계수는 얼마인가?

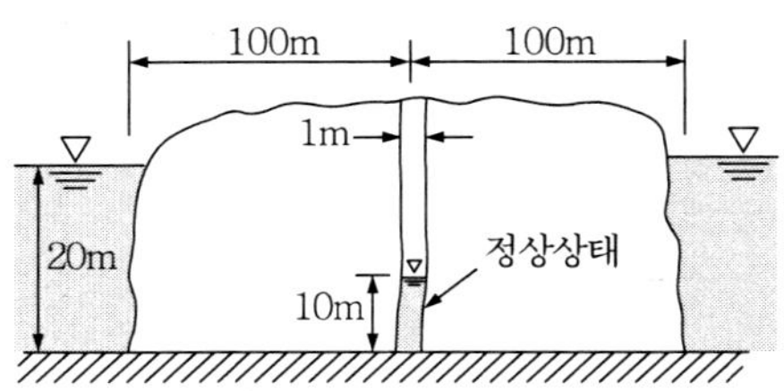

그림 8.29

Q8.7 문제 6에서 양수율이 1.85m^3/h이면 불투수층으로부터 측정된 우물에서 수위는 얼마인가?

Q8.8 그림 8.24의 상류 저수지에서 수위가 40m 낮아졌다면 댐 기초의 단위폭당 침투량은 얼마인가? 1, 2, 3, 4 위치에서 속도의 크기와 방향을 구하라.

Q8.9 그림 8.30에서 기초 침투량을 50% 줄이기 위해 댐의 상류 뒤축에 필요한 불투수성 바닥의 길이 x를 구하라.

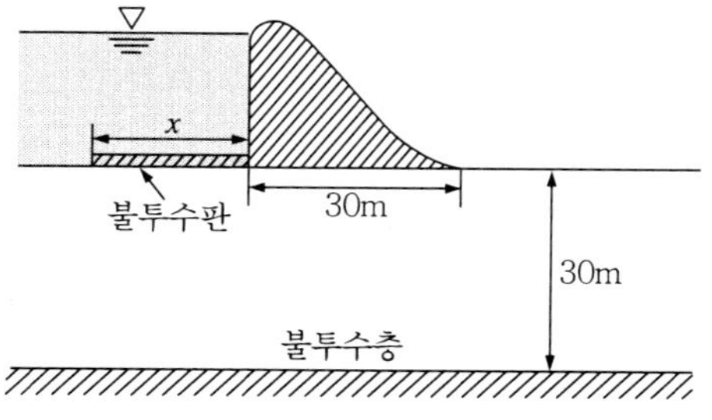

그림 8.30

Q8.10 그림 8.31에서 하상의 단위폭당 침투량을 구하라. 단, 투수계수는 K = 0.00051cm/s이다.

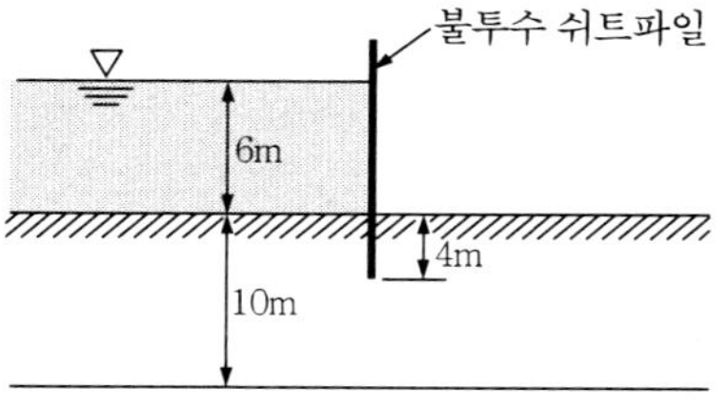

그림 8.31

Q8.11 그림 8.32의 흙댐에서 높이 30m, 여유고 3m 그리고 정상폭 3m이다. 댐의 상류면은 경사 1(V) : 2(H)이고 하류면 경사는 1(V) : 3(H)이다. 댐 재료의 투수계수는 0.0001cm/s이다. 등가포물선 공식에 기초한 망으로부터 단위폭당 침투를 계산하라.

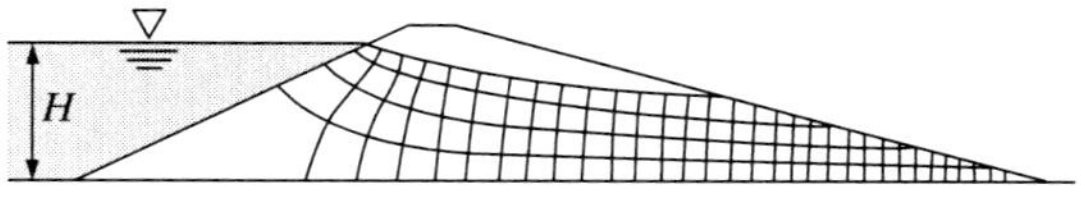

그림 8.32

Q8.12 균일한 재료로 축조된 흙댐은 비교적 불투수성 기초로 투수계수 $K = 2 \times 10^{-4}$m/s를 갖는다. 댐은 높이 30m이고 정상폭 15m이다. 댐의 단위폭당 침투량을 계산하라.

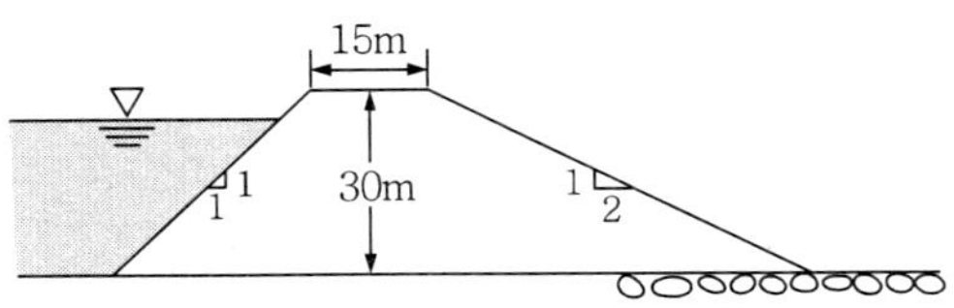

그림 8.33

Q8.13 문제 12에서 댐의 하류단으로부터 10m 뒤에 배수구를 설치한다면 댐의 단위폭당 침투량을 결정하라.

CHAPTER 09

수리학적 상사와 모형연구

CHAPTER 09 수리학적 상사와 모형연구

9.1 서론

원형(prototype) 수리학적 설계를 연구하기 위해 많은 경우에는 방정식을 모르거나 풀기가 매우 어려워 실험을 통해서 원하는 정보를 얻을 수밖에 없다. 대부분의 실험에는 비용과 시간을 절약하기 위해 원형(prototype)보다는 기하학적으로 축적된 모형(model)이 사용된다. 이 경우 실험 결과를 적절하게 축척할 필요가 있는데, 이는 차원해석(dimesional analysis)을 통해 가능하다. 차원해석은 주로 유체역학에서 가르치지만, 실험을 계획하고 수행하는 전 과목에 유용하게 사용될 수 있다. 차원해석의 세 가지 목표는 다음과 같다.

- 실험(물리적 그리고/또는 수치적)을 계획하고 실험 결과를 정리하는 데 필요한 무차원 매개변수의 도출
- 모형 실험 결과로부터 원형의 성능을 예측하는 축척 법칙(scaling law)을 구함
- 매개변수들 사이의 관계에서 경향을 (때때로) 예측

차원해석의 기본 개념인 상사 법칙에 대해 먼저 설명한다. 모형과 원형 사이에 완전한 상사를 이루기 위해서는 세 가지 조건이 필요하다. 첫 번째 조건은 기하학적 상사(geometric similarity)로서, 모형은 원형과 같은 형상이어야 하고, 축척비만큼 비례한다. 두 번째 조건은 운동학적 상사(kinematic similarity)로서 모형 유동 내의 어떤 한 위치의 속도는 원형 유동 내의 대응점의 속도와 비례하여야(축척비만큼) 한다. 또한 두 속도의 상대적 방향은 동일하여야 한다. 기하학적 상사는 길이 척도(length scale)가 동일하고, 운동학적 상사는 시간 척도(time scale)가 동일하다고 생각할 수 있다. 기하학적 상사는 운동학적 상사가 성립하기 위한 필수적인 조건이다. 기하학적 척도비가 1보다 작거나 클 수 있듯이 속도 척도비도 그러하다.

세 번째는 가장 제한적인 상사 조건인 역학적 상사(dynamic similarity)이다. 역학적 상사가 성립하기 위해서는 모형 유동에 나타나는 모든 힘이 원형 유동에서 대응하는 힘과 비례하여야 한다[동일한 힘 척도(force scale)]. 힘의 척도비도 기하학적 또는 운동학적 상사와 같이 1보다 크거나 작을 수 있다. 운동학적 상사는 역학적 상사가 성립하기 위한 필요 조건이지만 충분 조건은 아니다. 따라서 모형 유동과 원형 유동에서 기하학적, 운동학적 상사가 성립하더라도 역학적 상사가 성립하지 않을 수 있다. 완전한 상사가 되기 위해서는 세 가지 상사 조건을 모두 만족하여야 한다.

모형연구에 관한 그 원리는 수리학적 상사(hydraulic similitude) 이론으로 이루어졌다. 많은 물리량의 기본 관계해석은 수리구조물에서 유량의 정적 그리고 동적행동을 포함하여 차원해석(dimensional analysis)이라 한다.

모든 중요한 수리구조물은 확실한 예비 모형연구에 따라 설계되고 건설된다. 그런 연구는 다음 목적의 하나 혹은 그 이상을 관리해야 한다.

(1) 월류형 여수로 혹은 위어 같은 큰 측정용 구조물의 유량 계수결정
(2) 수리구조물의 출구에서 에너지 손실에 대한 효과적 방법의 개발
(3) 구조물 입구 혹은 변이 단면에서 에너지 손실의 감소
(4) 효율, 경제적 여수로 혹은 저수지에 대한 홍수감소 구조물의 다른 형태의 개발
(5) 발전소의 냉각 연못같은 온도조절 구조물에서 작동의 평균시간 결정
(6) 항만과 유로설계에서 배수, 부두, 수문 등과 같은 구조물의 많은 성분의 최적단면, 위치 그리고 크기의 결정
(7) 해안구조물의 이동과 설치에서 떠 있는 반잠김 그리고 바닥에 설치된 구조물의 동적 행동의 결정

하천모형은 다음 결정에서 수공학자에 광범하게 이용된다.

(1) 하천수로를 통하는 홍수파 이동의 양상
(2) 상류와 하류수로 뿐만 아니라 수로구간에서 유사이동에 관한 굴곡, 둑, 도랑, 방파제 그리고 연속벽 같은 인공적 구조물의 효과
(3) 수로와 항만에서 흐름의 방향과 힘 그리고 항해와 선박 생활에 관한 영향

9.2 수리학적 상사의 원리

관내의 유체유동의 속도분포 등 이와 비슷한 모든 경우의 각 인자들에 대한 기준값을 정하고, 각 측정값들을 같은 인자의 기준값으로 나누어 그 비로 나타냄으로써 무차원화하여 모든 조건에서 동일한 무차원의 값을 갖도록 하는 것을 **상사율**(similarity)이라고 한다.

수리모형과 원형 사이의 상사는 기하학적 상사(geometric similarity), 운동학적 상사(kinematic similarity) 그리고 동력학적 상사(dynamic similarity)인 3가지 기본 형상으로 이루어진다.

기하학적 상사는 형상의 상사를 의미한다. 모형은 원형의 기하학적 감소이고, 모형과 원형 사이의 모든 일치하는 길이에 대하여 고정비율을 유지하여 완수한다. 기하학적 상사에 포함된 물리량은 길이(L), 면적(A) 그리고 체적(Vol)이다. 원형과 모형에서 일치하는 길이의 비율은 일정하고 다음과 같이 나타낼 수 있다.

$$\frac{L_p}{L_m} = L_r \tag{9.1}$$

면적(A)는 두 일치하는 길이의 곱이므로 일치하는 면적의 비율은 역시 일정하고 다음과 같이 표현할 수 있다.

$$\frac{A_p}{A_m} = \frac{{L_p}^2}{{L_m}^2} = {L_r}^2 \tag{9.2}$$

체적(Vol)은 세 개 일치하는 길이의 곱이며 일치하는 체적의 비율은 다음과 같다.

$$\frac{Vol_p}{Vol_m} = \frac{{L_p}^3}{{L_m}^3} = {L_r}^3 \tag{9.3}$$

예제 9.1

기하학적으로 유사한 개수로 모형을 5:1축척으로 건설하였다. 모형에서 $0.2m^3/s$의 유량이 측정되면 원형에서 대응유량을 구하라.

풀이)

원형과 모형 사이의 속도비는

$$\frac{V_p}{V_m} = \frac{L_p/T}{L_m/T} = \frac{L_p}{L_m} = L_r = 5$$

기하학적 상사로부터 모형과 원형에서 시간은 축소되지 않고 유지된다. 원형과 모형 사이의 면적비는

$$\frac{A_p}{A_m} = \frac{L_p^{\ 2}}{L_m^{\ 2}} = L_r^{\ 2} = 25$$

따라서, 유량비는

$$\frac{Q_p}{Q_m} = \frac{A_P V_p}{A_m V_m} = 25 \times 5 = 125$$

원형에서 대응유량은

$$Q_p = 125 Q_m = 125 \times 0.2 = 25\text{m}^3/\text{s}$$

운동학적 상사는 운동의 상사를 의미한다. 모형과 원형 사이의 운동학적 상사는 일치하는 운동입자가 기하학적으로 유사한 경로를 따라 같은 속도비를 가지면 달성한다. 운동학적 상사는 길이뿐만 아니라 시간축척을 포함한다. 모형과 원형에서 일치하는 거리를 이동하기 위해 일치하는 입자에 대해 필요한 시간비는

$$\frac{T_p}{T_m} = T_r \tag{9.4}$$

속도 V는 단위시간당 거리항으로 정의하므로 속도비는

$$\frac{V_p}{V_m} = \frac{L_p/T_p}{L_m/T_m} = \frac{L_p/L_m}{T_p/T_m} = \frac{L_r}{T_r} \tag{9.5}$$

가속도 a는 단위시간 제곱당 길이항으로 정의하므로 일치하는 가속도비는

$$\frac{a_p}{a_m} = \frac{L_p/T_p^{\ 2}}{L_m/T_m^{\ 2}} = \frac{L_p/L_m}{T_p^{\ 2}/T_m^{\ 2}} = \frac{L_r}{T_r^{\ 2}} \tag{9.6}$$

유량 Q는 단위시간당 체적항으로 표현된다.

$$\frac{Q_p}{Q_m} = \frac{L_p^{\ 3}/T_p}{L_m^{\ 3}/T_m} = \frac{L_p^{\ 3}/L_m^{\ 3}}{T_p/T_m} = \frac{L_r^{\ 3}}{T_r} \tag{9.7}$$

수리기계에 대해 구성된 운동학적 모형은 종종 접선변위 L을 접촉점에서 곡선의 반경 R로 나눈 것과 같은 라디안으로 표현되는 각 변위 θ을 포함한다.

$$\frac{\theta_p}{\theta_m} = \frac{L_p/R_p}{L_m/R_m} = \frac{L_p/L_m}{R_p/R_m} = \frac{L_p/L_m}{L_p/L_m} = 1 \tag{9.8}$$

분당 회전수인 각속도 N은 단위시간당 각변위로 정의하며 그 비율은

$$\frac{N_p}{N_m} = \frac{\theta_p/T_p}{\theta_m/T_m} = \frac{\theta_p/\theta_m}{T_p/T_m} = \frac{1}{T_r} \tag{9.9}$$

각가속도 a는 단위시간 제곱당 각변위로 정의한다.

$$\frac{a_p}{a_m} = \frac{\theta_p/T_p^{\ 2}}{\theta_m/T_m^{\ 2}} = \frac{\theta_p/\theta_m}{T_p^{\ 2}/T_m^{\ 2}} = \frac{1}{T_r^{\ 2}} \tag{9.10}$$

예제 9.2

냉각용 저수지의 흐름운동을 연구하기 위해 10:1축척모형으로 건설하였다. 발전소로부터 200m^3/s를 유출하도록 설계하고 모형은 최대유량 0.1m^3/s을 조절할 수 있다면 시간비를 구하라.

풀이)

원형과 모형 사이의 길이비는

$$L_r = \frac{L_p}{L_m} = 10$$

그리고 유량비는 $Q_r = \dfrac{200}{0.1} = 2{,}000$

$$Q_r = \frac{Q_p}{Q_m} = \frac{L_p^{\ 3}/T_p}{L_m^{\ 3}/T_m} = \left(\frac{L_p}{L_m}\right)^3\left(\frac{T_m}{T_p}\right) = L_r^{\ 3}\times T_r^{-1}$$

유량비내에 길이비를 대입하면 시간비는

$$T_r = \frac{T_p}{T_m} = \frac{L_r^{\ 3}}{Q_r} = \frac{(10)^3}{2{,}000} = 0.5$$

그리고

$$T_m = 2T_p$$

모형에서 측정한 단위시간 기간은 원형저수지에서의 시간의 두배와 같다.

동력학적 상사는 운동을 포함한 힘의 상사를 의미한다. 모형과 원형 사이의 동력학적 상사는 모형과 원형에서 일치하는 힘의 비가 일정한 값을 유지하면 달성한다.

$$\frac{F_p}{F_m} = F_r \tag{9.11}$$

힘은 질량 M과 가속도 a의 곱과 같고 질량은 밀도 ρ와 체적 Vol의 곱과 같으므로 힘의 비는

$$\frac{F_p}{F_m} = \frac{M_p a_p}{M_m a_m} = \frac{\rho_p Vol_p a_p}{\rho_m Vol_m a_m} = \frac{\rho_p}{\rho_m} \times \frac{L_p{}^3}{L_m{}^3} \times \frac{L_p / T_p^{\ 2}}{L_m / T_m^{\ 2}}$$

$$= \frac{\rho_p}{\rho_m} \times \frac{L_p{}^4}{L_m{}^4} \times \frac{1}{T_p^{\ 2} / T_m^{\ 2}} = \rho_r L_r{}^4 T_r^{-2} \tag{9.12}$$

그리고 일치하는 질량비는 가속도로 나눈 힘으로 나타낼 수 있다.

$$\frac{M_p}{M_m} = \frac{F_p / a_p}{F_m / a_m} = \frac{F_p / F_m}{a_p / a_m} = F_r T_r^2 L_r^{-1} \tag{9.13}$$

일은 힘 × 거리와 같으므로 동력학적 상사에서 일치하는 일의 비는

$$\frac{W_p}{W_m} = \frac{F_p L_p}{F_m L_m} = F_r L_r \tag{9.14}$$

동력은 한 일의 시간율로 모형과 원형에서 일치하는 동력비는

$$\frac{P_p}{P_m} = \frac{W_p / T_p}{W_m / T_m} = \frac{W_p}{W_m} \times \frac{1}{T_p / T_m} = \frac{F_r L_r}{T_r} \tag{9.15}$$

예제 9.3

59,680W(80hp)인 펌프를 상수도계통 동력에 이용하였다. 모형은 8:1축척으로 건설하였고 속도비가 2:1이면 모형펌프에 필요한 동력을 구하라.

풀이)

속도비내에 길이비를 대입하면 시간비는

$$V_r = \frac{L_r}{T_r} = 2, \ L_r = 8$$

$$T_r = \frac{L_r}{2} = \frac{8}{2} = 4$$

동일 유체를 모형과 원형에 이용하면 달리 규정하지 않는 한 $\rho_r = 1$ 이고 힘의 비는 식 (9.12)로부터 계산할 수 있다.

$$F_r = \rho_r L_r^{\ 4} T_r^{-2} = \frac{1 \times 8^4}{4^2} = 256$$

식 (9.15)로부터 동력비는

$$P_r = \frac{F_r L_r}{T_r} = \frac{256 \times 8}{4} = 512$$

모형펌프에 필요한 동력은

$$P_m = \frac{P_p}{P_r} = \frac{59{,}680}{512} = 116.6\text{W} = 0.156\text{hp}$$

예제 9.4

모형은 (a) 기하학적으로 유사 (b) $Q/A\sqrt{2gH}$ 로 정의된 같은 유량계수 (c) 유속과 주위속도의 비 $\omega D(Q/A)$가 같은 수리기계의 원형을 연구하기 위해 설계되었다. 유량 Q, 수두 H, 직경 D 그리고 회전 가속도 ω항의 축척비를 구하라.

풀이)

길이의 단위로 표현되는 에너지 수두 H는 선형길이 차원으로써 모형화할 필요가 없다는 것을 인정하는 것이 중요하다. 유속과 주위속도의 비가 같기 위해

$$\frac{\omega_p D_p}{Q_p/A_p} = \frac{\omega_m D_m}{Q_m/A_m}$$

또는

$$\frac{\omega_r D_r A_r}{Q_r} = \frac{T^{-1} L_r L_r^{\ 2}}{L_r^{\ 3} T_r^{-1}} = 1$$

같은 유량계수를 갖기 위해

$$\frac{Q_p/(A_p\sqrt{2gH_p})}{Q_m/(A_m\sqrt{2gH_m})} = \frac{Q_r}{A_r\sqrt{(gH)_r}} = 1$$

또는

$$\frac{L_r^{\ 3} T_r^{-1}}{L_r^{\ 2}(gH)_r^{\ 1/2}} = 1$$

$$(gH)_r = \frac{L_r^{\ 2}}{T_r^{\ 2}}$$

중력가속도 g는 모형과 원형에서 같으므로

$$H_r = L_r^{\ 2} T_r^{-2}$$

다른 비는

유량비 $Q_r = L_r^{\ 3} T_r^{-1}$

직경비 $D_r = L_r$

각속도비 $\omega_r = T_r^{-1}$

9.3 점성력에 의해 지배되는 현상 - Reynolds수 법칙

물운동은 항상 관성력을 포함한다. 관성력과 점성력을 단지 운동을 지배하는 것으로 고려할 수 있으면 모형과 원형에서 일치하는 입자에 작용하는 이들 힘의 비는 Reynolds 법칙으로 정의한다.

$$N_R = \frac{\text{관성력}}{\text{점성력}} \tag{9.16}$$

관성력은 Newton운동의 제 2법칙 $F = ma$로 정의하며 식 (9.17)의 비로서 표현할 수 있다.

$$F_r = M_r \times \frac{L_r}{T_r^{\ 2}} = \rho_r L_r^{\ 4} T_r^{-2} \tag{9.17}$$

점성력은 Newton의 점성법칙으로 정의된다.

$$F = \mu\left(\frac{dV}{dL}\right)A$$

$$F_r = \frac{\mu_p\left(\frac{dV}{dL}\right)_p A_p}{\mu_m\left(\frac{dV}{dL}\right)_m A_m} = \mu_r L_r^{\ 2} T_r^{-1} \tag{9.18}$$

여기서, μ는 점성계수이고 V는 속도를 표시한다. 식 (9.17)과 (9.18)로부터 F_r의 값을 같게 놓으면

$$\rho L_r^{\,4} T_r^{-2} = \mu_r L_r^{\,2} T_r^{-1}$$

$$\frac{\rho_r L_r^{\,4} T_r^{-2}}{\mu_r L_r^{\,2} T_r^{-1}} = \frac{\rho_r L_r^{\,2}}{\mu_r T_r} = \frac{\rho_r L_r V_r}{\mu_r} = 1 \tag{9.19}$$

상기 방정식을 재정리하면

$$\frac{\dfrac{\rho_p L_p V_p}{\mu_p}}{\dfrac{\rho_m L_m V_m}{\mu_m}} = 1$$

또는

$$\frac{\rho_p L_p V_p}{\mu_p} = \frac{\rho_m L_m V_m}{\mu_m} = N_R \tag{9.20}$$

표 9.1 Reynolds수 법칙에 대한 축척비(ρ_r =1, μ_r =1)

기하학적 상사	운동학적 상사	동력학적 상사
길이 L_r 면적 $L_r^{\,2}$ 체적 $L_r^{\,3}$	시 간 $L_r^{\,2}$ 속 도 $L_r^{\,-1}$ 가 속 도 $L_r^{\,-3}$ 유량 L_r 각 속 도 $L_r^{\,-2}$ 각가속도 $L_r^{\,-4}$	힘 1 질량 $L_r^{\,3}$ 일 L_r 동력 $L_r^{\,-1}$

위의 방정식은 관성력과 점성력을 단지 물의 운동을 지배하는 힘으로 고려할 때를 표현하며 모형과 원형의 Reynolds 수는 같은 값을 유지해야 한다.

모형과 원형에서 사용한 유체가 동일한 경우 많은 물리량에 대한 축척비는 Reynolds 법칙을 기초로 유도할 수 있으며 이들 양은 표 9.1과 같다.

예제 9.5

변이과정을 연구하기 위해 축척 10 : 1인 모형을 만들었다. 원형에는 물을 이용하고 점

성력이 지배적이다. 모형에 (a)물 (b) 물보다 점성이 5배 크며 $\rho_{oil} = 0.8\rho_w$ 인 기름을 이용할 때 시간과 힘의 비를 계산하라.

풀이)

(a) 표 9.1로부터

$$T_r = L_r^{\ 2} = 10^2 = 100$$

$$V_r = L_r^{-1} = 10^{-1} = 0.1$$

$$F_r = 1$$

(b) Reynolds수 법칙으로부터

$$\frac{\rho_p L_p V_p}{\mu_p} = \frac{\rho_m L_m V_m}{\mu_m}$$

$$\frac{\rho_r L_r V_r}{\mu_r} = 1$$

점성과 밀도의 비로부터 각각

$$\mu_r = \frac{\mu_p}{\mu_m} = \frac{\mu_w}{\mu_{oil}} = \frac{\mu_w}{5\mu_w} = 0.2$$

$$\rho_r = \frac{\rho_p}{\rho_m} = \frac{\rho_w}{\rho_{oil}} = \frac{\rho_w}{0.8\rho_w} = 1.25$$

Reynolds수 법칙으로부터

$$V_r = \frac{\mu_r}{\rho_r L_r} = \frac{0.2}{12.5 \times 10} = 0.016$$

시간비는

$$T_r = \frac{L_r}{V_r} = \frac{\rho_r L_r^{\ 2}}{\mu_r} = \frac{1.25 \times 10^2}{0.2} = 625$$

힘의 비는

$$F_r = \frac{\rho_r L_r^{\ 4}}{T_r^{\ 2}} = \frac{\rho_r L_r^{\ 4}}{\left(\dfrac{\rho_r^{\ 2} L_r^{\ 4}}{\mu_r^{\ 2}}\right)} = \frac{\mu_r^{\ 2}}{\rho_r} = \frac{0.2^2}{1.25} = 0.032$$

이 예제는 모형유체 선택의 중요성을 설명한다. 모형에 이용된 액체의 성질은 Reynolds수 모형의 실행에 크게 영향을 준다.

9.4 중력에 의해 지배되는 현상 - Froude수 법칙

관성력과 중력이 단지 유체운동을 지배하는 힘이라고 생각할 때 모형과 원형에서 일치하는 유체요소에 작용하는 관성력비는 식 (9.21)로 정의할 수 있다.

$$\frac{F_p}{F_m} = \rho_r L_r^{\ 4} T_r^{-2} \tag{9.21}$$

그리고 중력비는 일치하는 유체요소의 무게로 결정한다.

$$\frac{F_p}{F_m} = \frac{M_p g_p}{M_m g_m} = \frac{\rho_p g_p L_p^{\ 3}}{\rho_m g_m L_m^{\ 3}} = \rho_r g_r L_r^{\ 3} \tag{9.22}$$

식 (9.17)과 (9.22)로부터 값을 같다고 놓으면

$$\rho_r L_r^{\ 4} T_r^{-2} = \rho_r g_r L_r^{\ 3}$$

다시 정리하면

$$g_r L_r = \frac{L_r^{\ 2}}{T_r^{\ 2}} = V_r^{\ 2}$$

또는

$$\frac{V_r}{g_r^{1/2} L_r^{\ 1/2}} = 1 \tag{9.23}$$

$$\frac{\dfrac{V_p}{g_p^{1/2} L_p^{\ 1/2}}}{\dfrac{V_m}{g_m^{1/2} L_m^{\ 1/2}}} = 1$$

그러므로

$$\frac{V_p}{g_p^{1/2} L_p^{\ 1/2}} = \frac{V_m}{g_m^{1/2} L_m^{\ 1/2}} = N_F \ \text{(Froude수)} \tag{9.24}$$

다시 말해 관성력과 중력이 단지 유체운동을 지배하는 힘이라고 생각하면 모형과 원형의 Froude수는 같은 값을 가져야 한다. 모형과 원형에 이용된 유체가 같고 같은 중력계에

지배된다면 많은 물리량은 Froude수 법칙을 기초로 유도할 수 있으며 이들 양은 표 9.2와 같다.

표 9.2 Froude수 법칙에 대한 축척비(g_r =1, ρ_r =1)

기하학적 상사	운동학적 상사	동력학적 상사
길이 L_r	시 간 $L_r^{1/2}$	힘 L_r^{3}
면적 L_r^{2}	속 도 $L_r^{1/2}$	질량 L_r^{3}
체적 L_r^{3}	가 속 도 1	일 L_r^{4}
	유량 $L_r^{5/2}$	동력 $L_r^{7/2}$
	각 속 도 $L_r^{-1/2}$	
	각가속도 L_r^{-1}	

예제 9.6

Froude수 법칙을 만족하기 위해 길이 30m인 개수로 모형을 만들었다. 원형유량이 700m^3/s일 때 축척 20 : 1인 모형에서의 흐름은 얼마인가? 힘의 비를 구하라.

풀이)

표 9.2로부터 유량비는

$$Q_r = L_r^{5/2} = (20)^{5/2} = 1,789$$

모형유량은

$$Q_m = \frac{Q_p}{Q_r} = \frac{700}{1,789} = 0.391\text{m}^3/\text{s}$$

힘의 비는

$$F_r = \frac{F_p}{F_m} = L_r^{3} = 20^3 = 8,000$$

9.5 표면장력에 의해 지배되는 현상 - Weber수 법칙

표면장력은 액체의 표면에 관한 에너지 높이의 측정이다. 수공학에서 실제로 그 힘은 미소표면파의 운동 혹은 저류탱크 또는 저수지 같은 큰 수체로부터 증발의 통제연구에 가장 중요하게 된다.

σ로 표시하는 표면장력은 단위길이당 힘을 측정하므로 그 힘은 F = σL이다. 원형과 모형에서 유사한 표면장력의 비는

$$F_r = \frac{F_p}{F_m} = \frac{\sigma_p L_p}{\sigma_m L_m} = \sigma_r L_r \tag{9.25}$$

표면장력과 관성력비가 같으므로 [식 (9.17)]

$$\sigma_r L_r = \rho_r \frac{L_r^{\ 4}}{T_r^{\ 2}}$$

$$\therefore \ T_r = \left(\frac{\rho_r}{\sigma_r}\right)^{1/2} L_r^{\ 3/2} \tag{9.26}$$

$V_r = L_r / T_r$의 기초관계 T_r을 대입하여 상기 방정식을 재정리하면

$$V_r = \frac{L_r}{\left(\frac{\rho_r}{\sigma_r}\right)^{1/2} L_r^{\ 3/2}} = \left(\frac{\sigma_r}{\rho_r L_r}\right)^{1/2}$$

$$\text{혹은} \quad \frac{\rho_r V_r^2 L_r}{\sigma_r} = 1 \tag{9.27}$$

그러므로

$$\frac{\rho_p V_p^{\ 2} L_p}{\sigma_p} = \frac{\rho_m V_m^{\ 2} L_m}{\sigma_m} = N_w \quad \text{(Weber수)} \tag{9.28}$$

다시 말해 Weber수는 표면장력에 의해 지배되는 현상을 연구하기 위해 모형과 원형에서 같은 값을 가져야 한다. 모형과 원형에서 같은 액체를 이용한다면(ρ_r = 1.0, σ_r = 1.0) 위의 관계는 간단해 진다.

$$V_r^2 L_r = 1$$

혹은

$$V_r = L_r^{\ 1/2} \tag{9.29}$$

$V_r = L_r / T_r$이므로

$$\frac{L_r}{T_r} = L_r^{\ 1/2}$$

$$\therefore \ T_r = L_r^{\ 3/2} \tag{9.30}$$

9.6 중력과 점성력에 의해 지배되는 현상

물을 통과하는 배표면의 운동 혹은 개수로에서 천수파 전파의 경우에 중력과 점성력은 둘 다 중요하다. 이들 현상의 연구는 Froude수와 Reynolds수 법칙을 동시에 만족하는 것을 필요로 한다.

$$\frac{\rho_r L_r V_r}{\mu_r} = \frac{V_r}{(g_r L_r)^{1/2}}$$

모형과 원형 둘 다 중력계의 영향을 받는다고 가정하면 $g_r = 1$이고 $\nu = \mu/\rho$를 도입하면 위의 관계는 간단해진다.

$$\nu_r = L_r^{\ 3/2} \tag{9.31}$$

이 요구는 축척비의 3/2승과 같은 물의 동점성 계수비를 갖는 특정한 모형유체를 선택하여야 한다. 일반적으로 이 요구는 쉬운 일이 아니다. 예를 들면 1 : 10축척모형은 모형유체가 물보다 30배 작은 동점성계수를 가져야 하며 실제로 불가능하다.

특정한 현상에서 두 힘의 상대적 중요성에 따라 두 가지 방법을 사용할 수 있다. 배저항의 경우에서 배모형은 Reynolds 모형법칙에 따라 제작하고 Froude수 법칙에 따라 예인탱크를 작동한다. 개수로에서 천수파의 경우 Manning's 공식과 같은 경험관계를 Froude수 법칙에 따라 파측정에 대한 보조 조건으로 이용한다.

9.7 부체와 수중체에 대한 모형

부체와 수중체에 대한 모형연구는 첫째, 운동하는 배의 경계에서 마찰항력(friction drag) 둘째, 경계현상에 의해 배경계로부터 박리로 인한 와항력(formdrag) 셋째, 중력파의 발생에 소모된 힘 넷째, 파에 저항하는 물체의 안정성과 물체에 관한 파력 등에 관한 정보를 얻기 위해 수행한다.

첫째, 둘째 힘은 엄격히 점성현상이므로 모형은 Reynolds수 법칙에 따라 설계해야 한다. 셋째 힘은 중력이 현상을 지배하므로 Froude수 법칙을 적용하여 해석해야 한다. 모든 세 가지 측정은 예인 물탱크에서 동시에 수행해야 하며 자료해석에서 마찰력과 와항력은 알고 있는 식과 항력계수를 이용하여 측정으로부터 첫째로 계산한다. 물 표면을 통해 배를 예인하여 측정된 잔여힘은 중력파 발생에서 소모된 힘이고 Froude수 법칙에 의해 원형값으로 일정한 비율만큼 늘린다.

해석절차는 예제 9.7에서 설명한다. 잠수함 같은 떠 있는 배는 배에 관한 표면파의 영향을 무시하므로 Froude수 모형은 필요하지 않다. 고정된 해양구조물에 관한 파력과 안정성을 연구하기 위해 관성력의 영향을 고려해야 한다. 관성력 $F_i = M' \cdot a$ 는 원형 크기로부터 직접 계산할 수 있다. 여기서 M는 물 아래 잠김 구조물 부분에 의해 배제된 물의 질량(실제질량)이고 a는 물 질량의 가속도이다.

예제 9.7

물아래 잠긴 최대 횡단면적 0.78m^{2}을 갖는 배모형은 0.9m길이를 갖는다. 모형은 파 탱크에서 0.5m/s로 예인된다. 배의 특정한 형상에 대해 항력계수는

$$C_D = 0.06/{N_{Re}}^{0.25} \qquad (10^4 \le N_{Re} \le 10^6)$$

$$C_D = 0.0018 \qquad (N_{Re} > 10^6)$$

1 : 50모형에 대해 Froude수 법칙을 적용한다. 실험기간 동안 0.40N의 총 힘을 측정했다. 원형배에 관한 총저항력을 구하라.

풀이)

Froude수 법칙을 기초로 속도비를 결정한다.

$$V_r = {L_r}^{1/2} = 50^{1/2} = 7.07$$

배의 대응 속도는

$$V_p = V_r \times V_m = 0.5 \times 7.07 = 3.54\text{m/s}$$

모형에 대한 Reynolds수는

$$N_{Re} = \frac{V_m \times L_m}{\nu} = \frac{0.5 \times 0.9}{1.003 \times 10^{-6}} = 4.49 \times 10^5$$

그리고 모형에 대한 항력계수는

$$C_{Dm} = \frac{0.06}{(4.49 \times 10^5)^{1/4}} = 0.0023$$

배에 관한 항력 $D = C_D(1/2\rho A V^2)$으로 정의하고 ρ는 물의 밀도, A는 운동방향의 연직평면에 관한 배의 잠긴 부분의 투영면적이다. 그러므로 모형항력은 다음과 같이 계산할 수 있다.

$$D_m = C_{Dm}\left(\frac{1}{2}\rho_m A_m V_m^{\ 2}\right)$$

$$= 0.0023 \times \frac{1}{2} \times 1{,}000 \times 0.78 \times 0.5^2 = 0.2243\text{N}$$

모형 파저항은 측정된 예인력과 항력 사이의 차이이다.

$$F_w = 0.4 - 0.2243 = 0.1757\text{N}$$

원형에 대한 Reynolds 수는

$$N_{Re} = \frac{V_p L_p}{\nu_p} = \frac{V_p L_r L_m}{\nu_p} = 1.59 \times 10^8$$

원형배의 항력계수는 $C_{Dp} = 0.0018$ 그리고 항력은

$$D_p = C_{Dp}\left(\frac{1}{2}\rho_p A_p V_p^{\ 2}\right) = C_{Dp}\left(\frac{1}{2}\rho_p A_m L_r^{\ 2} V_p^{\ 2}\right)$$

$$= 21{,}937\text{N}$$

원형배에 관한 파저항은 Froude수 법칙을 적용하여 계산한다.

$$F_{\wp} = F_{wr} \times F_{wm} = L_r^{\ 3} \times F_{wm} = 21{,}963\text{N}$$

그러므로 원형에 관한 총 저항력은

$$F = D_p + F_{\wp} = 21{,}937 + 21{,}963 = 43{,}900\text{N}$$

9.8 개수로 모형

개수로 모형은 속도, 유량-경사관계 혹은 하상 형상의 변화에 관한 흐름양상의 영향을 연구하기 위해 이용된다. 전자의 적용에 대해서는 상대적으로 하천수로의 긴구간을 모형화할 수 있다. 이들 적용에서 하상현상의 변화에 의한 영향은 2차적으로 관계되어 고정상 모형(fixed-bed model)을 이용한다. 기본적으로 이 모형은 측정한 수로에서 속도-경사관계 연구에 이용되므로 하상조도의 영향이 중요하다.

Manning방정식 같은 경험관계는 원형과 모형 사이가 유사하다고 가정하여 이용한다.

$$V_r = \frac{V_p}{V_m} = \frac{\frac{1}{n_p} {R_{Hp}}^{2/3} S_p^{1/2}}{\frac{1}{n_m} {R_{Hm}}^{2/3} {S_m}^{1/2}} = \frac{1}{n_r} {R_{Hr}}^{2/3} {S_r}^{1/2} \tag{9.32}$$

모형이 수평차원($\overline{X}$)과 연직차원($\overline{Y}$)에 대해 같은 축척비로 제작되었으면 왜곡되지 않은 모형(undistorted model)이라 한다.

$$R_{Hr} = \overline{X}_r = \overline{Y}_r = L_r \quad \text{그리고} \quad S_r = 1$$

$$V_r = \frac{1}{n_r} {L_r}^{2/3} \tag{9.33}$$

Manning's 조도계수 $n \propto R^{1/6}$이므로

$$n_r = {L_r}^{1/6} \tag{9.34}$$

이 모형은 실제적인 측정을 할 수 없으므로 아주 작은 모형속도를 나타내는 모형수심은 흐름의 물리적 특성이 변경되도록 얇아야 한다. 그러한 상황은 연직축척과 수평축척이 같지 않고 $\overline{X}_r > \overline{Y}_r$인 왜곡모형(distorted model)을 이용하여 해결한다. 이 의미는

$$S_r = \frac{S_p}{S_m} = \frac{\overline{Y}_r}{\overline{X}_r} < 1$$

그러므로 $S_m > S_p$ 혹은 모형에 대해 큰 경사를 말한다. Manning방정식의 이용은 모형과 원형에서 완전히 난류를 필요로 한다.

유사이동, 침식 혹은 퇴적의 문제를 포함하는 개수로 모형은 이동상 모형이 필요하다. 이동할 수 있는 수로바닥은 수로바닥에서 흐름의 힘에 반응하여 움직일 수 있는 모래 혹은 다른 고정되지 않은 재료로 구성한다. 정상적으로 이는 모형축척에 따라 하상재료의 크기를 실천할 수 없으므로 연직축척 왜곡은 하상재료 이동에 영향을 미치는 충분한 소류력을 준비하기 위해 이동상 모형에 적용한다. 정량적 상사는 이동상 모형에서 얻기 어렵다. 어떤 유사 연구수행을 위하여 모형은 많은 현장측정에 의해 정량적으로 수정하는 것이 중요하다.

예제 9.8

10km 하천 구간(7km 길이 면적에서 사행구간)에서 유사이동에 관한 조석파의 영향을 연구하기 위해 개수로 모형을 만들었다. 구간의 평균수심과 폭은 각각 4m와 50m이고 유량은 850m³/s이다. Manning's 조도계수 n_p = 0.035이다. 모형을 길이 18m 실험실에 설치한다면 알맞은 축척과 모형유량을 구하라.

풀이)

표면파 현상에서 중력이 지배적이다. Froued수 법칙을 모형화에 이용할 것이다. 실험실 길이가 수평축척으로 제한되므로

$$\overline{X}_r = \frac{L_p}{L_m} = \frac{7,000}{18} = 389$$

편리하게 L_r = 400을 이용, 연직축척은 표면경사 측정에 충분한 $\overline{Y}_r$ = 80을 이용할 수 있다고 판단된다. 동수반경을 개수로에서 특성차원으로 생각하고 큰 폭과 깊이비에 대 한 동수반경은 대략 수심과 같다.

$$R_{Hr} = \overline{Y}_r = 80$$

$$N_R = \frac{V_r}{g_r^{1/2} R_{Hr}^{1/2}} = 1$$

$$\therefore V_r = R_{Hr}^{1/2} = \overline{Y}_r^{1/2} = 80^{1/2} \tag{9.35}$$

Manning's 공식을 이용하여

$$V_r = \frac{V_p}{V_m} = \frac{1}{n_r} R_{Hr}^{2/3} S_r^{1/2}, \quad S_r = \frac{\overline{Y}_r}{\overline{X}_r}$$

$$n_r = \frac{R_{Hr}^{2/3} S_r^{1/2}}{V_r} = \frac{\overline{Y}_r^{2/3}\left(\frac{\overline{Y}_r}{\overline{X}_r}\right)^{1/2}}{\overline{Y}_r^{1/2}} = \frac{\overline{Y}_r^{2/3}}{\overline{X}_r^{1/2}}$$

$$= \frac{(80)^{2/3}}{(400)^{1/2}} = 0.928$$

그러므로 $n_m = \frac{n_p}{n_r} = \frac{0.035}{0.928} = 0.038$

유량비는

$$Q_r = A_r \times V_r = \overline{X}_r \overline{Y}_r V_r = \overline{X}_r \overline{Y}_r^{3/2} = 400 \times 80^{3/2} = 286,217$$

필요한 모형유량은

$$Q_m = \frac{Q_p}{Q_r} = \frac{850}{286,217} = 0.003\text{m/s}$$

Manning공식을 이용하기 위해 모형에서 난류를 확보해야 한다. 모형에서 난류조건을 수정하기 위하여 모형 Reynolds수의 계산이 필요하다. 수평 원형속도는

$$V_p = \frac{850m^3/s}{4\times 50m} = 4.25m/s$$

$$\therefore V_m = \frac{V_p}{V_r} = \frac{4.25}{(80)^{1/2}} = 0.475m/s$$

모형 Reynolds수는

$$N_R = \frac{V_m \overline{Y}_m}{\nu} = \frac{0.475\times 0.05}{1.1\times 10^{-6}} = 21{,}598$$

한계 Reynolds수 (2,000)보다 크므로 흐름은 모형에서 난류이다.

연습문제

Q9.1 안벽구조물이 원형에 대한 파력을 연구하기 위해 길이 1m, 축척 1 : 30모형을 이용하였다. 모형에서 측정한 총 파력이 2.27N이고 속도축척이 1 : 10이면 원형의 단위길이당 힘을 구하라.

Q9.2 수문에 작용하는 모멘트를 1 : 125 축척모형인 실험실 물탱크에서 연구하였다. 모형에서 측정된 모멘트가 1.5N·m이라면 원형에 작용하는 모멘트를 구하라.

Q9.3 저수지 배수를 위해 설계된 원형수문을 연구하기 위해 1 : 100 축척모형으로 건설되었다. 모형저수지가 5.2min 배수하였다면 원형에서 배수하기 위해 얼마나 걸리는가?

Q9.4 월류형 여수로는 허용 최대수두 3m하에서 1,150m^3/s유량을 운반하기 위해 정상 100m 길이로 설계하였다. 원형여수로의 운영은 수리실험실에서 1:50 축척모형으로 연구하였다.

(a) 모형유량을 결정

(b) 여수로의 끝에서 측정된 모형속도는 3m/s이다. 원형에서 대응 속도를 구하라.

(c) 모형과 원형의 말단에서 Froude수는 얼마인가?

(d) 여수로의 끝에서 바켈 에너지 감쇄공에 대한 힘이 37.5N으로 측정되었다면 원형에 관한 대응힘을 구하라.

Q9.5 1,200rpm에서 1:5축척모형을 400rpm으로 회전할 때 30m 수두에서 1m^3/s를 생산하는 원심형 펌프의 원형연구에 이용하였다면 모형유량과 수두를 구하라.

Q9.6 Reynolds수 축척모형은 원형 수리장치의 성능연구에 이용하기 위하여 축척 1 : 5이고 20℃ 물을 이용하였다. 원형은 90℃ 물이 11.5m^3/s흐른다면 모형유량은 얼마인가?

Q9.7 85℃인 물을 운반하는 원형 관망에서 총 수두손실을 결정하기 위해 축척 1:10인 모형 상수도 관망으로 20℃물로 시험했다. 원형관은 직경 1m, 5m^3/s 유량을 운반하도록 설계되었다. 모형유량과 속도를 구하라. 모형으로부터 결정된 손실은 원형손실로 어떻게 전환하는가?

9.8 길이 300m 월류형 여수로는 3,600m^3/s가 흐르도록 설계되었다. 폭 1m인 실험실 수로에 축척 1:20인 댐의 횡단면을 설치하였다. 점성과 표면장력 영향을 무시하고 필요한 실험유량을 계산하라.

9.9 Froude수 법칙을 만족하는 원형의 성능을 연구하기 위해 축척 1:1,000인 조석모형을 이용하였다면 원형에서 주기 1일에 대응하는 모형에서 주기를 구하라.

9.10 최대속도 1m/s로 항진하도록 설계된 길이 100m인 배는 1:50축척모형으로 예인 탱크에서 연구하였다. Reynolds수 법칙과 Froude수 법칙에 대해 끌어당겨야 하는 모형속도를 구하라.

9.11 길이 100m인 배가 15℃ 담수에서 1.5m/s로 움직인다. 원형배의 1:100축척모형은 비중 0.9인 액체가 담겨진 예인 탱크에서 시험했다. Reynolds와 Froude수 법칙을 만족하기 위해 이 액체가 가져야 할 점성은 얼마인가?

9.12 1:250 배모형은 파탱크에서 예인되었고 파저항은 0.7N이었다. 대응하는 원형 파저항을 구하라.

9.13 길이 1m인 거룻배 모형은 1m/s속도로 예인 탱크에서 시험했다. 원형 길이가 150m이면 원형속도를 구하라. 모형은 흘수 2cm, 폭 10cm이다. 항력계수는 N_{RC} 〉 5×10^{2}일 때 C_D = 0.25이고 모형을 예인하기 위해 필요한 예인력은 0.3N이다. 수로에서 거룻배를 예인하기에 필요한 힘은 얼마인가?

9.14 폭 40m, 깊이 7.5m 그리고 300m^3/s의 유량을 운반하는 원형에서 유사조절을 연구하기 위해 배수로 모형을 만들었다. 연직축척 1:65 그리고 조도계수 n_p = 0.03일 경우 n_m = 0.02이면 연구를 위해 필요한 다른 비를 구하라.

9.15 하천구간의 흐름양상을 연구하기 위해 1:100 축척모형을 설치했다. 구간의 Manning's조도 n = 0.025이면 모형에서 n의 대응값은 얼마인가? n의 값을 모형화 할 수 없다면 연구로부터 결과되는 오차를 설명하라.

CHAPTER 10

암거 수리학

CHAPTER 10 암거 수리학

10.1 기본 개념

암거(culverts)는 도로 혹은 철도 제방같은 장애물을 통과하여 하천 혹은 수로를 나르는 구조물이다. 암거는 본래 양쪽의 방해없이 도로 혹은 철도아래로 물의 흐름을 허용하도록 제방에 놓인 관이다. 그림 10.1은 대표적인 암거와 제방의 배열을 나타내고 선단벽(headwall) 혹은 날개벽(wingwall)은 경사완화와 수리효율을 위해 상류와 하류 끝에 배치한다. 암거는 여러 가지 횡단면으로 만들며 그림 10.2에 나타냈다.

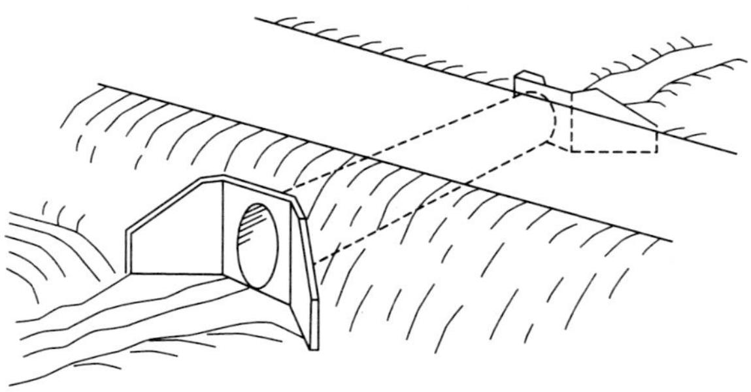

그림 10.1 도로 제방을 통과하는 대표적 암거

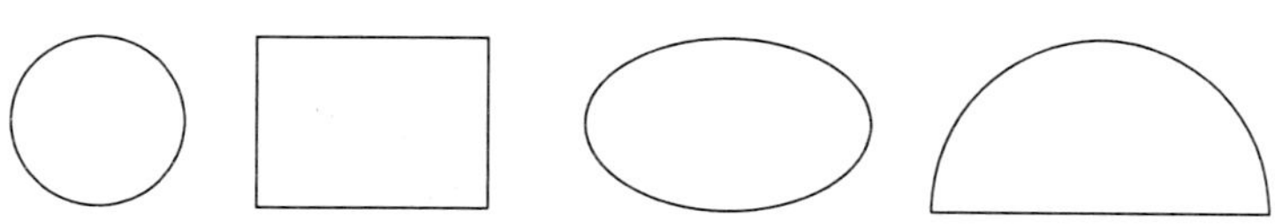

(a) 관　(b) 박스　(c) 타원형 관　(d) 아치

그림 10.2 대표적인 암거의 횡단면

입구는 대표적으로 경제적 혹은 관에 효율적인 유입에 대비하여 설계하고 통로는 최소마찰 저항으로 설계한다. 출구는 하류수로의 침식 방지를 위해 유속이 흩어지도록 설계

형태를 준비한다.

입구형태는 많은 종류가 있으나 대표적인 것은 돌출통, 날개벽을 갖는 콘트리트 그리고 제방경사에 연귀로 이어진 끝 등이며 그림 10.3과 같고, 유입구의 설계는 암거의 흐름 용량에 중요하게 영향을 미칠 수 있다.

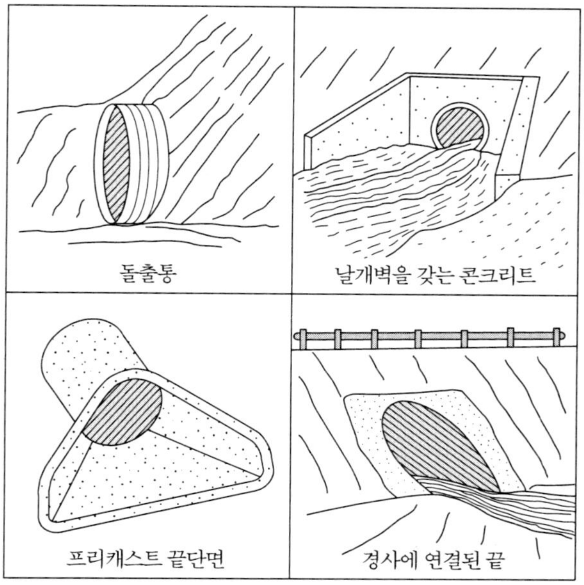

그림 10.3 대표적인 암거 입구 형태

암거의 수리학적 설계목적은 허용수두를 초과하지 않고 설계유량을 운반할 수 있는 가장 경제적 크기를 결정하는 것이다. 암거의 주요 성분은 일반적으로 입구, 통로, 출구 그리고 출구에너지 손실을 포함한다. 입구구조물은 암거의 수리조건을 개량하고 침식으로부터 제방을 보호하고 출구구조물은 세굴로부터 암거출구를 보호하기 위해 설계한다.

하천(수로)에서 흐름이 암거와 부딪힐 때, 암거는 흐름깊이에서 변형을 야기하는 수축을 경험한다. 물이 암거안으로 들어와 정체를 하고 있는 중에 후방으로 치솟고 암거안의 물의 속도는 빨라진다. 연속방정식 때문에 암거 유입구의 느린 유속의 물은 깊은 수심을 가지게 하고, 암거에서 더 빠른 유속의 물은 수심을 얕아지게 한다. 그림 10.4는 암거를 지나는 흐름의 전형적인 형태를 보여주고 또한 암거해석에 이용되는 많은 전문용어를 정의함에 있어 도움을 준다.

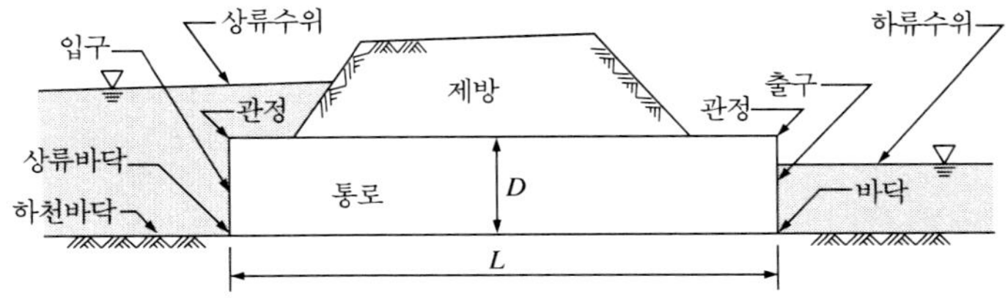

그림 10.4 암거해석에 이용되는 조건을 나타내는 대표적 암거 형상

또한 그림 10.5는 암거흐름의 주된 수리학적 구성요소를 나타낸다.

위에서 기술한 바와 같이 비록 암거흐름이 작용할지라도, 특수한 환경 때문에 흐름 형태의 몇몇의 변화들이 있다. 다음의 요인들이 암거를 지나는 흐름에 영향을 준다.

① 개수로의 폭(횡단면적)
② 입구형상
③ 암거의 길이
④ 암거의 조도
⑤ 경사
⑥ 하류 흐름(방수로의 물)의 깊이

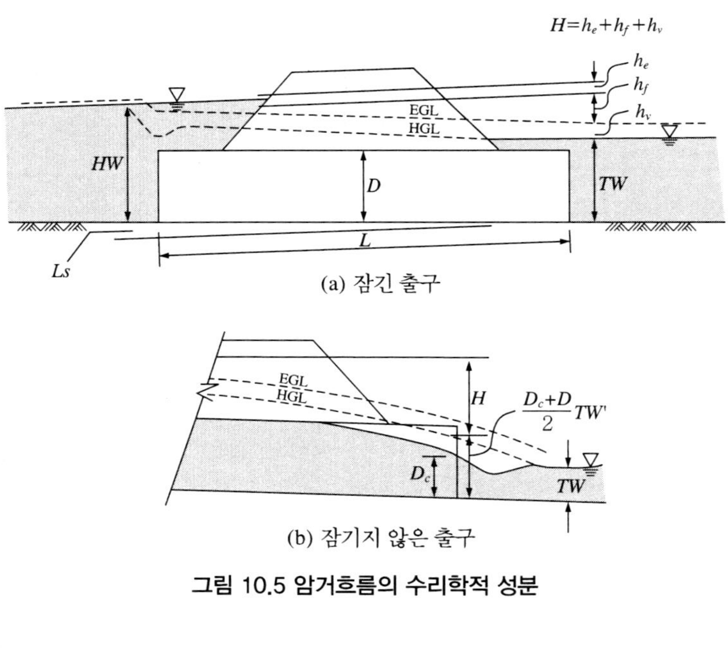

(a) 잠긴 출구

(b) 잠기지 않은 출구

그림 10.5 암거흐름의 수리학적 성분

하류수심 또는 방수로의 수심은 흐름 형태를 결정하는데 매우 중요하다. 하류수심은 일반적으로 하천의 특성에 의존하고 보통 암거와는 독립적이다. 하류수심은 일반적으로 하천의 등류수심을 계산함으로써 결정된다. 왜냐하면 그것은 암거의 하류에 존재하기 때문이다.

암거흐름의 몇몇 유형은 위의 요인들의 변화에 의해 확인되어진다. 예를 들어 하류수심은 암거의 관정보다 위 또는 아래에 있을지도 모른다. 또한 암거는 상대적으로 짧거나 길수도 있을지도 모른다. ; 긴 암거는 흐름에 대해 보다 많은 마찰손실을 가한다. 게다가 암거경사는 상류나 사류일지도 모른다. 우리는 많은 조건들의 결합이 가능하다는 것을 볼 수 있고 각 결합은 암거를 지나면서 다른 흐름 형태의 결과를 낳는다.

그러나 흐름 형태의 세부사항과 상관없이 단지 모형의 한 부분만이 암거해석과 주된 관계이다. : 상류 수심

상류부에서의 물의 깊이를 상류수심이라 하고 거기에는 암거를 통해 흐를때 위치에너지가 발생한다. 그리고 이 깊이가 주어진 암거의 적절한 용량이 측정되는 것을 볼수 있다. 하류의 수심은 하천에 의해서 결정되고 반면에 상류수심은 암거에 의해 결정된다. 이장에서는 다양한 흐름과 암거의 요인으로 어떻게 상류수심이 결정되는지를 다룰 것이다.

암거를 통해 물이 흐를때에 상류수심이 하류측 수심보다 크다. 우리는 이미 상류수심이 증가하면 암거에 수축이 생기는 것을 알고있다. 하지만 지금까지의 실험에 의하면 초기에 어떤 영향이 우세한지에 따라 수축은 암거의 유입부(암거 직상류)나 출구부(암거의 직하류)에서 발생된다. 입구에서 출구보다 더큰 수축이 발생한다면 암거는 입구통제로 조정할수 있고 만약에 출구끝에서 수축이 커지면 출구통제로 조정할수 있다.

10.2 암거내 흐름의 분류

일반적으로 배수시설로 설치되는 박스(box) 혹은 관(pipe)의 흐름은 다음 그림과 같이 크게 두 가지로 분류할 수 있다.

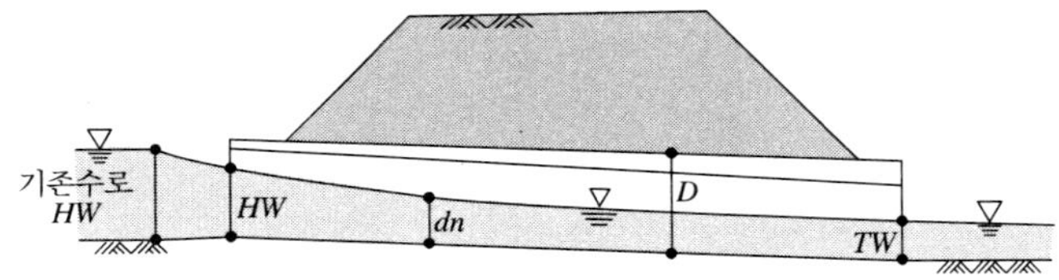

(a) 분류 – I

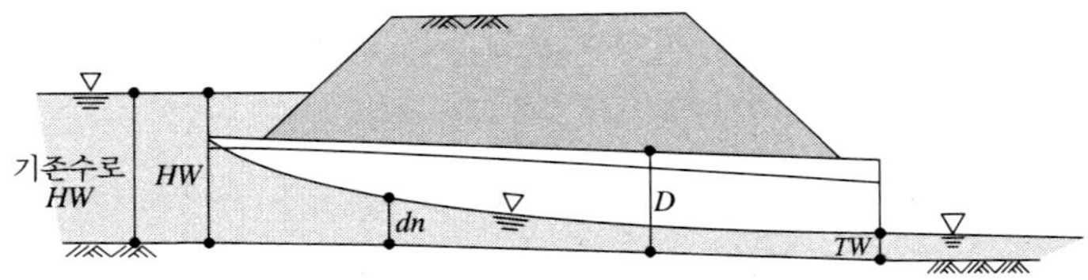

(b) 분류 – II

그림 10.6 흐름 형식 개념도

표 10.1 암거흐름의 분류

분류 – I	HW ≤ 1.2 D	암거의 유입부 및 유출부가 잠수되지 않은 상태 개수로의 흐름
분류 – II	① HW 〉 1.2 D 그리고 TW 〈 D	암거의 유입부는 잠수된 상태 암거의 유출부는 잠수되지 않은 상태 위어의 수리특성(개수로의 흐름)
	② HW 〉 1.2 D 그리고 TW 〉 D	암거의 유입부는 잠수된 상태 암거의 유출부도 잠수된 상태 관수로의 수리특성

분류－I에서 나타난 HW(입구수두)와 TW(출구수두)가 잠수되지 않은 흐름과 분류 II의 ①처럼 HW는 잠수되었지만 TW가 잠수되지 않아 자유수면을 갖는 흐름을 개수로 흐름이라 하고, 분류－Ⅱ의 ②처럼 HW와 TW가 모두 설치될 관경보다 커서 잠수되어 자유수면을 갖지 않는 흐름을 관수로 흐름이라 한다. 따라서, 암거의 수리 형상에 따라 개수로의 일반사항으로 암거를 해석해야 할 때도 있고, 관수로의 흐름(오리피스)으로 암거를 해석할 수도 있다.

이러한 특성을 고려한다면 일반적으로 산지부에서 유출되는 유량을 기존수로로 방류시킬 경우에는 분류－Ⅰ, 분류－Ⅱ의 ①처럼 개수로의 흐름을 유지하는 것이 적합하고 산지부 또는 유입부의 상황이 유량은 많으나 지형적인 요건으로 인해 큰 규격의 관을 설치하지 못하고, 저수지 혹은 수위가 높은 상태로 방류시킨다면 분류－Ⅱ의 ②처럼 관수로의 흐름까지 감안하여 설계할 수 있다. 그러나 도로배수의 경우는 우수의 완전배제를 원칙으로 하고 있으므로, 가급적 관수로의 흐름은 피하는 것이 바람직하다.

10.3 흐름의 유형

암거를 통과하는 수면곡선은 앞에서 언급한 조건에 따라 크게 변화한다. 가장 간단한 흐름이 발생하는 경우는 암거의 단면에서 상류와 하류의 흐름이 잘 소통될 때와 암거가 개수로와 같은 흐름을 가질 때이고 이 경우는 그림 10.7에 나타냈다. 하류수위가 관정보다 아래있을때는 암거를 통과할 때 물의 표면이 변화하지 않고 하류수심이 상류수심과 같다. 우리는 이런 형태의 흐름을 A형태의 흐름이라고 부른다. A형태의 전형적인 흐름은 낮은 흐름 상태일 때로 볼 수 있지만 희소하게나마 홍수상태일때도 있다.

다음 흐름의 유형은 B형태의 흐름이라고 한다. 이 흐름은 상류수심이 관정입구보다 위에 있을 때나 하류수심이 비교적 낮고 암거도 비교적 짧을 때 발생하고 이 흐름의 유형은 그림 10.8에 나타냈다. 이때는 암거 입구가 잠기고 암거는 오리피스와 같은 작용을 한다. 보통 암거에서 유형 B흐름은 입구에서 통제할 수 있다.

유형 C흐름은 유형 B와 유사한 상태일 때 발생하지만 암거가 비교적 길거나 흐름이 제한적이다. 보통 암거에서는 유형 C의 흐름은 출구에서 통제할 수 있다.

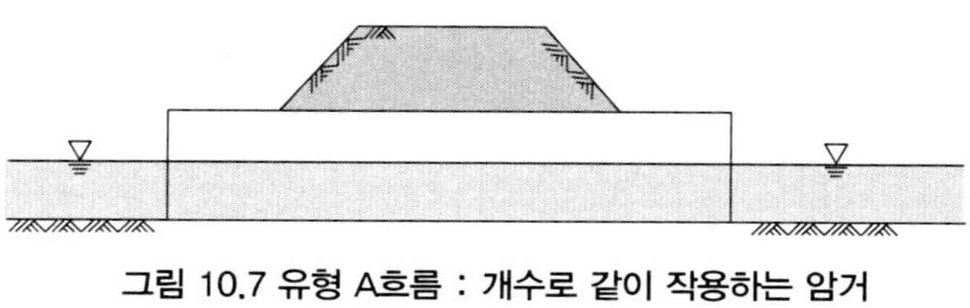

그림 10.7 유형 A흐름 : 개수로 같이 작용하는 암거

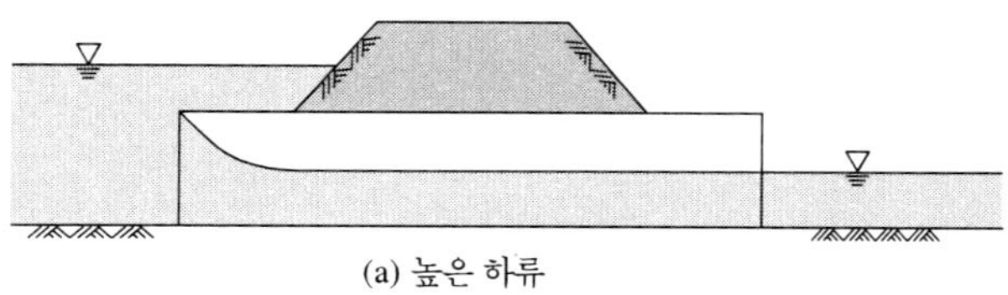

(a) 높은 하류

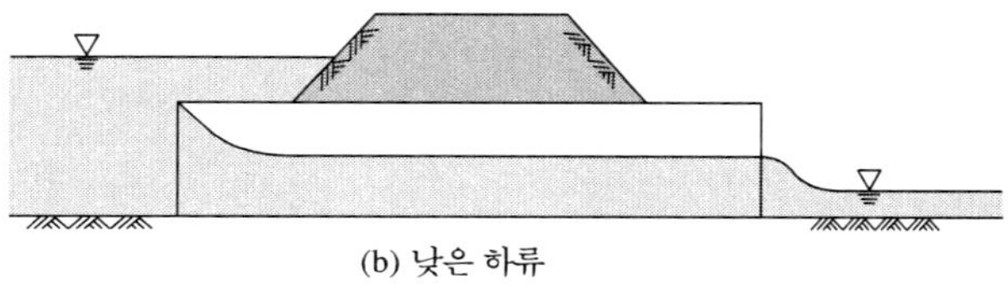

(b) 낮은 하류

그림 10.8 유형 B흐름 : 오리피스같이 작용하는 암거

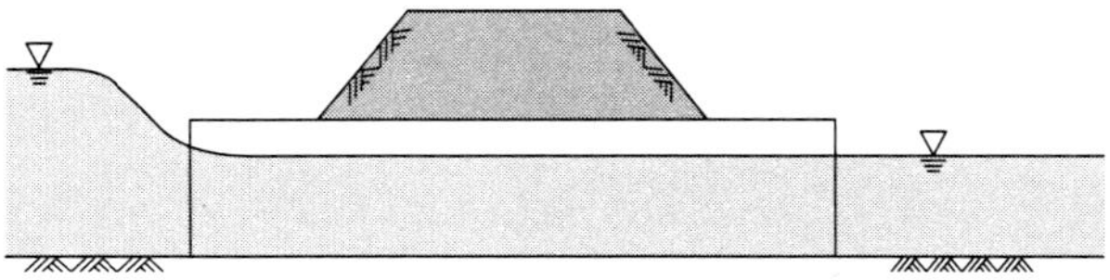

(a) 높은 하류

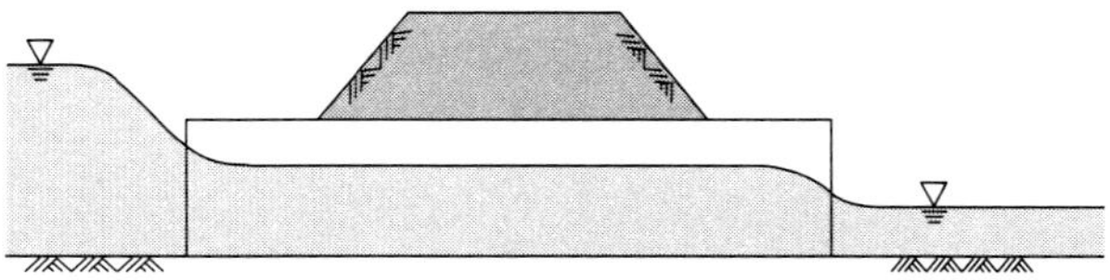

(b) 낮은 하류

그림 10.9 유형 C흐름 : 위어같이 작용하는 암거

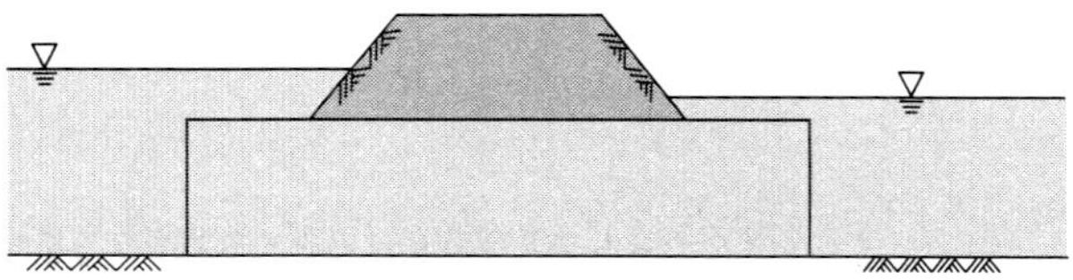

(a) 높은 하류

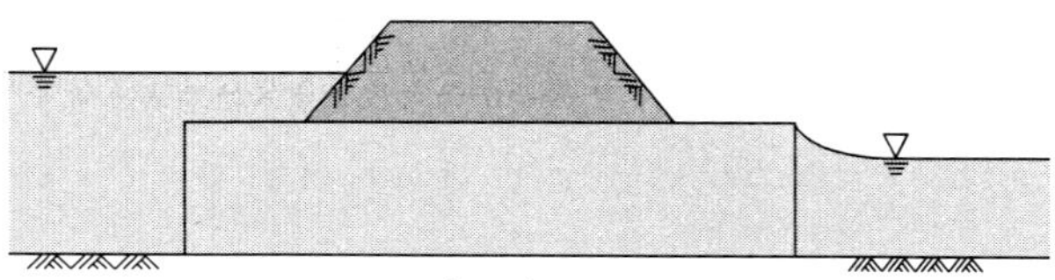

(b) 낮은 하류

그림 10.10 유형 D흐름 : 가득찬 관 같이 작용하는 암거

유형 D흐름은 하류수심이 관정보다 위에 있을 때나 비교적 높을 때 나타난다. 이 경우는 그림 10.10에 나타냈듯이 암거가 물로 가득 찬 관처럼 흐를 때이고 출구에서 통제할 수 있다.

암거내의 흐름은 사류흐름을 발생시킬 수 있는 암거의 경사와 같은 요인에 의해서 복잡해질 수 있다. 따라서 대부분의 암거해석에서의 흐름은 상류라고 가정하고 있다.

10.4 입구 통제(Inlet control)

입구통제는 암거의 입구를 지나가는 흐름이 암거속의 흐름이나 암거의 출구를 지나가는 흐름보다 강할(hard)때 발생하게 된다. 입구 통제의 중요한 요소는 입구의 단면적과 형상이다.

입구통제 조건하에 암거 거동의 상류 수심을 결정하기 위하여는 유량 Q와 입구의 폭 및 형상만 고려되어야 한다. 여기서 통로 길이, 조도, 경사 및 하류수심의 깊이와 같은 다른 요소들은 중요하지 않다. 주어진 암거가 유입구 또는 유출구 통제 중 어느 것에 영향을 받는지를 결정하는 방법을 나중에 다루게 될 것이다.

그림 10.11은 입구 통제 조건하의 암거의 예를 나타낸다. 각각의 경우에서, HW값은 입구의 관저(가장 낮은 점)로부터 측정한 상류의 수심를 나타낸다. 입구 통제하의 암거거동 계산에서 결정하려고 하는 것은 HW이다. (HW는 실제로 상류의 입구 관저에서 에너지경사선까지의 수직 거리를 나타낸다. 단, 대부분의 경우 에너지경사선은 물의 표면과 매우 가깝기 때문에 두 개의 선은 같다고 가정한다.)

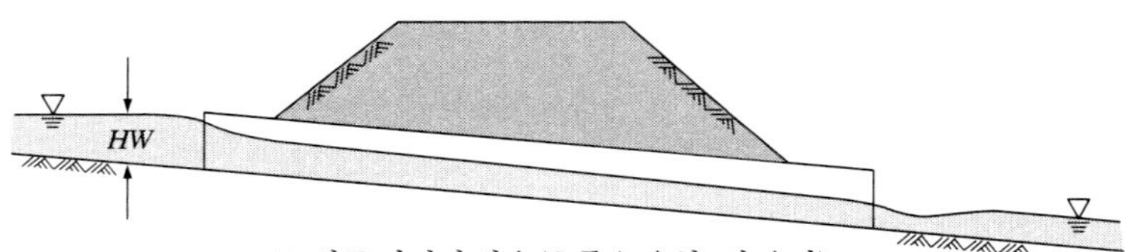

(a) 입구 잠기지 않음(흐름은 유형B와 유사)

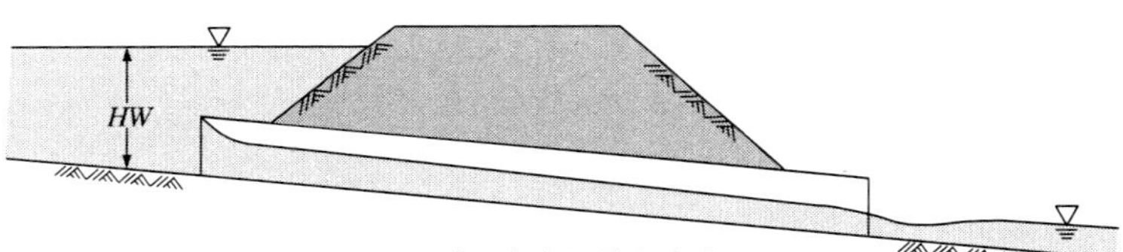

(b) 입구잠김(흐름유형B)

그림 10.11 입구통제하에 운용하는 암거의 예

도표는 HW를 결정하는데 수반된 난해한 수학적 계산을 피하기 위해 사용된다. 부록 B−1와 B−2에 첨부된 도표는 조사와 시험을 통해서 얻은 결과를 나타낸다. 하천유량(유량), 암거 입구 단면의 크기 및 모양 및 암거 통로입구 끝의 형상을 알아야 도표를 이용하여 HW를 결정할 수 있다.

예제 10.1

65cfs의 하천 유량을 가진 입구 통제하에 거동하는 직경 36인치 콘크리트 관 암거의 상류수심 HW를 결정하시오. 암거는 선단벽이 있고 가장자리에는 홈이 있다.

풀이)

부록 B−1에서 도표 2를 (콘크리트 관 암거의 입구 통제) 사용하여 왼쪽축척에서 관직경 그리고 중간축척에서 유량을 찾는다. 직선 가장자리를 이용하여 결정된 두 점을 연결하고 오른쪽 3개의 축척그룹의 왼쪽축척의 선을 연장한다. 이것이 축척 (1)이다. 마지막으로, 축척 (1)에서 축척 (2)까지를 수평선을 긋고 1.57의 HW/D의 값을 읽으십시오. 다음으로 :

$$HW = (1.57)D$$
$$= (1.57)(3)$$
$$= 4.71\,ft$$

따라서, 상류수심은 암거관 꼭대기보다 위인 4.71ft이다.

하천의 횡단면 형상은 이 경우에는 필요로 하지 않았다. 경사, 길이, 또는 관의 조도도 아니었다. 왜일까?

암거상류의 표고를 알고 싶다면 입구관저의 표고에 HW를 더하기만 하면 된다. 그러므로 유입구 관저가 450.00이라면 상류표고는 454.71이다.

일반적인 입구의 단면은 그림 10.2에서 보는 것과 같이 원형, 박스형, 타원형, 또는 아치형으로 나뉜다. 입구의 형상은 입구 통로 끝의 모양과 관련된다. 그림 10.12는 원형과 타원형의 관 암거에 일반적으로 사용하는 4가지의 유입구 형상 유형을 나타낸다. 입구의 형상은 그것의 작은 외관에도 불구하고 유입구 통제하에 거동하는 암거의 수용량에 많은 영향을 준다. 입구손실이 작아질수록 전반적으로 수용량은 더 커진다.

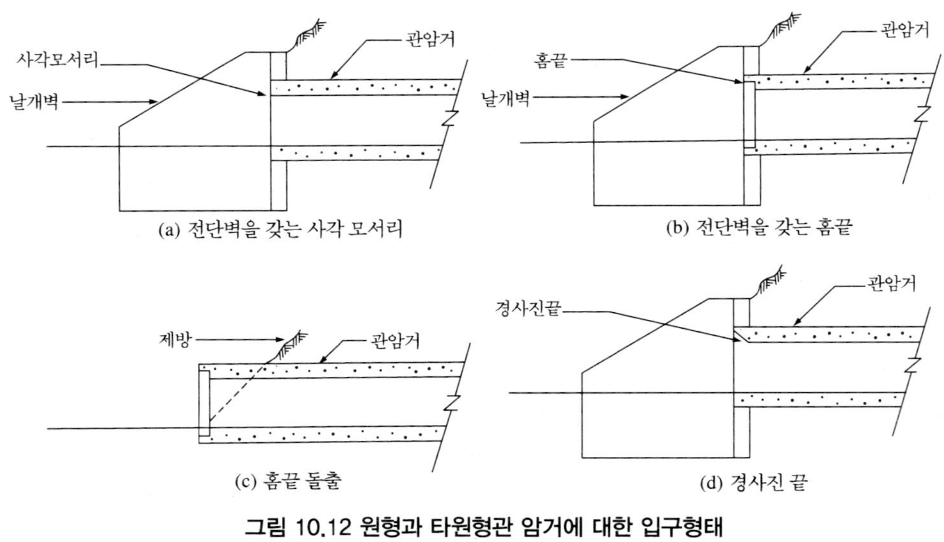

그림 10.12 원형과 타원형관 암거에 대한 입구형태

예제 10.2

80cfs의 하천 유량을 가진 유입구 통제하에 거동하는 3 × 6foot 콘크리트 박스 암거의 상류수심을 결정하십시오. 암거는 45도 벌어진 날개벽을 갖는다.

풀이)

부록 B−1에서 도표 1(유입구 통제를 가진 박스 암거)을 선정하십시오. 왼쪽축척에서 박스 (3ft)의 높이를 찾아내시오. 다음으로 Q/B 값을 계산하시오.

$$\frac{Q}{B} = \frac{80}{6}$$
$$= 13.3\,\mathrm{cfs/ft}$$

중간 축척에서 13.3cfs/ft를 찾아내고, 결정된 2개 점 연결하고, 도표의 오른쪽에 3개의 축척을 축척(1)에 연결하기 위하여 선을 확장하시오. 날개벽 벌어짐이 30°와 75°에서 만나기 때문에 축척(1)를 이용하여 0.91의 HW/D의 값을 읽으시오. 다음으로 :

$$HW = 0.91D$$
$$= 0.91 \times 3$$
$$= 2.73ft$$

따라서, 상류수심은 박스 암거의 관정의 아래인 2.73ft이다. 입구의 관저의 높이가 450.00일 때, 상류의 높이는 452.73이다.

10.5 출구통제(Outlet control)

출구통제는 조금 복잡하고 다른 절차이다. 출구통제는 암거의 입구로 흐름이 흘러들어 갈 때보다 암거의 길이를 통과하는 하천흐름이 거칠때 잘 발생한다. 암거상류(headwater)의 깊이를 계산하기 위하여 암거의 크기, 모양, 경사, 조도뿐만 아니라 암거 출구의 깊이(tailwater depth)도 먼저 알고 있어야 한다. 그림 10.13은 출구조절에 의하여 운영되는 암거의 예시를 나타내고 있다. 각각의 조건에서 암거상류의 수면고는 전수두 H를 암거 출구 끝의 동수경사선의 높이에 더함으로써 얻어진다. 그림 10.5에 나타나 있듯이 전수두 H에는 속도수두 h_v, 입구손실 h_e, 그리고 마찰손실 h_f를 포함하고 있다. 보통 출구에서의 압력수두는 '0'이고 동수경사선이 수표면과 일치하기 때문에 전수두 H에 압력수두는 포함되어 있지 않다.

그러나 그림 10.5(b)를 자세히 살펴보면 동수경사선이 출구의 수표면보다 높은 곳에 있다는 것을 확인할 수 있다. 이러한 경우에는 암거로부터 나오는 흐름이 압력의 영향을 받고 있는 상태이며 그때의 수심이 한계수심(Critical depth) D_c이다. 그림 10.5(b)에서 보듯이 출구에서 동수경사선의 높이는 TW'으로 표시된다. TW'의 정확한 값을 계산한다는 것은 어렵지만 적당한 TW'의 계산을 위해서 보통 한계수심과 암거직경의 합의 반을 사용한다. 따라서

$$TW' = \frac{D_c + D}{2} \tag{10.1}$$

출구의 수심이 관정보다 높으면 동수경사선은 수면고와 일치하게 되며 암거 상류의 수심(HW)은 TW에 H를 더한 후 L_s를 빼면 계산할 수 있다.

따라서

$$HW = TW + H - L_s \tag{10.2a}$$

동수경사선이 인버트 위에서 TW' 거리에 위치하여 있다면 HW는 다음과 같이 계산된다.

$$HW = TW' + H - L_s \tag{10.2b}$$

여기서 중요한 과제는 동수경사선의 위치를 결정하는 일이다. 그림 10.12에 나타나 있듯이 출구의 수심은 여러 가지 이유에 의하여 다양한 수심을 가질 수 있다는 것을 알 수 있다. 여기에는 하천의 경사가 평평하거나 급할 수 있고 유량이 많거나 적을 수 있으며, 혹은 암거가 짧거나 긴 경우 등 여러 가지 이유가 있을 수 있다. 따라서 출구의 수심이 관정보다 낮은 곳에 위치하고 있다면 동수경사선은 수면고와 같은 높이에 위치하거나 수면고보다 높은 곳에 위치할 수 있다. 만약 수면고와 같은 위치에 있다면 인버트 위에서 TW의 거리에 위치하게 된다. 실제의 상황에서는 TW와 TW'을 결정하는 것과 둘 중에 큰 것을 찾는 것이 문제이다. 따라서 HW를 결정할 때 $TW > TW'$이면 식 10.2a을 사용하고 $TW < TW'$이면 식 10.2b를 사용하면 된다.

H를 결정할 때 어려운 수학적 문제를 피하기 위하여 도해적 방법을 사용하기도 한다. 부록 B－2와 B－3에 제시된 차트는 여러 연구를 통하여 수정되어 온 것이다. 이 차트를 사용하기 위하여 유량, 암거의 크기, 모양, 조도, 그리고 입구 조건에 대하여 반드시 알아야 한다.

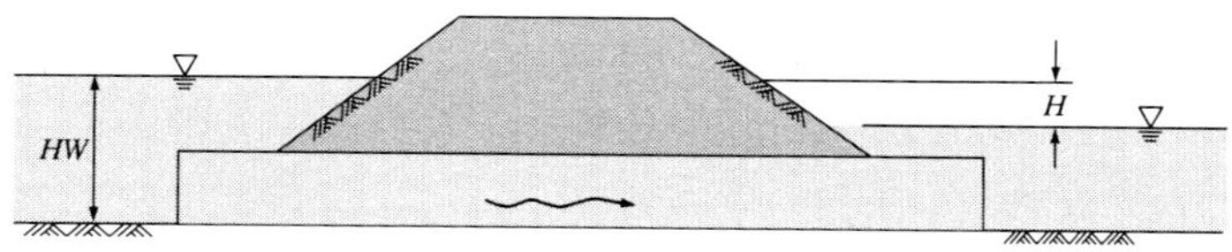

(a) 출구 잠김(암거는 출구통제)

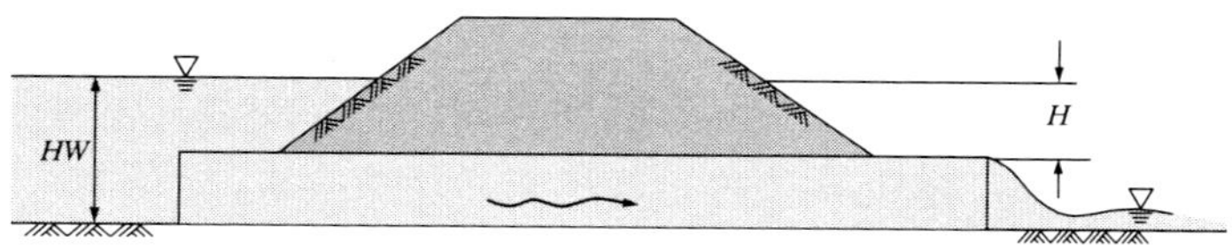

(b) 출구에서 가득 흐름(Q가 한계수심보다 충분히 클때 발생)

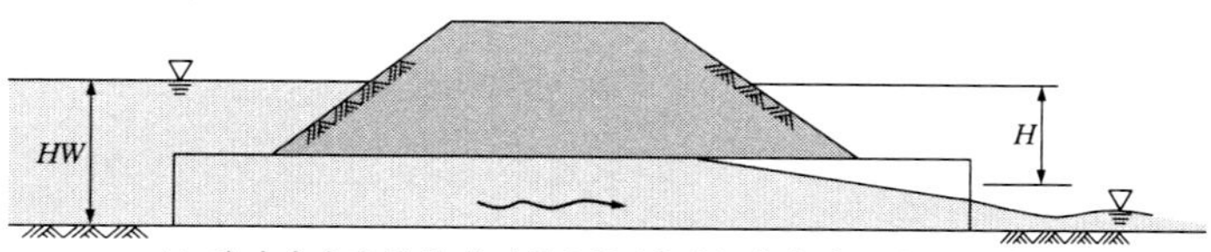

(c) 암거길이의 부분에 가득흐름(한계수심과 같은 출구수심)

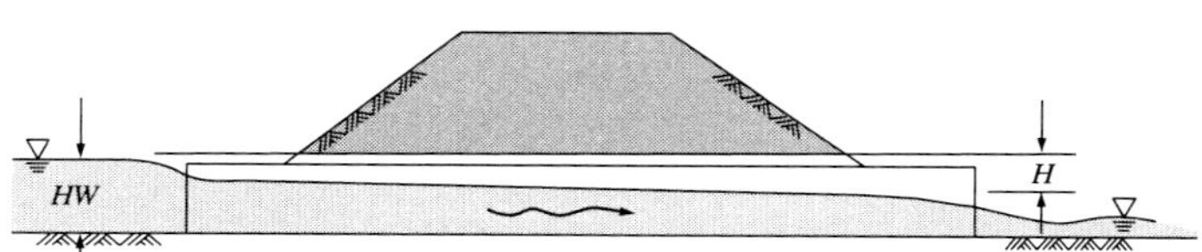

(d) 암거를 통하여 부분적 흐름(이 조건은 C와 같이 취급)

그림 10.13 출구통제하에 운영하는 암거의 예

주어진 암거를 분석할 때 그것이 입구통제의 영향을 받는지 출구통제의 영향을 받는지 보통 알지 못한다. 주어진 구체적인 변수들을 확인함으로써 어떤 통제에 영향을 받는지 알기위하여 여러 가지 수학적인 방법이 사용된다. 여기서 입구통제로 가정하여 상류수심 HW를 계산한 다음 다시 출구통제라고 가정하고 HW를 계산하여 두 가지의 답을 비교하는 간단한 방법이 있을 수 있다. 둘 중에서 어떤 HW가 크던지 해당 암거에 작용하는 통제를 파악할 수 있으며 그것이 답이 되는 것이다.

여러 가지의 암거 문제에서 상류수심을 결정하기 위하여 사용되는 적당한 방법은 입구통제와 출구통제를 모두 분석하여 본 후 두 결과값 중 큰 값을 HW로 결정하는 것이다.

하류수심 TW를 계산할 때 하류수로가 등류수심으로 흐르고 있거나 배수(back water)의 영향으로 장애물로서의 영향을 받고 있는지를(이 경우 등류수심 보다 높은 수위) 아는 것은 매우 중요하다. 본 장에 제시된 예제문제는 하류수로의 수위가 등류수심이라고 가정하고 있다. 만약 하류에 장애물(obstructions)이 있다면 하류수심은 등류수심보다 높을 것이다. 이러한 경우 다른 분석방법이 사용되어야 한다. 하류수심은 배수계산

(backwater computation)을 사용하여 계산되어야 한다. 배수계산에는 보통 미육군공병단에서 개발한 HEC-2 프로그램을 사용한다.

예제 10.3

3 × 3foot의 콘크리트 박스 암거가 출구통제 하에 있으며 80cms의 유량이 흘러갈 때 상류수심을 결정하여라. 암거의 길이는 100feet이고 45°의 날개벽과 관정은 직사각형 모양을 하고 있다. 하천과 암거의 경사는 0.2%이고 상류 바닥의 표고는 450.00이다.

풀이)

암거가 출구통제 하에 있으므로 출구의 끝에서부터 분석이 시작되어야 한다. 첫째로 하류수심이 결정되어야 하며 보통 Manning의 방정식으로 계산된다. 이 경우 계산을 간단하게 하기 위하여 암거 하류부 수로의 수심이 3.2feet로 계산되었다고 가정하자. 여기서 하류수심은 3.2feet이다.

하류수심이 관정보다 높기 때문에 한계수심을 결정할 필요가 없게 된다.

다음으로 그림 10.5(a)에 제시된 바와 같이 H값을 결정하기 위하여 부록 B-2의 도표 8을 살펴본다. 여기서 이 도표를 사용하기 전에 입구손실 k_e가 결정되어야 한다. 부록 B-3은 문제의 암거에서 $k_e = 0.4$로 제시하고 있다.

암거의 횡단면 면적은 18ft2이므로 면적 축척에 위치시키고, 길이는 100feet이므로 길이 축척에 위치시킨 후 해당 두 점을 연결한다. 여기서 선회선상의 점(point)에 주목하여야 한다.

다음으로 유량 스케일에 80cfs를 위치시킨다. 유량축척의 점에서 선회선 점으로 줄을 긋고 이것을 수위 축척(head scale)까지 연결시킨 후 H값을 읽으면 0.63feet인 것을 확인할 수 있다. 그러므로 $H = 0.63$feet이다.

마지막으로 상류수심은 식 (10.2a)로부터 결정된다.

$$\begin{aligned} HW &= TW + H - L_s \\ &= 3.20 + 0.63 - (100)(0.002) \\ &= 3.63ft \end{aligned}$$

예제 10.4

하류수심이 관정보다 아래에 위치하고 있고($TW = 1.00foot$) 나머지 조건은 예제 10.3에서와 같이 3foot × 6foot의 콘크리트 박스 암거가 출구조절 하에 있으며 유량이 80cfs

로 흐를 때 상류수심을 결정하여라. 다른 변수들은 예제 10.3에서와 동일하다.

풀이)

하류수심이 관정 아래에 있으므로 한계수심은 반듯이 결정해야 한다.

주의: 박스 암거에서 한계수심을 결정하기 위해서는 부록 A−3의 수로도표를 사용하고 암거와 같은 폭을 가진 사각형수로를 선택하라.

부록 A−3의 도표 5를 사용하면 한계수심 D_c는 1.8feet라는 것을 알 수 있다. 다음으로 동수경사선의 위치 TW'를 다음과 같이 결정할 수 있다.

$$\begin{aligned} TW' &= \frac{(D_c + D)}{2} \\ &= \frac{(1.8+3)}{2} \\ &= 2.4ft \end{aligned}$$

TW'가 TW보다 크기 때문에 TW'가 상류수심을 결정하기 위하여 사용된다.

전수두 H는 예제 10.3에서와 같이 부록 B−2의 도표 8을 사용하여 0.63ft임이 결정된다.

방정식 (10.2b)를 이용하면

$$\begin{aligned} HW &= TW' + H - L_s \\ &= 2.4 + 0.63 - (100)(0.002) \\ &= 2.83ft \end{aligned}$$

10.6 입구 효율(Entrance efficiency)

입구 통제하에 암거를 운용할 때 암거의 입구로 흐름이 유입될 때가 암거속을 지날 때나 암거의 출구로 나갈 때 보다 더 많은 영향을 미치게 된다. 이것은 아마도 초기에 물을 얻는 몇가지 방법이 있었다면 더 작은 통로를 사용할수 있는 것을 의미한다.

이와 같은 문제는 암거 입구의 형상을 변화해 해결할 수 있다. 간단하게, 입구 가장자리 경사를 추가해서 입구 수용량을 다소 증가 시킬 수 있다. 게다가 side−tapered inlets으로 불리는 특별한 유입구 설계는, 눈에 뛰게 입구 수용량을 증가시킬 수 있다.

그림 10.14는 side−tapered와 slope−tapered inlets의 본질적인 특징을 개략적으로 보여준다. 이것들은 암거의 입구에 구축되는 콘크리트이며 입구수두손실을 감소시키는

영향이 있다. Slope-tapered inlets가 조금 더 효과적이지만, 그러나 종종 이용할 수 없는 암거바닥에서 하천바닥까지의 수직거리를 요구한다. 만약 수직 공간을 이용할 수 없다면 side-rapered design의 사용이 고려되어야 할 것이다.

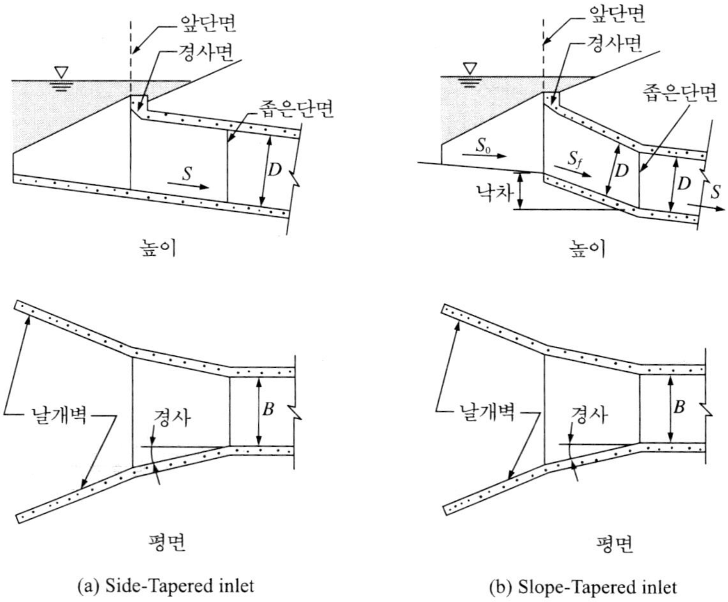

그림 10.14 암거의 개선된 입구구조
(Courtesy of M. Wanielista, Hydrology and Water quantity control, John Wiley & Sons)

암거 비용의 현저한 절약을 실현할 개량된 입구는 적절한 조건 하에서 할 수 있다.

예를 들면, 6feet×16feet Box형 암거, 100feet의 길이, 입구통제하에 운영된다고 생각하자.

암거 유입구의 크기(6feet × 16feet)는 암거속으로 물이 충분히 들어갈 수 있도록 하는 목적만을 가지게 된다. 일단 물이 암거로 유입된 후에는 좀 더 적은 면적(이를테면 4feet × 12feet)을 가지고 암거의 끝으로 흐르게 된다. 따라서 100feet의 길이를 가진 6feet × 16feet의 암거는 단순히 입구가 그 크기여야 하기 때문이다. 암거의 크기를 100feet길이의 6feet × 16feet에서 4feet × 12feet로 줄이면서 발생되는 비용감소는 손실이 적게 발생되는 유입구를 만드는 비용이 족히 될 것이다.

개량된 유입구조의 실제적인 설계는 이 본문의 범위 밖이다, 그러나 설계자는 이 선택권을 알 것이다. 각종 디자인 설명서는 이와 같은 디자인에 대한 절차를 포함한다.

10.7 암거 위치

암거위치에서는 하천과 도로를 고려하여 암거의 수평적, 수직적 배치를 다루는 것이고 암거의 수리적 실행과 하천의 안정, 건설과 유지비용, 도로의 안전과 보존에 중요하다.

암거의 위치선정시 암거안에서의 유사를 쉽게 관리하기 위해서 평면과 단면 두가지 모두 중요하다. 암거에서 발생되는 퇴적은 명백하게 암거내 흐름의 유사 이동량 때문에 하천보다 적다. 암거 안에서의 퇴적에 기여하는 요인은 다음과 같다.

(1) 보통의 흐름량에서 암거의 횡단면은 하천의 단면보다 크므로 흐름깊이와 유사 운송양은 감소한다.
(2) 구부러진 하천의 안쪽에 점 모래톱 형태와 암거의 입구공간이 하천속에 구부러져 있는 경우는 같은 방법으로 퇴적이 된다. 이결과 통로안이 곡선으로 된 복수의 암거에서 거의 모두 유사퇴적으로 막히게 되는 결과가 두드러지게 나타난다.
(3) 암거안에 평면이 갑작스럽게 변화하게 되거나 본류에 인접한 암거에서 퇴적이 나타날 것이다. 자갈등의 퇴적물은 평평한 단면에서는 이동량이 감소하기 때문에 보통 단락으로부터 하류에서 일어난다.

퇴적은 보통 설계유량보다 더 작은 유량이 흐를 경우에 발생한다. 퇴적물은 큰 홍수가 흐를 동안 제거가 되는데 유사량은 하천과 암거 속의 상대적인 이동 유량이나 퇴적물의 구성요소나 조밀도, 흐름의 지속시간, 암거위의 저류 깊이 그밖에 다른 요인에 의해 좌우된다.

10.7.1 계획(Plan)

기본적으로 흐름의 노선에 관련한 위치 계획은 도로를 횡단하는 일이 발생될 것이다. 도로 안에서 자연수로의 만곡의 정도에 상관없이 횡단은 일반적으로 길의 중앙선이 직선이거나 구부러졌어도 곧은 암거를 사용함으로써 완성된다.

더할 나위 없이, 암거는 자연수로 안에 놓아져야 한다(그림 10.15). 이런 위치는 보통 암거의 출입구에서 좋은 일직선의 자연흐름을 제공하고 약간의 구조적인 굴착과 수로 공사가 요구된다.

자연적인 수로의 위치가 과도하게 긴 암거를 요구하는 곳에서는 약간의 하천 수정을 해야 한다. 침식과 퇴적 문제를 피하기 위하여 휨을 감소시키거나 암거를 단축하는 그러한 수정은 주의깊게 설계 되어야 한다.

도로 중앙선의 정상 암거 위치는 어려운 곳이나 수로 선형 안의 갑작스러운 변화가 암거의 상류 또는 하류에 요구될 때는 추천되지 않는다. 짧은 반경 만곡부는 오목한 사면의 침식 및 만곡부 안쪽에 퇴적이 되기 쉽다.

암거의 흐름 접근의 불충분한 배열결과로 이러한 상류의 변화는 도로에 충분한 양의 침식을 받기 쉽고 암거 통로 안에 침전의 확률을 증가시킨다.

암거의 하류수로 배열의 갑작스러운 변화는 인접한 재산의 침식을 일으키는 원인이 될지도 모른다.

편평한 지형에서 배수는 종종 굴착된 수로로 준비한다. 도로계획은 배수개선이 계획된 곳의 배수권한에 협조되어야 한다. 계획한 수로가 자연적인 배수 저습지의 위치가 아닌 곳이며 동시에 수로와 도로 건설을 해야 바람직하다. 동시에 건설이 가능하지 않다면 기존의 배수 양상을 위해 도로 암거를 제공하는 것이 필요할 것이다. 배수 권한은 미래 수로 건설의 조정의 변경을 통하여 기여할 것이며, 도로 암거위치에 따라 배수계획의 수정 또는 수로건설 시기에서 도로배수의 변경이 필요하다.

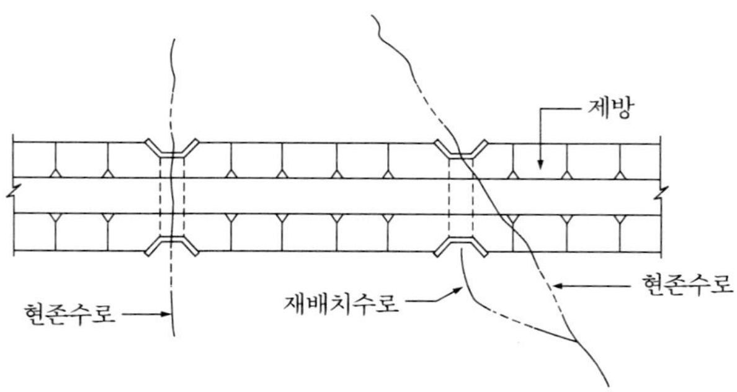

(a) 제방에 직각으로 정렬된 암거(하천수로의 재배치를 요구)

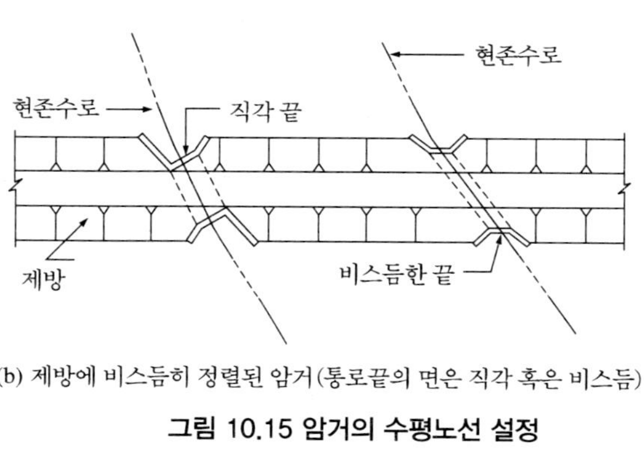

(b) 제방에 비스듬히 정렬된 암거(통로끝의 면은 직각 혹은 비스듬)

그림 10.15 암거의 수평노선 설정

10.7.2 측면(Profile)

최적 암거위치는 자연하상에 근접할 것이지만 다른 위치는 건설과 유지의 총경비내에서 경제성을 위하여 선택될지도 모른다. 암거경사의 수정 또는 자연하천 보다 다른 경사는 하천저하, 유사의 유발, 암거의 수리학적 효율의 개선, 암거의 단축, 또는 구조상 필요조건의 감소를 저지하는 데 사용할 수 있다.

수정된 경사는 하천침식과 퇴적을 일으키는 원인이 될 수 있으므로 경사 변경은 변화로부터 해로운 영향이 초래되지 못하게 특별한 주의를 가져야 한다. 수로변경은 종종 자연수로보다 짧거나 급경사가 되나 수정된 암거경사는 하강이 발생되지 않도록 수로의 편평한 경사를 이루는데 이용할 수 있다.

그림 10.16은 가능한 암거 측면도를 설명한다.

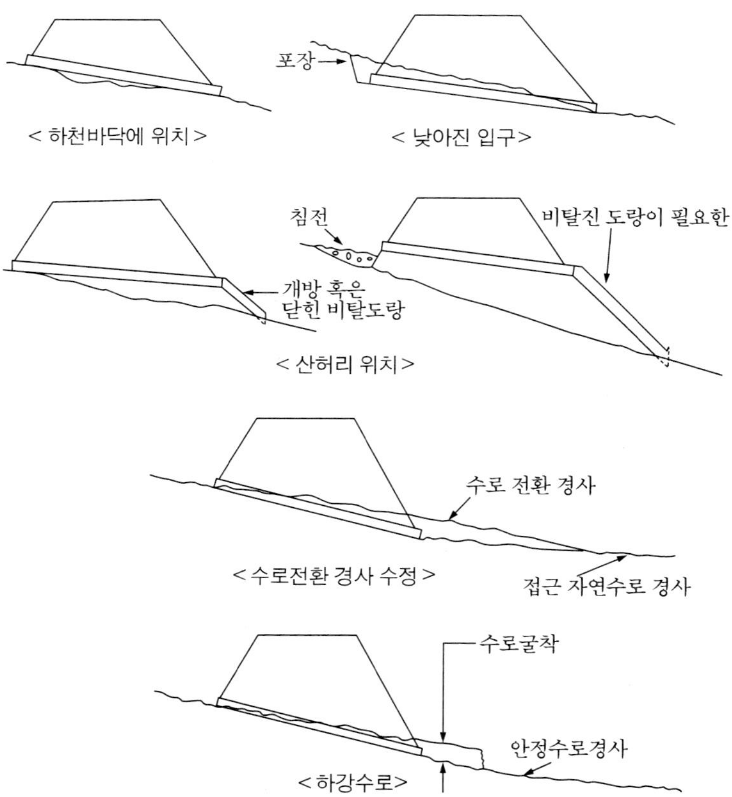

그림 10.16 가능한 암거 측면도

수로 굴착이 계획되는 곳에서 동시에 수로와 도로 건설이 가능하다면 암거 바닥 높이는 배수 필요조건을 수용하기 위하여 설치될 수 있다. 만약에 동시 건설을 실행 할 수 없다면 공동 또는 협력 사업은 도로 암거가 토지배수에 대한 미래 요구뿐만 아니라 현재 도로배수 요구에 도움이 되도록 설계하고 건설 할 수 있게 조사되어야 한다.

10.8 암거의 수리설계시 고려사항

주어진 여건 (유입부 형상, 기존수로의 폭, 지배단면위치 등)에 대해 설계조건을 만족하는 암거내 흐름 조건이 여러 유형이 될 수 있으므로 가능한 설계흐름의 조건중 경제성을 고려하여 설계해야 한다. 암거의 설계고려사항은 다음과 같다.

(1) 암거의 유입구와 유출구의 부가시설은 흐름의 모든 단계에서 물, 소류표사, 부유물을 알맞게 처리해야 한다.

(2) 암거는 어떤 불필요한 특성을 갖거나 암거가 가져야 할 특성이 지나치게 손상되어서는 안 된다.

(3) 일반적으로, 구조물의 상・하부에 설치되는 암거는 피해를 발생시키지 않도록 흐름의 변화 없이 유출수를 운반해야한다.

(4) 장래의 수로와 도로 개량에 대해 원활하게 대처할 수 있도록 설계한다.

(5) 흙이 다져진 후에 적절하게 기능을 발휘할 수 있도록 설계되어야 한다.

(6) 모기들이 번식할 수 있는 정체된 웅덩이가 없어야 한다.

(7) 토지개발에 의해 야기되는 증가된 유출수를 잘 처리하도록 미래에 대한 사용성을 고려하여 설계한다.

(8) 암거는 수리학적으로는 설계유출량을 적절하게 다룰 수 있어야 하고, 구조적으로는 영구성과 유지관리가 편리하도록 축조되어 경제성을 보장할 수 있어야 한다.

(9) 암거는 재료손상, 암거막힘, 흙의 포화, 혹은 부유물이 상류에서 정체되는 것 등을 일으킬 수도 있는 유입구의 정체를 피하여 설계한다.

(10) 암거의 유입구에는 암거의 기능을 저하시키는 이물질 등이 암거를 통하여 흐르지 못하도록 소규모 스크린을 설치해야 한다. 암거로 유입되는 흐름을 원활하게 하기 위하여 필요하다면 기울기를 변화시켜 유속을 변화시킨다.

(11) 유출구는 세굴과 유실에 저항할 수 있도록 설계해야 한다.

(12) 우리나라의 경우 대부분 산지부로서 횡단배수 암거의 경우 유속이 불가피하게 커지므로 유속에 따른 유속조절방안 및 세굴대책을 세워야 한다.

(13) 토사 퇴적・침전에 의한 단면의 축소 등을 고려하여 20%의 단면적의 여유를 두어

야 한다.

(14) 배수구조물(BOX, PIPE)의 침식을 방지하기 위해 유속이 0.6 ~ 2.5m/sec 범위가 되도록 하고, 부득이한 경우 유속이 2.5m/sec 이상일 때 유입·출부에 수로보호공 및 감쇄공 등을 설치하도록 한다.

① 유입부

－유속이 2.5m/sec 초과시 침식방지용 수로보호공 설치
(바닥은 콘크리트로 T = 20cm이상, L = 3D 이상)

② 유출부

－유속이 2.5m/sec 초과시
(바닥은 콘크리트 원칙, T = 20cm이상)

• 2.5m/sec 〈 V 〈 4.0m/sec : 콘크리트바닥을 포함하여 배수구조물 높이 3배 이상 설치
• 4.0m/sec 〈 V 〈 6.0m/sec : 배수구조물 높이의 3배이상 되도록 하고 감쇄공설치
• 6.0m/sec 〈 V : 침전조 설치(유지관리를 고려하여 가급적 지양하고, 부득이한 경우에만 설치)

(15) 주변 지형이 계곡부이거나 유송잡물에 의해 피해가 예상되는 지역에는 암거 설치 이전에 충분한 현지조사와 피해가능성 등을 조사하여 유송잡물에 의한 피해가 발생하지 않도록 한다.

연습문제

Q10.1 24인치의 콘크리트 파이프가 20cfs의 유량을 입구통제 하고 있고 선단벽이 있는 사각형 암거이다. 상류수심(headwater)을 구하시오.

Q10.2 30인치의 콘크리트 파이프가 45cfs의 유량을 입구통제 하고 있다. 암거는 제방으로부터 끝이 홈(groove)으로 돌출되어 설치되어있다. 상류수심을 구하시오.

Q10.3 암거는 48인치 쌍관(twin pipe)으로 끝이 홈(groove)으로 선단벽 속으로 들어가 만들어 졌다. 암거는 285cfs의 유량을 입구통제 하고 있다. 상류수심을 구하시오.

Q10.4 (3 × 6feet) 콘크리트 박스로 된 암거는 125cfs의 유량을 입구통제 하고 있다. 45도의 사면으로 되어있다. 상류수심을 구하시오.

Q10.5 (4 × 8feet) 콘크리트 박스로 (n = 0.012) 225cfs의 유량을 입구통제 하고 있다. 암거의 길이 80feet, 경사 0.06%, 사각형 모서리를 갖는 45도 날개벽으로 되어있다. 하류수심은 2.75feet이다. 상류수심을 구하시오.

Q10.6 3개의 콘크리트 박스로 된 암거는 (5 × 12feet) (n = 0.012)로 1620cfs의 유량을 입구통제 하고 있다. 암거의 길이는 105feet, 경사는 0.75%, 사각형 모서리를 갖는 45도 날개벽으로 되어있다. 하류수심은 4.1feet이다. 상류수심을 구하시오.

Q10.7 100cfs의 유량을 나르는 60인치의 콘크리트 관 암거는 유출 통제 아래에서 운용한다. 암거의 길이는 250feet, 경사는 0.55%, 그리고 사각형 모서리를 갖는 45도 날개벽으로 되어있다. 하류수심은 3.33feet이다. 상류수심을 구하시오.

Q10.8 25cfs의 유량을 나르는 18인치의 콘크리트 쌍관 암거는 유출 통제 아래에서 운용한다. 암거의 길이는 50feet, 경사는 0.88%, 그리고 사각형 모서리를 갖는 45도 날개벽으로 되어있다. 하류수심은 3.33feet이다. 상류수심을 구하시오.

Q10.9 다음에 보여지는 암거의 65cfs의 하천흐름을 위한 상류표고를 구하시오. 하류수심은 2.00feet이다. 암거는 사각형 모서리를 갖는 45도 날개벽으로 되어있다.

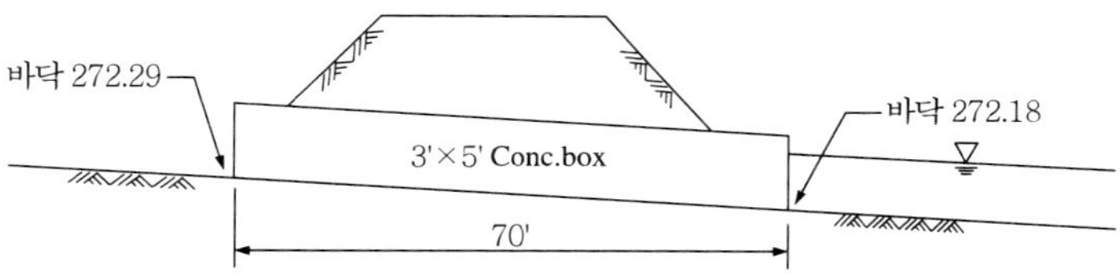

그림 10.17

Q10.10 다음에 보여지는 암거의 100cfs의 하천흐름을 위한 상류표고를 구하시오. 하류수심은 4.00feet이다. 암거는 사각형 모서리를 갖는 날개벽으로 되어있다.

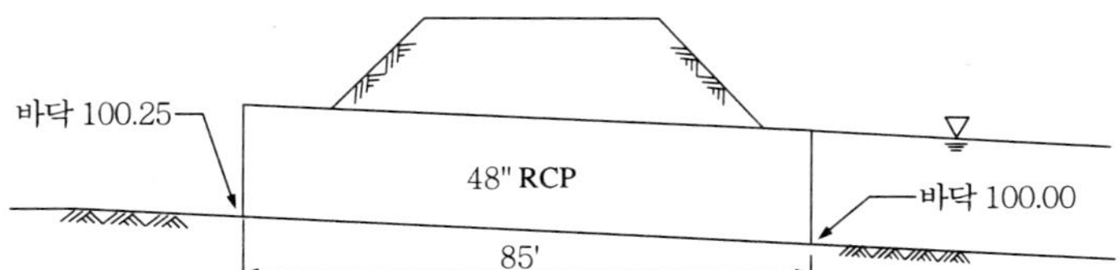

그림 10.18

Q10.11 다음에 보여지는 암거의 140cfs의 하천흐름을 위한 상류표고를 구하시오. 하류수심은 2.50feet이다. 암거는 사각형 모서리를 갖는 45도 날개벽으로 되어있다.

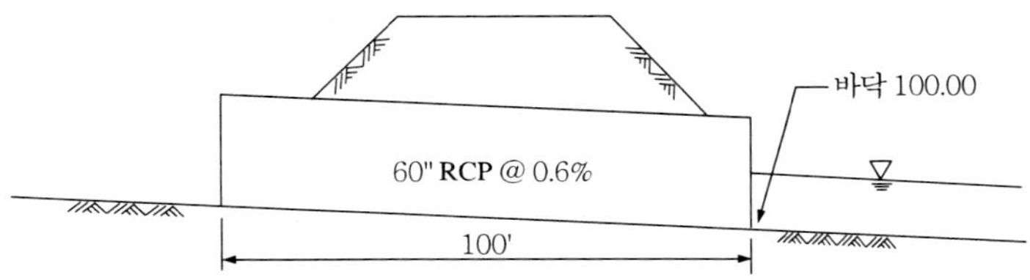

그림 10.19

Q10.12 다음에 보여지는 암거와 단면은 하천에서 150cfs의 유량을 나른다. 상류표고를 구하시오. 암거는 사각형모서리를 갖는 45도 날개벽으로 되어있다.

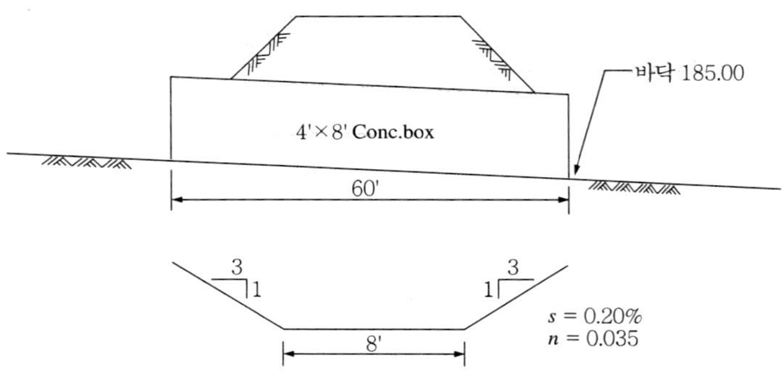

그림 10.20

참고문헌

1. 윤용남, 수리학, 청문각, 2014.
2. 함태수, 최신수리학, 동명사, 2004.
3. 이태식, 유체역학, 동명사, 2003.
4. 손병진, 유체역학, 희중당, 2003.
5. 노병준, 박종호, 유체역학, 동명사, 2006.
6. 박운진외 6인 공역, 유체 역학, 교보문고, 2015.
7. Chow, V.T., *Open Channel Hydraulics*. McGraw-Hill Book Co., Inc., New York, 1959.
8. Chow, V.T., *Handbook of Applied Hydrology*, McGraw-Hill Book co., Inc., New York, 1964.
9. Dake, J.M.K., *Essentials of Engineering Hydraulics*, Macmillan Co., Inc., New York, 1972.
10. Henderson, F.M., *Open Channel Flow*, Macmillan Co., Inc., New York, 1966.
11. Hwang, N.H.C., *Fundamentals of Hydraulic Engineering Systems*, Prentice-Hall, Inc., New Jersey, 1981.
12. Morris, H.M. and Wiggert, J.M., *Applied Hydraulics in Engineering*, 2nd Ed., John Wiley & Sons, Inc., New York, 1972,
13. Olson, R.M., *Essentials of Engineering Fluid Mechanics*, International Textbook Co., Pennsylvania, 1964.
14. Rouse, H., *Elementary Mechanics of Fluids*, John Wiley & Sons, New York, 1962.
15. Rouse, H., *Advanced Mechanics of fluids*, John Wiley & Sons, New York, 1963.
16. Rouse, H., *fluid Mechanics for Hydraulic Engineers*, dover Publication New York, 1961.
17. Rouse, H., *Engineering Hydraulics*, John Wiley & Sons, New York, 1950.
18. Streeter, V.L. and Wylie E.B., *Fluid Mechanics*, 6th Ed., McGraw-Hill Book Co., Inc., 1975.
19. Vennard, J.K., *Elementary fluid Mechanics*, 4th Ed., John Wiley & Sons, New York, 1961.
20. Webber, N.B., *Fluid Mechanics for Civil Engineers*, Chapman and Hall, London, 1971.
21. John E. Gribbin, *Introduction to Hydraulics and Hydrology with Applications for Stormwater Management*, Delmar, 2002.
22. Thomas A. Seybert, Stormwater Management for Land Development, John Wiley & Sons, Inc. 2006.

부 록

부록 A 주요 상수 및 단위환산표

1. 주요 상수

중력가속도 $g = 9.806 \text{m/sec}^2$

$e = 2.71828\ 18285$

$\pi = 3.14159\ 26536$

$\log_{10e} = 0.43429\ 44819$

$\log_{e10} = 2.30258\ 50930$

2. 단위환산표(KS에 준함)

가. 길이 : 표준단위= m (meter ; 미터)

미크론(micron)	$1\mu = 1\mu\text{m} = 10^{-6}\text{m}$
옹스트롬(Angstrom)	$1\text{Å} = 10^{-10}\text{m}$
야드(Yard)	$1\text{yd} = 0.9144\text{m}$
피트(feet)	$1\text{ft} = \frac{1}{3}\text{yd} = 0.3048\text{m}$
인치(inch)	$1\text{in.} = \frac{1}{36}\text{yd} = 0.0254\text{m}$
마일(mile)	$1\text{mi.} = 1760\text{yd} = 1609.344\text{m}$

나. 면적 : 표준단위= m^2(square meter ; 제곱미터)

아르(are)	$1\text{a} = 100\text{m}^2$
헥타르(hectare)	$1\text{ha} = 10^4\text{m}^2$
제곱 인치(square inch)	$1\text{in}^2 = 0.4516 \times 10^{-4}\text{m}^2$
제곱 피트(square feet)	$1\text{ft}^2 = 9.290304 \times 10^{-2}\text{m}^2$
제곱 야드(square yard)	$1\text{yd}^2 = 0.836127\text{m}^2$
제곱 마일(square mile)	$1\text{mi}^2 = 2.58999\text{km}^2$
평	1평 $= 3.30579m^2$

다. 체적 : 표준단위= m^3(cubic meter ; 세제곱미터)

리터(liter)	$1l = 1dm^3 = 10^{-3}m^3$
세제곱 센티미터	$1cm^3 = 1c.c. = 10^{-6}m^3$
세제곱 인치	$1in^3 = 16.3871 \times 10^{-6}m^3$
세제곱 피트	$1ft^3 = 28316.8 \times 10^{-6}m^3$
세제곱 야드	$1yd^3 = 0.764555m^3$

라. 체적유량 : 표준단위= m^3/sec(cubic meter per second)

리터/매초(liter per second)	$1l/sec = 10^{-3}m^3/sec$
입방피트/매초(cubic feet per second)	$1ft^3/sec = 1cfs = 2.83168m^3/sec$

마. 시간 : 표준단위= sec(second ; 초)

분(minute)	$1min = 60sec$
시(hour)	$1hr = 3600sec$
일(day)	$1day = 24hr = 86400sec$

바. 질량 : 표준단위= kg(kilogram ; 킬로그램)

그램(gram)	$1g = 10^{-3}kg$
그램/매입방미터	$1g/m^3 = 102.04kg \cdot sec^2/m^4$
톤(tonne)	$1ton = 10^3kg$
파운드(pound)	$1lb = 0.45359237kg$

사. 힘 : 표준단위= N(Newton ; 뉴턴)

뉴턴(Newton)	$1N = 1kg \cdot m/sec^2$
다인(dyne)	$1dyne = 1g \cdot cm/sec^2 = 10^{-5}N$
킬로그램중(kilogram weight)	$1kg중 = 9.80665N$
파운드중(pound force)	$1lbf = 4.44822N$

아. 에너지, 일 : 표준단위= J(joule ; 줄)

줄(joule)	$1J = 1N \cdot m$
칼로리(thermochemical calorie)	$1cal = 4.184J$
I.T.칼로리(International steam tabel calorie)	$1cal_{I.T} = 4.1868J$
킬로와트시(kilowatt-hour)	$1Kwh = 3.6 \times 10^{6J}$
킬로그램중미터(kilogram-meter)	$1Kgw \cdot m = 9.80665J$
피이트 · 파운드중(feet-pound force)	$1ft \cdot lbf = 1.355782J \times 10^{-7}$

자. 중력, 공률 : 표준단위= W(watt ; 와트)

킬로칼로리/매시	$1Kcal/hr = 1.16222W$
킬로그램중미터/매초	$1Kgw \cdot m/sec = 9.80665W = 0.0133hp$
피이트 파운드중/매초	$1ft \cdot lbf/sec = 1.35582W$
불마력(metric horse power)	$1P.S. = 75kgw \cdot m/sec = 735.499W$
영마력(British horse power)	$1hp = 745.7W = 550ft \cdot lbf/sec$

부록 B 유체의 물리적성질

(1) 물의 물리적 성질(SI 단위)

온 도 ℃	비중량 τ N/m^3	밀 도 ρ kg/m^3	점성계수 $\mu\times10^{-3}$ $kg/m\cdot s$	동점성계수 $\nu\times10^{-6}$ m^2/s	표면장력 $\sigma\times100^{-2}$ N/m	증기압 p_v/r m	체적탄성계수 $K\times10^7$ N/m^2
0	9805	999.9	1.792	1.792	7.62	0.06	204
5	9806	1000.0	1.519	1.519	7.54	0.09	206
10	9803	999.7	1.308	1.308	7.48	0.12	211
15	9798	999.7	1.140	1.141	7.41	0.17	214
20	9789	998.2	1.005	1.007	7.36	0.25	220
25	9779	997.1	0.894	0.897	7.26	0.33	222
30	9767	995.7	0.801	0.804	7.18	0.44	223
35	9752	994.1	0.723	0.727	7.10	0.58	224
40	9737	992.2	0.656	0.661	7.01	0.76	227
45	9720	990.2	0.599	0.605	6.92	0.98	229
50	9697	988.1	0.549	0.556	6.82	1.26	230
55	9679	985.7	0.506	0.513	6.74	1.61	231
60	9658	983.2	0.469	0.477	6.68	2.03	228
65	9635	980.6	0.436	0.444	6.58	2.56	226
70	9600	977.8	0.406	0.415	6.50	3.20	225
75	9589	974.9	0.380	0.390	6.40	3.96	223
80	9557	971.8	0.357	0.367	6.30	4.86	221
85	9529	968.6	0.336	0.347	6.20	5.93	217
90	9499	965.3	0.317	0.328	6.12	7.18	216
95	9469	961.9	0.299	0.311	6.02	8.62	211
100	9438	958.4	0.284	0.296	5.94	10.33	207

(2) 표준대기압하에서의 몇 가지 액체의 물리적 성질(SI단위)

액 체	온 도 T ℃	밀 도 ρ kg/m^3	비 중 s –	체적탄성계수 K kN/m^2	점성계수 $\mu\times10^4$ N·s/m^2	표면장력 σ N/m	증기압 p_v kN/m^{2}abs
벤 젠	20	876.2	0.88	1,034,250	6.56	0.029	10.0
사염화탄소	20	1587.4	1.59	1,103,200	9.74	0.026	13.1
원 유	20	1587.4	0.86	–	71.8	0.03	–
에틸알코올	20	788.6	0.79	1,206,625	12.0	0.022	5.86
프레온-12	15.6	1345.2	1.35	–	14.8	–	–
	−34.4	1499.8	–	–	18.3	–	–
가솔린	20	680.3	0.68	–	2.9	–	55.2
글리세린	20	1257.6	1.26	4,343,850	14939	0.063	0.000014
수 소	−257.2	73.7	–	–	0.21	0.0029	21.4
제트연료(JP-4)	15.6	773.1	0.77	–	8.7	0.029	8.96
수 은	15.6	13555	13.57	26,201,000	15.6	0.51	0.00017
	315.6	12833	12.8	–	9.0	–	47.2
산 소	−195.6	1206.0	–	–	2.78	0.015	21.4
소 듐	315.6	876.2	–	–	3.30	–	–
	537.8	824.62	–	–	2.26	–	–
물	20	998.2	1.00	2,068,500	10.1	0.073	2.34

(3) SI단위로의 환산

	변 환 종래 단위 → SI 단위		곱하는 배수
압 력	kgf/cm^2	→ Pa(Pascal)	9.8×10^4
	kgf/m^2	→ Pa	9.8
	mmH$_2$O	→ Pa	9.8
	mH$_2$O	→ Pa	9.8×10^3
에너지, 일량	kgf · m	→ J(Joule)	9.8
공사, 동력	PS(마력)	→ W(wart)	735(= 9.8 × 75)
힘	gf(그램중)	→ N(Newton)	9.8×10^{-3}
	kgf(킬로그램중)	→ N	9.8
	tf(톤중)	→ N	9.8×10^3

(4) 물의 동점성계수($10^{-6}m^2/sec$)

t℃	0.0	0.1	0.2	0.3	0.4	0.5	0.6	0.7	0.8	0.9
0	1.792	1.786	1.780	1.774	1.768	1.761	1.755	1.749	1.743	1.737
1	.731	.725	.719	.713	.707	.701	.696	.690	.684	.679
2	.673	.667	.661	.655	.650	.645	.639	.634	.629	.624
3	.619	.613	.603	.608	.598	.592	.582	.577	.572	.572
4	.567	.562	.557	.552	.542	.537	.537	.533	.528	.524
5	1.519	1.515	1.510	1.505	1.500	1.496	1.491	1.478	1.482	1.477
6	.473	.468	.464	.459	.455	.451	.446	.442	.438	.433
7	.428	.424	.420	.416	.412	.408	.403	.399	.395	.391
8	.386	.383	.379	.375	.371	.367	.363	.359	.355	.351
9	.346	.342	.339	.335	.331	.327	.323	.319	.315	.311
10	1.308	1.304	1.300	1.296	1.293	1.289	1.285	1.282	1.278	1.274
11	.271	.267	.264	.260	.256	.253	.250	.246	.243	.240
12	.237	.233	.230	.226	.223	.220	.217	.214	.211	.207
13	.204	.201	.198	.194	.191	.185	.182	.178	.175	.175
14	.172	1.69	.166	1.62	.159	.156	.153	.150	.147	.144
15	1.141	1.138	1.135	1.132	1.129	1.126	1.123	1.120	1.117	1.115
16	.112	.109	.106	.103	.100	.098	.095	.092	.089	.063
17	.084	.081	.078	.075	.072	.069	.067	.065	.062	.059
18	.057	.055	.053	.050	.047	.045	.042	.040	.037	.035
19	.032	.029	.026	.024	.022	.019	.017	.014	.012	.009
20	1.007	1.004	1.002	1.000	0.997	0.995	0.993	0.990	0.988	0.986
21	0.983	0.981	0.978	0.076	.974	.972	.969	.967	.964	.962
22	.960	.958	.955	.953	.951	.949	.947	.945	.942	.940
23	.938	.936	.934	.932	.929	.927	.925	.923	.921	.919
24	.917	.915	.913	.911	.909	.907	.905	.903	.901	.899
25	0.897	0.895	0.893	0.893	0.891	0.889	0.887	0.885	0.883	0.879
26	.877	.875	.873	.871	.869	.867	.866	.864	.862	.860
27	.858	.856	.854	.852	.850	.848	.846	.845	.843	.841
28	.839	.837	.835	.833	.832	.830	.828	.826	.825	.823
29	.821	.819	.818	.816	.814	.813	.811	.809	.808	.806
30	0.804	0.803	0.801	0.799	0.798	0.796	0.974	0.793	0.791	0.790

부록 C 모멘트와 도심(圖心)

(1) 1**차 모멘트**(first moments)

그림 1에서 y축을 중심으로 한 면적 모멘트는

$$\int_A x dA$$

y축과 평행한 축, 즉 $x=k$인 곳에서 모멘트는

$$\int_A (x-k)dA = \int_A x dA - kA \tag{1}$$

그러므로 임의의 축을 중심으로 한 모멘트가 0인 상호평행한 축들 $x = k = \bar{x}$를 생각할 수 있다. 이 축을 도심축(centroidal axis)이라고 하며, 식 (1)을 $\bar{x}$에 대하여 풀면

$$\bar{x} = \frac{1}{A}\int_A x dA \tag{2}$$

마찬가지로 x축에 평행한 다른 도심축은

$$\bar{y} = \frac{1}{A}\int_A y dA \tag{3}$$

이상과 같이 $x-y$평면에서 두 도심축이 교차하는 점 $(\bar{x}, \bar{y})$를 면적의 도심(centroid)이라고 한다.

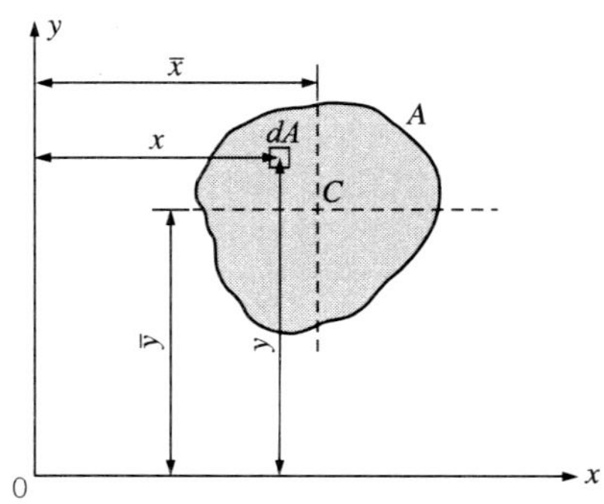

그림 1

도심의 위치를 알면, 임의의 축에 대한 1차 모멘트는 면적에 도심으로부터 축까지의 거리를 곱함으로써 구할 수 있다.

$$\int_A z dA = \bar{z} A \tag{4}$$

삼각형에서 한 변에 평행한 도심축은 두 변으로부터 3분의 1의 높이에 존재하며, 반지름이 a인 반원에서는 지름으로부터 $4a/3\pi$인 곳에 있다.

yz 평면에 대한 체적 $\overline{\mathrm{V}}$의 1차 모멘트를 취하면 도심까지의 거리는 다음과 같이 구할 수 있다.

$$\bar{x} = \frac{1}{\overline{\mathrm{V}}} \int_{\overline{\mathrm{V}}} x d\overline{\mathrm{V}} \tag{5}$$

물체의 질량중심(mass center)도 같은 방법으로 구할 수 있다.

$$x_m = \frac{1}{M} \int_M x dm \tag{6}$$

여기서 dm은 미소 질량이고 M은 전질량이다. 실제공학에서는 여기서 말하는 질량중심이 그 물체의 중심(gravity center)이 된다.

(2) **2차 모멘트**(second moments)

그림 1에서 면적의 2차 모멘트는

$$I_y = \int_A x^2 dA \tag{7}$$

이며, 이것을 면적의 관성 모멘트(moment of inertia)라고 하며, dA가 양이므로 항상 양의 값을 갖는다. 면적의 도심 C를 지나는 축에 평행하게 변위시키면

$$I_c = \int_A (x - \bar{x})^2 dA = \int_A x^2 dA - 2\bar{x} \int_A x dA + \bar{x}^2 \int_A dA$$

그런데 $\int_A x dA = \bar{x} A$, $\int_A x^2 dA = I_y$, $\int_A dA = A$이므로

$$I_c = I_y - \overline{x^2} A \text{ 또는 } I_y = I_c + \bar{x}^2 A \tag{8}$$

즉, 임의의 축에 대한 면적의 관성 모멘트는 도심을 지나는 평행한 축에 대한 관성 모멘트와, 면적과 두 축 사이의 거리제곱의 적과의 합임을 알 수 있다.

한 면적의 관성 모멘트의 적 I_{xy}

$$I_{xy} = \int_A xy dA \tag{9}$$

$x-y$축에 평행한 도심축에 대한 관성 모멘트의 적 $\bar{I}_{xy}$는

$$\begin{aligned}\bar{I}_{xy} &= \int_A (x - \bar{x})(y - \bar{y}) dA \\ &= \int_A xy dA - \bar{x}\int_A y dA - \bar{y}\int x dA + \bar{x}\bar{y}A\end{aligned}$$

즉

$$\bar{I}_{xy} = \bar{I}_{xy} + \bar{x}\bar{y}A \tag{10}$$

축이 면적의 대칭축이 되면 관성 모멘트의 적은 0이 된다. 변이 b, h인 삼각형의 관성 모멘트의 적 I_{xy}는 좌표축을 양으로 하였을 때 $b^2h^2/24$이 된다.

표 1은 각종 모형에 대한 면적 또는 체적, 도심, 관성 모멘트를 나타낸 것이다.

표 1(계속)

도형명	도 형	면적 또는 체적	도심위치	I 또는 I_c
직사각형	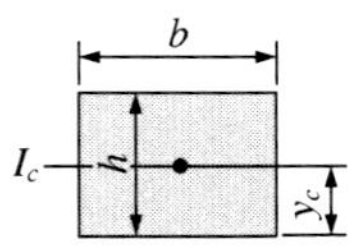	bh	$y_c = \frac{h}{2}$	$I_c = \frac{bh^3}{12}$
삼각형	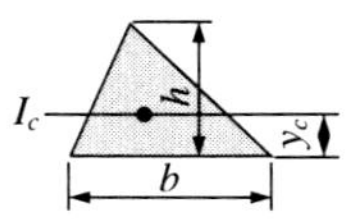	$\frac{bh}{2}$	$y_c = \frac{h}{3}$	$I_c = \frac{bh^3}{36}$
원	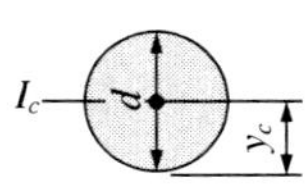	$\frac{\pi d^2}{4}$	$y_c = \frac{d}{2}$	$I_c = \frac{\pi d^4}{64}$

표 1

도형명	도 형	면적 또는 체적	도심위치	I 또는 I_c
반원	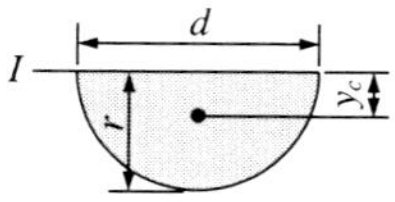	$\frac{\pi d^2}{8}$	$y_c = \frac{4r}{3\pi}$	$I_c = \frac{\pi d^4}{128}$
타원	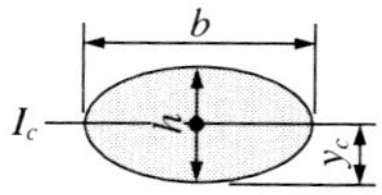	$\frac{\pi bh}{4}$	$y_c = \frac{h}{2}$	$I_c = \frac{\pi bh^3}{64}$
반타원	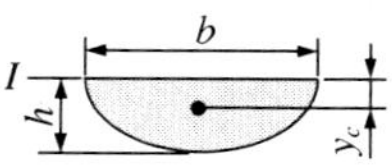	$\frac{\pi bh}{4}$	$y_c = \frac{4r}{3\pi}$	$I_c = \frac{\pi bh^3}{16}$
포물선	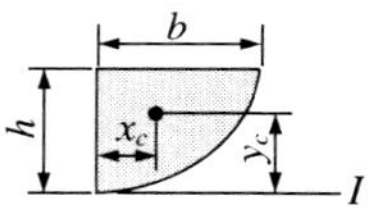	$\frac{2}{3}bh$	$y_c = \frac{3h}{5}$ $y_c = \frac{3b}{8}$	$I_c = \frac{2bh^3}{7}$

부록 D 암거에 대한 설계도표

D-1 입구통제를 받는 암거, D-2 출구통제를 받는 암거, D-3 입구손실계수

D-1

Culverts with Inlet Control

Instructions for use:

1. How to find headwater depth, *HW*, given *Q* and size and type of culvert:
   a) Locate the height or diameter, *D*, of the culvert on the left-hand scale.
   b) Locate the discharge, *Q*, or *Q/B* for box culverts, on the center scale.
   c) Connect the two points in a and b above and extend the line to the right until it intersects the *HW/D* scale marked (1).
   d) If the *HW/D* scale marked (1) represents entrance type used, read *HW/D* on scale (1).
   e) If another of the three entrance types listed on the nomograph is used, extend the point of intersection made in c above horizontally to scale (2) or (3) and read *HW/D*.
2. How to find discharge, *Q*, per barrel, given *HW* and size and type of culvert:
   a) Compute *HW/D* for given conditions.
   b) Locate *HW/D* on scale (1), (2), or (3) for appropriate entrance type.
   c) If scale (2) or (3) is used, extend *HW/D* point horizontally entrance type.
   d) Connect point on *HW/D* scale (1) and size of culvert, D, on left scale. Read *Q* or *Q/B* on the discharge scale.
   e) If *Q/B* is read in a above, multiply by *B* to find *Q*.

CHART 1

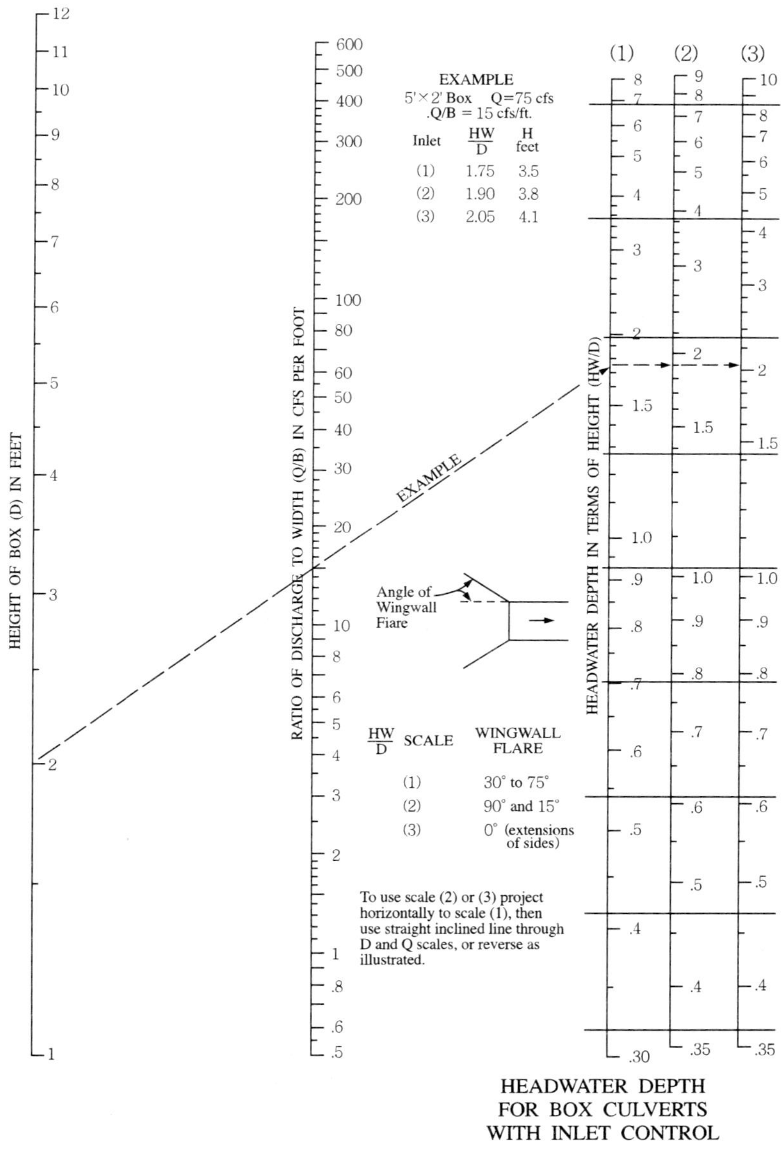

FIGURE D-1 [Chart 1] Culverts with inlet control. (*Courtesy of U.S. Department of Transportation, Fedreal Highway Administration, Hydraulic Charts for the Selection of Highway Culverts.*)

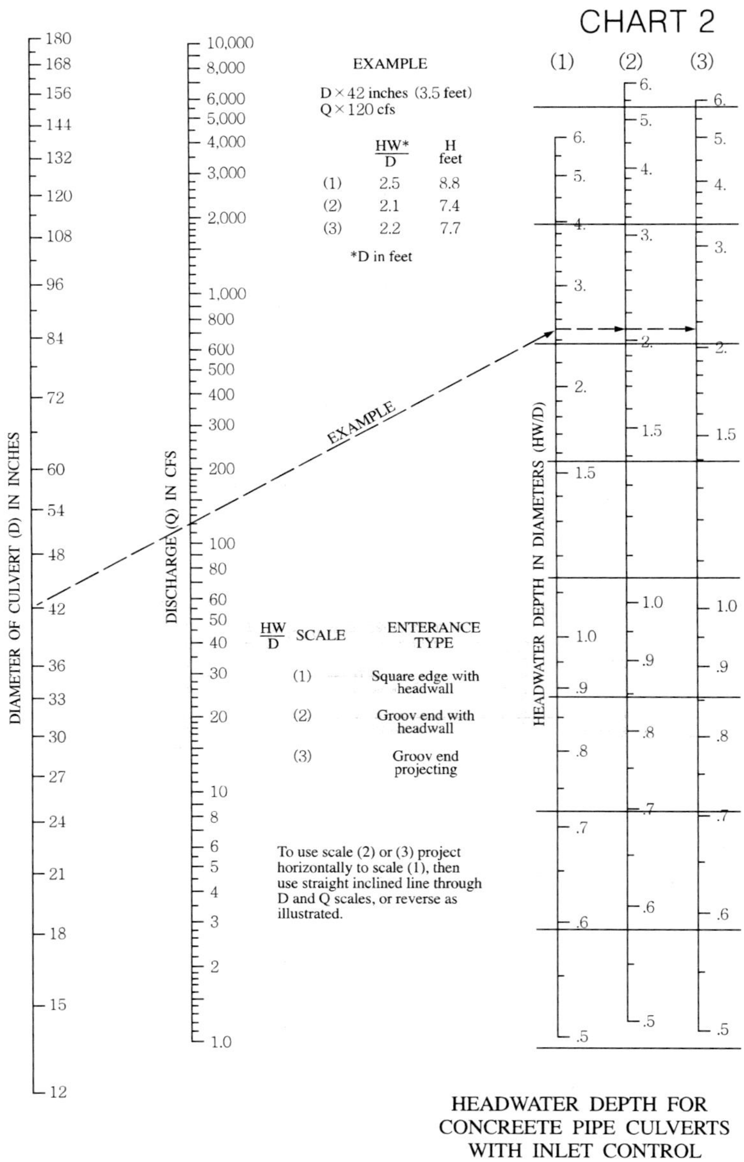

FIGURE D-1 [Chart 2]

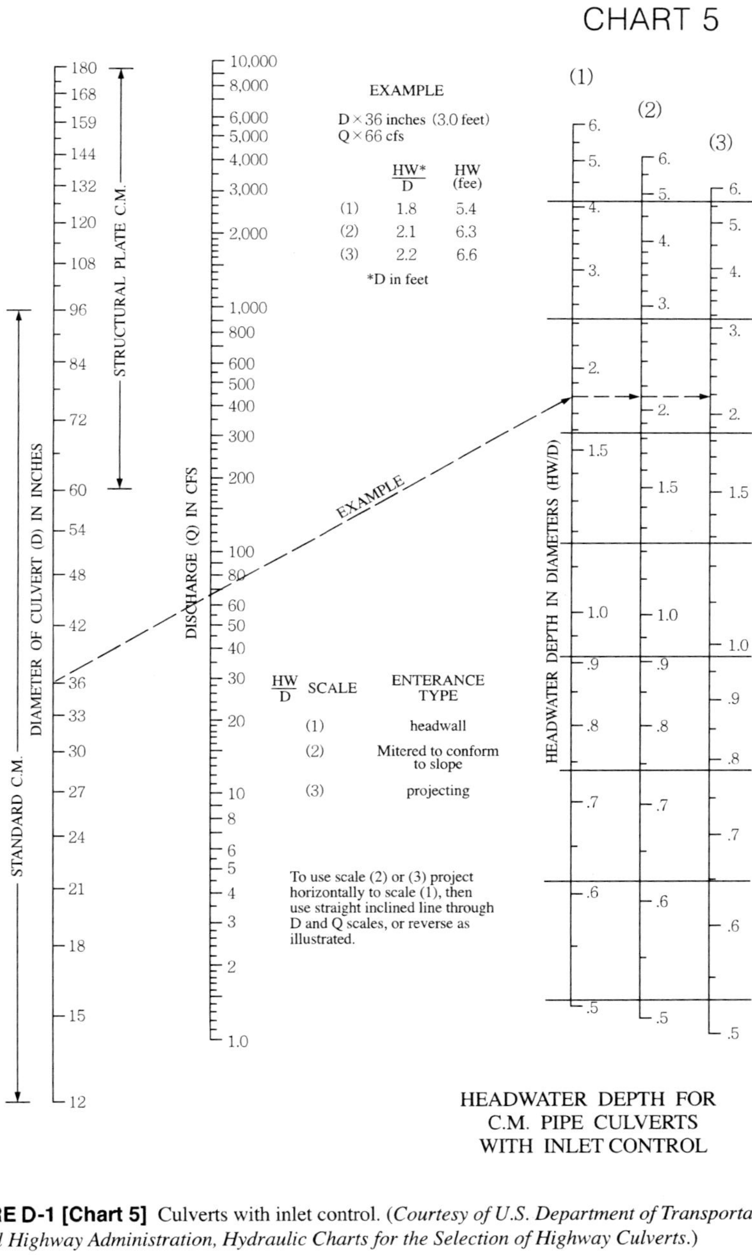

FIGURE D-1 [Chart 5] Culverts with inlet control. (*Courtesy of U.S. Department of Transportation, Fedreal Highway Administration, Hydraulic Charts for the Selection of Highway Culverts.*)

CHART 7

$\frac{b}{D}$	$\frac{a}{b}$	$\frac{c}{b}$	$\frac{d}{b}$	ENTRANCE TYPE
0.042	0.063	0.042	0.083	A
0.083	0.125	0.042	0.125	B

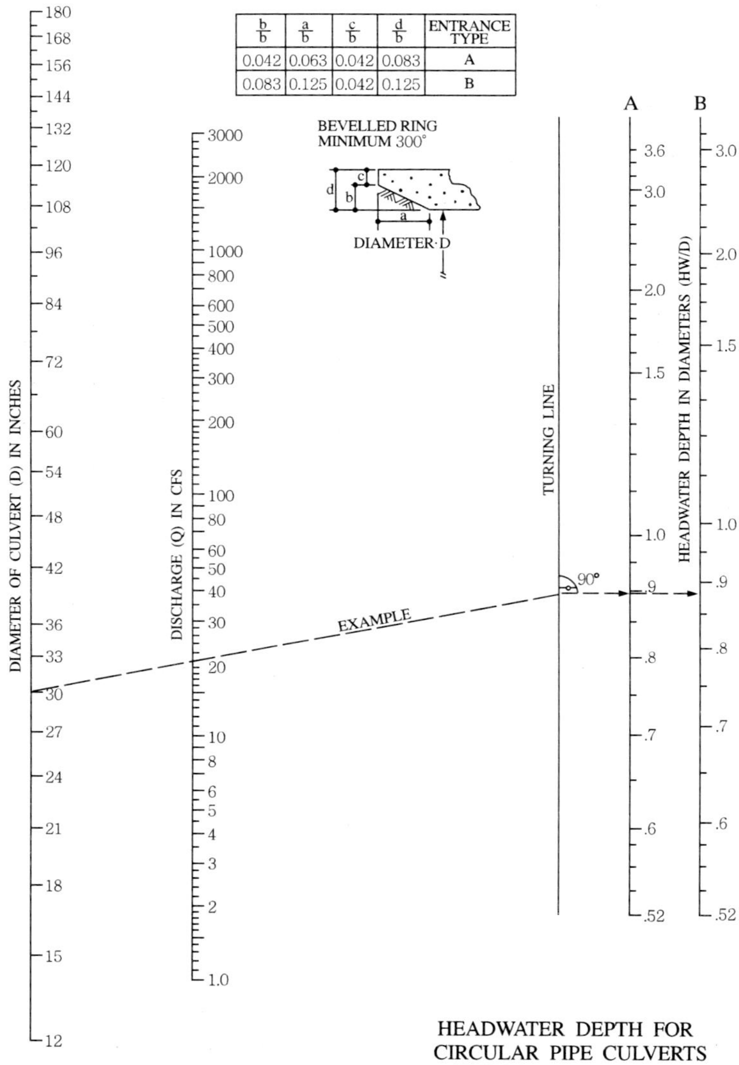

HEADWATER DEPTH FOR CIRCULAR PIPE CULVERTS WITH BEVELLED RING INLET CONTROL

FIGURE D-1 [Chart 7] Culverts with inlet control. (*Courtesy of U.S. Department of Transportation, Fedreal Highway Administration, Hydraulic Charts for the Selection of Highway Culverts.*)

D–2

Culverts with Outlet Control

Instructions for use:

1. How to find head, H, for a given culvert and discharge, Q:
   a) Locate appropriate nomograph for type of culvert selected. Find k_e for entrance type in Appendix B-3
   b) Locate starting point on length scale. To locate the proper starting point on the length scales follow instructions below:
      (1) If the n value for the nomograph corresponds to that of the culvert being used, select the length curve for the proper k_e and locate the starting point at the given culvert length. If a k_e curve is not shown for the selected k_e, see (2) below. If the n value for the culvert selected differs from that of the nomograph, see (3) below.
      (2) For a k_e intermediate between the scales given, connect the given length on adjacent scales by a straight line and select a point on this line spaced between the two chart scales in proportion to the k_e values.
      (3) For a different roughness coefficient, n_1, from that of the chart n, use the length scales shown with an adjusted length L_1, calculated by the formula.

$$L_1 = L(n_1/n)^2$$

   c) Locate the size of the culvert barrel on the culvert size scale (second scale from left).
   d) Connect the point on the size scale with the point on the length scale and note where the line passes through the *turning line*. (See Instruction 3 for size considerations for box culvert).
   e) Locate the given discharge, Q, on the discharge scale.
   f) Connect the discharge point with the turning line point, and extend the line to the head scale at the far right side of the nomograph. Read head, H, in feet on the head scale.
2. Values of n for commonly used culvert materials
   Concrete–Pipe 0.012, Box 0.012
   Corrugated Metal

	Small Corrugations ($2\frac{2}{3}'' \times \frac{1}{2}''$)	Medium Corrugations ($3'' \times 1''$)	Large Corrugations ($6'' \times 2''$)
Unpaved	0.024	0.027	Varies*
25% paved	0.021	0.023	0.026
Fully paved	0.012	0.012	0.012

* n *varies with diameter shown on charts. The various* n *values have been incorporated into the nomographs, and no adjustment for culvert length is required.*

3. To use the box culvert nomograph, Chart 8, for full flow for other than square boxes:
   a) Compute cross-sectional area of the rectangular box.
   b) Locate area on the area scale.
   c) Connect point on area scale to point on length scale, and note where the line passes through the turning line.
   d) Connect the discharge with the point on the turning line, and extend the line to the head scale. Read head in feet on the head scale.

CHART 8

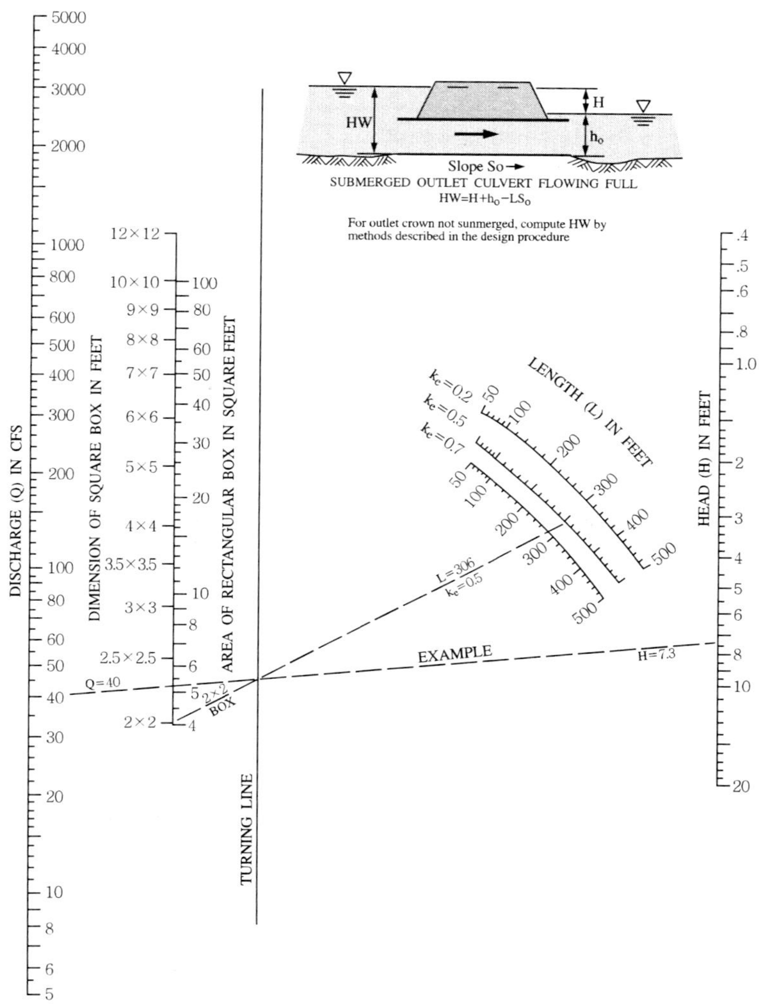

HEAD FOR
CONCRETE BOX CULVERTS
FLOWING FULL
n = 0.012

FIGURE D-2 [Chart 8] Culverts with outlet control. (*Courtesy of U.S. Department of Transportation, Fedreal Highway Administration, Hydraulic Charts for the Selection of Highway Culverts.*)

CHART 9

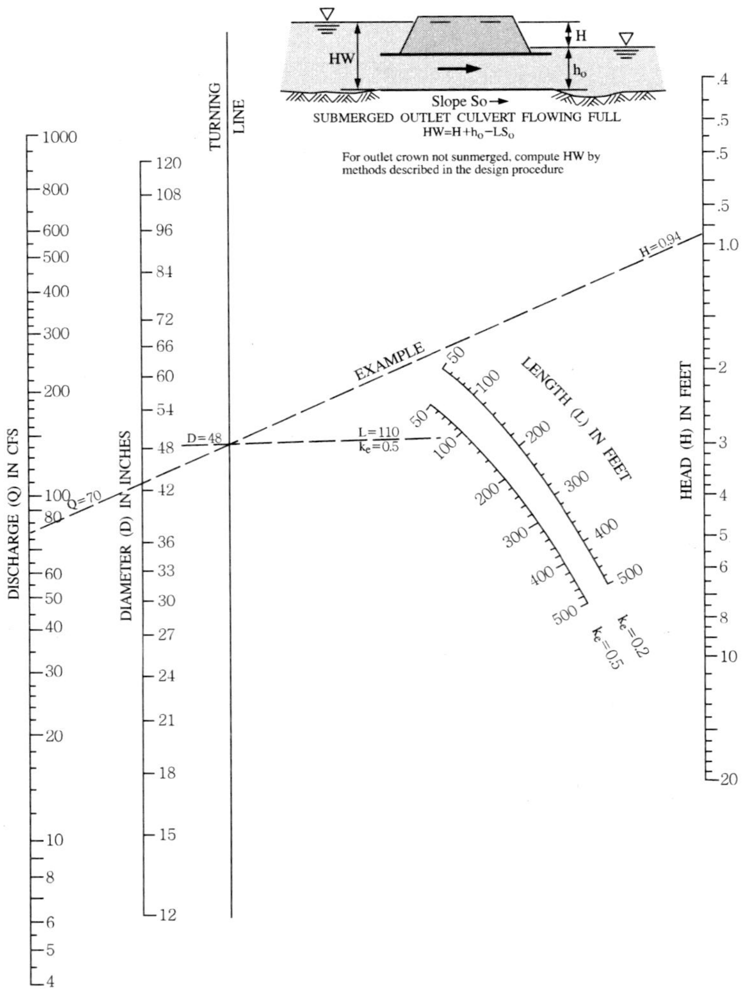

HEAD FOR
CONCRETE PIPE CULVERTS
FLOWING FULL
n = 0.012

FIGURE D-2 [Chart 9] Culverts with outlet control. (*Courtesy of U.S. Department of Transportation, Fedreal Highway Administration, Hydraulic Charts for the Selection of Highway Culverts.*)

CHART 11

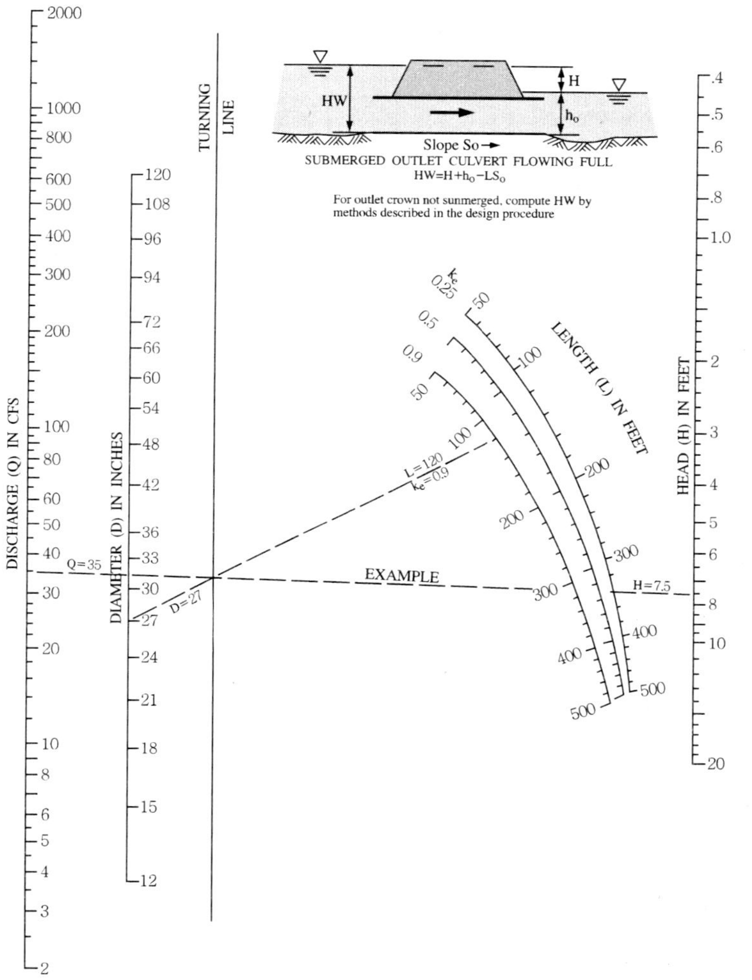

HEAD FOR
STANDARD
C.M. PIPE CULVERTS
FLOWING FULL
n = 0.024

FIGURE D-2 [Chart 11] Culverts with outlet control. *(Courtesy of U.S. Department of Transportation, Fedreal Highway Administration, Hydraulic Charts for the Selection of Highway Culverts.)*

D−3

Entrance Loss Coefficients

Coefficient k_e to apply to velocity head $\frac{V^2}{2g}$ for determination of head loss at entrance to a structure, such as a culvert or conduit, operating full or partly full with control at the outlet.

$$\text{Entrance head loss } H_e = k_e \frac{V^2}{2g}$$

Type of Structure and Design of Entrance	Coefficient k_e
Pipe, Concrete	
Projecting from fill, socket end (groove end)	0.2
Projecting from fill, sq. cut end	0.5
Headwall or headwall and wingwalls	
Socket end of pipe (groove end)	0.2
Square edge	0.5
Rounded (radius = ½D)	0.2
Mitered to conform to fill slope	0.7
*End-Section conforming to fill slope	0.5
Pipe, or Pipe-Arch, Corrugated Metal	
Projecting from fill (no headwall)	0.9
Headwall or headwall and wingwalls	
Square edge	0.5
Mitered to conform to fill slope	0.7
*End-Section conforming to fill slope	0.5
Box, Reinforced Concrete	
Headwall parallel to embankment (no wingwalls)	
Square edge on 3 edges	0.5
Rounded on 3 edges to radius of 1/12 barrel dimension	0.2

Wingwalls at 30° to 75° to barrel

Square edge at crown 0.4

Crown edge rounded to radius of 1/12 barrel dimension 0.2

Wingwalls at 10° to 25° to barrel

Square-edged at crown 0.5

Wingwalls parallel (extension of sides)

Square-edged at crown 0.7

*"End Section conforming to fill slope," made of either metal or concrete, are the sections commonly available from manufacturers. From limited hydraulic tests, they are equivalent in operation to headwall in both *inlet* and *outlet* control. Some end sections, incorporating a closed taper in their design have a superior hydraulic performance. These latter sections can be designed using the information given for the beveled inlet.

FIGURE D–3 Entrance loss coefficients. *(Courtesy of U.S. Department of Transportation, Federal Highway Administration, Hydraulic charts for the Selection of Highway Culverts.)*

찾아보기

저자 소개

이종형 공주대학교 건설환경공학부 교수

김이현 경복대학교 건설환경디자인과 교수

(제3판) 수리학 정가 20,000원

저자 : 이종형 · 김이현

발행인 : 임해진
발행처 : 도서출판 구미서관

발행 : 2008년 2월 10일 초 판
2012년 2월 25일 제2판
2017년 3월 7일 제3판 1쇄
2021년 7월 12일 제3판 2쇄

등록 : 1979년 6월 29일 No.9–6호

주소 : 서울시 마포구 신촌로 2길 5–15 구미빌딩
전화 : 02–333–1101
팩스 : 02–335–2201
http://www.goomibook.com

ISBN : 978–89–8225–181–8 (93530)